工业和信息化部“十四五”规划教材

机器视觉

◆ 屈桢深　郭延宁　庞　杨　闻　帆　编著

電子工業出版社
Publishing House of Electronics Industry
北京 · BEIJING

内 容 简 介

本书作为一本系统而实用的机器视觉教材，内容涵盖了机器视觉领域的核心概念、基本原理和应用技术。全书以Marr视觉计算理论为框架，结合作者团队多年教学经验及研究成果，深入讨论了图像获取、图像处理、视觉跟踪、2.5维视觉、三维视觉的相关知识，进一步介绍了机器视觉系统的实现和应用实例。

本书可作为高等院校计算机、自动化、电子工程等专业高年级本科生和研究生的教材，同时也适合机器视觉工程师和专业技术人员在项目实践中参考。

图书在版编目（CIP）数据

机器视觉 / 屈桢深等编著. —北京：电子工业出版社，2024.3
ISBN 978-7-121-47921-2

Ⅰ. ①机… Ⅱ. ①屈… Ⅲ. ①计算机视觉－高等学校－教材 Ⅳ. ①TP302.7

中国国家版本馆 CIP 数据核字（2024）第 102079 号

责任编辑：张　鑫
印　　刷：河北鑫兆源印刷有限公司
装　　订：河北鑫兆源印刷有限公司
出版发行：电子工业出版社
　　　　　北京市海淀区万寿路 173 信箱　邮编：100036
开　　本：787×1 092　1/16　印张：16.25　字数：470 千字
版　　次：2024 年 3 月第 1 版
印　　次：2025 年 1 月第 2 次印刷
定　　价：59.00 元

凡所购买电子工业出版社图书有缺损问题，请向购买书店调换。若书店售缺，请与本社发行部联系，联系及邮购电话：（010）88254888，88258888。

质量投诉请发邮件至 zlts@phei.com.cn，盗版侵权举报请发邮件至 dbqq@phei.com.cn。

本书咨询联系方式：zhangx@phei.com.cn。

前言

PREFACE

"百闻不如一见"，人类80%的感知信息来自视觉。作为人工智能的核心技术之一，机器视觉在近几年获得飞速发展。在我们接触的几乎所有领域，包括消费电子、游戏娱乐、安防监控、智能制造、航空航天、医学成像等，都能看到机器视觉的不同应用。机器视觉课程在高等院校广泛开设，已出现在计算机、自动化、机电、人工智能、医学等多个学科专业的课程设置中。

机器视觉诞生以来，市面上出现了很多优秀的教材。这些教材大体可分为两类：一类偏重理论性，另一类面向应用。前者具有完整的理论框架，对机器视觉各种方法也介绍得较为全面，但对每种方法的介绍相对简略，同时偏重理论推导，因此读者学习起来如管中窥豹，难以深入理解和应用。后者则对算法实现和应用有详细的介绍，但缺乏系统性和连贯性，读者读后往往只知其然而不知其所以然。结合两类教材的特点，让读者既能熟悉机器视觉的整体架构，掌握方法思路，又能学到具体实现和场景应用，已成为高校教学中的迫切需求。

我自1999年起在王常虹教授指导下开始从事机器视觉研究，并从2009年开始在哈尔滨工业大学面向自动化、机电等专业先后开设"视觉伺服""图像工程导论""智能控制与智能系统"等机器视觉相关的本科高年级与研究生课程。在教学过程中，由于授课时数的限制及学生项目应用的要求，没有找到合适的教材，因此我萌生了自编教材的想法。

本书的定位是，在讲清楚机器视觉体系和基本原理的基础上，与应用紧密结合，供学习者快速掌握方法并上手项目。主要内容分为4篇：基本数字图像处理、特征提取与运动估计、视觉几何与三维重构、视觉系统实现与应用，力求从以下三个角度增加实用性。

（1）内容组织。机器视觉发展迅速，新方法不断涌现，复杂度不断增加，合理组织内容是编写时面临的首要问题。本书延续经典的Marr视觉计算理论框架组织内容，在具体方法选取上，按照发展脉络和由简到繁的顺序，选取了有代表性的经典算法，既保证内容覆盖全面，又做到清晰易懂，避免走马观花、难读难会。

（2）方法讲解。机器视觉是一门"可视"的科学，一个好的方法讲解应充分屏蔽复杂的理论。为此，本书强调讲清楚各种方法的背景和效果，让读者在学习过程中能清晰了解方法要解决的问题、方法的基本思想及具体步骤和实现结果。同时，将原理、结果与示例以图像的方式形象地展示出来，让读者扫描书中二维码就能够直观"看到"具体内容，从而加深对课程的理解，提高学习的积极性。

（3）紧密结合应用。机器视觉是一门实践的科学。为此，在内容组织中做了精心处理，书中提到的大多数方法在主流机器视觉软件平台上均可使用多种编程语言实现，以方便开展实验并进一步在实际项目中应用。书中最后一章结合作者及团队的项目经验，给出了典型场景的应用实例，为应用提供真实参考并帮助读者快速上手此类项目。

本书可供高等院校计算机、自动化、电子工程等专业大三下/大四上学期的本科生和研究生使用，具体教学建议在 1.5 节给出。同时，本书也适合机器视觉工程师、专业技术人员等在项目实践中参考。

本书由屈桢深、郭延宁、庞杨、闻帆共同编写。

本书能够编写完成，首先要感谢我的博士生导师王常虹教授。王常虹教授是引导我进入机器视觉领域的引路人，在二十余年的时间里给了我个人和工作上最大的支持与包容。还要感谢刘志言教授、沈毅教授，他们对我在本科阶段提前进入实验室的鼓励与指导是我有幸选择这一方向的根源。

在哈尔滨工业大学学习和工作的多年时间里，很高兴在空间控制和惯性技术研究中心与很多有才能的人一起工作，包括伊国兴、曾庆双、曾鸣、马广程，师弟钟佳朋，室友温奇咏、李清华、奚伯齐、李葆华、王舰，同事解伟男、于志伟、安昊等，和他们日常的讨论与交流是我工作、学习、写作的主要灵感来源。同时，兄弟系所的很多领导和同事：张泽旭、张建隆、张树青、霍鑫、孙剑峰、宋申民、朱兵、李珊、路程、张勇等，在不同项目讨论中给出了很多好的想法，在此一并表示感谢。

同时，还要感谢参与本书整理工作的博士、硕士研究生，包括冯振、韩佳荣、刘子渭、刘兴达、李琳昊、蔡一迪、徐雨宁、曹广旭、蔡欣旭、张天逸、叶睿卿，他们为书中部分章节的成稿和修改贡献了力量。

由于作者水平有限，加之编写时间仓促，书中错误与不足之处在所难免，请读者批评指正。

屈桢深
2023 年 12 月于哈尔滨工业大学

目录

CONTENTS

第 1 章

概述

1.1　机器视觉的定义

俗话说“百闻不如一见”。研究表明，视觉是人类最重要的感觉器官，能够感知外部世界 75%～80%的信息。让机器具有像人一样的智能，能够通过视觉感知和理解环境，是人类长久以来的梦想。

机器视觉是研究让机器如何“看到”的科学。下面通过图 1-1 所示的图像直观地给出视觉的定义。

图 1-1　机器视觉的直观定义示例

当我们看到这幅图像时，会产生如下理解：

- 画面里有多个人、一辆车、几栋房子，以及草地和道路；
- 一位女士离我们最近，车在她后面，房子离我们远；
- 几个人正在交谈；
- 几个人似乎是朋友，车是其中一人的，房子可能是他们要游览的地方。

这些分别回答了如下问题：

- 画面里都有什么？
- 人、车和房子在什么位置？
- 目标在做什么？
- 目标之间有什么关系？

从视觉感知角度，这些问题对应了视觉从底层到高层的不同认知层次：

（1）目标的分割和识别；

（2）目标的三维位置信息；

（3）行为理解与分析；

（4）语义理解与推理。

由此可见，机器视觉是让机器（计算机）自动完成人类视觉认知任务的科学。它包含图像或视频的采集、处理、分析和理解，以从环境场景中提取高维信息，完成决策。作为一门学科，机器视觉探索及使用相应的理论和模型，以构建机器视觉系统。机器视觉的最终研究目标就是使机器能像人那样通过视觉观察和理解世界，自主适应环境。在实现这一终极目标之前，人们努力的中期目标是建立一种视觉系统，这种系统能依据视觉敏感和反馈智能完成一定的任务，如自动图像分类系统、视觉辅助驾驶系统等。需要指出，在机器视觉系统中计算机起到代替人脑的作用，但并不意味着计算机必须按人类视觉的方法完成视觉信息的处理。由于人类视觉系统的复杂性，众多内在机制尚不清楚，因此，可通过模拟人类视觉处理机制、借鉴信息处理与模式识别方法、借鉴人工智能处理等多种不同方式来建立视觉理论。

1.2 机器视觉任务

根据应用场景的不同，机器视觉有着不同的定义。一个较正式的定义由美国制造工程师协会（SME）机器视觉分会和美国机器人工业协会（RIA）自动化视觉分会给出：机器视觉是指通过光学装置和非接触传感方式，自动接收和解释真实场景的图像，以获取信息并（或）控制机器或生产过程。

根据这一定义，机器视觉系统的输入是外界环境图像或图像序列（视频），输出则是视觉处理后的信息，这些信息可作为最终结果直接反馈给人类或输出至其他设备，作为最终控制及决策的依据。

人类视觉与理解认知能力紧密结合，具有通用人工智能的特点，可根据周围环境和需完成任务自适应地调整视觉处理方式。目前的机器视觉尚未发展到这一阶段，需根据具体任务及应用场景选择视觉处理硬件与具体算法。

在制造业中，机器视觉的基本任务包括测量、检测、定位与识别。

（1）视觉测量：使用机器视觉方法实现被测工件或局部的平面（或空间）几何尺寸的精确测量。图 1-2 中，图（a）为对工件的部分长度进行测量，图（b）为对中轴线角度进行测量，图（c）为对局部圆弧进行测量，图（d）为对部件局部小圆的半径进行测量。

（2）视觉检测：通过机器视觉方法，得到工件或感兴趣特征信息的位置及识别结果。图 1-2 中，图（e）为对包装盒内是否存在内容物进行检测，图（f）为对多个工件的外观进行是否存在缺陷的检测。

（3）视觉定位：判断被测工件相对于指定参考坐标系或参考目标的精确位置和（或）姿态。图 1-2 中，图（g）为对右上角十字图案中心位置进行定位，图（h）为对特征坐标实现定位。

（4）视觉识别：自动判断待检工件“是什么”，或者属于“哪一类”，即判断其具体类别并得到识别结果。图 1-2 中，图（i）为对各矩形块颜色进行识别，图（j）为对喷码的光学字符进行识别。

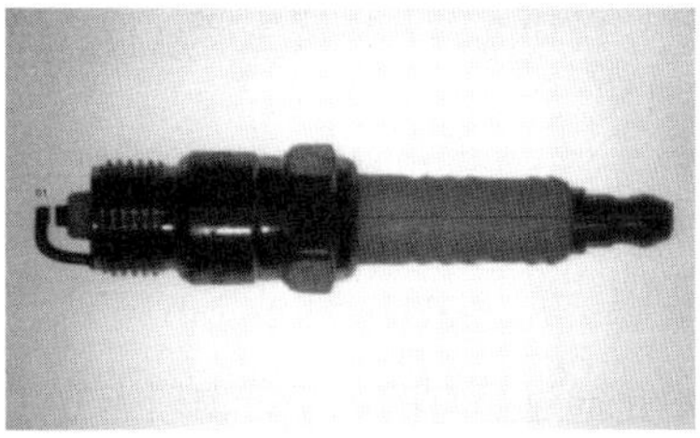

（a）长度测量

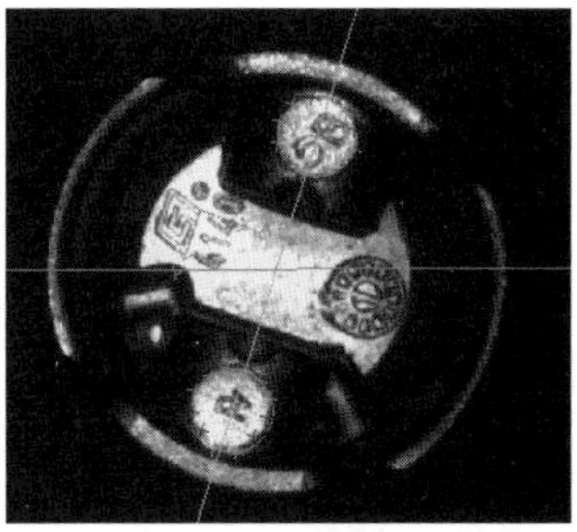

（b）角度测量

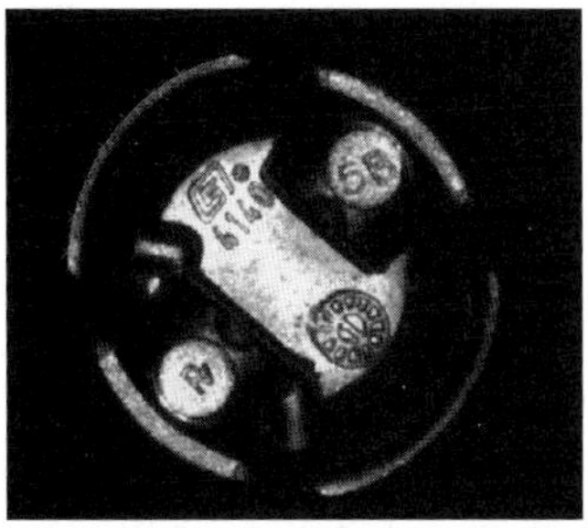

（c）局部圆弧测量

（d）局部小圆半径测量

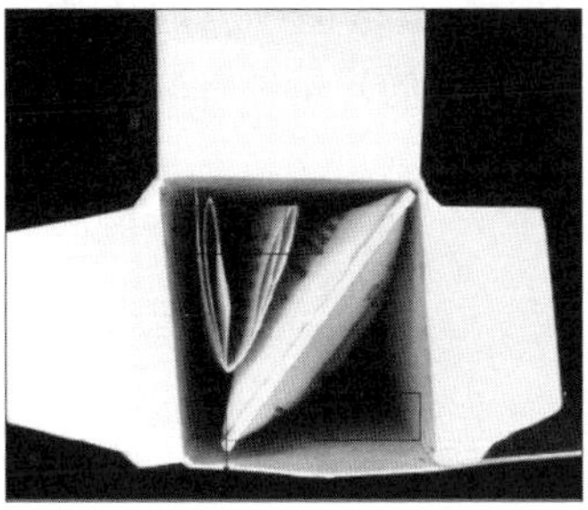

（e）内容物有无检测

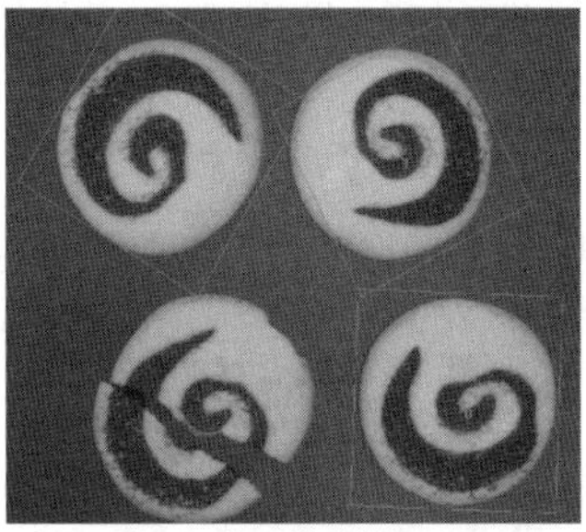

（f）外观缺陷检测

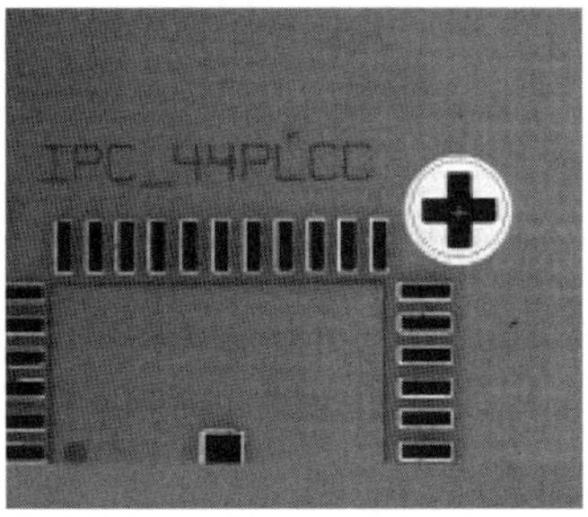

（g）内部定位

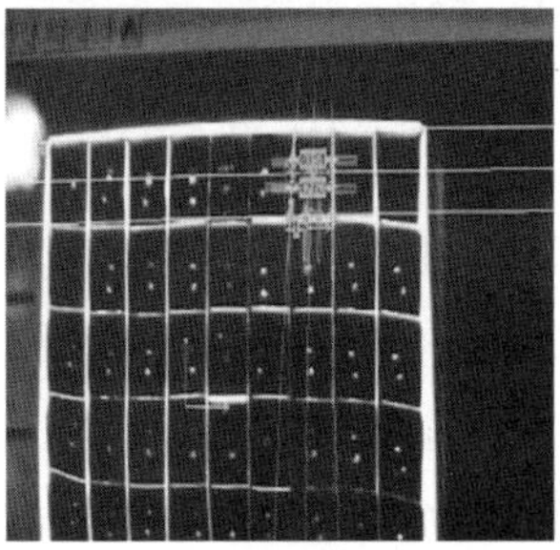

（h）特征坐标定位

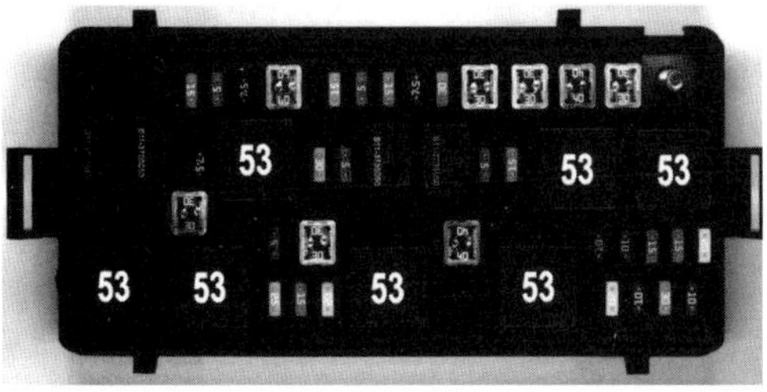

（i）颜色识别

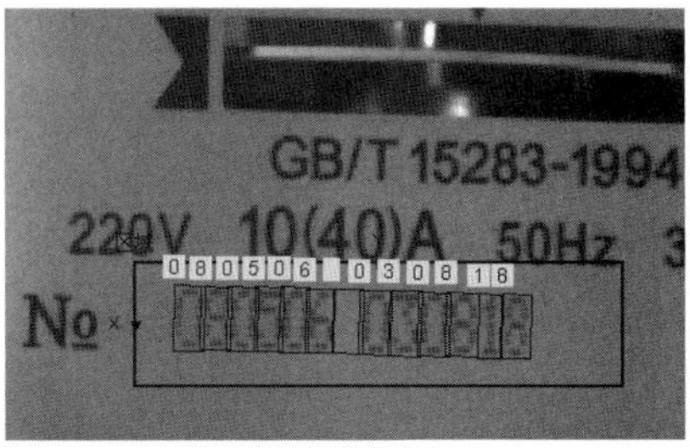

（j）光学字符识别

图 1-2　机器视觉基本任务示例

除制造领域外，机器视觉还在消费电子、自动驾驶、医疗、能源等领域广泛应用，其任务包括视觉引导机器人、视觉跟踪系统、视觉辅助导航、自动驾驶、能源生产过程自动化等。

1.3 机器视觉发展简史

机器视觉是一门相对年轻的学科，其基本思想是通过已有的数学、物理等方法去模拟人类视觉处理过程。因此，机器视觉的发展和神经生理学、人工智能、数字图像处理等学科密切相关，同时在很大程度上也吸收了这些学科的成果。

1.3.1 视觉神经生理学

视觉是神经生理学研究最为深入的领域之一。1958 年，美国 David Hubel 和 Torsten Wiesel 在约翰斯·霍普金斯大学通过测试猫的视皮质细胞，研究了瞳孔区域与大脑皮层神经元的对应关系。在实验中，他们把微电极埋进猫的视皮质细胞里，之后在屏幕上投影出一些光影和图形，如图 1-3（a）所示，测试视皮质细胞对线条、直角、边缘线等图形的反应。这个关于初级视皮层（V1 区）的新发现在当时引起了强烈反响，也奠定了后期视觉神经功能研究的基础。通过这个实验，Hubel 和 Wiesel 发现视皮质细胞只对视网膜上的图像的某些特定细节有反应，并且这些细胞似乎会自然映射到不同角度上，如图 1-3（b）所示。

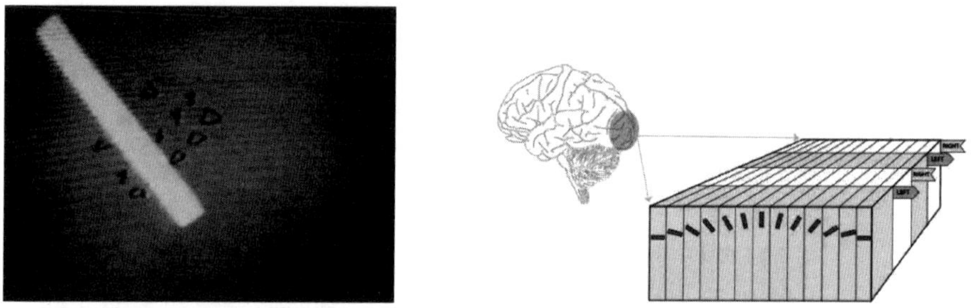

（a）猫视皮质细胞实验屏幕投影图形　　（b）视皮质不同细胞对不同角度光棒产生反应

图 1-3　David Hubel 和 Torsten Wiesel 的视觉神经生理学研究

进一步的研究表明，人的视觉系统采用分层信息处理方式，对应不同层次处理的细胞呈层状排列，即视皮层。如图 1-4 所示，人通过眼球完成视觉信息采集，并将图像投影到视网膜上。从视网膜出发，成像经过外膝体（LGN）传至后脑的视皮层区。视皮层区中，低级的 V1 区提取边缘特征，V2 区提取基本形状或目标的局部，高层提取整个目标（如判定为一张人脸），更高层的 PFC（前额叶皮层）进行分类判断。也就是说，高层的特征是低层特征的组合，从低层到高层的特征表达越来越抽象和概念化，即越来越能表现语义或者意图。

从计算角度来看，视觉处理采用层次化的多层前馈处理方式。初级视觉系统中的神经元感受野较小，可实现高分辨率的视觉处理。每个感受野的时空结构可视为对图像的给定属性进行局部滤波的处理单元。在 V1 区中，诸如方位、方向、颜色或视差之类的低级特征被编码在不同的神经元结构中，形成局部特征维度的稀疏和冗余表达。这些表达提供并行的、级联式的前馈输入。随着处理向高层移动，感受野变得越来越大，特征复杂度也不断增加。整合不同层信息时，顶叶神经元可以解码更复杂的流场，并将其与关于眼球运动或自我运动的视网膜外信号整合。同样的逻辑沿着形式路径流动，其中 V1 神经元编码局部边缘的方向。通过级联收敛，产生了具有对越来越复杂的几何特征敏感的感受野的单元，使得下颞叶皮层（IT）区域的神经元能够以视点不变的方式对对象（如面部）进行编码。对象识别是视觉层次化处理的一个典型示例，可通过多层协同作用构造感受野的计算模型，与一个层次处理等价的线性滤波器的输出经过非线性组合，作为下一层次的输入，并逐层传递。多层级联的结构可处理和表达更为复杂的特征。

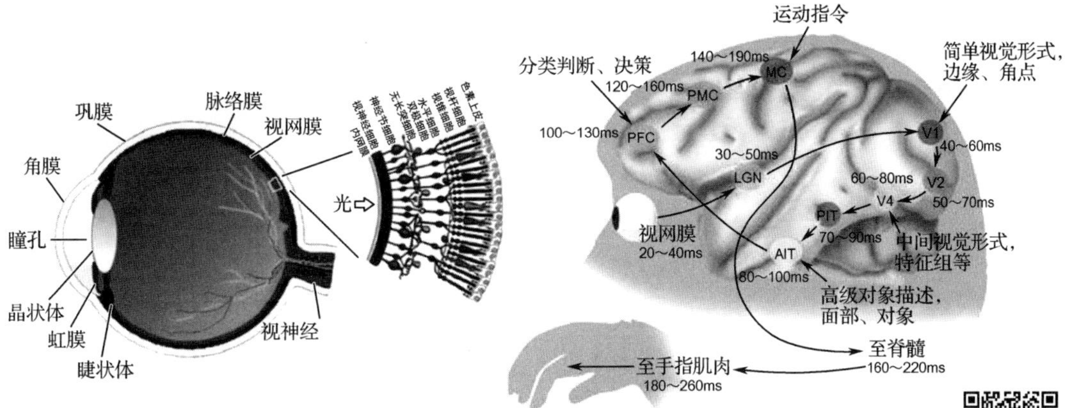

（a）眼球示意图　　　　（b）视觉分层处理系统

图 1-4　视觉系统的信息处理

视觉神经生理学对机器视觉研究有着重要的启发作用。一方面，视觉神经生理学研究为机器视觉处理方法确定基本框架和构建思路，如现有的 Marr 视觉计算体系和深度学习方法。另一方面，视觉神经生理学的实验结论可为机器视觉的机理研究提供支持，同时为工程问题提供创新的解决思路。

1.3.2 人工智能与机器学习

1950 年，美国学者 Marvin Minsky 和 Dean Edmunds 一起建造了世界上第一台神经网络计算机，创造了现代人工智能的起点。同年，被称为“计算机科学之父”的艾伦 • 图灵提出了图灵测试的设想。1956 年，在美国达特茅斯学院举办的一次会议（如图 1-5 所示）上，John McCarthy 等科学家聚在一起，在讨论中提出“人工智能”（Artificial Intelligence）一词，人工智能就此诞生。

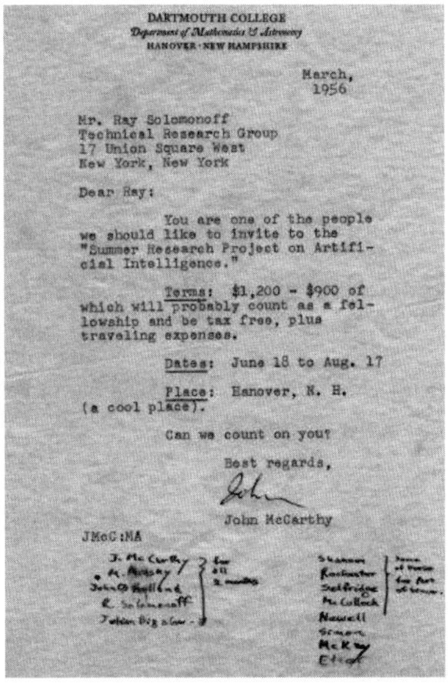
DARTMOUTH COLLEGE
Department of Mathematics & Astronomy
HANOVER · NEW HAMPSHIRE

March, 1956

Mr. Ray Solomonoff
Technical Research Group
17 Union Square West
New York, New York

Dear Ray:

You are one of the people we should like to invite to the "Summer Research Project on Artificial Intelligence."

Terms: $1,200 - $900 of which will probably count as a fellowship and be tax free, plus traveling expenses.

Dates: June 18 to Aug. 17

Place: Hanover, N. H. (a cool place).

Can we count on you?

Best regards,

John McCarthy

JMcC:MA

图 1-5　1956 年达特茅斯会议邀请函

人工智能自诞生后即进入迅速发展，图 1-6 简要描述了人工智能的发展历程。

20 世纪 50 年代末到 60 年代初是人工智能迅速发展的时期。这期间的成就包括：IBM 的 Nathaniel Rochester 和他的同事制作了最初的人工智能程序；Herbert Gelernter 构造了几何定理证明器；Arthur Samuel 从 1952 年起编写的系列西洋跳棋程序，最终达到业余高手水平。1957 年，Rosenblatt 提出了感知机。该算法使用 MCP 神经元模型对输入的多维数据进行二分类，且能够使用梯度下降法从训练样本中自动学习更新权值。同年，Minsky 在麻省理工学院指导一系列学生，在选定的微观世界（microworlds）问题上研究智能求解。最著名的微观世界是积木世界，它由放置在桌面的一组实心积木构成。典型任务是使用一只每次只能拿起一块积木的机械手，按某种方式调整这些积木。这一基本思想对后续的机器视觉和智能机器人产生了深远的影响。1965 年，斯坦福大学成功研制 DENRAL 专家系统。但在 1969 年，Minsky 在其著作 *Perceptron* 中，证明了感知机本质上是一种线性模型，只能处理线性分类问题。由于实际中绝大多数问题均为非线性的，因此这一结果使研究陷入悲观，人工智能也陷入了停滞期。

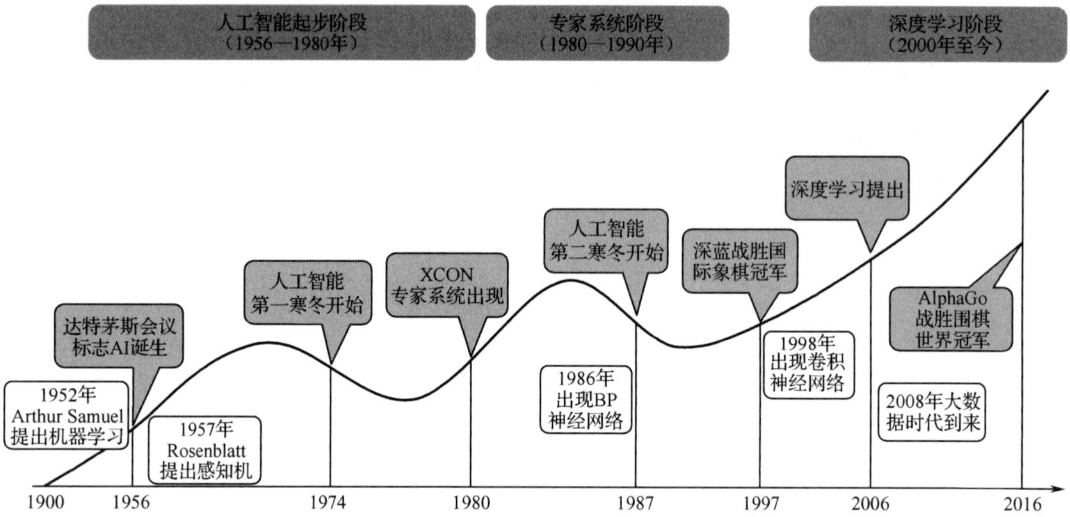

图 1-6　人工智能发展历程

进入 20 世纪 80 年代，1986 年 Rumelhart 等完整提出了适用于多层感知机（MLP）的 BP 算法，完美解决了非线性分类问题，Minsky 的问题就此解决，以多层人工神经网络研究为代表的人工智能进入了第二次高潮期。2006 年，Hinton 提出深度学习的概念，之后将其与卷积神经网络结合形成新一代的深度学习算法，应用于视觉、语音、文本处理和大数据领域，人工智能再一次开始高速发展。2016 年，人工智能选手 AlphaGo 战胜围棋世界冠军李世石，在人类历史上首次解决了被公认为不可能的机器围棋对弈问题，人工智能从此进入新的阶段。

机器学习是人工智能的重要领域之一，主要研究如何通过数据学习和模式识别获得自动改进和优化算法的能力。1952 年，IBM 科学家 Arthur Samuel 在开发西洋跳棋程序的过程中，创造了“机器学习”这一术语。经过多年发展，出现了贝叶斯分类、支持向量机、神经网络、深度学习等多种机器学习方法，并广泛应用于各数据处理领域。机器学习与机器视觉技术相结合，可解决很多传统方法难以解决的问题，如复杂环境中的机器人感知、真实道路条件下的自动驾驶等。同时，可利用机器学习技术将视觉、语音等数据融合处理，建立多模态大模型等结构，为机器视觉的研究开辟新的思路。

1.3.3 数字图像处理

机器视觉同时又以数字图像处理为基础。数字图像由有限的像素组成，每个像素都有特定的位置和幅值。20 世纪 50 年代，随着计算机的发展，数字图像处理在技术上成为可能。1957 年，第一幅数字图像在美国国家标准局诞生，如图 1-7 所示。1964 年，美国喷气推进实验室正式使用数字计算机对“旅行者7号”太空船送回的4000多张月球照片进行了处理。20世纪70年代初，CT（计算机断层扫描）医学技术的诞生，成为数字图像处理发展史上的里程碑。在以后的时间里，数字图像处理技术的成果呈现百花齐放的局面，在工业检测、遥感、安全等众多领域，数字图像处理已成为核心技术。在工业检测领域，使用数字图像处理技术可以对生产线的产品及部件进行无损检测。在遥感领域，对卫星传回来的图像应用数字图像处理技术可以获取有用的信息，图1-8所示为我国嫦娥1号探月卫星使用CCD相机拍摄的第一张月球表面照片。而这些信息可用于探测地形、地质、矿藏，调查森林、水利等资源，预报自然灾害，监测环境污染，处理气象卫星云图及识别地面军事目标。在安全领域，应用数字图像处理技术，侦查机构可进行现场照片拍摄、指纹识别、手迹识别、印章识别，以及处理和辨识模糊人像。

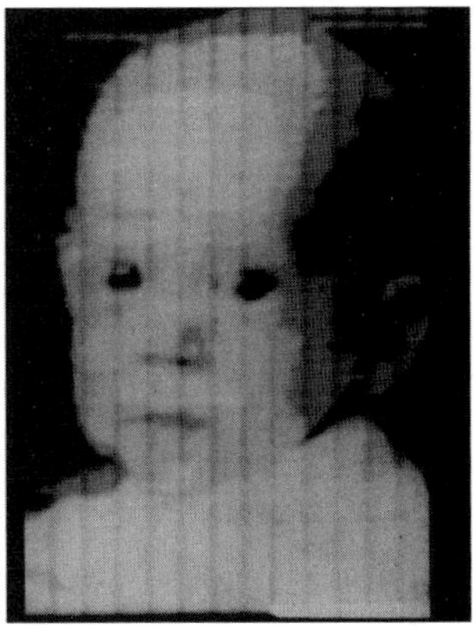

图1-7 人类历史上第一幅数字图像

数字图像处理与机器视觉密不可分，以至于对很多应用我们无法准确区分二者。简单来说，数字图像处理是对已有的图像进行变换、分析、重构，得到的仍是图像。机器视觉是给定图像，从图像提取信息（包括景象的三维结构），进行运动检测，识别物体等。但现代应用中二者的界限越来越模糊，如图像理解、物体识别、三维重构等，都融合了数字图像处理和机器视觉相关技术。

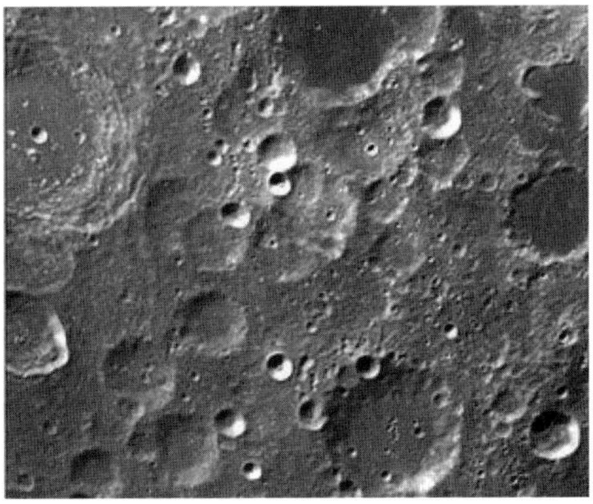

图1-8 2007年11月5日，我国嫦娥1号探月卫星使用CCD相机拍摄的第一张月球表面照片

1.3.4 机器视觉的发展

机器视觉的发展大致经历了四个阶段：孕育期、启蒙期、探索期和爆发期。

1. 孕育期

早期的工作围绕统计模式识别和视觉理解基础工作展开。1957年，IBM的周绍康将统计决策方法用于光学字符识别，在模式识别和视觉方向开展了先驱工作；1957年，Rosenblatt提出了一种简化的模拟人脑进行识别的数学模型——感知机，初步实现了通过给定类别的各个样本对识别系统进行训练，使系统在学习完毕后具有对其他未知类别的模式进行正确分类的能力，如图 1-9 所示。

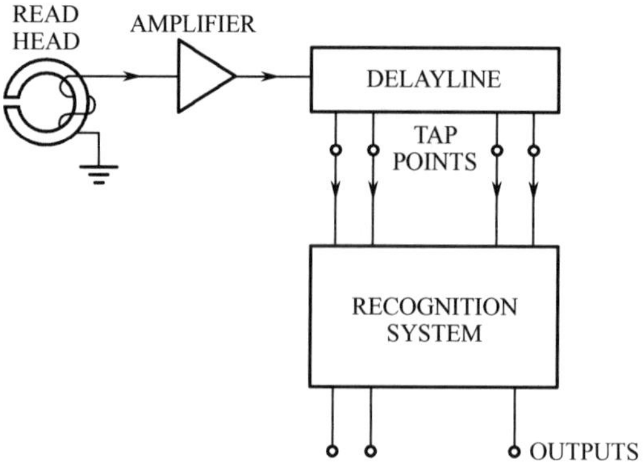

（a）周绍康设计的光学字符识别系统

（b）Rosenblatt 的感知机

图 1-9　机器视觉发展中的现代模式识别先驱工作

1963 年，MIT 的 Larry Roberts 在发表的名为“三维实体的机器感知”的博士论文中提到，人类大脑对视觉信息的处理是基于边缘和形状的，视觉世界被简化为简单的几何形状，而 Larry 试图从图像中解析出这些边缘和形状。1966 年，MIT 的 Minsky 指导他的本科生 G. Sussman，“在暑期将相机连接到计算机上，让计算机来描述他所看到的东西”。这一研究被认为是机器视觉的开创工作。

2. 启蒙期

1974 年起，英国学者 David Marr 在 Minsky 引导下，在机器视觉方向进行了开创性的工作。由于其去世较早，其学生将相应成果整理成书 *Vision: A Computational Investigation into the Human Representation and Processing of Visual Information*（视觉：对人类如何表示和处理视觉信息的计算研究），于 1982 年出版，如图 1-10 所示。《人工智能》杂志在 1981 年出版了“视觉”专辑，标志着机器视觉作为一个独立方向的正式诞生。

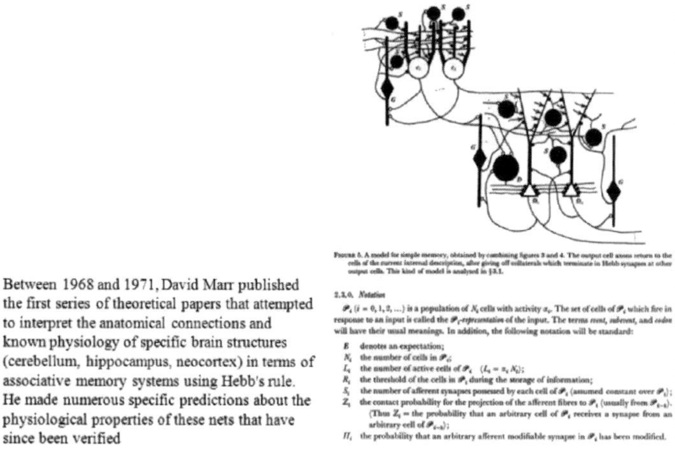

（a）David Marr 相关论文

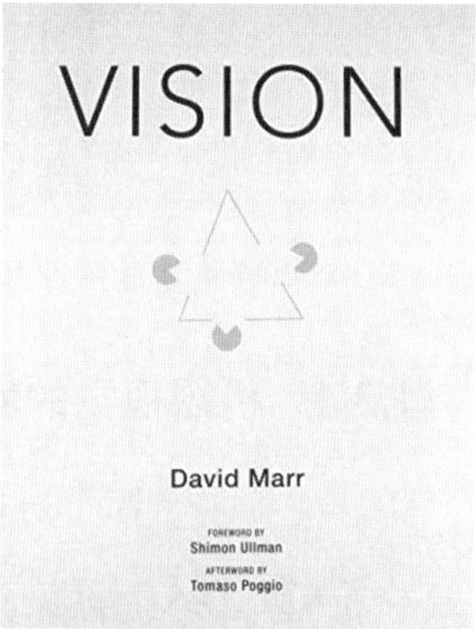

（b）*Vision* 一书

图 1-10　机器视觉的开创性工作

Marr 从信息处理系统的角度出发，认为机器视觉系统的研究应分为三个层次——计算理论层次、表达与算法层次、硬件实现层次。其中，计算理论层次要回答系统各个部分的计算目的与计算策略，即各部分的输入/输出是什么，之间的关系是什么变换或者具有何种约束。进一步，Marr 认为从二维图像恢复三维物体经历了自下而上的三个阶段：图像初始略图→物体 2.5 维描述→物体三维描述。其中，图像初始略图是指高斯-拉普拉斯滤波图像中的过零点（zero-crossing）、短线段、端点等基元特征；物体 2.5 维描述是指在观测者坐标系下对物体形状的一些粗略描述，如物体的法向量等；物体三维描述是指在物体自身坐标系下对物体的描述，如球体以球心为坐标原点的表述。Marr 视觉计算理论框架（如图 1-11 所示）直到今天仍然指导着机器视觉的发展。

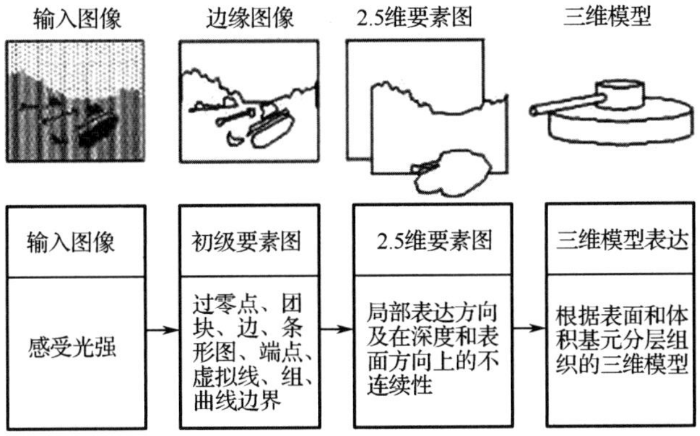

图 1-11　Marr 视觉计算理论框架

20 世纪 80 年代是机器视觉迅速发展的时期。在理论体系上，很多重要的数学工具，如马尔可夫随机场模型、正则化方法、变分方法、图像金字塔与尺度空间、数学形态学、射影几何、小波分析等工具陆续被引入机器视觉处理中，并建立了相应分支。

一个分支是 Rosenfeld、Burt 和 Adelson 等在 20 世纪 80 年代先后提出的图像金字塔理论，图像金字塔最初用于机器视觉和图像压缩，一个图像金字塔是一系列以金字塔形状排列的分辨率逐步降低的图像集合，如图 1-12 所示。金字塔的底部是待处理图像的高分辨率表示，而顶部是低分辨率的近似。我们将一层一层的图像比喻成金字塔，层级越高，图像越小，分辨率越低。1983 年，Witkin 提出信号的尺度空间理论，建立了图像金字塔的连续版本，即利用一系列单参数、宽度递增的高斯滤波器将原始信号滤波得到一组低频信号。图像金字塔和尺度空间理论在图像边缘检测、编码、重构及小波分析中得到了广泛应用。

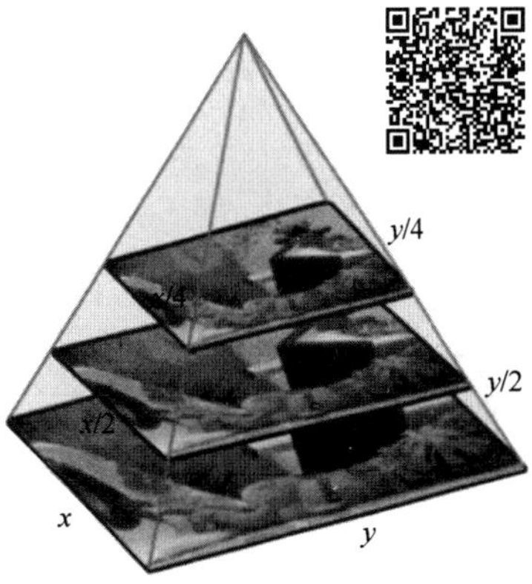

图 1-12　图像金字塔

另一个分支是基于概率论体系的马尔可夫随机场（Markov Random Field，MRF）模型。Geman 等人为此做了开创性的工作，基于 Gibbs 分布和 MRF 的一致性建立了关于重建图像及其边缘的联合先验分布模型。Geman 在求解过程中使用了基于 Gibbs 采样的随机松弛算法，同时在理论上证明了其收敛性。MRF 理论在图像分割、图像恢复及光流计算等领域得到了广泛应用。

该时期还有一个活跃的分支是基于射影几何理论的多视图几何研究。多视图几何是 Marr 视觉计算理论框架中 2.5 维视觉的有力支撑，同时为进一步的三维重构和运动估计提供基础。多视图几何本质上就是研究射影变换下图像对应点之间，以及空间点与其投影的图像点之间的约束理

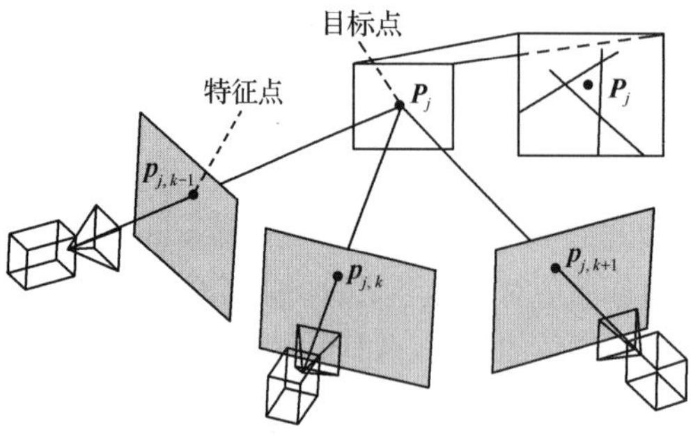

图 1-13 多视图几何示意图

论和计算方法的学科，如图 1-13 所示。多视图几何在基于视觉的相对位置和姿态估计、运动恢复结构、相机标定等一系列问题上取得很大进展，并进一步应用到分层三维重构等问题中，即首先从多幅图像的对应点重建射影空间下的对应空间点（即射影重建），然后把射影空间下重建的点提升到仿射空间下，即仿射重建；最后把仿射空间下重建的点提升到欧几里得空间。

偏微分方程（PDE）及变分法在数学中得到广泛研究，在建模、数值求解及稳定性分析等方面具有较完善的理论体系。因此，将 PDE 与机器视觉结合，建立基于 PDE 的图像处理与机器视觉技术，用连续的曲线、曲面或向量场作为模型，用 PDE 的演化来实现模型的最佳匹配求解过程，为视觉领域的多类问题，如图像复原、图像分割、光流计算、压缩感知、轮廓拟合等，提供了一类建模与数值计算的解决方法。早年间，Witkin 和 Osher 等从尺度空间及热扩散方程的角度描述了图像区域的演化。1990 年，Perona 和 Malik 在各向异性扩散和图像正则化方向开展了深入研究，提出保边界扩散正则化项的思想来替代基于经典核扩散方程的各向同性扩散。Rudin 提出了全变差下降法，Osher 和 Rudin 提出了基于激波滤波器的方法。此外，Mumford-Shah 提出的分割模型、Kass 提出的 Snake 活动轮廓模型（如图 1-14 所示）、Donoho 和 Candes 等在压缩感知和稀疏表示方向的工作，都为各自领域的研究提供了一类新的思路。

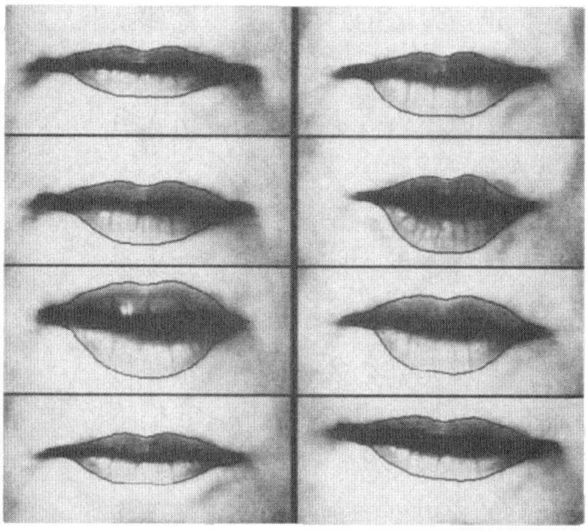

图 1-14 基于 Snake 活动轮廓模型的图像分割

3. 探索期

20 世纪 90 年代中后期开启的特征工程时代重点围绕复杂场景即对象的视觉识别、分类等任务进行，人工智能、机器学习等技术与机器视觉结合日益紧密。在图像识别中，特征提取需要人为选取特征和进行特征后处理，特征的好坏对识别的精确度有着至关重要的作用。机器视觉中的特征工程重点解决关键特征的提取和匹配问题。由于图像信息的复杂性和多元化，图像特征种类也非常多，包括纹理、区域、特征点、边缘、颜色等。在这一时期，出现了大量的特征描述子及特征匹配方法，如 SIFT、LBP、DPM、ORB 等。图 1-15 展示了使用 SIFT 算子进行特征点检测和匹配的结果，其中左上角为原始食品包装盒某面图像，右下角为该面经过旋转、平移等仿射变换后的图像；绿色圈点表示检测得到的特征点，绿色连线代表计算得到的特征点之间的对应关系。

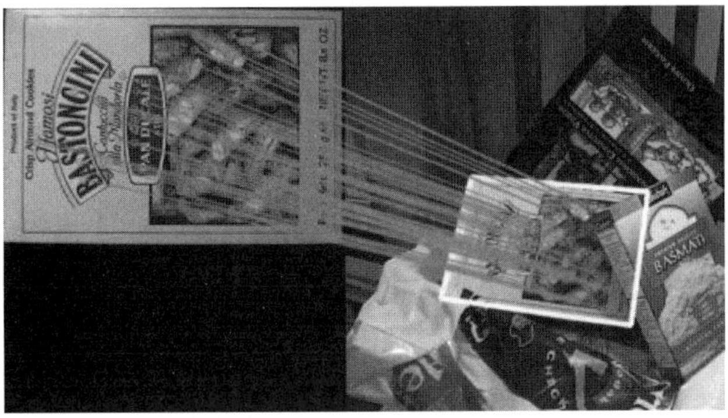

图 1-15 SIFT 算子特征点检测及匹配结果

4．爆发期

尽管特征描述方法与机器学习的结合在研究上获得巨大进展，但在解决光照变化、复杂场景、复杂目标的视觉分析与识别等实际问题中依然无法获得令人满意的结果。机器视觉亟需一类适应性更广、准确度更高的方法。2006 年，加拿大学者 Hinton 等在 *Science* 上发表文章 *Reducing the Dimensionality of Data with Neural Networks*，首次提出深度学习的概念，为机器学习进入新阶段奠定了理论基础。2009 年，李飞飞等与 Google 合作建立 ImageNet 图像数据库，如图 1-16 所示。2010 年开始了每年度的 ImageNet 大规模视觉识别挑战赛（ILSVRC）；2012 年，由 Hinton 和他的学生 Alex Krizhevsky 设计的 AlexNet 在 ImageNet 数据集识别精度上首次超越了当时最好的传统算法。2015 年，何恺明等提出的方法在 ILSVRC 中的图像识别准确率首次超越了人类。随着卷积神经网络、深度学习算法及计算硬件的迅速发展，在机器视觉的很多领域，如图像识别、图像分割、目标跟踪、图像生成等，基于深度学习的处理方法的效果已全面超越传统算法，并在实际中开始广为应用。

图 1-16 ImageNet 图像数据缩略图

机器视觉研究的发展也极大地带动了相关产业的发展和进步。1969 年，美国贝尔实验室成功研制出 CCD 传感器，可以把图像直接转换为数字信号。随后个人计算机（PC）技术的迅速发展为机器视觉提供了计算硬件平台，机器视觉开始飞速发展。据统计，2022 年全球机器视觉产业市场规模已超过 120 亿美元，预计到 2025 年将达到 215 亿美元，年增长率超过 12%，如图 1-17 所示。

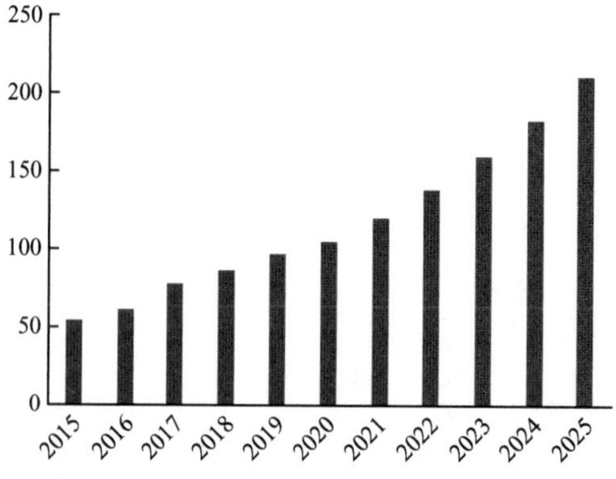

图 1-17　2015—2025 年全球机器视觉产业市场规模（亿美元）

我国机器视觉产业起步相对较晚，近年来随着国家大力推进制造业转型和智能制造，国内制造业升级转型和国产化替代的趋势明显加快，市场规模快速提升。2017 年至 2022 年，我国机器视觉市场规模由 59 亿元增长至 225 亿元，复合增长率达 30.7%。随着宏观环境的改善、机器视觉技术的成熟及下游领域的拓宽，我国机器视觉行业将持续快速发展。

1.4　机器视觉应用

机器视觉诞生虽然较晚，但发展迅速。图 1-18 展示了 IDC 机构在 2018 年对中国市场机器视觉技术不同应用场景的分析，可以看出，机器视觉已渗透到了人类日常生活中的几乎每个方面。下面介绍几个常见应用。

商用车
自动售货机
查询机
智能储物柜
数字电视
家庭健康监测
病患监测
POS机解决方案
视频监控DVR/NVR
视频监控编码器/转码器
远程通信系统
交互式白板
视频监控服务器
手机，平板电脑及PC
玩具
物流管理
工业手持设备及PC
移动POS机方案
行业自动化
数字信息亭
可穿戴设备
监控摄像头
数字展示屏
智能零售银行及ATM机
电子游戏
游戏控制器
半导体设备
数字摄像头
辅助驾驶中央控制系统
交通网关
ADAS
机器人
国防航空
增强现实
虚拟现实
数字门铃
智能镜子
医疗影像
机器视觉自动化
自助结账

图 1-18　IDC 2018 中国市场机器视觉技术应用场景

1.4.1　机器人视觉分拣

机器人已广泛应用于工业生产、家庭服务、危险救援等领域。一般机器人仅能按照预先编程实现定点抓取、移动等基本任务，缺乏自主能动性及对复杂环境的自适应能力。在视觉分拣方面，为实现自动分拣、抓取、转移等操作，机器人需要知道操作对象的类型及其在传送带上运动时的实时位置信息。机器视觉可以辅助机器人对传送带上的目标进行识别和跟踪，并将相应信息反馈给控制器，引导机械手臂完成自动分拣任务。图 1-19（a）展示了某码垛机器人视觉分拣系统，它可以对不同形状、尺寸和重量的物品进行准确的识别和分拣。通过视觉传感和视觉算法，机器人可以快速捕捉并分析物品的特征，然后根据预设的规则进行分类和堆叠。机器人还可以根据不同的产品和生产需求进行灵活的调整和配置。同时，机器人与其他自动化设备和信息系统进行集成，可以实现更高级智能化生产流程。图 1-19（b）中的高速分拣并联机器人主要应用于食品、药品等轻工行业，在产品生产线上代替人工，实现物料的快速分拣、理料、包装等工序。

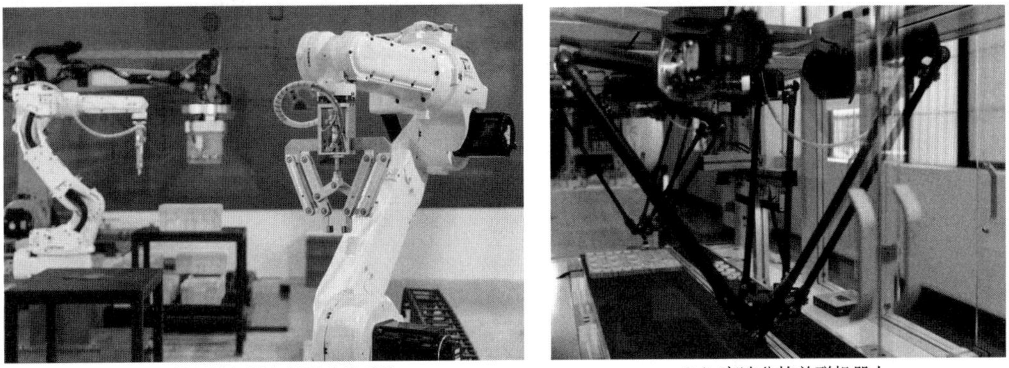

（a）某码垛机器人视觉分拣系统　　（b）高速分拣并联机器人

图 1-19　机器人视觉分拣系统

基于机器视觉的机器人智能分拣工作流程如图 1-20 所示。首先利用视觉传感器获取场景的二维图像，同时利用三维深度信息传感器得到对应空间深度信息，并通过数据预处理单元完成图像和点云的去噪、图像缩放及图像增强等操作；接着将预处理后的图像输入深度学习或其他算法模型中，检测分割出场景中的目标位置、类别，得到最佳抓取位姿，并将物体的抓取位姿转换成机器人可执行的空间位姿；然后进行机器人各关节角度的正逆运动学求解与碰撞检测运算，并规划出机器人的最优运动轨迹，生成运动控制指令，控制机器人完成目标物体的抓取、分拣等操作；最后将抓取结果反馈给视觉传感器，开始下一周期的智能分拣操作。在机器人智能分拣过程中，视觉传感器采集的彩色图像或灰度图像主要用于目标物体的检测及其抓取位姿的测量，而深度信息则将抓取识别结果影射到世界坐标系中，建立机器人的“手-眼”空间位姿关系。

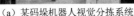

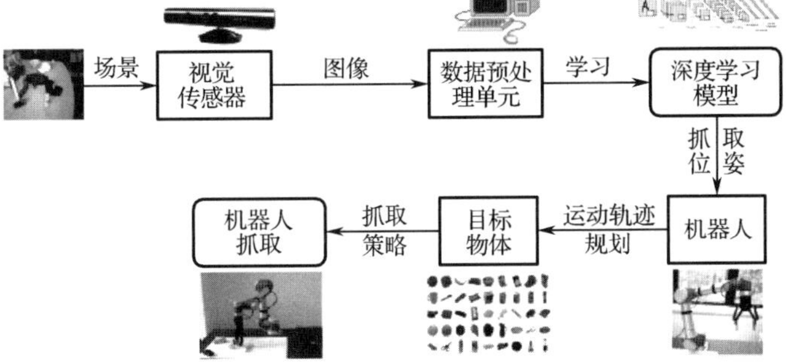

图 1-20　基于机器视觉的机器人智能分拣工作流程

一个实际的机器人智能分拣例子如图 1-21 所示。实验物体共有 8 类，包括牙膏、骰子、螺丝刀、胶带等。机器臂使用 UR5 协作机械臂，拥有 6 个旋转关节，工作半径为 850mm，固定在 1050mm×1000mm 工作台上。数据采集装置使用 Kinect V2 视觉传感器，可采集 RGB-D 图像，其中 RGB 图像主要用于目标物体的抓取识别，深度信息则用于空间位姿的转换。该系统最终可实现在非结构化环境中有效指导机器人准确地抓取目标物体，抓取成功率达 88%以上。

图 1-21　非结构化环境中的机器人智能分拣例子

1.4.2 智能视频监控

据统计，我国每天新产生的视频数据达 PB 级别，占全部大数据份额的 50%以上。视频本身是非结构化的数据，不能直接被计算机处理或分析，因此需要采用智能分析技术将非结构化的视频数据转换成计算机能够识别和处理的结构化信息，并与视频帧建立索引关联，以便对视频内容进行快速搜索、比对、分析等，如图 1-22 所示。另外，借助大量摄像机提供的海量视频数据和视频分析服务器的强大计算功能，对视频内容按照语义关系，采用目标分割、图像识别、分类、跟踪等视觉处理方式，可以将信息浓缩成为可供计算机和人理解的结构化文本或可视化图像/视频摘要信息，即视频结构化。

图 1-22　智能视频分析技术

智能交通监控系统是智能视频监控的一个重要应用。例如，系统将监视区域内的现场图像传回指挥中心，使管理人员直接掌握车辆排队、堵塞、信号灯等交通状况，及时调整信号配时或通过其他手段来疏导交通，改变交通流的分布，以达到缓解交通堵塞的目的，如图 1-23 所示。其中前端摄像机采集实时图像后，通过视觉分析子系统分析车辆、车流、行人等特征信息，并将分析结果和图像/视频等信息发送至系统管理平台数据管理模块，应用服务模块负责监测和分析数据管理模块的数据状态，并为用户提供功能服务，也为其他系统提供服务接口以供调用对接。电子警察系统和高清智能卡口系统就是两类典型的城市智能交通监控系统。电子警察系统可以广泛应用在无人值守的路口、单行线、禁行线、限时限速道路、限车型车道、主辅路进出口、公交专用道、违章超速、压线、变道等处，利用科技手段对违章行为进行有力的监控和治理。高清智能卡口系统是平安城市系统的重要组成部分，安装在主干道路、主要出入口、高速公路、收费站等重点地段，实时对过往车辆进行记录与监控，对交通违法行为进行监测，并与路面监控有机结合起来，不仅能对受监控路面行驶的车辆通行信息、车辆外形、车牌号码、前排司乘人员面貌特征等进行全天候、不间断的自动采集、传输和处理，还为交通的顺畅和城市平安提供强大的技术保障。

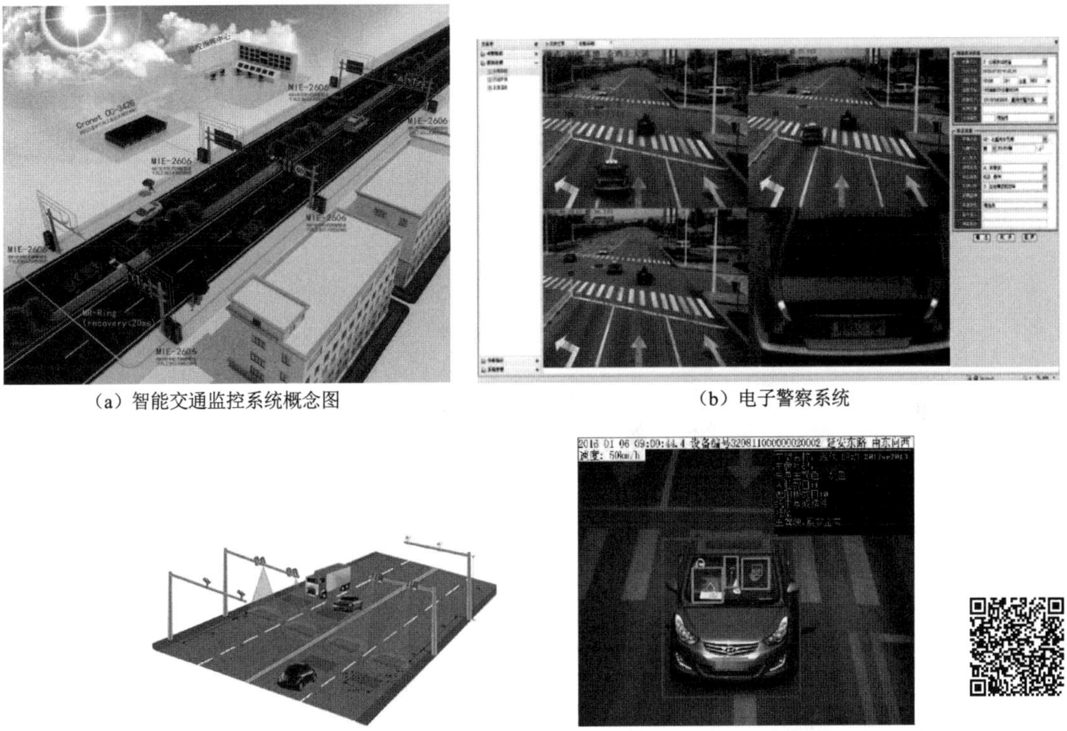

（a）智能交通监控系统概念图

（b）电子警察系统

（c）高清智能卡口系统

（d）机动车高清图像

图 1-23 智能交通监控系统

1.4.3 工业缺陷检测

质量控制是工业生产中的关键环节。然而，产品的划痕、斑点、孔洞等缺陷不仅会影响产品美观性和使用舒适度，还会降低使用性能。传统方法使用人工目视检查，效率低，人容易疲劳，且重复性差，置信度低。对于某些在发生故障时会产生危险后果的应用来说，人工检查也不可行。

图 1-24 展示了实际工业生产过程中，软包锂电池的不同类型表面缺陷，主要表现为划痕、露铝、凹痕、针孔、凹坑等。不同类型的缺陷在二维图像中拥有复杂且多样的表现，人工检查非常困难。

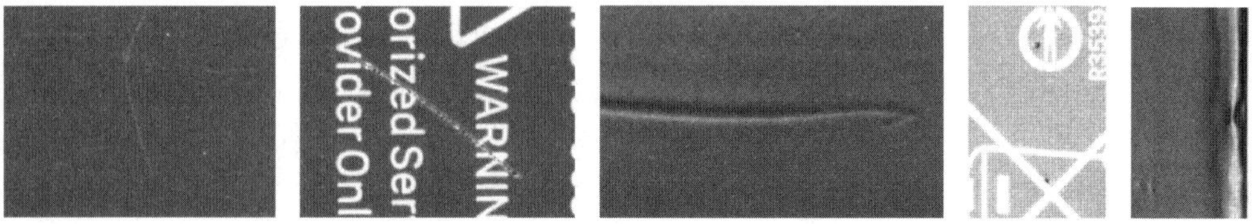

（a）划痕　（b）露铝　（c）凹痕　（d）针孔　（e）凹坑

图 1-24　软包锂电池表面缺陷示意图

机器视觉作为实现智能制造的关键技术手段，为替代人工目视检查、实现自动化的在线缺陷检测提供了有效途径。典型的工业缺陷检测系统包括光源、工业相机、图像处理中心等模块，如图 1-25 所示。光源模块提供对被测物体的光场照明。使用工业相机或其他图像采集硬件，可将放置在光场中的被测物体转换为图像并将其传输到计算机里。计算机上运行的图像处理中心，基于传统的图像处理算法或深度学习算法，对输入图像进行各种运算，提取特征，进行分类、定位、分割等操作。通过图像处理和分析，计算机可以自动理解、分析和判断被测物体是否存在缺陷。工业缺陷检测系统的主要评价指标是准确性、效率和鲁棒性，目标是高精度、高效率、强鲁棒性。为了实现这些目标，需要光源、工业相机、图像处理中心等模块的良好协作。

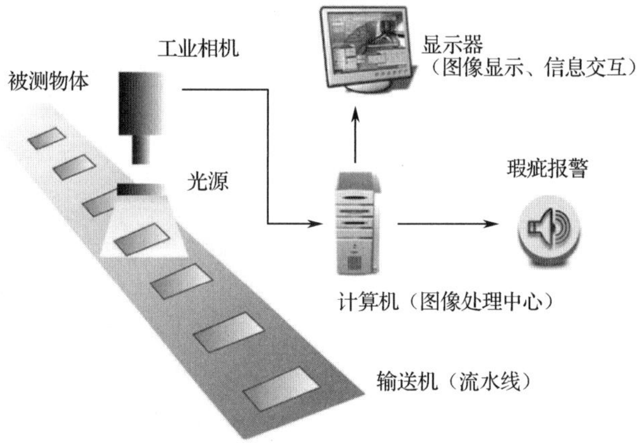

图 1-25　典型的工业缺陷检测系统

1.4.4 同时定位与建图

自动驾驶可提供安全的、自动化的驾驶体验，重塑了人们的出行交通和生活方式。对于自动驾驶来说，环境感知、路径规划及导航都需要同时定位和建图（Simultaneous Location and Mapping，SLAM）技术。SLAM 承载特定的传感器主体，在探索环境信息的情况下，在机器人操作的过程中对自己本身位姿进行估计，并且能够建立环境的信息。机器视觉是 SLAM 的主要感知方式之一，称为视觉 SLAM。目前，主流的视觉 SLAM 方法可分为基于滤波的方法和基于图优化的方法。基于滤波的方法更为简便，但计算准确性差，影响定位和建图的精度。因此，基于图优化的方法逐步成为主流。

ORB-SLAM 是视觉 SLAM 中最有代表性的一类算法。ORB-SLAM 算法主要由 3 个并行的线程模块组成，即跟踪、局部建图和回环检测，如图 1-26 所示，具体如下所述。

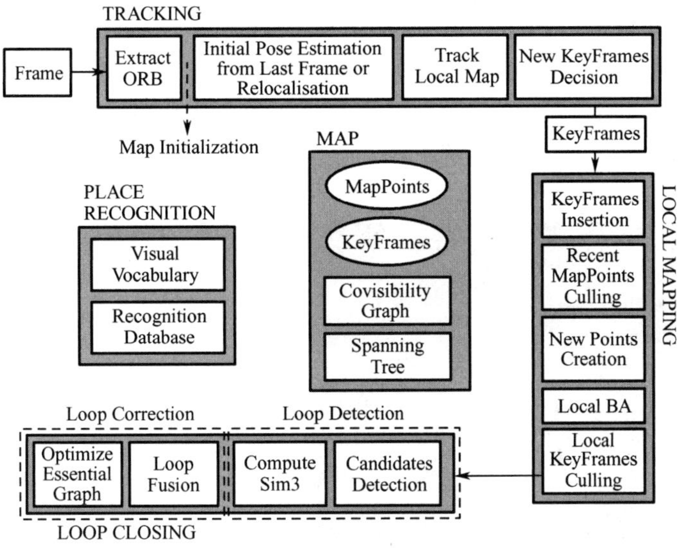

图 1-26 ORB-SLAM 系统线程与模块

1. 跟踪

线程输入为每帧图像，在未初始化时，尝试利用两帧图像进行初始化。初始化完成后，对获得的每帧图像，通过特征描述子实现图像特征点与局部地图点的有效匹配，运用光束平差法来最小化重投影误差，从而优化当前帧相机位姿，实现每帧图像采集时刻相机的跟踪和定位。满足特定条件时，将当前帧确定为关键帧。

2. 局部建图

线程的输入为跟踪线程插入的关键帧。基于新添加的关键帧，维护和拓展新的局部地图点，并运用光束平差法优化局部地图中所有关键帧的位姿及局部地图中的所有地图点。同时对关键帧进行筛选，剔除冗余关键帧。

3. 回环检测

线程的输入为经过局部建图筛选过的关键帧。将当前关键帧的词袋向量存入全局词袋数据库中，从而加速后续帧的匹配。同时检测是否存在回环，若存在则通过执行位姿图优化来优化全体关键帧位姿，抑制累积漂移误差。在位姿图优化完成之后，会临时发起一个独立线程执行全局光束平差法，来得到整个系统最优结构（地图点）和运动（关键帧位姿）的结果。

此外，在初始化构建地图时会临时发起两个线程分别求解单应矩阵和本质矩阵，执行完毕后自行停止；在每次执行完回环位姿图优化后，会在回环检测线程中临时发起一个线程，执行全局光束平差法进行优化，该线程在执行完毕后自行停止，或者被另一次全局光束平差法打断。

ORB-SLAM 算法在某室内办公室数据集上的运行效果如图 1-27 所示，使用的传感器为 RGB-D 深度相机。图 1-27（a）为点云建图结果，所建形状与真实办公室场景及结构一致。图 1-27（b）为估计位置点轨迹与真实轨迹对比，其中黑色为真实轨迹，蓝色为计算位置，二者非常接近，验证了 SLAM 算法的有效性。

作为基于图优化的代表方案，ORB-SLAM 算法可实时调整局部关键帧位姿和局部地图点在世界坐标系中的三维坐标，在系统误差范围内保证位姿变化的连贯性和平滑性。此外，该算法还通过各种约束条件和加速手段保证了系统的实时性和鲁棒性，并通过回环检测的方法进一步精细化修正全局地图和关键帧位姿，有效地提高了系统的性能和精度。当然，该算法也存在严重依赖特征点提取与匹配效果的不足，以及受光照及纹理缺失环境影响较大等问题，因此往往要通过与惯性、激光雷达等传感器进行融合以解决上述问题。

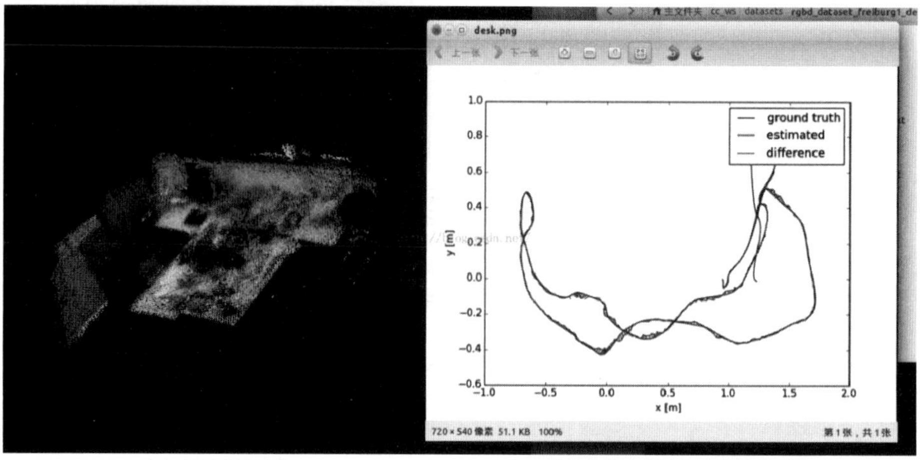

（a）点云建图结果　　（b）估计位置点轨迹与真实轨迹对比

图 1-27　室内场景关键帧计算与建图结果

1.5　本书内容组织与教学建议

1.5.1　内容组织

本书是一本便于教学和自学使用的入门式教程，而不是对机器视觉领域进行全面论述的著作，内容主要围绕经典 Marr 视觉计算理论框架和视觉的基本知识结构展开，强调视觉体系中各部分的基本原理、方法与应用。根据机器视觉的知识体系，本书主要内容分为四篇，即基本数字图像处理、特征提取与运动估计、视觉几何与三维重构、视觉系统实现与应用。图 1-28 展示了本书内容结构，从左至右为篇章划分，每篇的内容从上至下按顺序展开，箭头标识了对应内容的依赖关系。就本书整体而言，在第 1 篇中，第 2 章介绍数字图像的形成过程，第 3 章覆盖了机器视觉中必要的图像处理基本内容，第 4 章介绍图像的分割、标记与描述。第 2 篇包括特征提取和运动估计方法，它既建立在基本数字图像处理内容的基础上，也是后续 2.5 维视觉和三维重构的基础。其中，点和直线特征检测是后续位姿测量与重构的基础，而运动估计则为指定目标的跟踪提供手段。在第 3 篇中，第 7 章介绍基于单目视觉的位姿测量和相机标定方法，第 8 章介绍运动恢复结构、立体视觉与三维重构问题。这两章内容构成 2.5 维视觉和三维视觉的核心。在第 4 篇中，第 9 章介绍机器视觉系统实现的相关内容，包括机器视觉软硬件及算法平台实现。第 10 章围绕 ImageNet 图像大数据与视觉识别、火星探测车等典型应用介绍实际视觉系统。

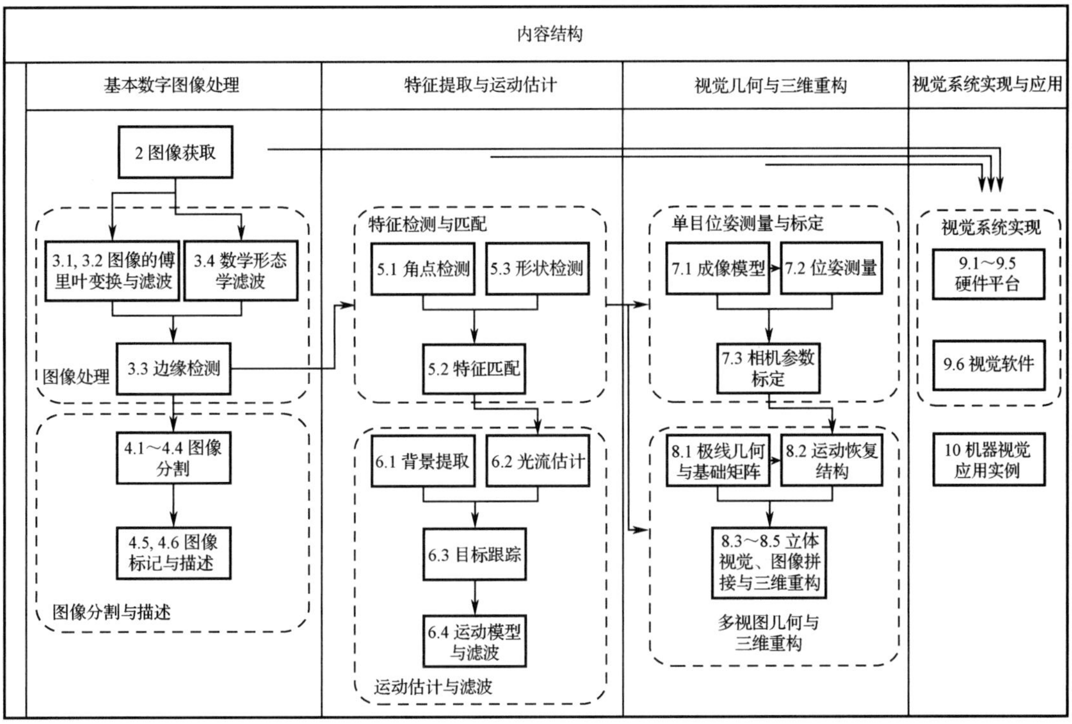

图 1-28　本书内容结构

1.5.2 教学建议

本书可供高等学校计算机、自动化、电子工程等专业的高年级本科生和研究生使用。按每周 2 次、每次 2 课时计算，8 周时间可把书中的基本内容讲述完毕。表 1-1 给出了针对高年级本科生的课程大纲，无须学习数字图像处理或类似先导课程。表 1-2 给出了针对研究生的课程大纲。对研究生课程而言，假设之前已学过数字图像处理相关课程，因此第 2～4 章内容更多为总结回顾，整体讲述比本科生安排更为深入，进度也更为紧凑。

表 1-1　高年级本科生课程大纲

课　次	对 应 章	具 体 章 节
1	第 1 章	全部
2	第 2 章 I	2.1，2.2
3	第 2 章 II	2.3.1，2.3.2，2.4
4	第 3 章 I	3.1，3.2
5	第 3 章 II	3.3
6	第 4 章 I	4.1.1，4.1.2
7	第 4 章 II	4.2，4.6
8	第 5 章 I	5.3
9	第 5 章 II	5.1.1，5.1.2
10	第 6 章	6.1

续表

课　次	对 应 章	具 体 章 节
11	第 7 章 I	7.1，7.2.1 引子
12	第 7 章 II	7.2.1，7.2.2
13	第 8 章 I	8.1，8.2
14	第 8 章 II	8.3，8.5
15	第 9 章	9.1～9.6 简述
16	第 10 章	选讲

表 1-2　研究生课程大纲

课　次	对 应 章	具 体 章 节
1	第 1 章	全部
2	第 2 章	内容整体回顾
3	第 3 章 I	3.1～3.3 内容整体回顾；3.4
4	第 4 章 I	4.1，4.2，4.3
5	第 4 章 II	4.4，4.5，4.6 简述
6	第 5 章 I	5.1.1～5.1.3
7	第 5 章 II	5.1.5，5.1.6，5.2
8	第 6 章 I	6.2
9	第 6 章 II	6.3，6.4
10	第 7 章 I	7.1，7.2
11	第 7 章 II	7.3
12	第 8 章 I	8.1，8.2
13	第 8 章 II	8.3，8.5
14	第 9 章 I	9.1-9.3
15	第 9 章 II	9.4-9.6
16	第 10 章	选讲

第1篇
基本数字图像处理

第2章
图像获取

机器视觉以数字化的图像和视频作为输入，因此视觉感知、图像的采集及传输是整个视觉处理过程的起点。类比人类视觉，我们的关注点在于如何感知环境光照及颜色，如何形成数字图像和数字视频，以及这些内容如何传输到数字图像处理及终端显示设备上，重新形成人们可以看到的图像。根据这一过程，本章首先简述人眼结构与视觉特性，这也是数字感知设备构建的依据。然后介绍光通量、照度及颜色模型等概念。进一步围绕图像采集设备，主要介绍目前广泛使用的CCD 和 CMOS 传感器，以及新出现的深度相机。最后介绍数字视频标准，以及视频的传输接口与显示。本章内容为后面的数字图像处理内容提供了基础，同时也是后面数字化图像和视频输入的来源。

2.1 人类视觉感知

机器视觉的基本思想来自人类的视觉感受和认知机制。因此，有必要先了解人类的视觉感知机理。

2.1.1 人眼结构

人眼可感知直接来自太阳等光源发射或被其他物体反射的光子，具体来说，可感知 380～780nm（384～790THz）部分辐射的电磁波。之所以在这个范围内，是因为它对人类寻找食物、检测威胁和配偶等方面有用。人眼在光谱的绿色区域具有 555nm 左右的峰值灵敏度，因为在地表生活区域绿叶覆盖，主要反射 550～560nm 的绿色光。

人眼在可感知的亮度范围内以近似对数而非线性的方式感知亮度，并且可看到光谱中不存在的颜色，如粉红和品红色。

人眼是一个充满液体的近似球体，如图 2-1 所示。

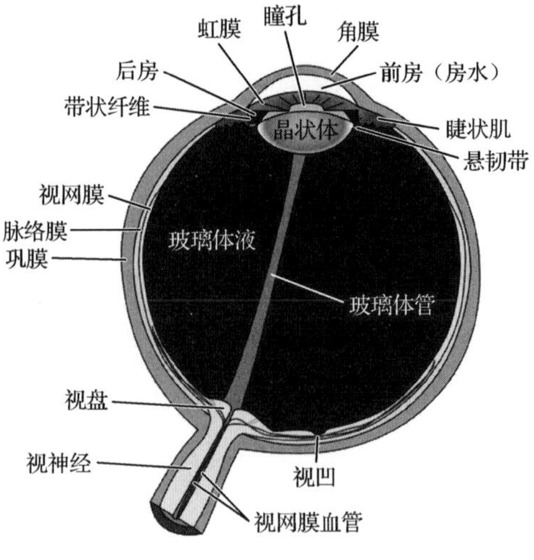

图 2-1　人眼结构

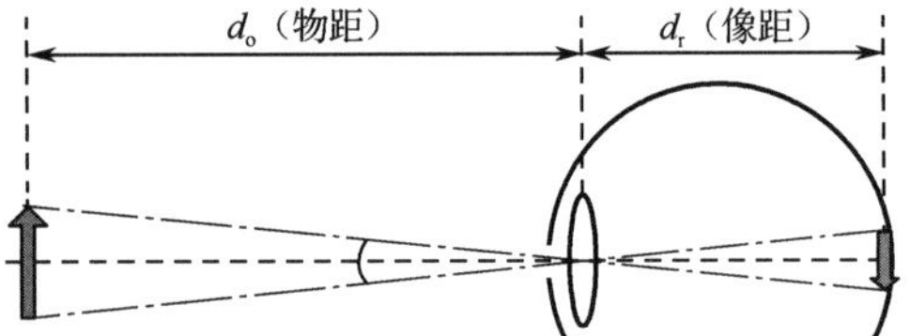

图 2-2　晶状体焦距示意图

将人眼类比为相机，则晶状体、瞳孔和视网膜分别是镜头、光圈和成像传感器。晶状体是位于瞳孔后面的透明结构，与角膜结合，折射入射光，将其聚焦在视网膜上。对于远处的物体，睫状肌会调节自己变薄，而对于近处的物体，会变厚。晶状体可以改变焦距，使人们能够观察不同距离的物体，如图 2-2 所示。瞳孔是控制有多少光进入眼睛并在更明亮的环境中会变小的光圈。瞳孔仅以大约 16 : 1 的因子进行调节（从直径 2mm 扩展到 8mm）。人类能够适应 8～9 个数量级亮度变化的光照水平，除瞳孔的调节外，大部分补偿是由感光体和大脑其他区域在视网膜中完成的。

视网膜则可将照射其上的光转化为电脉冲。视网膜中约有 1.3 亿个传感器细胞，包括 1.25 亿个视杆细胞和 600 万～700 万个视锥细胞，这些细胞的分布如图 2-3 所示。其中，视杆细胞主要负责暗视觉，视锥细胞则主要负责明视觉和色觉。人眼对色彩的感知通过视锥细胞完成。视锥细胞有三类，分别对应三种不同颜色的感应：约 65%对应红色，约 33%对应绿色，约 2%对应蓝色，其归一化吸收曲线如图 2-4 所示。在日光条件下，人眼对 555nm 的波长最敏感，因此该波长的绿光会产生最高“亮度”的印象；在夜间，该峰值移动到约 507nm 处。

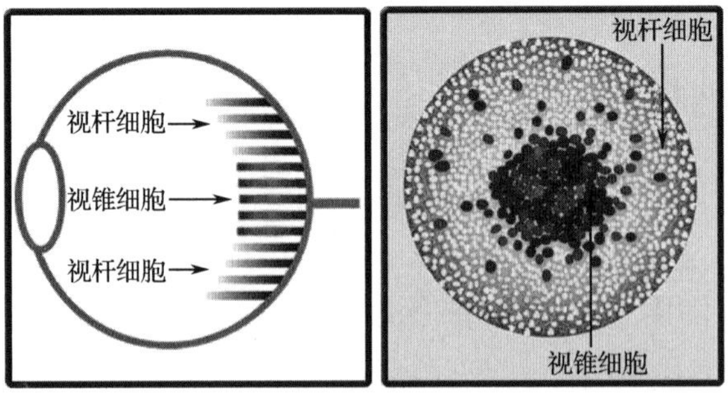

图 2-3　人眼的视锥细胞和视杆细胞

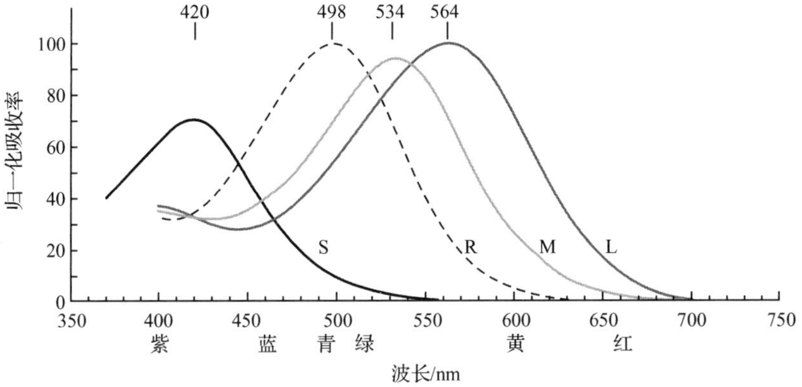

图 2-4　以波长为函数，人眼中的红色、绿色和蓝色视锥细胞对光的归一化吸收曲线

2.1.2 视觉特性

人类视觉感知不仅取决于人眼结构，还与大脑神经处理过程密切相关。下面主要介绍视觉关注、亮度及对比敏感度、视觉掩盖、视觉内在推导机制四个特性。

1．视觉关注

在各类复杂场景中，人类视觉总能快速定位重要的目标区域并进行准确分析，对其他区域则有意忽视，这种主动选择的机制称为视觉关注。视觉关注包括客观内容驱动的自底向上关注和主观命令指导的自顶而下关注。自底向上关注主要与图像内容的显著性相关，那些与周围区域具有较大差异性的目标更容易得到视觉关注。自顶而下关注则受意识支配，可将视觉关注强行转移到某一特定区域。视觉关注机制可极大提升人类视觉处理效率和视觉记忆能力。

2．亮度及对比敏感度

人眼对光强度具有自适应调节功能，即能通过调节感光灵敏度来适应范围很广的亮度，因此人眼对外界目标亮度的感知更多依赖于目标与背景之间的亮度差。人眼能感受的亮度范围约为 10^{-3}～10^{6}cd/m^2，具体范围由环境平均光照决定。当平均亮度良好时（亮度范围约为 10～10^{4}cd/m^2），能分辨的最大和最小亮度比为 1000 : 1（当亮度为 1000cd/m^2 时具有最好的识别能力）；当平均亮度很暗时，可分辨的最大和最小亮度比不到 10 : 1。人对不同颜色的敏感度也不相同。例如，将人眼对黄绿色的比视感度（对比灵敏度）设为 100%，则对蓝色和红色的比视感度（对比灵敏度）只有 10%左右。在很暗的环境（亮度低于 10^{-2}cd/m^2）中，如无月光的夜间野外，人眼中敏感颜色的视锥细胞将失去作用，视觉功能由视杆细胞产生，此时人眼成为“黑白相机”，仅能敏感灰度。

同时，人类视觉可直接敏感边缘信息。由于人类视觉的特性，人眼无法分辨一定程度以内的边缘模糊，这种对边缘模糊的分辨能力称为对比敏感度。

3．视觉掩盖

视觉信息之间的相互作用或相互干扰将引起视觉掩盖效应，即人眼无法感知到被掩盖的信息。视觉掩盖包括如下几种。

（1）对比度掩盖：由于边缘存在强烈的亮度变化，人眼对边缘轮廓敏感，而对边缘的亮度误差不敏感。

（2）纹理掩盖：图像纹理区域存在较大的亮度及方向变化，人眼对该区域信息的分辨率下降。

（3）运动掩盖：视频序列相邻帧间内容的剧烈变动（如目标运动或者场景变化），导致人眼分辨率的剧烈下降。

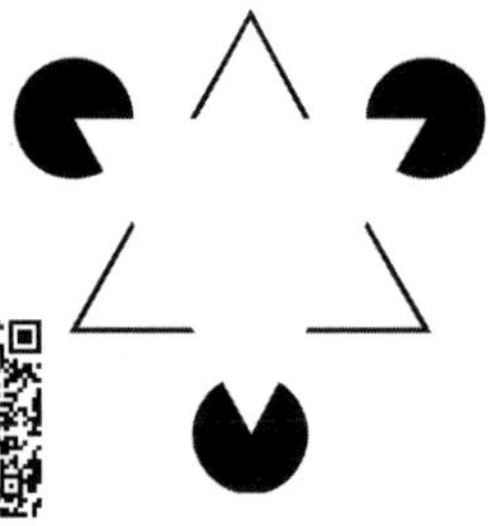

图 2-5　格式塔视觉原理示例

4．视觉内在推导机制

研究指出，人类视觉系统并非仅根据入眼信息完成视觉感知，而是存在一套内在的推导机制去解读输入。对于待识别的输入场景，人类视觉系统会根据大脑中的记忆信息来推导、预测其视觉内容，同时那些无法理解的不确定信息将会被丢弃。格式塔视觉原理指出，人会倾向于将相似的视觉元素组合到一起，在大脑中形成一个整体。如图 2-5 所示，人会很明显地“看”出图中间的白三角形，这是大脑自动组织和封闭的结果。

2.2　照明和颜色

光是视觉感知的来源，有了光照，才可进一步产生缤纷多彩的世界。下面先介绍照明，再讨论颜色。

2.2.1　照明

照明的强弱取决于光的能量。该能量用光通量度量，光通量是光能量辐射的功率，单位是流明（lm）。与人们感受到的光强直接相关的是发光强度，定义为以特定方向辐照到单位立体角上的光通量，单位是坎德拉（cd）。照度（或称辐照度）则衡量了单位面积上接收到的可见光的光通量，单位是勒克斯（lx）。光通量、发光强度和照度构成了光度学的基本概念，如图 2-6 所示。

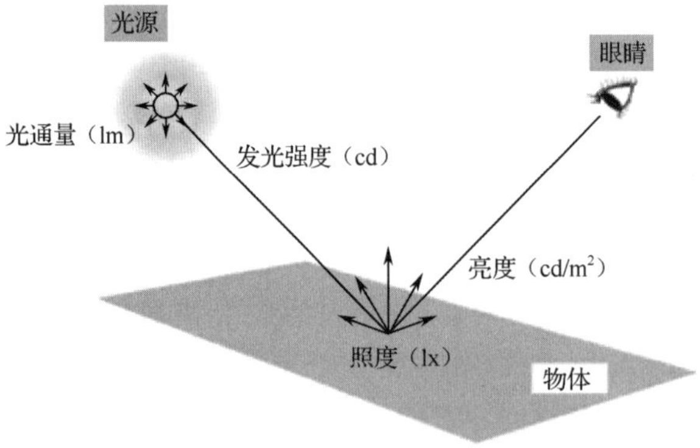

图 2-6　光度学基本概念示意图

1．光通量

光通量指人眼所能感觉到的辐射功率，它等于单位时间内某一波段的辐射能量和该波段的相

对视见率的乘积。光通量用符号 ϕ 表示，对应于波长 λ_i 的单色光通量定义为

$$\phi(\lambda_i) = P_\lambda(\lambda_i) \cdot V_s(\lambda_i) \tag{2-1}$$

其中，$P_\lambda(\lambda_i)$ 为辐射功率，表示单位时间内物体表面单位面积上所发射的对应于波长 λ_i 的总辐射能量；$V_s(\lambda_i)$ 为相对视见率函数。如前所述，人眼对于波长 $\lambda = 555\text{nm}$（环境很暗时为 507nm）的光线最为敏感，此时的相对视见率为 1；当 λ 为其他值时，$V_s(\lambda)$ 均小于 1。

可见光的光通量 ϕ 定义为

$$\phi = 680\int_{380}^{780} P_\lambda(\lambda) \cdot V_s(\lambda)\mathrm{d}\lambda \tag{2-2}$$

其中，380～780nm 是人眼能够敏感到的可见光波长范围。

光通量的单位在理论上相当于电学单位瓦特（W），在光度学中，其专有的国际单位为流明（lm）。1lm 等于波长为 555nm 的单色光源辐射出 1.46mW 的能量，即

$$1\text{lm} = 0.00146\text{W}$$

表 2-1 列出了典型光源的光通量。

表 2-1　典型光源的光通量

光　源	光　通　量	说　明
太阳	3.566×10^{28}lm	
烛光	12.56lm	根据定义，1lm 在数值上等于在某一方向上的发光强度为 1cd 的点光源（烛光）在该方向上的单位立体角（对应 $\frac{1}{4\pi}$）内传送出的光通量
白炽灯/卤钨灯	12～24lm/W	根据定义，100W 的白炽灯可产生 1200～1500lm 的光通量，其余能量转换为热能和非可见光频谱对应的电磁波
荧光灯和气体放电灯	50～120lm/W	气体放电灯，如钠灯、汞灯和金属卤化物灯等，具有比白炽灯更高的照明效率
LED 灯	110～150lm/W	新型 LED 器件具有更高的照明效率，且寿命长、光效高、无辐射、功耗低，因此得到广泛应用

2. 发光强度

发光强度简称光强，表示光源在单位立体角内的光通量。光强用符号 I 表示，国际单位为坎德拉（cd）。光强代表光源在不同方向上的辐射能力，即光源所发出的光的强弱程度。1lm=1cd·sr，其中 sr 是球面度。

3. 照度

照度定义了单位面积上所接收可见光的光通量，用于指示光照的强弱和物体表面积被照明的程度，定义为

$$E = \mathrm{d}\phi/\mathrm{d}S \tag{2-3}$$

其中，S 为被照射物体的表面面积。照度的国际单位是勒克斯（lx），$1\text{lx}=1\text{lm/m}^2$。表 2-2 列出了自然光照下典型环境中的照度。

表 2-2　自然光照下典型环境中的照度

环　境	照度（lx）
黑夜	0.001～0.02
月夜	0.02～0.2

续表

环　　境	照度（lx）
阴天室内	5～50
阴天室外	50～500
晴天室内	100～1000
适合阅读的照度	300～750
晴天室外	1000～10000

我们看到的物体表面的亮度为反射辐射强度，其分布取决于入射光照度的分布和物体表面在该点处的反射系数函数，其一般关系可描述为

$$C(\boldsymbol{l},\boldsymbol{v},\boldsymbol{x},\boldsymbol{n},t,\lambda)=r(\boldsymbol{l},\boldsymbol{v},\boldsymbol{x},\boldsymbol{n},t,\lambda)\cdot E(\boldsymbol{l},\boldsymbol{x},\boldsymbol{n},t,\lambda) \tag{2-4}$$

其中，$\boldsymbol{l}$ 是照明方向；$\boldsymbol{x}$ 是物体表面的位置；$\boldsymbol{v}$ 是连接 $\boldsymbol{x}$ 与观测点中心的观测方向；$\boldsymbol{n}$ 为位置 $\boldsymbol{x}$ 处的表面法向量；E 为入射光照度；标量函数 r 定义了反射光光强与入射光光强之间的比值，称为反射系数。$E(t,\lambda)$ 代表时刻 t 环境光的光强，λ 是光的波长。

反射系数由物体的光学特性决定。两个极端的情况是漫反射和镜面反射。漫反射在所有方向上具有相等的能量分布，仅呈现漫反射的表面称为朗伯表面；镜面反射则在入射光的镜像方向上光强最大。表 2-3 列出了一些常用表面的反射系数。

表 2-3　一些常用表面的反射系数

表　　面	反 射 系 数
纯黑体	0
黑天鹅绒	0.01
灰色套装	0.07～0.14
粗糙的混凝土	0.20～0.30
磨光大理石	0.30～0.70
不锈钢	0.65
粉刷的白墙面	0.80
镀银器皿	0.90
白雪	0.93
理想镜面	1

假设物体表面不透明，并且照明及观测方向不变，则反射辐射强度的分布可简化为

$$C(\boldsymbol{x},\boldsymbol{n},t,\lambda)=r(\boldsymbol{x},\boldsymbol{n},t,\lambda)\cdot E(\boldsymbol{x},\boldsymbol{n},t,\lambda) \tag{2-5}$$

进一步，如果入射光为平行光（或当光源远离物体表面时），物体表面为漫反射（此时 r 与方向无关）且时不变，则有

$$C(\boldsymbol{x},\boldsymbol{n},\lambda)=r(\boldsymbol{x},\lambda)\cdot E(\boldsymbol{n},\lambda) \tag{2-6}$$

此时我们看到的亮度仅与物体观测该点位置及在该点的法线方向有关。

2.2.2 颜色与颜色模型

我们生活的世界充满颜色。颜色的本质是什么？如何对它进行建模和描述？下面将回答这些问题。

1. 颜色与三原色

在整个电磁频谱中，可见光只占其中很小的一部分，由波长为 380～780nm 的电磁波构成，如图 2-7 所示。比红色波长更长的一端包括红外线、微波等电磁波；比紫色波长更短的一端则包括 X 射线、γ 射线等。虽然机器视觉的处理目标仅是可见光波段，但在很多其他波段，如 X 射线、红外线甚至更短波长的射线等，都广泛采用了可见光视觉的处理方式。

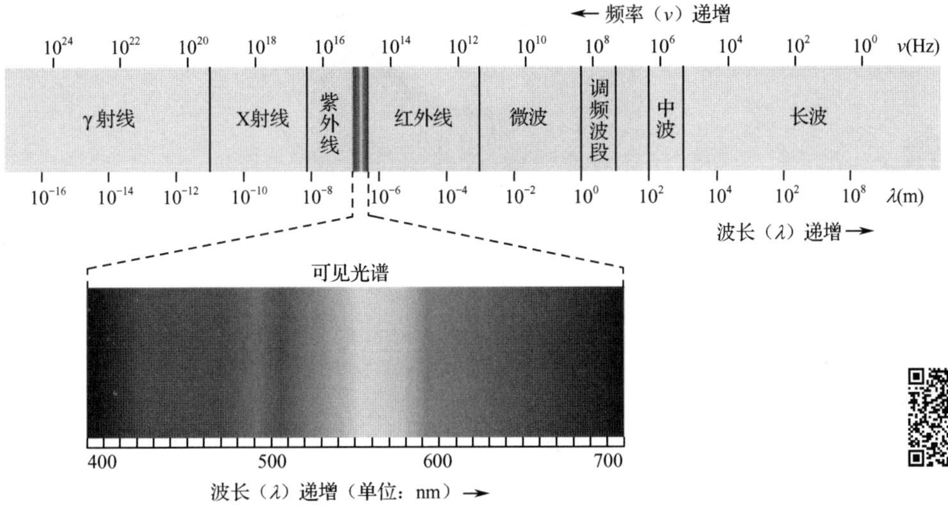

图 2-7　电磁波及可见光波段组成

尽管每种颜色的波长各不相同，但人眼细胞构造和吸收特性决定了所看到的彩色是红、绿、蓝三种颜色的组合，因此我们将红色、绿色、蓝色称为三原色。CIE（国际照明委员会）据此在 1931 年制定了三原色标准，每种颜色对应的中心频率分别是，蓝色=435.8nm，绿色=546.1nm，红色=700nm。

2. 三基色原理及颜色模型

早在 1855 年，Maxwell 就已提出彩色混合的三基色原理，即大多数颜色可由适当选择的三种基色混合产生。令 C_k（$k=1,2,3$）代表三基色，C 是任意一种给定的颜色，则

$$C=\sum_{k=1}^{3}T_k C_k \tag{2-7}$$

其中，T_k 是对应三基色 C_k 所需的量值，称为三色激励值。

红、绿、蓝三原色即 RGB 三基色，是最常见的基色选择方式，在绘画、图像显示设备等领域广泛应用。三种基色以不同比例混合，可形成几乎任意颜色，如图 2-8（a）所示。从图中明显可见，三种基色等量混合将形成白色；这也等价于两种基色混合后再加入第三种基色，如蓝色和绿色混合形成青色，青色再与红色混合形成白色。事实上，将式（2-7）简单变换，即有

$$T_3C_3=C-\sum_{k=1}^{2}T_k C_k \tag{2-8}$$

当 C 为白色时，$\sum_{k=1}^{2}T_k C_k$ 形成的混色形象地称为 C_3 的补色。例如，青色即红色的补色。

基于式（2-8），任意一种颜色又可在三原色坐标系下表达。想象构建一个基于 RGB 三基色的立方体，其中各轴分别为归一化的 RGB 值，如图 2-8（b）所示。其中，RGB 三基色分别位于

3 个角上，它们的补色青色、品红和黄色分别位于另外 3 个角上，黑色位于原点处，白色位于离原点最远的角上，构建的 RGB 颜色模型如图 2-8（c）所示。在该模型中，灰度（三基色激励值相等的点）沿着直线从黑色延伸到白色，不同颜色位于立方体上或立方体内部的点处。

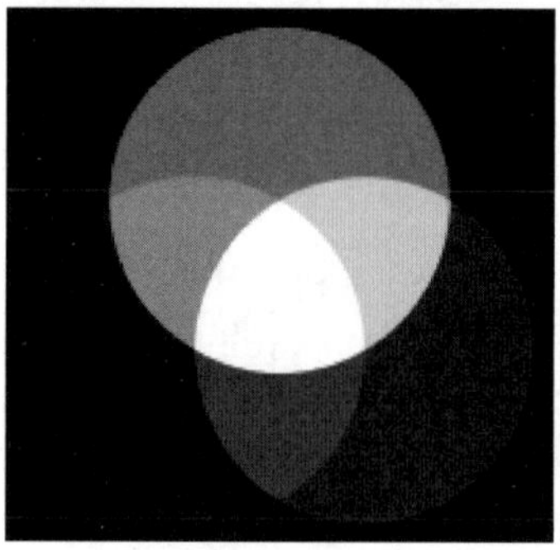

（a）RGB三基色

（b）RGB 24bit彩色立方体

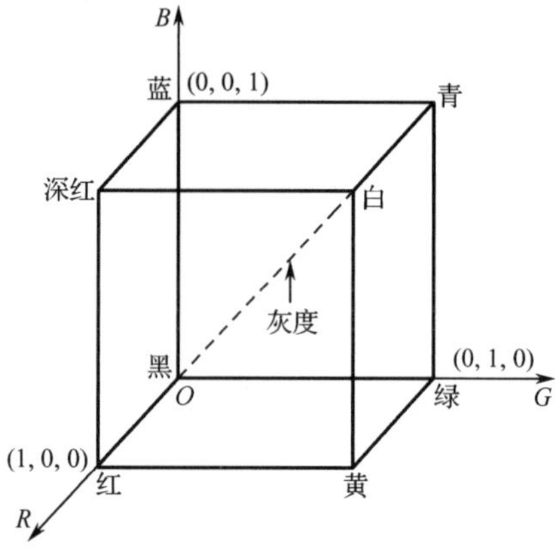

（c）RGB颜色模型

图 2-8　RGB 三基色

三基色的选择并非唯一，取决于要处理的问题和光源特性。当感受的颜色直接来自光源，如显示器、LED 灯等，RGB 三基色是一种普遍采用的方式。当我们看到衣服、物品等时，颜色的感知来自这些物体对光线的反射，我们看到颜色是因为物体表面的材料吸收了其他相应频段的光线。此时经常用到的颜色模型为 CMY 或 CMYK，即补色模型。对于 RGB 三基色，其对应的补色分别为青色（Cyan）、品红色（或称品，Magenta）和黄色（Yellow）。CMYK 补色模型如图 2-9 所示。图 2-9（a）中，任意颜色由青、品、黄三种补色产生，三种补色等量混合产生黑色；图 2-9（b）展示了不同的颜色及对应的补色关系。另外，在服装及印刷等行业中，普遍使用黑色，但通过三种补色混合产生黑色既不经济，黑色纯度也很难控制，因此在 CMY 三补色的基础上加入了黑色分量，形成 CMYK 补色模型。

3. HSI 颜色模型

RGB 颜色模型从生理学角度很好地模拟了人眼感受颜色的方式，但无法很好地解释人类对颜色的认知。例如，感觉上红色和紫色更为接近，虽然它们出现在可见光谱距离很远的两端；同一场景的黑白照片看起来往往比彩色照片更为“清晰”，虽然它们包含的信息实际上更少。色调（Hue）、饱和度（Saturation）及亮度（Intensity）是一种更符合人类颜色认知的表达方式。色调描述一种纯色（如纯黄色或纯红色）的颜色属性；饱和度描述颜色的纯正或鲜艳程度，取决于颜色中混入其他波长光的数量；亮度表征无色的光强。

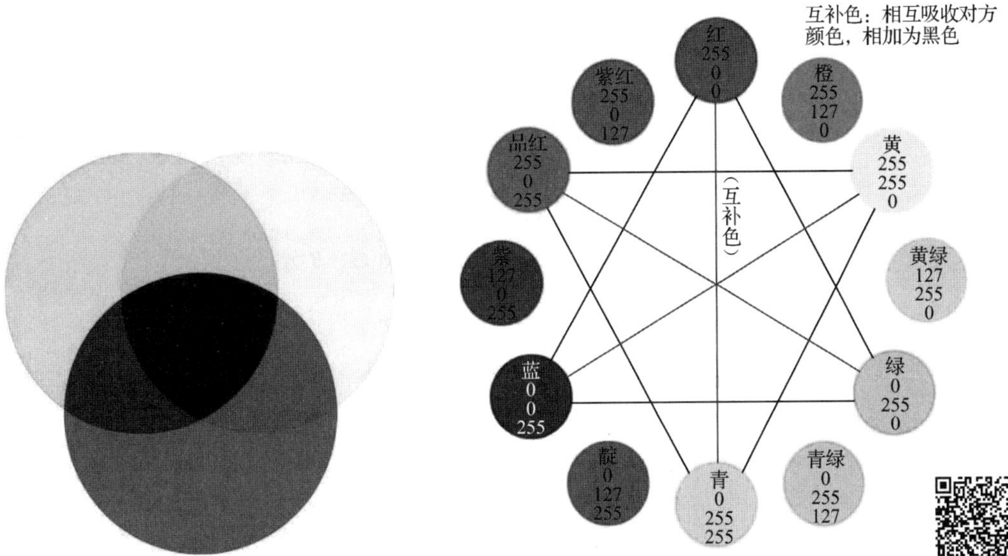

（a）CMY补色　　（b）原色及补色

图 2-9　CMYK 补色模型

HSI 颜色模型可用双圆锥模型表示，如图 2-10 所示。每一个横截圆对应某一亮度定值 I 下的颜色表达，圆内的一点对应特定颜色，该点到原点的距离对应饱和度，该点到原点连线形成的辐角对应色调，取值范围为 $0\sim2\pi$ ，按顺序分别对应红色至紫色间的各颜色。

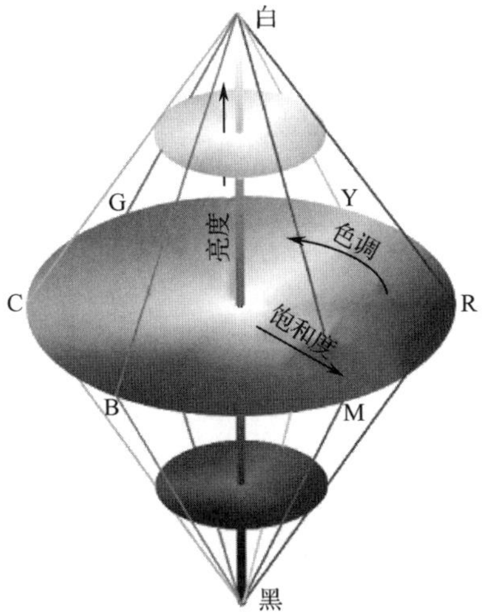

图 2-10　HSI 颜色模型

RGB 和 HSI 颜色模型可进行相互转换。给定一幅 RGB 格式的图像，假设其中 R、G、B 分量已归一化到区间[0,1]内，则对应的 H、S、I 分量计算如下：

$$H=\begin{cases}\theta, & B\leqslant G\\ 360^\circ-\theta, & B>G\end{cases} \tag{2-9}$$

其中，

$$\theta = \arccos\left\{\frac{\frac{1}{2}[(R-G)+(R-B)]}{[(R-G)^2+(R-B)(G-B)]^{\frac{1}{2}}}\right\}$$

$$S = 1-\frac{3}{R+G+B}\cdot\min(R,G,B)$$

$$I = \frac{1}{3}(R+G+B)$$

类似地，给定归一化的 HSI 颜色模型表达，则对应 R、G、B 分量计算如下：

（1）$0^\circ \leqslant H < 120^\circ$：

$$\begin{gathered} B = I(1-S) \\ R = I\left[1+\frac{S\cos H}{\cos(60^\circ - H)}\right] \\ G = 3I-(R+B) \end{gathered} \tag{2-10}$$

（2）$120^\circ \leqslant H < 240^\circ$：

$$\begin{gathered} H = H-120^\circ \\ R = I(1-S) \\ G = I\left[1+\frac{S\cos H}{\cos(60^\circ - H)}\right] \\ B = 3I-(R+G) \end{gathered} \tag{2-11}$$

（3）$240^\circ \leqslant H < 360^\circ$：

$$\begin{gathered} H = H-240^\circ \\ G = I(1-S) \\ B = I\left[1+\frac{S\cos H}{\cos(60^\circ - H)}\right] \\ R = 3I-(R+G) \end{gathered} \tag{2-12}$$

下面以一幅实际图像为例，观察对应的 H、S、I 分量。图 2-11（a）所示为 Lena 图像原图，1973 年南加州大学 Sawchuk 首次将其引入图像处理领域，其已成为使用最为广泛的测试图像。该图对应的 H、S、I 分量分别在图 2-11（b）～（d）中给出，注意各图用灰度表示对应分量的强弱。

（a）原图　（b）H 分量　（c）S 分量　（d）I 分量

图 2-11　Lena 图像的 HSI 分量表示

4．YUV 与 YCbCr 颜色模型

YUV 颜色模型是一类将亮度分量与色度分量分离表达的颜色模型，其中，Y 为亮度通道，U

和 V 为色度通道。YUV 颜色模型在彩色电视信号传输中使用，可以很好地解决彩色与黑白电视机的兼容问题。YCbCr 颜色模型则是 YUV 颜色模型的一种变体，目前在数字图像和视频表达中广为使用。其中，Y 表示亮度，C_b 反映的是 RGB 输入信号蓝色部分与 RGB 信号亮度值之间的差，C_r 则反映的是红色部分与亮度之间的差。设 R'、G'、B'为经过 Gamma 校正（参见 2.4.2 节）的 R、G、B 分量，则 YCbCr 颜色模型与 RGB 颜色模型之间的换算关系如下：

$$\begin{bmatrix} Y_{601} \\ C_b \\ C_r \end{bmatrix} = \begin{bmatrix} 0.257 & 0.504 & 0.098 \\ -0.148 & -0.291 & 0.439 \\ 0.439 & -0.368 & -0.071 \end{bmatrix} \begin{bmatrix} R' \\ G' \\ B' \end{bmatrix} + \begin{bmatrix} 16 \\ 128 \\ 128 \end{bmatrix} \tag{2-13}$$

$$\begin{bmatrix} R' \\ G' \\ B' \end{bmatrix} = \begin{bmatrix} 1.164 & 0.000 & 1.596 \\ 1.164 & -0.391 & -0.813 \\ 1.164 & 2.018 & 0.000 \end{bmatrix} \begin{bmatrix} Y_{601}-16 \\ C_b-128 \\ C_r-128 \end{bmatrix}$$

其中，Y_{601} 表示该标准在 ITU-R BT.601 中确定。

由于应用领域需求和关注点的不同，除前面介绍的模型外，还存在 YPbPr、YIQ、HSV 等多种颜色模型。各模型之间可相互转换。

2.3 视觉信息获取

如同人类依赖眼睛获取图像，机器依赖视觉信息获取装置实现从场景图像到电信号的转换，并传输给信号处理装置实现进一步的处理和分析。根据观察目标大小和性质的不同，人类发明了相机、望远镜、显微镜、透视仪等各类光学设备，但图像获取一般都采用 CCD 或 CMOS 传感器。

2.3.1 CCD 与 CMOS 传感器

CCD（Charge-Coupled Device，电荷耦合器件）由美国贝尔实验室的 Willard Boyle 和 George Smith 在 1969 年发明。CCD 传感器由二维传感器阵列组成，每个最小构成单元都是一个二极管，对应一个像素。CCD 传感器先存储接收到的光子，将到达的光信号转换为电信号，再将各单元存储的电荷输出。

整个过程可用区域降雨类比，如图 2-12 所示。为便于查看，图 2-12（a）、（b）、（c）中的传感阵列旋转了 90°，因此图中的一列实际上为传感器中的一行。图 2-12（a）中，用落下的雨滴类比入射到传感阵列上的光子。传感阵列各单元并行接收入射光子，如同水桶收集雨滴。图 2-12（b）中，一整列存储被并行移动到右侧的串行桶阵列中。图 2-12（c）中，该列各单元被顺序移至校准测量容器中，最终被放大输出。该列转移完成后，下一列继续，直至所有图像列转移完成。图 2-12（d）中，输出的模拟信息使用模数转换器数字化，并最终在显示设备上显示。

CMOS 传感器是一类广为应用的数字图像传感器，近年来得到迅速发展，已逐步取代 CCD 传感器成为主流。CMOS 传感器在光检测方面与 CCD 传感器相同，都利用了硅的光电效应原理，不同点在于产生电荷的读出方式。如图 2-13 所示，CCD 传感器各单元电荷需逐一导出，并在输出节点转换为电压。CMOS 传感器则在每个单元上实现电荷到电压的转换，并通过行允许线和位线实现不同单元的快速寻址，因此可实现更快的图像刷新帧率。另外，CMOS 传感器从原理上需要在一个感光单元区域内集成更多器件，因此填充率不如 CCD 传感器，导致成像效果稍差，但现在利用背照式等技术已使这一问题得到极大改善。图 2-14 展示了 CCD 传感器和 CMOS 传感器。

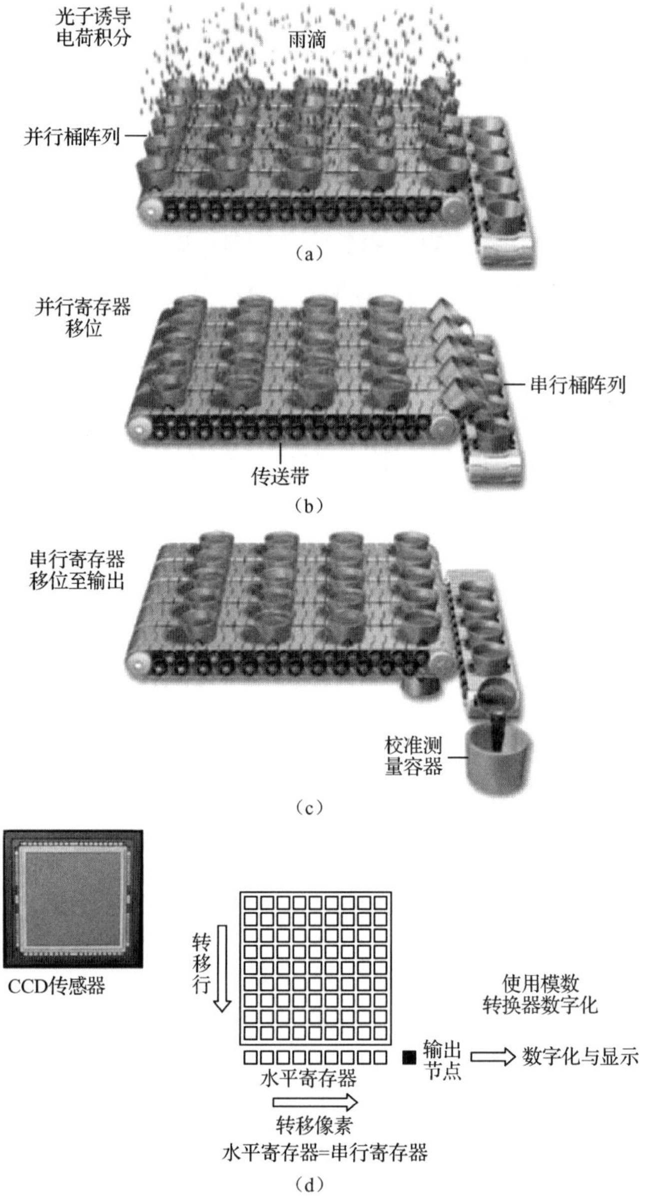

图 2-12　CCD 传感器工作过程

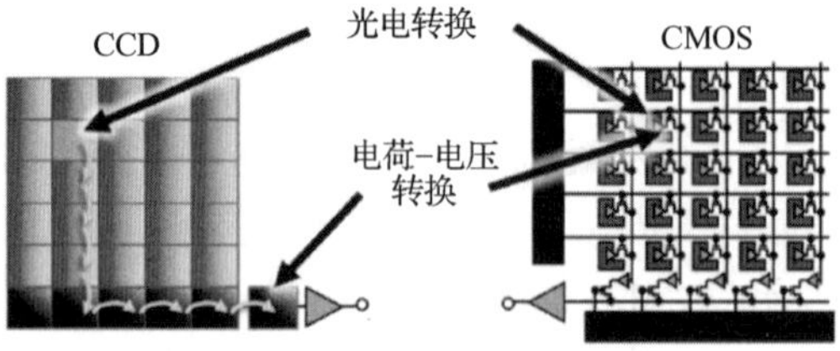

图 2-13　面阵式 CCD 与 CMOS 传感器原理对比

（a）CCD 传感器

（b）CMOS 传感器

图 2-14　CCD 传感器和 CMOS 传感器

下面介绍图像传感器的参数，主要包括尺寸、分辨率、灵敏度、动态范围等。

1. 尺寸

尺寸是图像传感器的重要参数之一。在同等分辨率的前提下，大尺寸的传感器感光效率更高，热噪声更低，因此成像效果更好。由于制造成本及标准化要求，不能任意选择传感器尺寸，而是定义了一些标准尺寸。按传感器感光平面大小即靶面的对角线长度，常见图像传感器尺寸如表 2-4 所示。其中，1 英寸及以上尺寸的传感器通常称为“大底”，更多地在专业数码相机和成像设备中使用。图 2-15 给出了不同尺寸 CCD 传感器的对比示意图。

表 2-4　常见图像传感器尺寸

尺 寸 名 称	宽×高/mm^2	对角线长度/mm
中画幅（645）	56×41.5	69
135 全画幅	36×24	43
APS-C	24×16	29
4/3 英寸	18×13.5	22
1 英寸	12.7×9.6	16
2/3 英寸	8.8×6.6	11
1/1.8 英寸	7.18×5.32	9
1/2 英寸	6.4×4.8	8
1/2.5 英寸	5.76×4.29	7.2
1/3 英寸	4.8×3.6	6
1/4 英寸	3.2×2.4	4

注：中画幅具有多种尺寸，表中仅给出 645 的对应值。

2. 分辨率

图像传感器的分辨率指传感器芯片每次采集的像素数。传感器分辨率同样也有标准。分辨率为 100 万像素及以上的通常称为高清。

3. 灵敏度

灵敏度也称最小照度，是指图像传感器对环境光线的敏感程度，即正常成像时所需要的最暗光线。照度单位为勒克斯（lx），数值越小，表示摄像头越灵敏。目前普通相机灵敏度在 1lx 左右，月光级和星光级等微光相机可工作在 0.01lx 甚至更低的照度下。

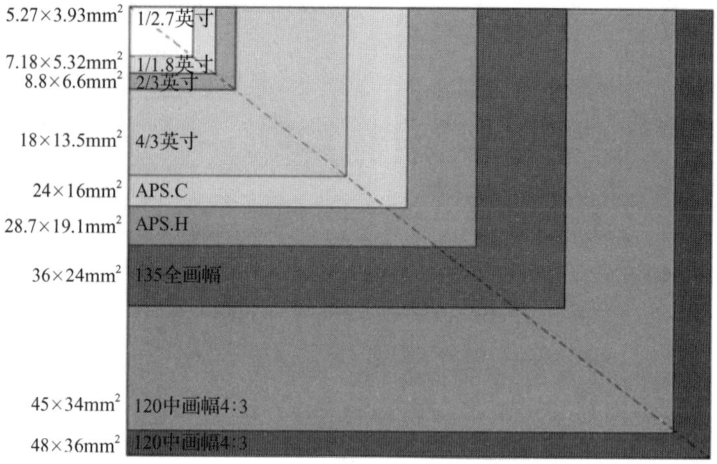

图 2-15　不同尺寸 CCD 传感器的对比示意图

4．动态范围

动态范围是指在规定信噪比、失真等条件下，输出的最小有用信号和最大不失真信号之间的电平差，即信号幅度的变化范围；通俗地说，就是分辨明暗变化的能力。动态范围越大，图像越有层次，细节越清楚。一般相机的动态范围是 60～80dB；宽动态相机的动态范围则可超越 120dB，多见于 CMOS 传感器。

2.3.2 彩色图像传感器

绝大多数图像传感器，包括广泛使用的 CCD 和 CMOS 传感器，仅能敏感光线的强弱。为获得彩色图像，需要同时敏感颜色模型的不同分量，这样的传感器不仅难以获得，制造工艺也极为复杂。为解决彩色图像传感的问题，实际中在常规传感器表面覆盖一个含特定图案排列的有红、绿、蓝三基色单元的滤膜，再加上对输出信号的处理算法，就可以实现单图像传感器输出彩色图像数字信号。常见的彩色成像系统使用彩色滤色片阵列，也称为拜尔（Bayer）滤色镜，排列在感光区上方，如图 2-16（a）所示。一般拜尔滤色镜包含 50%绿色、25%红色和 25%蓝色阵列；这与人眼对绿色敏感度高的机制一致。图 2-16（b）展示了其平面排列的方式，由 2×2 共 4 个像素点组成一个循环单元，其中 2 个像素点都为绿色，另外 2 个分别为红色和蓝色。

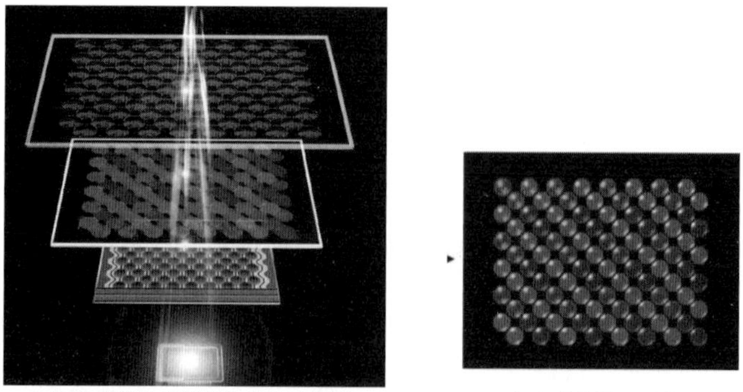

（a）单图像传感器彩色成像示意图　　（b）拜尔滤色镜平面排列方式

图 2-16　单 CCD 类型彩色图像传感器

注意，按拜尔滤色镜采集到的彩色传感器的输出信号不是一幅完整的 RGB 图像，其中蓝色和红色像素的位置缺少绿色分量，蓝色像素的位置缺少绿色和红色分量。那么如何计算在某一像素位置的全部三个颜色分量呢？可通过拜尔变换，以插值的方式计算。如图 2-17 所示，对应像素位置缺少蓝色或红色分量，则可利用上下/左右的蓝/红色分量或对角的蓝/红色分量计算。例如，G 测试点的蓝色和红色分量分别利用左右的蓝色分量和上下的红色分量计算；而右侧的 B 测试点，其红色分量则利用四角的红色分量计算，红、蓝色像素位置的绿色分量按照其十字四邻域的绿色分量计算。

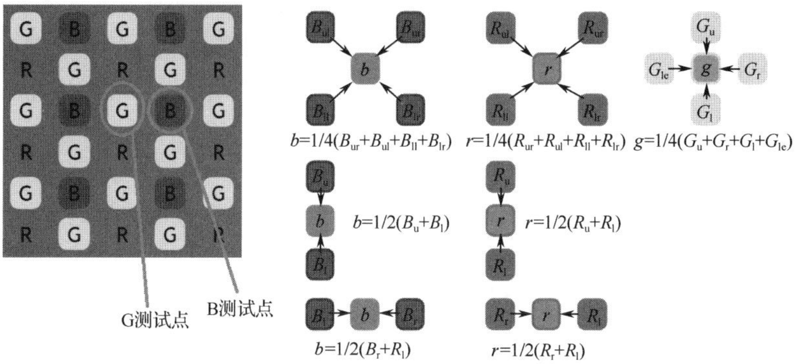

图 2-17　通过拜尔变换计算各像素值

2.3.3 深度图像传感器

一般图像传感器仅能获取二维（平面）图像信息。深度图像传感器在获取平面图像的同时，还可以获得拍摄对象的深度信息，使得整个计算系统能获得环境和对象的三维数据。

获取深度图像的方法可分为两类：被动传感与主动传感。

1. 被动传感

被动传感不需要额外的照明投射装置，仅通过相机拍摄图像获得深度信息。根据成像原理和采用相机的数目，可分为双目视觉、光场成像等。

（1）双目视觉

双目视觉是常用的一种深度图像感知方式，成像原理类似人眼，用两个相隔一定距离的相机同时获取同一场景的两幅图像，通过立体匹配算法找到两幅图像中的对应特征点，随后计算出视差信息，进一步通过三角测量原理形成可用于表征场景中物体深度的信息。基于立体匹配算法，还可拍摄同一场景下不同角度的一组图像来获得该场景的深度图像。场景深度信息还可以通过对图像的光度、明暗等特征进行分析而间接估算得到。图 2-18（a）、（b）分别为使用双目左、右相机拍摄的图像，（c）为计算形成的视差图像，像素灰度代表视差大小；图 2-19 展示了某双目相机外观。

（a）左相机图像　　（b）右相机图像　　（c）视差图像

图 2-18　双目视觉及视差图像

图 2-19　某双目相机外观

双目视觉不涉及额外的光学系统，成本低，结构简单。其缺点是在进行视差求解时需要进行特征匹配，计算量较大，同时对环境光照和特征丰富程度有一定要求，因此适用性受到限制。

（2）光场成像

光场成像是一种较新的深度成像方式。光场成像有多种原理，目前最普及的是基于微透镜阵列的光场相机。成像系统由主透镜、微透镜阵列和图像传感器构成，如图 2-20（a）所示。成像原理如图 2-20（b）所示，被测物体上的物点 1、2 等发出的不同方向光线经过主透镜后汇聚于微透镜阵列平面，经过透镜发散传播至图像传感器平面，成像于不同位置，图像传感器记录所有不同方向的光线辐射值。与传统成像结构相比，加入的微透镜阵列使光束产生二次发散，使得光线不同方向的信息均被图像传感器记录。光场成像结果如图 2-21 所示，在宏观上类似传统成像结果，但将其中小图像块放大后可看到，每个小图像块均由在每个微透镜下成的像构成，小图像与微透镜一一对应。

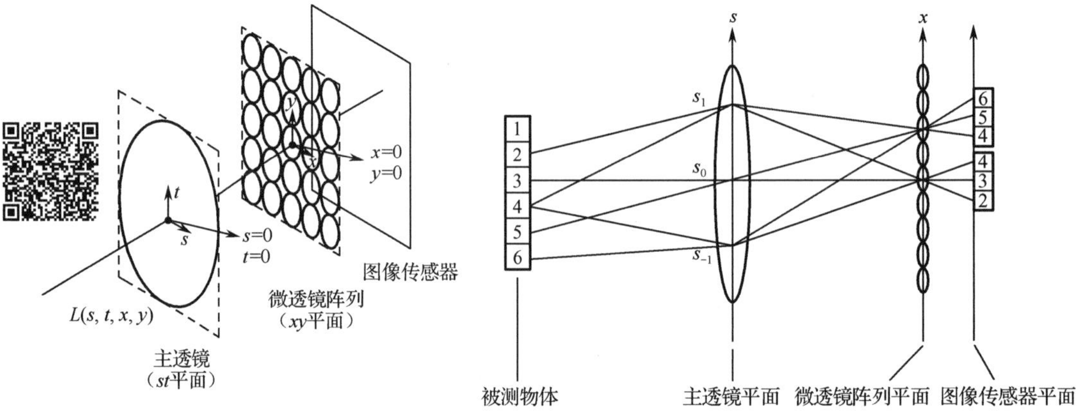

（a）构成　　　　（b）原理（侧视图）

图 2-20　基于微透镜阵列的光场成像

图 2-21　光场成像结果

光场成像系统中，同一点发出光线经过不同的微透镜会在图像传感器平面的不同位置成像，利用这一性质可进行深度估计，如图 2-22 所示。根据光一致性假设，同一物点指向三维空间中各方向反射的光线具有相同的光辐射值，进一步对应该点在传感器平面的成像视差计算得到的对应深度信息。

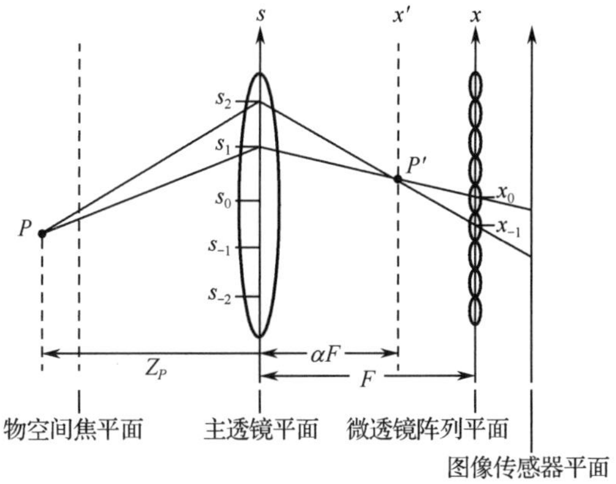

图 2-22　光场成像的深度估计

2. 主动传感

相对于被动传感，主动传感方式采用单独装置发射光，辅助完成深度信息采集。主动传感方式结构相对复杂，但不依赖于场景特征点或环境光照，因此可得到更准确、清晰的深度信息。根据成像原理不同，可分为飞行时间（ToF）成像、结构光成像等。

（1）ToF 成像

在 ToF 法测量中，通过激光发射装置向目标场景发射连续的脉冲激光信号，然后用传感器接收被测物体反射回的光脉冲。基于激光测距原理，利用发射和接收脉冲信号的时间差，可测量被测物体表面各位置的距离信息，原理如图 2-23 所示。

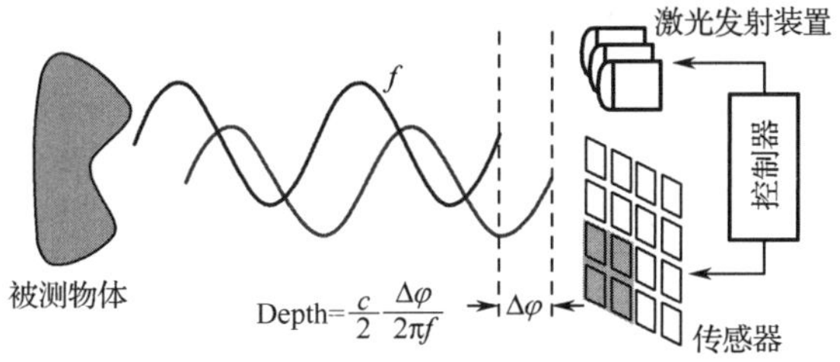

图 2-23　ToF 法测量原理

相比被动传感方式，ToF 成像基本不受环境光照影响，可直接测量深度信息。但在外界光照过强时会对接收装置产生干扰，同时需要额外的激光发射装置，因此设备更加复杂，价格较高。图 2-24（a）为某 ToF 相机外观，图 2-24（b）为目标图像，图 2-24（c）为深度成像结果，以彩色形式展示，颜色越靠近红色表示离相机越近。

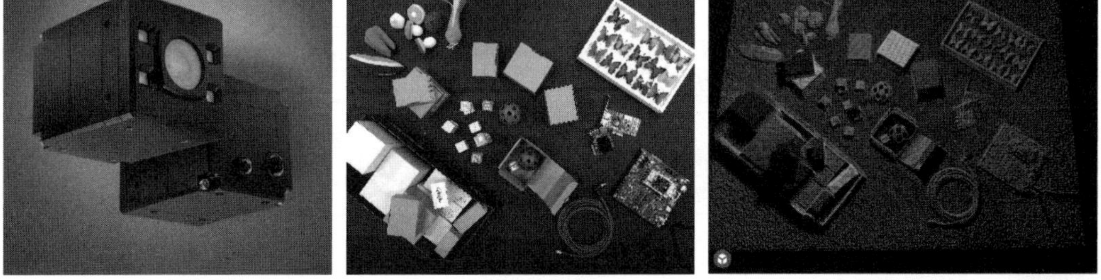

（a）相机外观　（b）目标图像　（c）深度成像结果

图 2-24　ToF 相机及其成像结果

（2）结构光成像

结构光是具有特定模式的光，如点、线、面等模式图案。结构光相机包括光投影装置、图像传感器及处理算法。成像时光源（如激光器）等首先将产生的结构光投射到被测物体上，进一步通过图像传感器采集带有结构光的图案，根据模式图案在图像中的位置及在物体表面的形变程度，利用三角原理计算，即可得到场景中各点的深度信息，如图 2-25 所示。

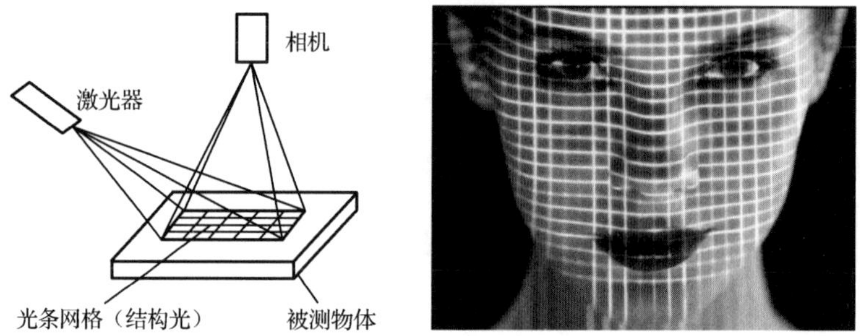

图 2-25　结构光成像原理

微软的 Kinect 是一款经典的结构光相机。其第一版在 2009 年推出，主要配合 XBox 系列游戏使用，用于感知人体的运动位置和姿态。如图 2-26 所示，Kinect 包括一个常规 RGB 摄像头、一个红外发射器、一个红外接收器，以及麦克风阵列，可提供 320 像素×240 像素分辨率的深度图，有效视距为 4m。除体感和人机交互外，还可用于三维重构、虚拟仿真、医学等领域。

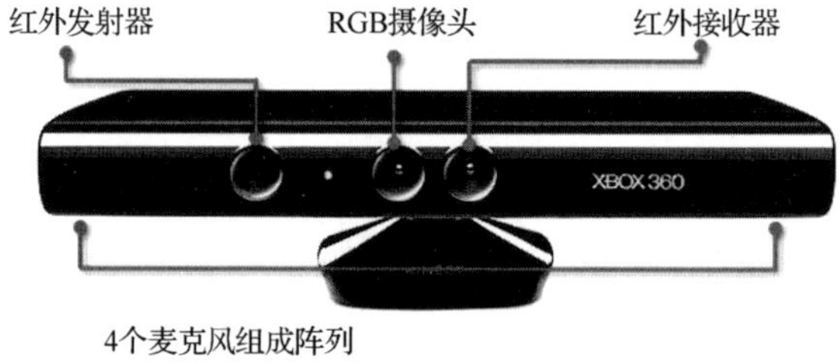

图 2-26　结构光相机 Kinect

表 2-5 列出了不同技术深度传感器的主要指标对比。

表 2-5　不同技术深度传感器的主要指标对比

指 标	ToF 成像	双 目 视 觉	光 场 成 像	结构光成像
测距方式	主动式	被动式	被动式	主动式
测量精度	毫米至厘米级，与距离基本无关	与距离相关，近距精度可达毫米级	与距离相关，毫米至厘米级	与距离相关，近距精度可达毫米级
测量范围	由激光功率决定，几米至几十米以内	由基线长度决定，一般几米以内	一般几十厘米至几米	一般几米以内
影响因素	不受光照变化和物体纹理影响，受多重反射影响	受光照和物体纹理影响大，夜晚和无纹理物体表面无法使用	受光照和物体表面材质影响，夜晚无法使用	基本不受光照变化和物体纹理影响，但受反光和强光影响

2.4 图像量化与表达

2.4.1 采样和量化

出于历史原因，尽管图像传感器大多为数字的，但传感器输出一般为模拟信号。由于计算机需要的输入为数字图像，因此需要将模拟信号转化为数字图像。这一过程由图像的采样与量化来完成，图像在空间上的离散化过程称为采样，在幅值上的离散化过程称为量化。

1. 图像采样

图像采样实现对图像空间坐标的离散化。采样的过程相当于用一个网格覆盖原始图像，然后通过采样算法计算每个格子的值；采样网格如何选取决定了图像的空间分辨率。正方形均匀采样网格是常采用的一类图像采样方式，图 2-27 展示了图像局部放大采样的结果。显然，采样网格越大，图像采样像素数越少，空间分辨率越低；反之，所得图像像素数越多，空间分辨率越高，但数据量越大。图 2-28 演示了对原始图像分别按 2、4、8、16、32 像素采样后得到的图像，从中可以明显看出图像分辨率与采样网格的关系。

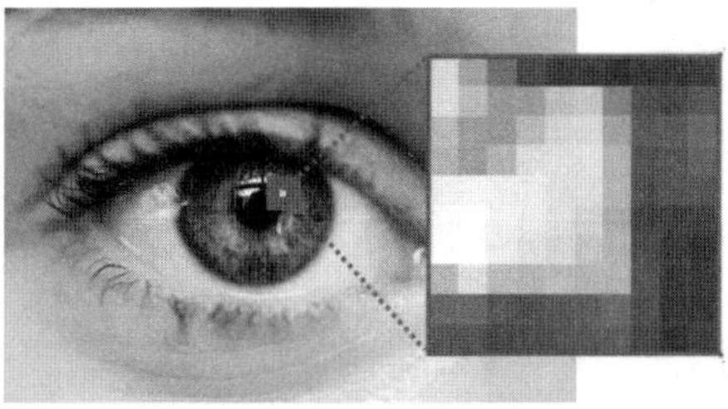

图 2-27　图像局部放大采样示意图

（a）原始图像　（b）2 像素采样　（c）4 像素采样

（d）8 像素采样　（e）16 像素采样　（f）32 像素采样

图 2-28　图像采样示例

2．图像量化

对每个像素的灰度或颜色幅值进行数字化的过程称为图像的量化。由于 8bit 恰好对应计算机中 1 字节的长度，因此图像常使用 $2^8=256$ 灰度级量化方式。图 2-29 演示了这一过程，其中，图 2-29（a）为在第 i 级进行量化的示意图，图 2-29（b）为量化后的 256 级灰度级。图 2-30 所示为对同一图像分别使用不同灰度级量化得到的结果，其中图 2-30（a）为原始图像，图 2-30（b）～（f）分别为 32、16、8、4、2 灰度级量化后的图像。从图中可明显看出，灰度级越少，图像清晰度越差。

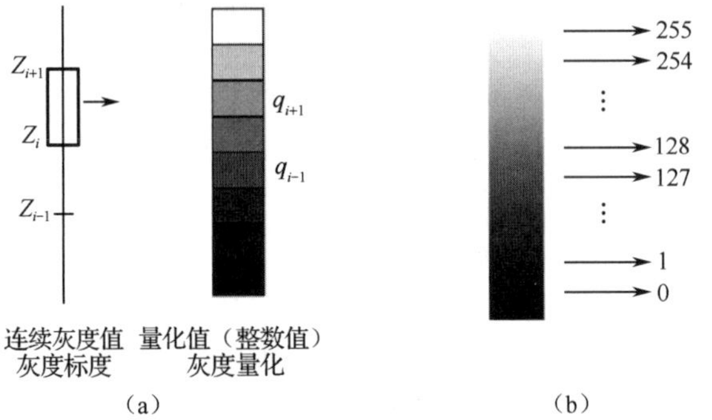

图 2-29　图像量化示意图

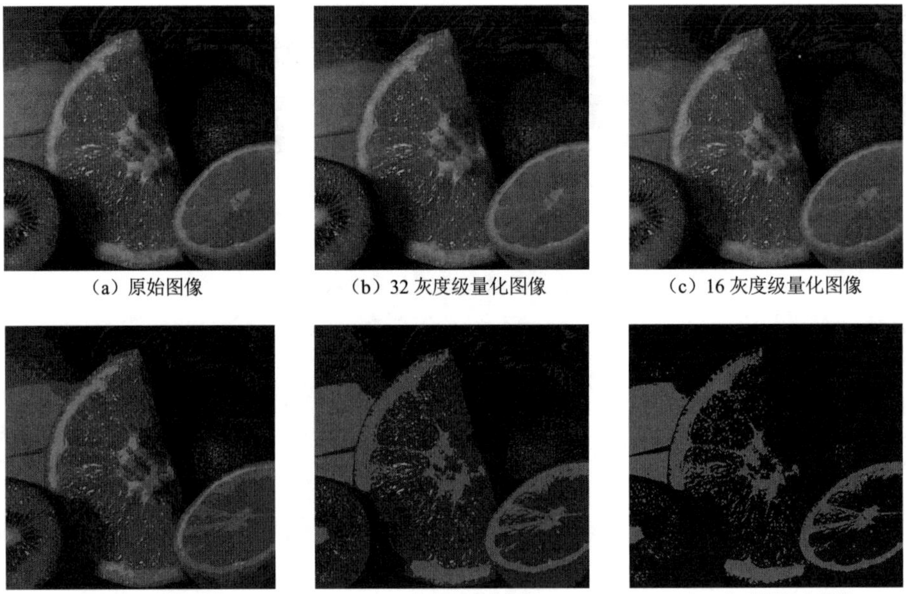

（a）原始图像　（b）32 灰度级量化图像　（c）16 灰度级量化图像

（d）8 灰度级量化图像　（e）4 灰度级量化图像　（f）2 灰度级量化图像

图 2-30　图像量化示例

2.4.2 Gamma 校正

图像传感器输出图像的亮度与实际照度呈线性关系，但人眼感受到的亮度与实际照度之间的关系是非线性的，这是因为人眼结构的特殊性，图 2-31（a）展示了这一对比。可以看出，相比传感器，人眼对弱光更敏感。这使得人类更容易区分感受范围内的光照变化，同时有助于发现暗处的危险。图像传感器输出的图像亮度称为物理亮度。人眼感受到的亮度称为感知亮度。对上述两种亮度值在[0,1]区间内进行线性划分，以 0.1 为一个等级，0 表示最暗也就是黑色，1 表示最亮也就是白色，每个等级的方块颜色均表示该等级对应的人眼感知亮度，可得到如图 2-31（b）所示的结果。可以看到，物理亮度中的 0.2 级和感知亮度中的 0.5 级对应同一个感知亮度大小；由上下对比可以看到图 2-31（a）中展示的线性/非线性关系。

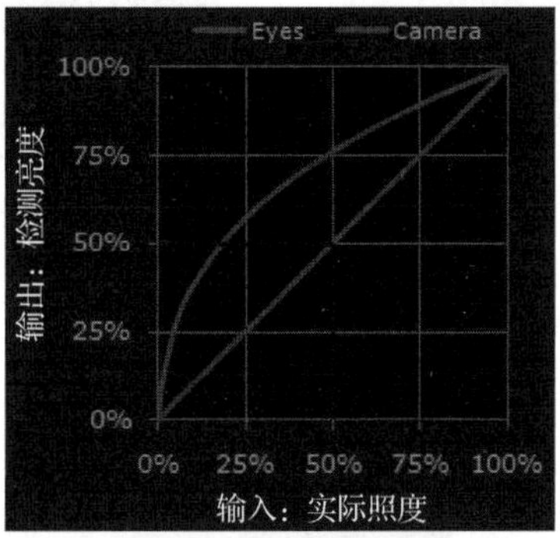

（a）人眼非线性光照响应曲线，其中蓝色为人眼，紫色为相机传感器

（b）物理亮度与感知亮度的线性等级划分

图 2-31　人眼与相机传感器光照响应曲线对比

设 $V_{\text{perceptual}}$ 为感知亮度，V_{physical} 为物理亮度，二者的转换关系可以由下式给出：

$$V_{\text{perceptual}} = V_{\text{physical}}^{\gamma} \tag{2-14}$$

通过大量实验确认，式中 $\gamma = \dfrac{1}{2.2} = 0.45$。

由于传感器输出与人类感知亮度的不一致性，通常在图像传感器输出时对其进行 Gamma 校正，以使量化图像更为精确。完整的 Gamma 校正过程包括两个部分，如图 2-32 所示，一是在存储时将物理亮度转换为感知亮度来存储图像数据，解决人眼对光的非线性感知造成的精度丢失问题；二是在显示图像时，显示设备需要将原有的校正值修正回来，也就是将感知亮度转换回物理亮度显示出来，保证从原始光照到人眼的 γ 值为 1，从而保证图像存储的亮度与人眼通过屏幕看图像的亮度是一致的。

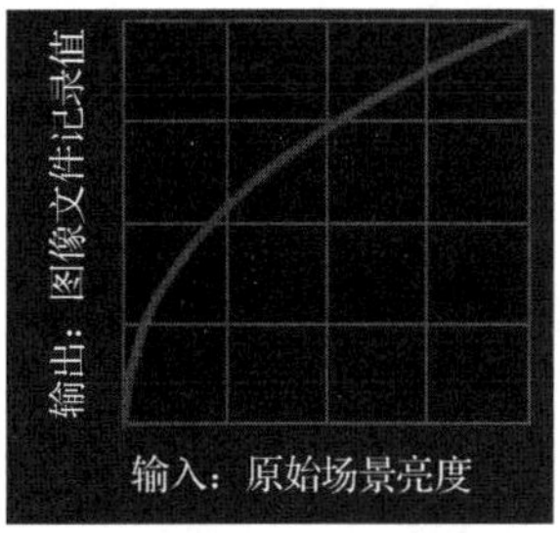

（a）传感器 Gamma 曲线

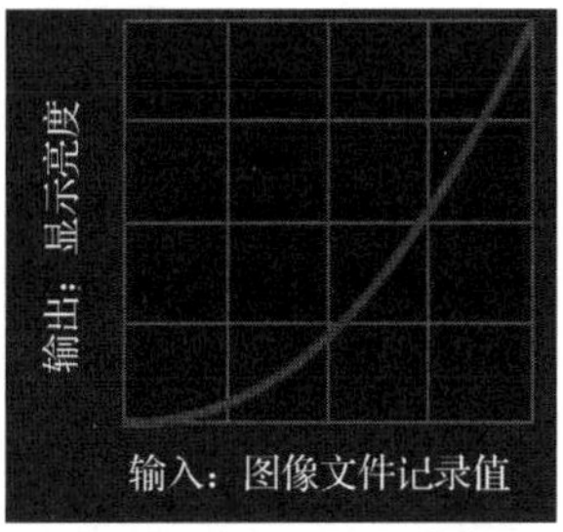

（b）显示设备 Gamma 曲线

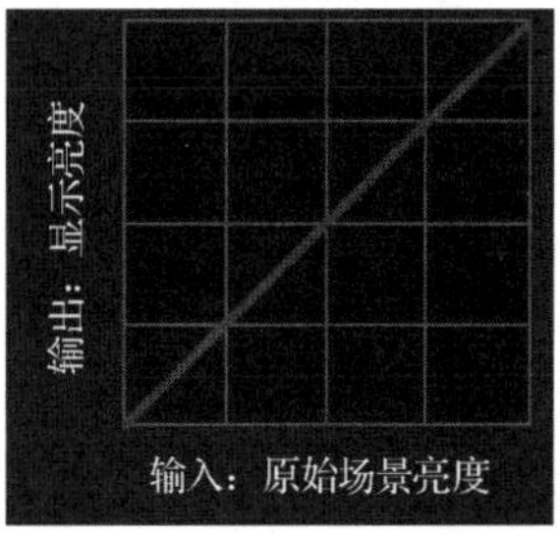

（c）端到端 Gamma 曲线

图 2-32　Gamma 校正过程示意图

传统 CRT 显示器的输入电压到显示亮度的对应曲线本身就为非线性的，对应的γ=2.5，不需要额外校正，尽管此时原始光照到人眼的 $\gamma = 0.45 \times 2.5 = 1.125$ 不是严格为 1，但不影响人类视觉感受。对于现代的液晶显示器，γ 通常设置为 2.2。在一些高级显示设备上，Gamma 曲线可在一定范围内调整，如图 2-33 所示。

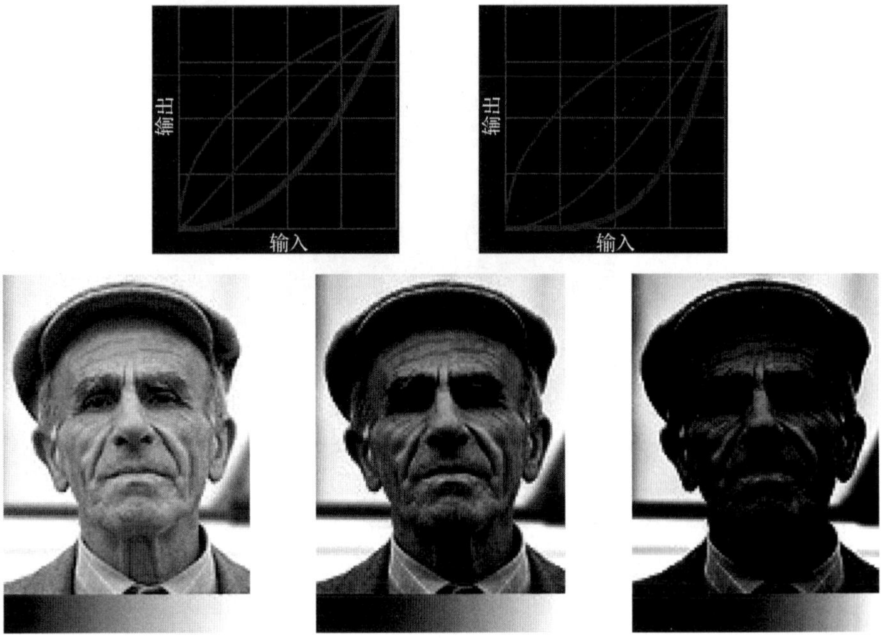

显示 $\gamma = 1.0$　　显示 $\gamma = 2.2$　　显示 $\gamma = 4.0$

图 2-33　显示设备 Gamma 校正示意图

2.4.3 图像的数字表达

令 $f(s,t)$ 表示一幅具有两个连续变量 s 和 t 的连续图像函数。通过采样、量化、Gamma 校正，可把该函数转换为数字图像。将该连续图像取样为一个二维阵列 $\boldsymbol{f}(x,y)$，该阵列有 M 行 N 列，其中 (x,y) 是离散坐标，可用如下矩阵形式表示：

$$\boldsymbol{f}(x,y)=\begin{bmatrix} f(0,0) & f(0,1) & \cdots & f(0,N-1) \\ f(1,0) & f(1,1) & \cdots & f(1,N-1) \\ \vdots & \vdots & & \vdots \\ f(M-1,0) & f(M-1,1) & \cdots & f(M-1,N-1) \end{bmatrix} \tag{2-15}$$

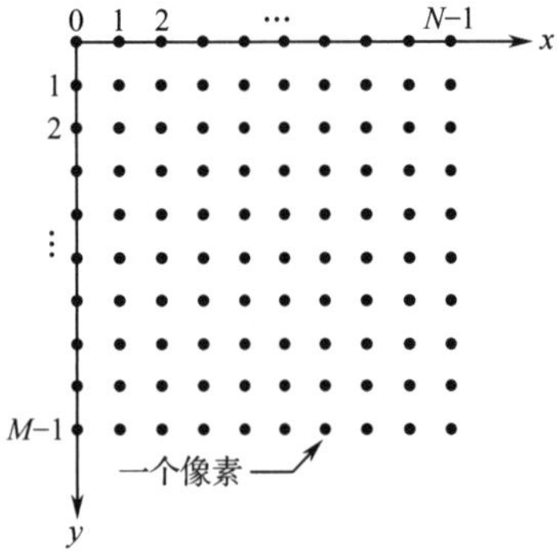

图 2-34　图像像素点坐标表示

对应的图像像素点坐标表示如图 2-34 所示。注意，二维图像中惯例为 y 轴指向下，这与正常的坐标轴方向正好相反。图 2-35 展示了人像眼睛局部对应的数字表示，图像灰度量化为 0～255，对应值越大表示该像素位置越亮。彩色图像的数字表达方式与灰度图像类似，但每个颜色分量对应一个二维矩阵。图 2-36 展示了彩色图像局部的数字表示，具有 R、G、B 三个颜色分量。

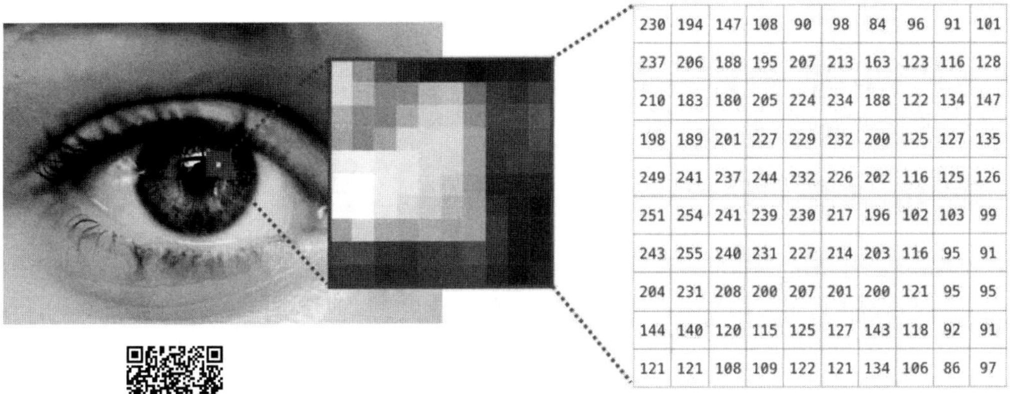

图 2-35 灰度图像局部的数字表示

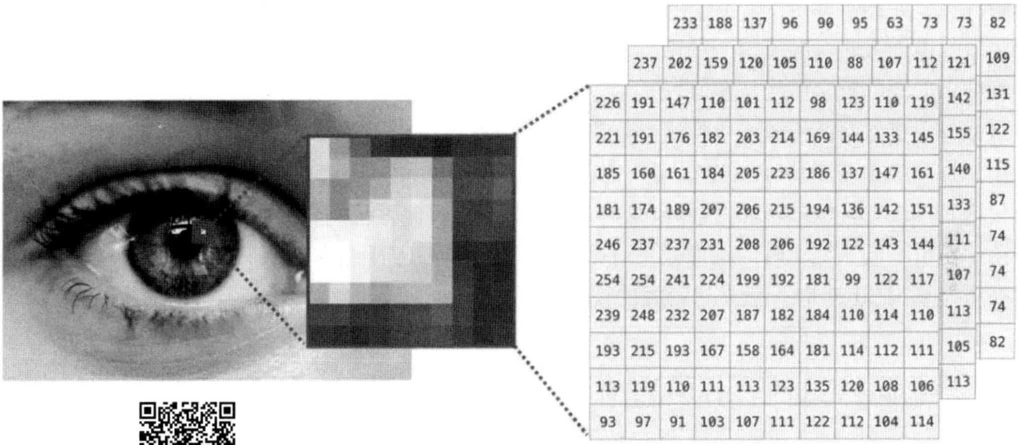

图 2-36 彩色图像局部的数字表示

数字图像采用二维矩阵表达，但计算机内存及硬盘等存储器等均为一维线性组织，因此，在图像处理时需要将图像转换为线性表示。为此，可按照从左至右、从上至下的顺序对图像进行 Z 字形扫描，形成一维线性字节数据，如图 2-37 所示。对应彩色图像，每个像素由多字节构成，具体构成方式由其采用的颜色模型表达确定，如 RGB 图像可表达为 $R_1G_1B_1$，$R_2G_2B_2$，…。

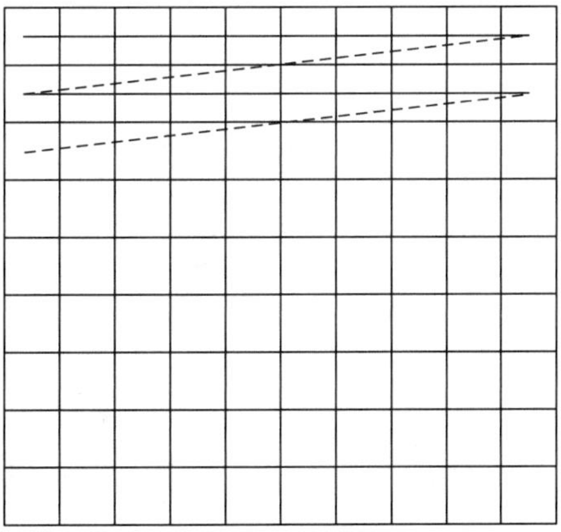

图 2-37 数字图像的线性表示

2.5 图像压缩与视频压缩

2.5.1 图像压缩

一幅图像在相邻的位置间存在着大量相同或相似的信息。图像压缩就是在尽可能保证图像质量的前提下，减少冗余和相关性，减少数据所需的比特数，以便信息存储、传输、处理。图像压缩包括有损压缩和无损压缩。有损压缩会损失部分信息，但良好的压缩算法可使信息损失尽量小，同时压缩后的图像视觉质量甚至可能优于未压缩图像，因为图像中的噪声等数据会得到抑制。

JPEG 是目前使用最为广泛的一种有损压缩方法，由联合图像专家小组（Joint Photographic Experts Group）在 1992 年发布，并在 1994 年成为国际静态图像压缩标准（ISO 10918-1）。JPEG 编解码过程如图 2-38 所示。原始图像首先通过颜色模型转换，由 RGB 颜色模型转换为 YCrCb 颜色模型。由于人眼对亮度信号的敏感度高于色度信号，因此进一步对色度信息进行下采样。上述转换结果形成的数字图像按照 4∶2∶0 的方式进行下采样，即在 Y 通道进行全采样，在色度通道的水平与垂直方向，每隔一个像素进行采样。下采样后的图像分成 8×8 的子块，然后对每个子块使用二维离散余弦变换（DCT），进一步利用人眼对高频数据不敏感的特性，将变换后的高频成分设为 0。最后通过熵编码方式得到最终的压缩图像。解码过程的各步骤为压缩的逆过程。图 2-39 展示了使用不同压缩率时的图像效果对比。可以看到，随着压缩率的增加，图像质量呈下降趋势；但在压缩率为 30∶1 时，仍具有较好的视觉效果。

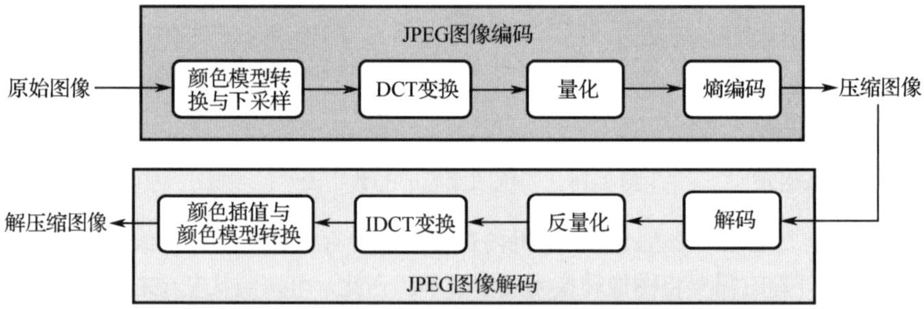

图 2-38　JPEG 编解码过程

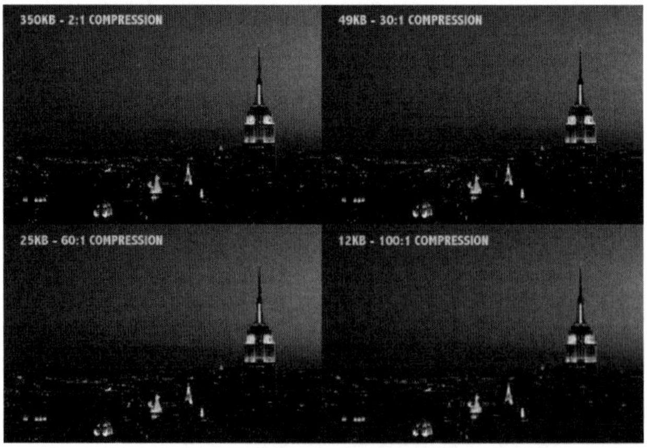

图 2-39　不同压缩率图像效果对比

2.5.2 视频压缩

数字视频是图像帧的序列。由于人眼可以快速捕捉图像，因此视频包含大量图像帧，以表达流畅的效果。以电影为例，每秒需要 24 帧，一个 100 分钟的彩色全高清电影需要约 834GB 数据，接近一台普通计算机的硬盘存储容量。事实上，由于图像帧内部和相邻视频帧之间存在大量冗余，因此可对视频进行压缩，根据人类的视觉感知机理，通过数字视频压缩算法消除视频内容中的冗余，同时保留原始视频蕴含的信息。

视频压缩模型的通用框图如图 2-40 所示。该模型由视频编码器和视频解码器两部分组成。视频编码器有预测器、变换编码、编码器等独立模块，视频解码器有解码器、逆变换编码等模块。在视频编码器部分，预测器必须识别视频帧中呈现的各种冗余；变换编码根据帧中呈现的冗余，对帧应用适当的信号变换以获得其变换系数；最后，编码器删除表示帧中冗余的变换系数，视频帧变为压缩视频数据流。在视频解码器部分，解码器对压缩视频数据流进行解码，得到视频帧的压缩变换系数；在接收端对其进行逆变换编码，得到压缩重构的视频帧。

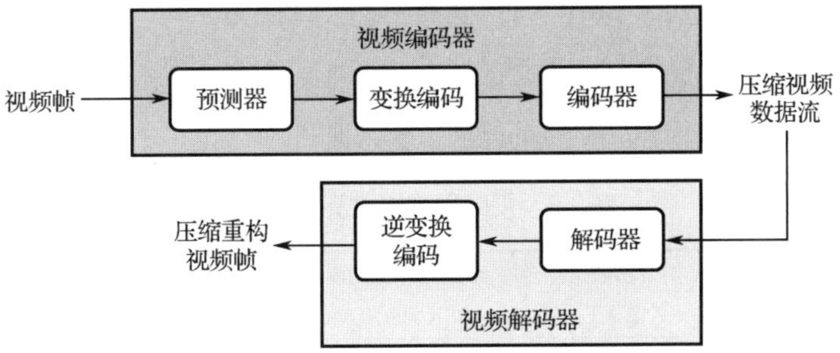

图 2-40 视频压缩模型的通用框图

视频的信息冗余包括空间冗余和时间冗余，其中单帧像素间的相似性称为空间冗余，两个或多个连续帧之间的相似性称为时间冗余。图 2-41（a）中，放大的图像局部高度相似，可通过压缩编码减少冗余；图 2-41（b）中，在视频的连续三帧中，从一帧到另一帧的变化非常微小，因此，可以通过提取关键帧并仅保留差异信息来减少冗余。

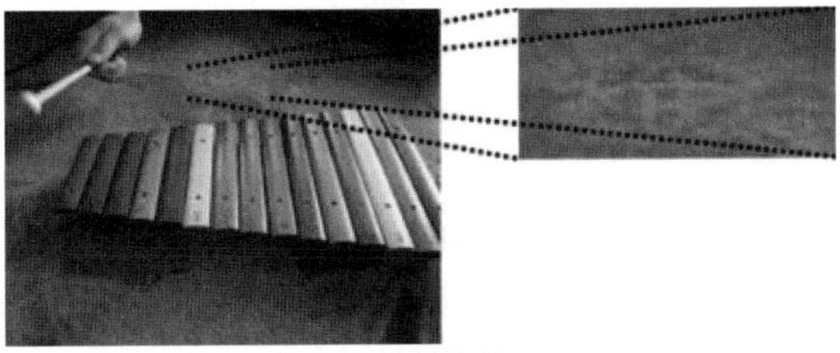

（a）空间冗余

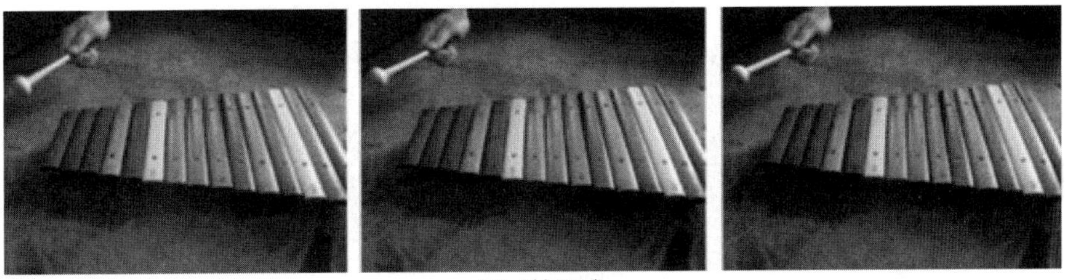

（b）时间冗余

图 2-41 视频信息冗余

视频压缩包括有损压缩与无损压缩。在无损压缩中，当压缩视频被解压缩时，所有原始信息均可重构。无损压缩主要使用帧内编码方法去除空间冗余。无损压缩的压缩程度较小，且无信息损失，因此大多应用在对图像质量要求较高的场合。有损压缩则充分消除视频的时间冗余和空间冗余信息，因此具有高压缩比，但解压缩后视频会有不同程度的信息损失，因此更多应用于直播、影视等更关注人眼主观感受的场合。视频压缩程度需要在视频质量、存储容量和实施成本之间进行权衡。图 2-42 展示了使用有损压缩技术时的原始视频及在不同压缩率下视频的同一帧图像。可以看出，在节省数据容量的同时也会降低视频质量。

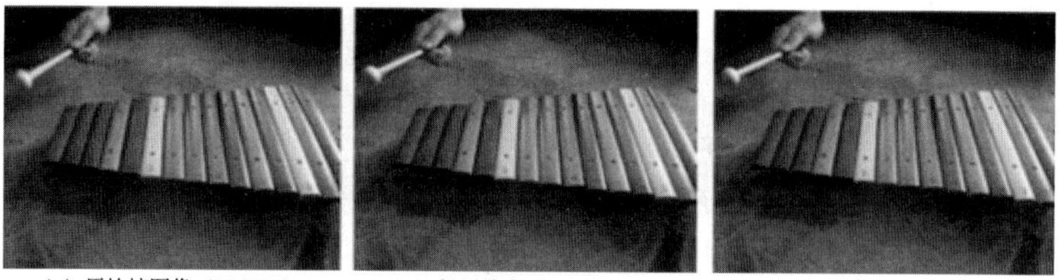

（a）原始帧图像（24.9KB）　（b）低压缩率下（3.65KB）　（c）更低压缩率下（2.19KB）

图 2-42　视频质量与压缩率

表 2-6 显示了常见的视频压缩格式及压缩前后的数据码率比较。压缩后的视频数据码率远低于未压缩时，因此为视频的传输、存储等提供了极大便利。

表 2-6　视频压缩格式及数据码率

序　号	名　称	分辨率（像素）	未压缩数据码率（bit/s）	压缩数据码率（H.264，bit/s）	压缩数据码率（H.265，bit/s）
1	D1（4CIF）	704×576	0.27G	1.5M	0.9M
2	720P	1280×720	1.24G	3M	1.8M
3	1080P	1920×1080	2.78G	5M	3M
4	3M	2048×1536	4.22G	7M	4.2M
5	4M	2560×1440	4.94G	8M	4.8M
6	4K	3840×2160	11.12G	16M	9.6M

2.5.3 视频压缩标准

为满足不同国家、不同行业存储、传输和播放视频的需求，国际电信联盟电信标准化部门（ITU-T）的视频编码专家组（VCEG）、联合视频编码组（JVT）和 ISO 与 IEC 的动态图像专家组（MPEG）几个机构制定并定义了各种视频编码及压缩标准。其中，VCEG 和 JVT 制定的标准称为 H.26x，MPEG 制定的标准称为 MPEG-x，x 为对应编号。我国也于 2002 年成立了数字音视频编解码技术标准工作组（China AVS），制定音视频压缩技术标准。视频压缩标准的发展历史如图 2-43 所示。

1. H.26x

（1）H.261

H.261 标准由 ITU-T 于 1990 年制定，用于传输数据速率为 64kbit/s 及其整数倍的视频信号。该标准的帧可分为 I（帧内编码）帧和 P（预测）帧两种类型。在 I 帧中，帧的编码是在没有前一帧信息的情况下完成的；而 P 帧的编码是使用该帧的前一帧信息来完成的，使用运动补偿时间预测来查找两帧之间的相似性。该标准广泛应用于视频通话和视频会议技术。

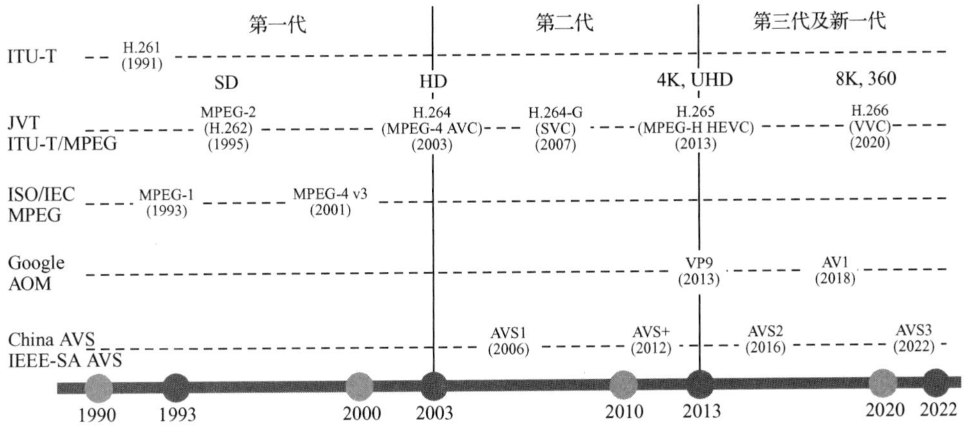

图 2-43　视频压缩标准的发展历史

（2）H.263

H.263 标准由 ITU-T 于 1995 年制定，专为低数据码率传输设计。在该标准中，视频帧被划分为多个宏块，包括 16×16 的亮度分量块和 8×8 的色度块。这些块被编码为帧内编码或帧间编码，通过 DCT 编码压缩空间冗余，通过运动补偿压缩时间冗余。该标准以半像素和双向编码的精度对信号进行编码，同时最高支持 16CIF 分辨率（1408 像素×1152 像素），在低数据码率下提供了比 MPEG-1 和 MPEG-2 标准更高的图像质量。

（3）H.264

H.264 标准由 ITU-T 与 ISO/IEC 在 2003 年发布，基于面向块的运动补偿，提供比 H.263、MPEG-2 和 MPEG-4 等现有标准更低的比特率。该标准提供 1.5Mbit/s 的数字卫星电视信号传输速度，MPEG-2 如果实现同样信号质量需要 3.5Mbit/s。该标准广泛用作有损压缩标准，但也提供无损压缩标准功能，为网络和系统相关的各类应用提供了灵活的传输方式，如视频广播、DVD 视频存储、多媒体传输、电话系统等低比特率和高比特率传输场景。

（4）H.265

H.265 标准是于 2013 年被批准的高效视频编码标准，目的是以较低的比特率提供更高的编码容量。它支持高分辨率视频信号，最高分辨率可达 8192 像素×4329 像素。与相同码率和视频质量的 H.264 标准相比，H.265 标准的高压缩率特性能够节省一半的存储空间。

2．MPEG-x

（1）MPEG-1

MPEG-1 标准由 MPEG 于 1992 年制定，是 MPEG 制定的在全球范围内被接受的第一个标准。它以 1.5Mbit/s 的最大允许比特率压缩视频质量，运行数据速率为 1～2Mbit/s。它使用 H.261 标准的 16×16 宏块的运动估计和补偿及全运动搜索作为编码方法。此外，该标准使用分块离散余弦变换、量化和熵编码，还添加了双向预测帧和半像素运动搜索。与 H.261 标准相比，MPEG-1 将数据速率提高了 1Mbit/s。

（2）MPEG-2

MPEG-2 标准由 MPEG 于 1994 年制定，目的是在电视广播信号中实现高压缩比，目标压缩率为 4～30Mbit/s。该标准的特点是采用隔行扫描图像编码，以保证视频信号的稳定性，并使其在各个通道中能有效传输。此外，MPEG-2 还引入了新功能，例如，视频编解码器的概念提供了视频信号的可扩展性。

（3）MPEG-4

MPEG-4 标准由 MPEG 于 1998 年制定，采用了新的编码功能，如宏块大小可变的运动估计和补偿、基于变长编码的熵编码、以压缩格式传输视频信号的错误消除能力。MPEG-4 标准支持在较低带宽通道中高质量地传输视频信号，其常见压缩比为 100∶1。MPEG-4 应用广泛，如使用低带宽信道的移动通信。

第3章

图像处理

本章主要分析图像处理中常用的算法原理及实现。本章内容包括图像的傅里叶变换、图像滤波、边缘检测和数字形态学滤波等，其中傅里叶变换是图像滤波的数学基础，滤波后的边缘检测是对图像重要的边缘信息的提取。图像滤波一般包括空间域滤波和频率域（简称频域）滤波，数字形态学滤波有别于这两种滤波方式，是一种基于目标图像形态变换的图像滤波方式。

3.1 图像的傅里叶变换

3.1.1 频域与时域

1. 频域与时域

时域即时间域，自变量是时间，因变量是信号的变化，其动态信号描述信号在不同时刻的取值。而频域是频率域，自变量是信号的频率，因变量是信号的幅值，反映了信号幅值与频率的关系。时域表达简洁且直观，例如，正弦波信号只需要幅值、频率、相位三个特征量就可以进行表达，但对形状相似的非正弦波信号很难加以区分。而频域表达更加深刻简练，无论是正弦波信号还是非正弦波信号，都可以通过傅里叶积分或傅里叶变换将其分解为各次谐波，从而可以用各次谐波的幅值、频率和相位来表示信号。以方波信号进行傅里叶展开为例，如图 3-1 所示，一个方波信号等于多个不同频率的正弦波信号的叠加。

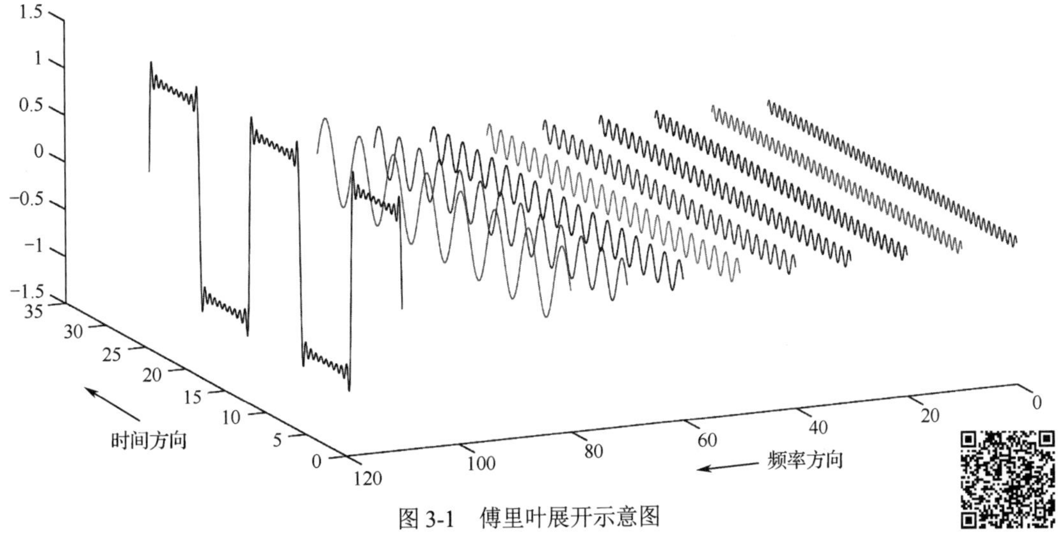

图 3-1　傅里叶展开示意图

2. 频域与时域的关系

时域与频域是两种用来描述信号的方式，时域分析和频域分析是分析模拟信号的两种方法。当我们对信号进行时域分析时，往往不能得到信号的所有特征，因为信号不仅与时间相关，还与频率分布、相位分布等因素有关。因此，还需要对信号的频率分布进行分析，也就需要在频域内对信号进行表示。信号从时域到频域的变换是通过傅里叶级数和傅里叶积分实现的，傅里叶级数是针对周期函数信号的变换，傅里叶积分是针对非周期函数信号的变换。

3.1.2 典型的二维信号

1. 冲激信号

线性系统和傅里叶变换研究的核心是冲激及其取样特性，连续变量 t 在 $t=0$ 处的单位冲激函数表示为 $\delta(t)$，其定义是

$$\delta(t)=\begin{cases}\infty, & t=0\\ 0, & t\neq 0\end{cases} \tag{3-1}$$

它还可以被限制为满足等式

$$\int_{-\infty}^{+\infty}\delta(t)\mathrm{d}t=1 \tag{3-2}$$

物理上，如果我们把 t 解释为时间，那么一个冲激函数可以看成幅值无限、持续时间为 0、具有单位面积的尖峰信号。一个冲激函数具有关于如下积分形式的采样特性：

$$\int_{-\infty}^{+\infty}f(t)\delta(t)\mathrm{d}t=f(0) \tag{3-3}$$

假设 $f(t)$ 在 $t=0$ 处连续，则采样特性得到函数 $f(t)$ 在冲激位置的函数值。采样特性的一种更为一般的情况是在 $t=t_0$ 处采样，对应的单位冲激函数表示为 $\delta(t-t_0)$。此时采样特性变为

$$\int_{-\infty}^{+\infty}f(t)\delta(t-t_0)\mathrm{d}t=1 \tag{3-4}$$

令 x 表示一个离散变量。单位离散冲激函数 $\delta(x)$ 在离散系统中的作用与处理连续变量时冲激函数 $\delta(t)$ 的作用相同。其定义如下：

$$\delta(x)=\begin{cases}1, & x=0\\ 0, & x\neq 0\end{cases} \tag{3-5}$$

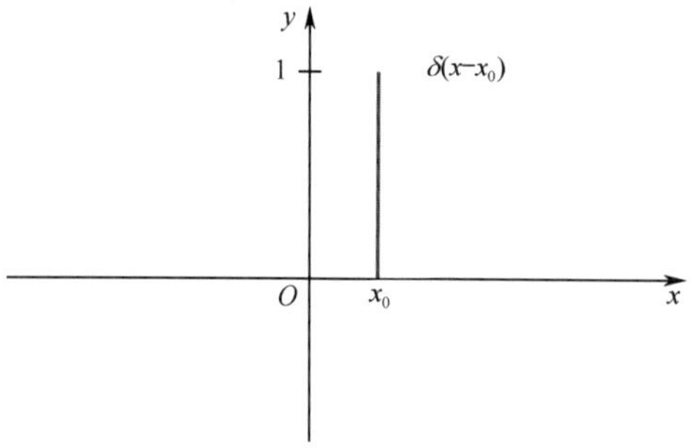

图 3-2　单位离散冲激函数

图 3-2 以图解的方式显示了单位离散冲激函数。与连续形式不同的是，离散冲激函数是一个普通的函数。

2. 阶跃信号

连续信号的单位阶跃信号的表达式为

$$u(t)=\begin{cases}0, & t<0\\ 1, & t>0\end{cases} \tag{3-6}$$

令 x 表示一个离散变量。单位阶跃信号 $u(x)$ 在离散系统中定义如下：

$$u(x)=\begin{cases}0, & x<0\\ 1, & x>0\end{cases} \tag{3-7}$$

图 3-3 以图解的方式显示了单位连续阶跃函数和单位离散阶跃函数。

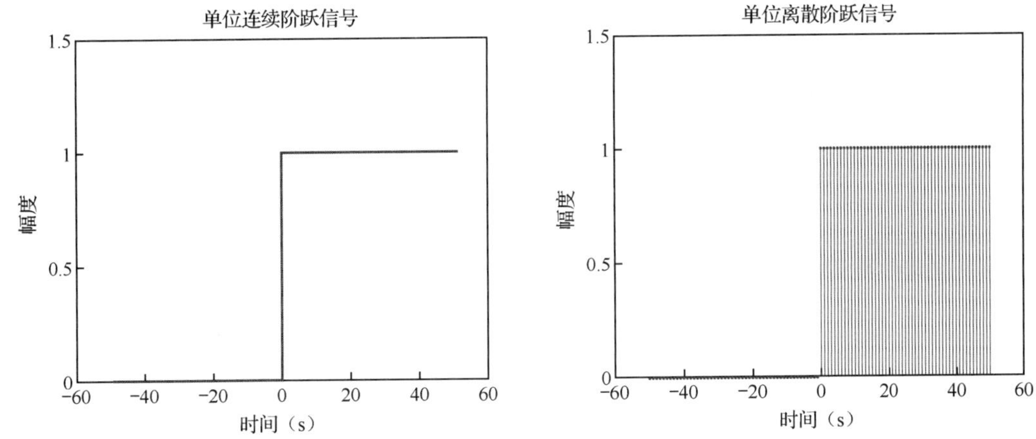

（a）单位连续阶跃函数　　（b）单位离散阶跃函数

图 3-3　单位连续阶跃函数和单位离散阶跃函数

3.1.3 傅里叶变换

1. 傅里叶变换原理

傅里叶变换的实质是将信号表示为无穷多个各次谐波的叠加，利用直接测量得到的原始信号，进行多次谐波信号叠加，来得到正弦波信号的频率、振幅和相位。与之对应的是傅里叶反变换，即将多次谐波的正弦波信号叠加为一个信号。傅里叶变换将某些难以处理的时域信号转换为易于处理与分析的频域信号，随后利用一些频域分析方法对频域信号进行处理和加工，最后进行傅里叶反变换将处理后的频域信号转换为时域信号。

2. 傅里叶变换及其反变换

（1）一维连续型傅里叶变换及其反变换

单变量连续函数 $f(x)$ 的傅里叶变换 $F(u)$ 定义为

$$F(u)=\mathcal{F}[f(x)]=\int_{-\infty}^{+\infty} f(x)\mathrm{e}^{-\mathrm{j}2\pi ux}\mathrm{d}x \tag{3-8}$$

其中，$j=\sqrt{-1}$，u 为斜率变量。若给出 $F(u)$，则其傅里叶反变换 $f(x)$ 的定义为

$$f(x)=\int_{-\infty}^{+\infty} F(u)\mathrm{e}^{\mathrm{j}2\pi ux}\mathrm{d}u \tag{3-9}$$

假设单变量连续函数是冲激函数 $\delta(t)$，冲激函数的傅里叶变换 $F(u)$ 为

$$F(u)=\int_{-\infty}^{+\infty} \delta(t)\mathrm{e}^{-\mathrm{j}2\pi ut}\mathrm{d}t=1 \tag{3-10}$$

同理，假设单变量连续函数是阶跃函数 $u(t)$，阶跃函数的傅里叶变换 $F(u)$ 为

$$F(u)=\int_{-\infty}^{+\infty} u(t)\mathrm{e}^{-\mathrm{j}2\pi ut}\mathrm{d}t=\int_{0}^{+\infty} \mathrm{e}^{-\mathrm{j}2\pi ut}\mathrm{d}t=\frac{1}{\mathrm{j}2\pi u} \tag{3-11}$$

（2）二维连续型傅里叶变换及其反变换

二维连续函数 $f(x,y)$ 的傅里叶变换 $F(u,v)$ 定义为

$$F(u,v)=\int_{-\infty}^{+\infty}\int_{-\infty}^{+\infty} f(x,y)\mathrm{e}^{-\mathrm{j}2\pi(ux+vy)}\mathrm{d}x\mathrm{d}y \tag{3-12}$$

若假定 $f(x,y)$ 为一个实函数，则其傅里叶变换是对称的，即

$$F(u,v)=F(-u,-v) \tag{3-13}$$

并且其傅里叶变换的频率谱也是对称的，即

$$|F(u,v)|=|F(-u,-v)| \tag{3-14}$$

若给定 $F(u,v)$，则其傅里叶反变换 $f(x,y)$ 的定义为

$$f(x,y)=\int_{-\infty}^{+\infty}\int_{-\infty}^{+\infty}F(u,v)\mathrm{e}^{\mathrm{j}2\pi(ux+vy)}\mathrm{d}u\mathrm{d}v \tag{3-15}$$

（3）一维离散型傅里叶变换（Discrete Fourier Transform，DFT）及其反变换（Inverse Discrete Fourier Transform，IDFT）

单变量离散函数 $f(x)$ 的傅里叶变换 $F(u)$ 定义为

$$F(u)=\sum_{x=0}^{M-1}f(x)\mathrm{e}^{-\mathrm{j}2\pi ux/M} \tag{3-16}$$

其中，$u=0,1,2,\cdots,M-1$。

欧拉公式为

$$\mathrm{e}^{\mathrm{j}\theta}=\cos\theta+\mathrm{j}\sin\theta \tag{3-17}$$

将式（3-17）代入式（3-16）可以得到

$$\begin{aligned}F(u)&=\sum_{x=0}^{M-1}f(x)\mathrm{e}^{-\mathrm{j}2\pi\frac{ux}{M}}\\&=\sum_{x=0}^{M-1}f(x)\left(\cos\left(-2\pi\frac{ux}{M}\right)+\mathrm{j}\sin\left(-2\pi\frac{ux}{M}\right)\right)\\&=\sum_{x=0}^{M-1}f(x)\left(\cos\left(2\pi\frac{ux}{M}\right)-\mathrm{j}\sin\left(2\pi\frac{ux}{M}\right)\right)\end{aligned} \tag{3-18}$$

若给定 $F(u)$，则其傅里叶反变换 $f(x)$ 的定义为

$$f(x)=\frac{1}{M}\sum_{u=0}^{M-1}F(u)\mathrm{e}^{\mathrm{j}2\pi\frac{ux}{M}} \tag{3-19}$$

其中，$x=0,1,2,\cdots,M-1$。

（4）二维离散型傅里叶变换及其反变换

二维离散函数 $f(x,y)$ 的傅里叶变换 $F(u,v)$ 定义为

$$F(u,v)=\sum_{x=0}^{M-1}\sum_{y=0}^{N-1}f(x,y)\mathrm{e}^{-\mathrm{j}2\pi\left(\frac{ux}{M}+\frac{vy}{N}\right)} \tag{3-20}$$

其中，$u=0,1,2,\cdots,M-1$，$v=0,1,2,\cdots,N-1$。

若给定 $F(u,v)$，则其傅里叶反变换 $f(x,y)$ 的定义为

$$f(x,y)=\frac{1}{MN}\sum_{u=0}^{M-1}\sum_{v=0}^{N-1}F(u,v)\mathrm{e}^{\mathrm{j}2\pi\left(\frac{ux}{M}+\frac{vy}{N}\right)} \tag{3-21}$$

其中，$x=0,1,2,\cdots,M-1$，$y=0,1,2,\cdots,N-1$。

（5）傅里叶变换的极坐标表示

① 一维傅里叶变换的极坐标表示为

$$F(u)=|F(u)|\mathrm{e}^{-\mathrm{j}\phi(u)} \tag{3-22}$$

频率谱为

$$|F(u)|=\sqrt{R(u)^2+I(u)^2} \tag{3-23}$$

其中，$R(u)$ 和 $I(u)$ 分别是 $F(u)$ 的实部和虚部。

相位谱为

$$\phi(u)=\arctan\left[\frac{I(u)}{R(u)}\right] \tag{3-24}$$

② 二维 DFT 的极坐标表示为

$$F(u,v)=|F(u,v)|\mathrm{e}^{-\mathrm{j}\phi(u,v)} \tag{3-25}$$

频率谱为

$$|F(u,v)|=\sqrt{R(u,v)^2+I(u,v)^2} \tag{3-26}$$

其中，$R(u,v)$ 和 $I(u,v)$ 分别是 $F(u,v)$ 的实部和虚部。

相位谱为

$$\phi(u,v)=\arctan\left[\frac{I(u,v)}{R(u,v)}\right] \tag{3-27}$$

傅里叶变换的频率谱和相位谱示例如图 3-4 所示。

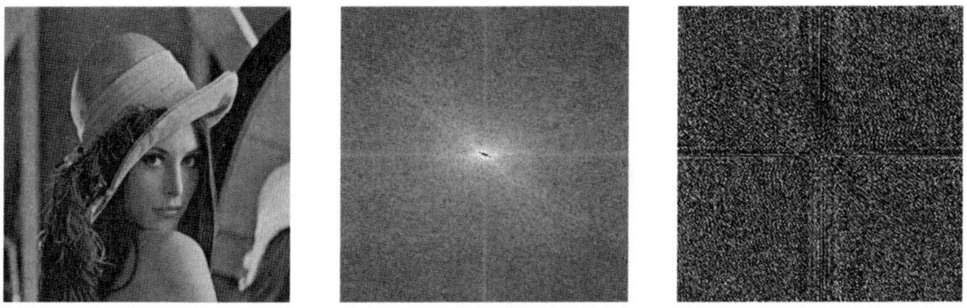

（a）原图　　（b）频率谱　　（c）相位谱

图 3-4　傅里叶变换的频率谱和相位谱示例

（6）二维傅里叶变换的性质

① 平移性与旋转性

$$f(x,y)\mathrm{e}^{\mathrm{j}2\pi\left(\frac{u_0x}{M}+\frac{v_0y}{N}\right)} \Leftrightarrow F(u-u_0,v-v_0) \tag{3-28}$$

$$f(x-x_0,y-y_0) \Leftrightarrow F(u,v)\mathrm{e}^{-\mathrm{j}2\pi\left(\frac{x_0u}{M}+\frac{y_0v}{N}\right)} \tag{3-29}$$

其中，$\Leftrightarrow$ 表示函数 $f(x,y)$ 与其傅里叶变换 $F(u,v)$ 的对应关系，也就是说，右侧项是左侧项的傅里叶变换，左侧项是右侧项的傅里叶反变换。式（3-28）表明将空间域函数 $f(x,y)$ 乘以一个指数项等价于将原来的频域中心 $F(u,v)$ 移动到一个新的频域 $F(u-u_0,v-v_0)$ 处；式（3-29）表明将频域函数 $F(u,v)$ 乘以一个指数项等价于将原来的空间域中心 $f(x,y)$ 移动到一个新的空间位置 $f(x-x_0,y-y_0)$，同时说明 $f(x,y)$ 的平移不影响 $f(x,y)$ 傅里叶变换的幅值。特别地，当 $u_0=\dfrac{M}{2}$ 且 $v_0=\dfrac{N}{2}$ 时，有

$$\mathrm{e}^{\mathrm{j}2\pi\left(\frac{u_0x}{M}+\frac{v_0y}{N}\right)}=\mathrm{e}^{\mathrm{j}\pi(x+y)}=(-1)^{x+y} \tag{3-30}$$

将式（3-30）代入式（3-28）和式（3-29），可以得到

$$f(x,y)(-1)^{x+y} \Leftrightarrow F\left(u-\frac{M}{2},v-\frac{N}{2}\right) \tag{3-31}$$

$$f\left(x-\frac{M}{2},y-\frac{N}{2}\right) \Leftrightarrow F(u,v)(-1)^{u+v} \tag{3-32}$$

由式（3-32）可知，将频域函数 $F(u,v)$ 乘以 $(-1)^{x+y}$，即可将图像的原点从左上角 $(0,0)$ 移到 $M\times N$ 大小的图像的中心点 $\left(\dfrac{M}{2},\dfrac{N}{2}\right)$。

将极坐标 $x=r\cos\theta, y=r\sin\theta, u=\omega\cos\phi, v=\omega\sin\phi$ 代入式（3-29），并将 $f(x,y)$ 和 $F(u,v)$ 转换为 $f(r,\theta)$ 和 $F(\omega,\phi)$，可以得到

$$f(r,\theta-\theta_0)\Leftrightarrow F(\omega,\phi-\theta_0) \tag{3-33}$$

上式说明，若空间域函数 $f(x,y)$ 旋转的角度是 θ_0，则其傅里叶变换也旋转相同的角度。

在图像处理中，傅里叶变换的这两条性质说明图像平移并不会影响图像本身的频谱特征，而图像的相位会随着图像本身的旋转而同步旋转。

② 分配律

傅里叶变换的分配律是相对于空间域函数 $f(x,y)$ 而言的，即

$$\mathcal{F}[f_1(x,y)+f_2(x,y)]=\mathcal{F}[f_1(x,y)]+\mathcal{F}[f_2(x,y)] \tag{3-34}$$

需要注意的是，分配律对函数 $f(x,y)$ 的乘法是不适用的，即

$$\mathcal{F}[f_1(x,y)\cdot f_2(x,y)]\neq\mathcal{F}[f_1(x,y)]\cdot\mathcal{F}[f_2(x,y)] \tag{3-35}$$

③ 尺度变换

对于任意的常数 a,b，满足下列关系式

$$af(x,y)\Leftrightarrow aF(u,v) \tag{3-36}$$

$$f(ax,by)\Leftrightarrow\frac{1}{|ab|}F\left(\frac{u}{a},\frac{v}{b}\right) \tag{3-37}$$

④ 周期性与共轭对称性

时间域函数 $f(x,y)$ 沿着 x,y 方向无限周期拓展，即

$$f(x,y)=f(x+aM,y)=f(x,y+bN)=f(x+aM,y+bN) \tag{3-38}$$

其中，a 和 b 是整数。同样地，复频域函数 $F(u,v)$ 始终沿着 u,v 方向无限周期拓展，即

$$F(u,v)=F(u+aM,v)=F(u,v+bN)=F(u+aM,v+bN) \tag{3-39}$$

特殊地，当 $f(x,y)$ 为实函数时，其傅里叶变换满足共轭对称性，即

$$F(u,v)=F^*(-u,-v) \tag{3-40}$$

其中，$F^*(u,v)$ 为 $F(u,v)$ 的共轭复数。

⑤ 分离性

二维离散傅里叶变换分离性的基本思想是二维 DFT 可分离为两次一维 DFT，故可以通过计算两次一维 DFT 来得到二维 DFT。

对于一个 M 行 N 列的二维图像 $f(x,y)$，先对行变量 y 做一次长度为 N 的一维 DFT，再对列变量 x 做一次长度为 M 的一维 DFT，就可以可得到二维图像的傅里叶变换 $F(u,v)$，即

$$\begin{aligned}F(u,v)&=\sum_{x=0}^{M-1}\mathrm{e}^{-\mathrm{j}2\pi ux/M}\sum_{x=0}^{N-1}f(x,y)\mathrm{e}^{-\mathrm{j}2\pi vy/N}\\&=\sum_{x=0}^{M-1}\mathrm{e}^{-\mathrm{j}2\pi ux/M}F(x,v)\end{aligned} \tag{3-41}$$

其计算过程示意图如图 3-5 所示。

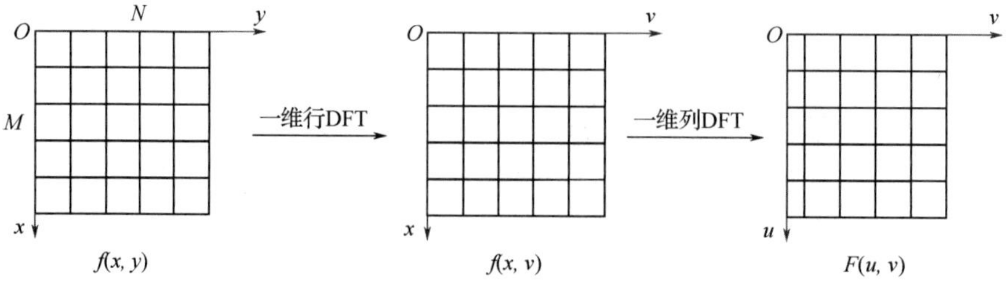

图 3-5　二维 DFT 分离性计算过程示意图

⑥ 平均值

根据二维离散傅里叶变换的定义：

$$F(u,v)=\sum_{x=0}^{M-1}\sum_{y=0}^{N-1}f(x,y)\,\mathrm{e}^{-\mathrm{j}2\pi\left(\frac{ux}{M}+\frac{vy}{N}\right)} \tag{3-42}$$

所以，

$$F(0,0)=\sum_{x=0}^{M-1}\sum_{y=0}^{N-1}f(x,y) \tag{3-43}$$

结合 $f(x,y)$ 的平均值的定义

$$\bar{f}(x,y)=\frac{1}{MN}\sum_{x=0}^{M-1}\sum_{y=0}^{N-1}f(x,y) \tag{3-44}$$

所以，

$$\bar{f}(x,y)=\frac{1}{MN}F(0,0) \tag{3-45}$$

对于图像 $f(x,y)$，其傅里叶变换的原点像素值也就是原图像的平均灰度。

⑦ 卷积定理

卷积包括空间域卷积和频域卷积。卷积是空间域滤波和频域滤波之间的纽带，两个空间域信号的卷积等价于其频域信号的乘积，即

$$f(x,y)*h(x,y)\Leftrightarrow F(u,v)H(u,v) \tag{3-46}$$

其中，*表示信号的卷积。两个信号频域上的卷积等价于空间域的相乘，即

$$f(x,y)h(x,y)\Leftrightarrow F(u,v)*H(u,v) \tag{3-47}$$

二维卷积表达式如下：

$$f(x,y)*h(x,y)=\frac{1}{MN}\sum_{m=0}^{M-1}\sum_{n=0}^{N-1}f(m,n)h(x-m,y-n) \tag{3-48}$$

其中，$x=0,1,\cdots,M-1$，$y=0,1,\cdots,N-1$。该性质在图像处理方面的主要用处是简化计算，也就是将需要经过翻折、平移、相乘、求和等步骤实现的复杂的卷积运算简化为简单的乘法运算。实际应用中，根据空间域卷积定理，在空间域对应的是原始信号与滤波器的冲激响应的卷积，卷积定义为信号翻折平移求和的过程，步骤复杂，运算量大。但如果转换到频域进行处理，则将二者的频谱直接相乘就可以得到滤波结果，然后对滤波结果进行傅里叶反变换就可以得到滤波后的空间域图像。

下面使用一个一维的例子解释卷积。假设有离散函数 $f(x)$ 和函数 $g(x)$，分别从 1 到 6 计算 $f(x)*g(x)$，可以使用图 3-6 理解，首先将 $g(x)$ 翻折，然后将 $g(x)$ 平移，根据 x 的大小确定平移的大小，接着将 $g(x)$ 和 $f(x)$ 对应的位置相乘，最后求和。

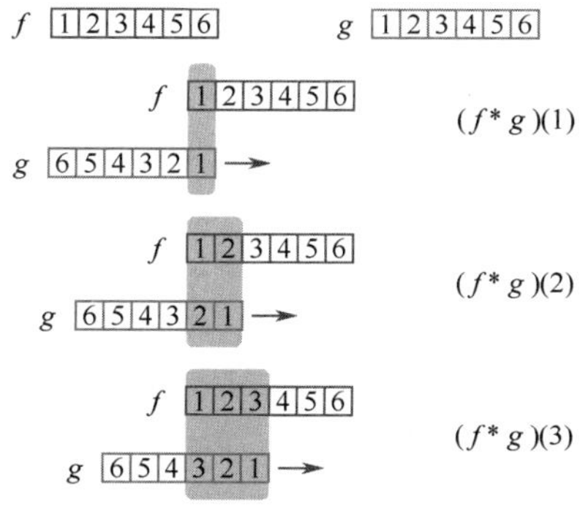

图 3-6　一维傅里叶卷积效果

数字图像是二维离散信号，对数字图像做卷积操作就是利用卷积核在图像上滑动，将图像点上的像素值与对应的卷积核上的数值相乘，然后将相乘的值相加，作为卷积核中间像素对应的图像上的像素灰度值，并最终滑动完成所有图像的过程。图 3-7 展示了图像的卷积核翻转过程，可以让卷积核对行和列同时翻转，也可以通过让卷积核绕着中心的核旋转 180°。图 3-8 清晰地表示整个卷积过程中一次相乘后相加的所有结果，该图像采用 3×3 的卷积核，卷积核是已经翻转过的，卷积核内共有 9 个数值，所以图像右侧加法算式有 9 行，而每行都是图像像素和卷积核上的数值相乘，最终结果−8 代替原图像中对应位置的 1。这样图像的一个步长为 1 的滑动，每次滑动都是一次相乘再相加的工作。

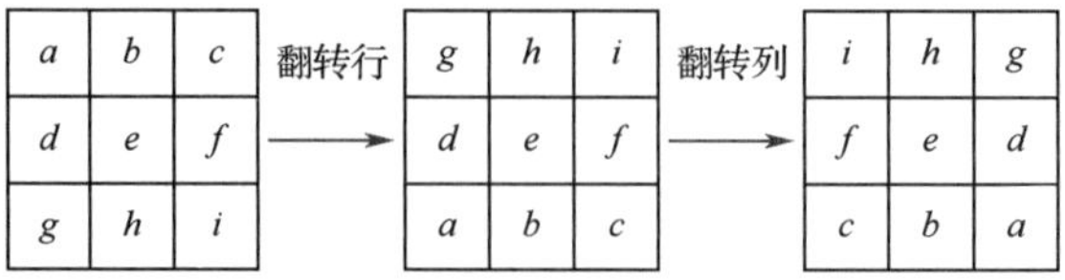

图 3-7 卷积核翻转

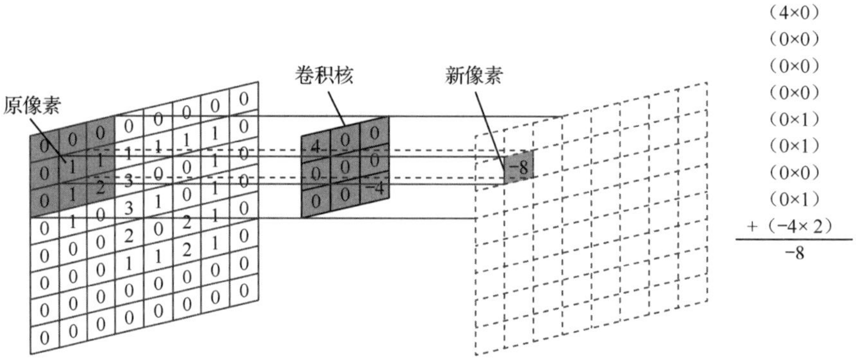

图 3-8 图像中的傅里叶卷积

⑧ 相关定理

空间域中 $f(x,y)$ 与 $g(x,y)$ 的相关等价于频域中 $F(u,v)$ 的共轭与 $G(u,v)$ 相乘，即

$$f(x,y)\circ h(x,y)\Leftrightarrow F^{*}(u,v)H(u,v) \tag{3-49}$$

同理有

$$f^{*}(x,y)h(x,y)\Leftrightarrow F(u,v)\circ H(u,v) \tag{3-50}$$

其中，大小为 $M\times N$ 的两个函数 $f(x,y)$ 和 $h(x,y)$ 的离散相关性定义为

$$f(x,y)\circ h(x,y)=\frac{1}{MN}\sum_{m=0}^{M-1}\sum_{n=0}^{N-1}f(m,n)h(m,n) \tag{3-51}$$

相关用于刻画两个信号在某个时刻的相似程度，在图像中代表两幅图像的互相匹配程度。由式（3- 48）和式（3- 51）可以看出，卷积和相关的区别在于卷积将核翻转了 180°。

相关定理类似卷积定理，把相关性运算转化为频域相乘，从而简化了计算。相关定理的重要应用在于匹配：确定是否有感兴趣的物体区域。$f(x,y)$ 是原始图像，$g(x,y)$ 作为感兴趣的物体或区域（模板），如果匹配，二维图像 $f(x,y)$ 中对应于 $g(x,y)$ 位置处的相关值会达到最大。

（7）快速傅里叶变换（Fast Fourier Transform，FFT）

由于 DFT 中要用到卷积计算，而卷积运算的计算量非常大，计算机很难进行计算，而快速傅里叶变换可以大大简化 DFT 的计算，对硬件实现特别有利。FFT 算法基于一个称为逐次加倍的方法。通过推导将原始傅里叶变换转换成两个递推公式：

$$F(u)=F_{\text{even}}(u)+F_{\text{odd}}(u)W_{2k}^{u} \tag{3-52}$$

$$F(u+K)=F_{\text{even}}(u)-F_{\text{odd}}(u)W_{2k}^{u} \tag{3-53}$$

其中，$M=2K$，$F_{\text{even}}(u)=\sum_{x=0}^{k-1}f(2x)W_{k}^{ux}$，$F_{\text{odd}}(u)=\sum_{x=0}^{k-1}f(2x+1)W_{k}^{ux}$。

（8）傅里叶变换在图像处理中的作用

图像的频率是表征图像中灰度变化剧烈程度的指标，是灰度在平面空间的梯度。灰度变化得快，频率就高；灰度变化得慢，频率就低。从物理效果看，傅里叶变换是将图像从空间域转换到频域，将图像的灰度分布函数变换为图像的频率分布函数；傅里叶反变换是将图像从频域转换到空间域，将图像的频率分布函数变换为灰度分布函数。傅里叶频谱图上明暗不一的区域，实质上是图像上某一像素点与其邻域像素点的灰度值差异，也就是梯度。梯度越大，频率越高，能量越小，在频谱图上就越暗；反之，梯度越小，频率越低，能量越大，在频谱图上越亮。

经过频谱中心化得到的频谱图如图 3-9 所示，频谱中心化利用的是二维傅里叶级数的平移性，将 $(-1)^{x+y}$ 乘以输入的图像函数得到新的输入图像函数。

（a）原始图像　　（b）频谱图

图 3-9　傅里叶变换频谱图

通过原始图像与其频谱图的对比可以看出，频谱图中暗点分布较多的区域，实际图像是比较柔和的，因为越暗的地方，梯度越大，每个像素点与其邻域像素的灰度值差异越大；而亮点分布较多的区域，实际图像是比较尖锐的。

3.2　图像滤波

图像滤波是在尽可能保留感兴趣内容的前提下去除不感兴趣的内容，如去除图像中的噪声信息。图像滤波分为空间域滤波和频域滤波，其中空间域滤波又分为线性滤波和非线性滤波。线性滤波是一种算术运算，有固定的模板，所以转移函数是确定且唯一的。非线性滤波是一种逻辑运算，可以通过一定邻域的灰度值大小来实现，如求出一个像素周围 3×3（像素）范围内的最小值、最大值、中值、均值等，并不是对像素进行简单的加权。非线性滤波没有固定的模板，所以没有特定的转移函数。频域滤波是对图像进行傅里叶变换，将图像从图像空间转换到频率空间，在频率空间中对图像进行频谱分析处理，从而改变图像的频率特性，因为傅里叶变换表示的函数可以通过傅里叶反变换进行完全重建，所以不会丢失任何信息。

图像滤波是图像处理中不可或缺的一部分，图像滤波的好坏决定后续图像处理的效果及图像分析的有效性和可靠性。其中，去除图像中的噪声称为图像的平滑或者图像去噪，是一种简单常用的图像处理方法，平滑操作将使图像变得模糊；而锐化则与之相反，是为了突出图像中的边缘、增强细节，使图像更加清晰。

图像滤波的操作过程为一个滤波模板（又称滤波器、邻域算子）在待处理图像上移动，对每个滤波器覆盖的区域进行点乘求和，得到的值作为中心像素点的输出值。如图 3-10 所示，对像素值为 7 的位置进行滤波，得到滤波后的图像像素矩阵，从图像的左上角开始移动滤波器，从左到右、从上到下依次进行运算，最终得到除边缘区域外滤波后的结果，如图 3-11 所示。

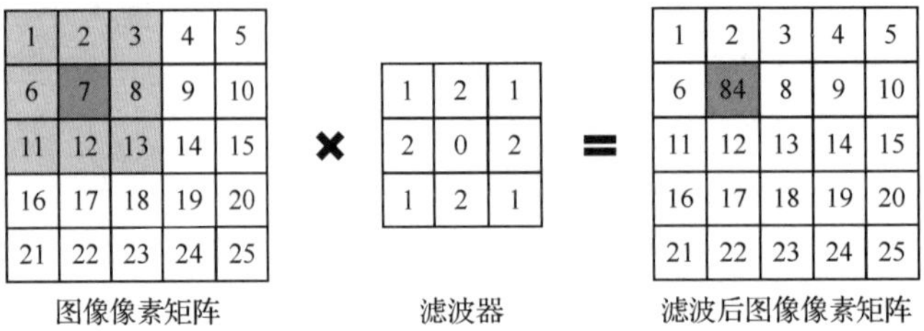

图 3-10　图像滤波原理

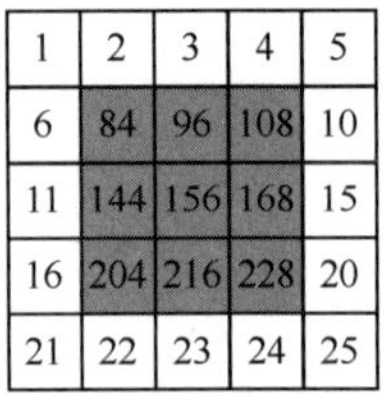

图 3-11　图像滤波结果

在滤波过程中，我们注意到滤波器的中心无法放置在图像的边缘像素处，因此图像的边缘没有进行滤波处理，这是因为当滤波器中心与边缘像素点对应时，滤波器中的部分数据会出现没有图像像素点与之对应的情况。为了解决这种问题，可以选择对图像边缘进行扩充，例如，使用 3×3 的滤波器时，可以用 0 在原始图像周围增加一层像素，如图 3-12 所示。

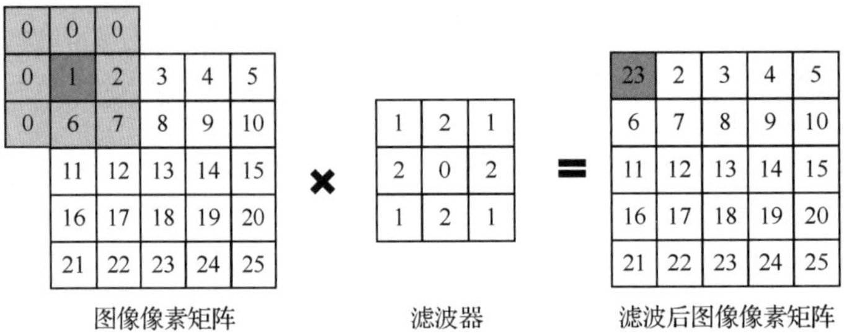

图 3-12　图像滤波原理（边缘情况）

另外，滤波器是一个固定大小的 $N\times N$ 维矩阵，其中的 N 一般为奇数，这是为了使滤波器的中心在像素点上。滤波器可以分为空间域滤波器和频域滤波器，空间域滤波器又分为线性滤波器和非线性滤波器，频域滤波器一般分为高通滤波器和低通滤波器。下面详细介绍。

3.2.1 线性滤波

线性滤波器中心点的像素值与其他邻域像素值存在线性关系，常见的线性滤波方法有方框滤波、均值滤波、高斯滤波。设滤波器大小为 $N\times N$，滤波器所在区域图像的像素值为 $f(x,y)$，其中，$x,y=1,2,3,\cdots,N$。

1．方框滤波

中心点的像素值为滤波器所在区域图像的像素值之和，即

$$f\left(\frac{N+1}{2},\frac{N+1}{2}\right)=\sum_{x=1}^{N}\sum_{y=1}^{N}f(x,y) \tag{3-54}$$

滤波器（$N=3$ 时）为

1	1	1
1	1	1
1	1	1

加高斯噪声后的方框滤波效果如图 3-13 所示，邻域内的像素值和基本都会超过像素的最大值 255，产生像素溢出，导致最后得到的图像接近纯白色，部分点处有颜色。有颜色的点是因为这些点周围邻域的像素值均较小，相加后仍小于 255。

（a）原图　（b）加高斯噪声　（c）方框滤波后

图 3-13　方框滤波效果

2．均值滤波

方框滤波虽然简单快捷，但是中心点的像素值可能过大，超出数据允许范围，因此可以对结果取平均，也就是采用均值滤波法。该方法中心点的像素值为

$$f\left(\frac{N+1}{2},\frac{N+1}{2}\right)=\frac{1}{N^2}\sum_{x=1}^{N}\sum_{y=1}^{N}f(x,y) \tag{3-55}$$

滤波器（$N=3$ 时）为

$\frac{1}{3^2}$

1	1	1
1	1	1
1	1	1

加高斯噪声后的均值滤波效果如图 3-14 所示。

（a）原图　（b）加高斯噪声　（c）均值滤波后

图 3-14　均值滤波效果

3．高斯滤波

前两种方法没有考虑像素位置对滤波的影响，即认为不同位置上的噪声是基本相同的，但是实际中不同位置上的噪声存在差异，而常见的噪声符合高斯分布，因此可以采用高斯滤波器进行滤波处理。高斯滤波考虑了像素离滤波器中心距离的影响，以滤波器中心位置为高斯分布的均值，

根据高斯分布公式和每个像素点距离中心像素点的位置计算出滤波器每个位置上的数值，从而形成一个高斯滤波器。二维高斯分布公式为

$$G(x,y)=\frac{1}{2\pi\sigma^2}\mathrm{e}^{-\frac{x^2+y^2}{2\sigma^2}} \tag{3-56}$$

二维高斯滤波器的空间结构如图 3-15 所示。

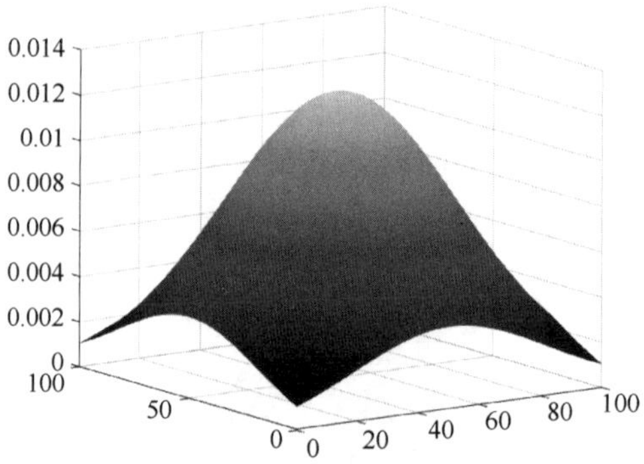

图 3-15　二维高斯滤波器的空间结构

取 $\sigma=1.5$，可以通过式（3-56）计算得到模糊半径为 1 的高斯模板，计算过程如图 3-16 所示。为了保证图 3-16 中九个点之和为 1，要对得到的高斯模板进行归一化操作，最终得到 3×3 高斯滤波器模板。

(−1,1)	(0,1)	(1,1)
(−1,0)	(0,0)	(1,0)
(−1,−1)	(0,−1)	(1,−1)

$G(x,y)=\frac{1}{2\pi\sigma^2}\mathrm{e}^{-\frac{x^2+y^2}{2\sigma^2}}$ →

0.0454	0.0566	0.0454
0.0566	0.0707	0.0566
0.0454	0.0566	0.0454

归一化 →

0.0947416	0.118318	0.0947416
0.118318	0.147761	0.118318
0.0947416	0.118318	0.0947416

图 3-16　高斯模板的计算过程

实际中，为使计算效率更高，往往采用可通过整数乘除实现的高斯模板，即

$$\frac{1}{16}\begin{bmatrix}1 & 2 & 1\\ 2 & 4 & 2\\ 1 & 2 & 1\end{bmatrix}$$

加高斯噪声后的高斯滤波效果如图 3-17 所示。

（a）原图　（b）加高斯噪声　（c）高斯滤波后

图 3-17　高斯滤波效果

4. 自定义滤波

线性滤波方法通常只是滤波器系数不同，除了上述几种常用的线性滤波，还可以根据实际任务需要，自定义一个滤波器的系数来实现自定义滤波。

3.2.2 非线性滤波

线性滤波是对所有像素值的线性组合得到滤波的结果，因此含有噪声的像素点也会被考虑进去，并且噪声像素点会以更加柔和的方式存在于图像中。这时可以利用逻辑判断将噪声像素点过滤掉，从而实现更好的滤波效果，这种滤波方法就是非线性滤波，其计算过程可能包括排序、逻辑计算等，常见的非线性滤波方法有中值滤波和双边滤波。

1. 中值滤波

中值滤波是一种基于排序统计理论的非线性滤波方法，滤波器中心点的像素值为滤波器范围内所有像素值的中值。具体操作过程是，首先将滤波器范围内的所有像素值按照从小到大的顺序排序，然后选取排好序的序列中值作为滤波后滤波器中心点的像素值，后面操作同线性滤波，即移动滤波器重复进行排序取中值操作。中值滤波原理如图 3-18 所示。

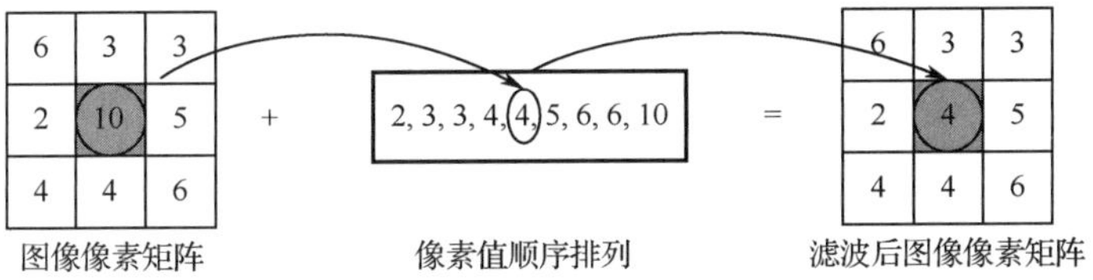

图 3-18　中值滤波原理

中值滤波能在滤除噪声的同时保留图像的边缘信息，因此得到了广泛的应用。但中值滤波过程中的数据排序费时较多，尤其是对尺寸较大的图像，需要进行大量的像素值比较，耗时较长，不利于图像滤波处理的实时性；同时，在尺寸较大的图像处理中，也容易产生图像模糊的现象。

另外，在中值滤波操作过程中，如果在像素序列中选取的不是中值，而是最大值或最小值，则构成另两种非线性滤波方法：最大值滤波与最小值滤波。如果采用最大值滤波会导致中心值偏“亮”；如果采用最小值滤波会导致中心值偏“暗”。

加高斯噪声后的中值滤波效果如图 3-19 所示。

（a）原图　　（b）加高斯噪声　　（c）中值滤波后

图 3-19　中值滤波效果

2. 双边滤波

前面几种方法都会造成图像模糊，使边缘信息消失或减弱。为了保护边缘信息在图像滤波过程中不会损失，产生了边缘保护滤波算法，其中最常用的边缘保护滤波算法就是双边滤波。前面介绍的高斯滤波只关注位置信息，即距离中心点越近滤波器系数越大，距离越远系数越小。而双边滤波是在高斯滤波的基础上加入像素值差异指标，即同时考虑像素点的距离因素和像素值的差异，像素值差异越小系数越大，差异越大系数越小。双边滤波原理如图 3-20 所示。

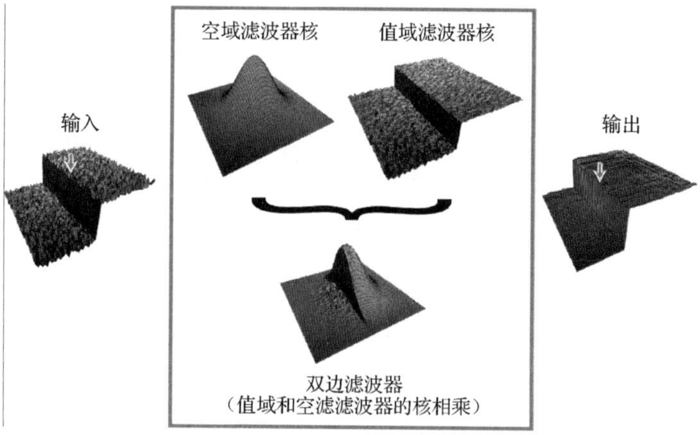

图 3-20　双边滤波原理

空间位置距离滤波器系数的生成公式为

$$d(i,j,k,l)=\exp\left(-\frac{(i-k)^2+(j-l)^2}{2\sigma_{\mathrm{d}}^2}\right) \tag{3-57}$$

其中，(k,l) 为滤波器中心像素点的坐标；(i,j) 为滤波器邻域像素点的坐标；σ_{d} 为距离标准差。

像素值差异滤波器系数的生成公式为

$$r(i,j,k,l)=\exp\left(-\frac{\| f(i,j)-f(k,l)\|^2}{2\sigma_{\mathrm{r}}^2}\right) \tag{3-58}$$

其中，函数 $f(i,j)$ 表示要处理的图像在 (i,j) 处的像素值，$f(k,l)$ 表示图像在 (k,l) 处的像素值；σ_{r} 为灰度标准差。

上述两式相乘，即可得到双边滤波器系数的生成公式

$$\begin{aligned} w(i,j,k,l) &= d(i,j,k,l)\times r(i,j,k,l) \\ &= \exp\left(-\frac{(i-k)^2+(j-l)^2}{2\sigma_{\mathrm{d}}^2}-\frac{\| f(i,j)-f(k,l)\|^2}{2\sigma_{\mathrm{r}}^2}\right) \end{aligned} \tag{3-59}$$

距离标准差 σ_{d} 和灰度标准差 σ_{r} 是双边滤波器的重要参数，σ_{d} 越大图像越模糊，σ_{r} 越大细节越模糊，所以可以根据 3σ 原则来选取合适的滤波器尺寸，灰度标准差范围为−255～255，距离标准差范围根据模板大小确定。

加高斯噪声后的双边滤波效果如图 3-21 所示。

（a）原图　（b）加高斯噪声　（c）双边滤波后

图 3-21　双边滤波效果

3.2.3 频域滤波

图像滤波除在空间域进行外，还可以在频域进行。频域滤波主要分为低通滤波和高通滤波。在频域上，低频部分表示轮廓，高频部分表示细节，因此可以使用低通滤波和高通滤波分别对图像进行平滑和锐化处理。

1. 频域滤波过程

① 设输入图像 $f(x,y)$ 尺寸为 $M \times N$，设计一个 $P \times Q$ 大小的实对称滤波函数 $H(u,v)$，一般取 $P=2M$，$Q=2N$。

② 对图像 $f(x,y)$ 进行填 0 扩充，得到大小为 $P \times Q$ 的图像 $f_p(x,y)$。

③ 对 $f_p(x,y)$ 进行 DFT，并进行频域中心化，得到 $F(u,v)$。

④ 将 $H(u,v)$ 与 $F(u,v)$ 进行矩阵点乘运算后进行频域反中心化，得到 $G(u,v)$。

⑤ 对 $G(u,v)$ 进行傅里叶反变换，得到滤波后的输出图像 $g(x,y)$。

2. 低通滤波

低通滤波通过直接过滤或者大幅度衰减图像的高频成分，同时利用图像的低频成分去除图像中的噪声，从而实现图像平滑操作。常见的低通滤波器分为理想低通滤波器、高斯低通滤波器和 Butterworth 低通滤波器三种。理想低通滤波器的滤波非常尖锐，而高斯低通滤波器的滤波则非常平滑。Butterworth 低通滤波器则介于两者之间，当 Butterworth 低通滤波器的阶数较高时，接近理想低通滤波器；阶数较低时，则接近高斯低通滤波器。

（1）理想低通滤波器

理想低通滤波器工作原理是，无衰减地通过以原点为圆心、D_0 为半径的圆内所有频率，而截断圆外所有的频率，圆心的频率最低，为变换的直流分量。理想低通滤波器的函数表达式为

$$H(u,v)=\begin{cases}1, & D(u,v) \leqslant D_0 \\ 0, & D(u,v) > D_0\end{cases} \tag{3-60}$$

其中，D_0 是截止频率。

根据函数画出其图像如图 3-22 所示。

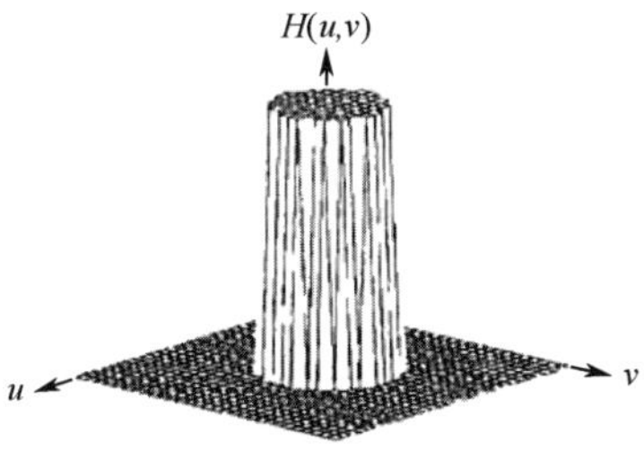

（a）传递函数的透视图

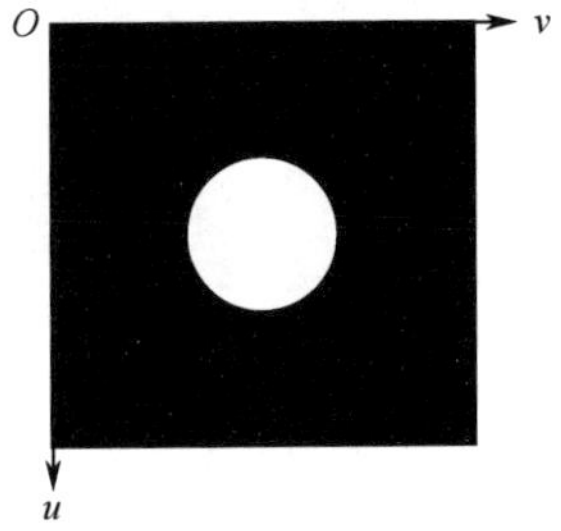

（b）图像形式

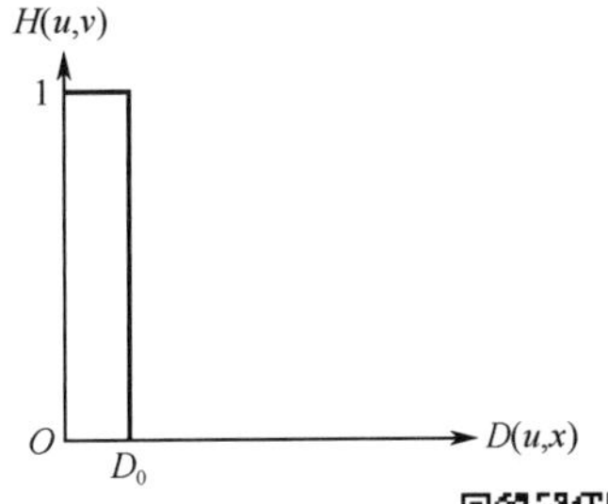

（c）径向横截面

图 3-22　理想低通滤波器函数图像

可以看出，理想低通滤波器的过渡非常急剧，会产生振铃现象。振铃是指输出图像的灰度剧烈变化处产生的震荡，就好像钟被敲击后产生的空气震荡。理想低通滤波器效果如图 3-23 所示。

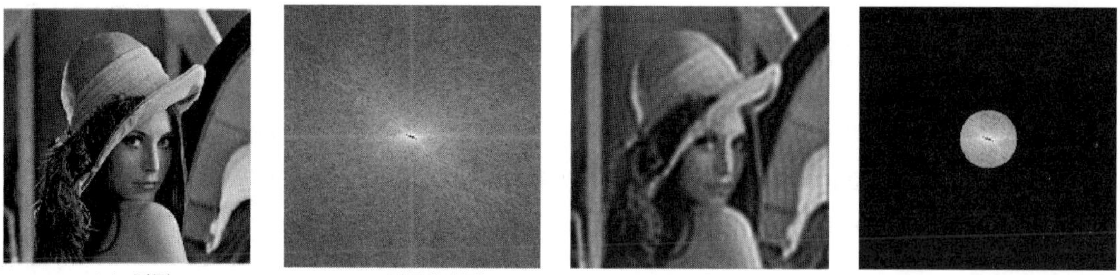

（a）原图　（b）原图的频谱　（c）处理后的图像　（d）处理后的频谱

图 3-23　理想低通滤波器效果

（2）高斯低通滤波器

高斯低通滤波器的函数表达式为

$$H(u,v)=\mathrm{e}^{\frac{-D^2(u,v)}{2D_0^{\ 2}}} \tag{3-61}$$

根据函数画出其图像如图 3-24 所示。

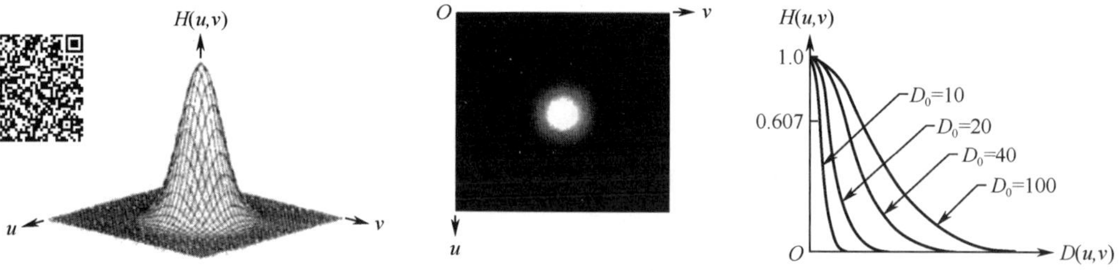

（a）传递函数的透视图　（b）图像形式　（c）径向横截面

图 3-24　高斯低通滤波器函数图像

高斯滤波器的过渡特性非常平缓，因此不会产生振铃现象。高斯低通滤波器效果如图 3-25 所示。

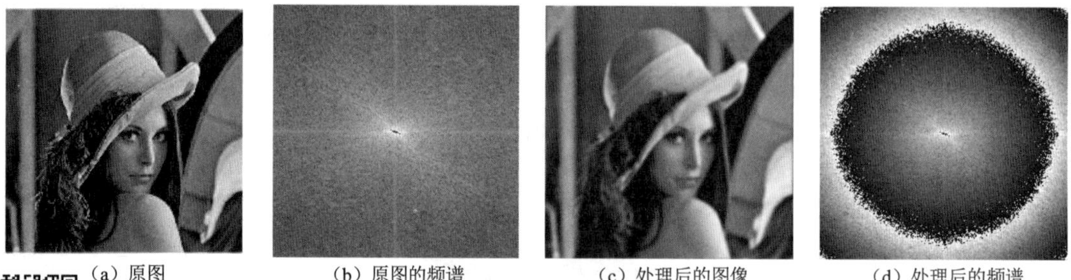

（a）原图　（b）原图的频谱　（c）处理后的图像　（d）处理后的频谱

图 3-25　高斯低通滤波器效果

（3）Butterworth 低通滤波器

Butterworth 低通滤波器的函数表达式为

$$H(u,v)=\frac{1}{1+\left(\dfrac{D(u,v)}{D_0}\right)^{2n}} \tag{3-62}$$

其中，n 称为 Butterworth 低通滤波器的阶数，根据函数画出其图像如图 3-26 所示。

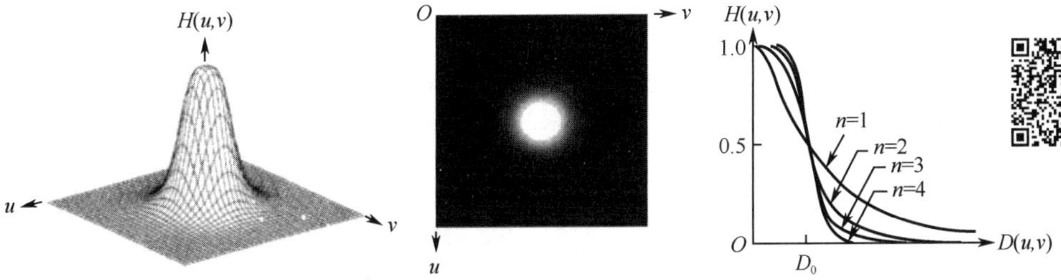

（a）传递函数的透视图　（b）图像形式　（c）径向横截面

图 3-26　Butterworth 低通滤波器函数图像

Butterworth 低通滤波器的过渡没有理想低通滤波器那么剧烈，也没有高斯低通滤波器那么平缓，是理想低通滤波器和高斯低通滤波器的折中。同时，随着阶数的增加，过渡越来越剧烈，越接近理想低通滤波器；随着阶数的减少，过渡越来越平缓，越接近高斯低通滤波器。Butterworth 低通滤波器效果如图 3-27 所示。

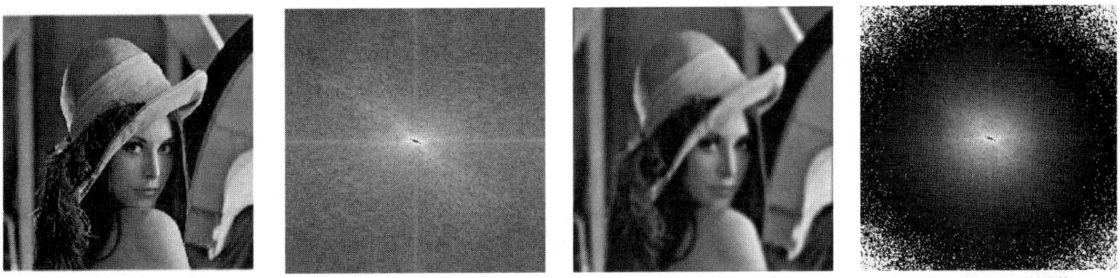

（a）原图　（b）原图的频谱　（c）处理后的图像　（d）处理后的频谱

图 3-27　Butterworth 低通滤波器效果

3．高通滤波

高通滤波与低通滤波正好相反，通过滤掉或者大幅度衰减低频成分，同时利用高频成分来实现图像锐化操作。为了得到高通滤波器，通常可以通过用 1 减去对应的低通滤波器来实现。高通滤波器可分为理想高通滤波器、高斯高通滤波器和 Butterworth 高通滤波器三种。

（1）理想高通滤波器

二维理想高通滤波器的函数表达式为

$$H(u,v)=\begin{cases}0, & D(u,v)\leqslant D_0\\ 1, & D(u,v)>D_0\end{cases} \tag{3-63}$$

其中，D_0 是截止频率，$D(u,v)$ 是到频率矩形中心的距离。根据函数画出其图像如图 3-28 所示。

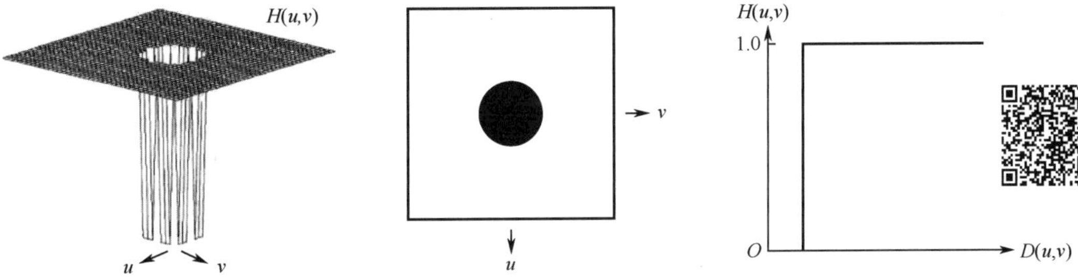

（a）传递函数的透视图　（b）图像形式　（c）径向横截面

图 3-28　理想高通滤波器函数图像

理想高通滤波器效果如图 3-29 所示。

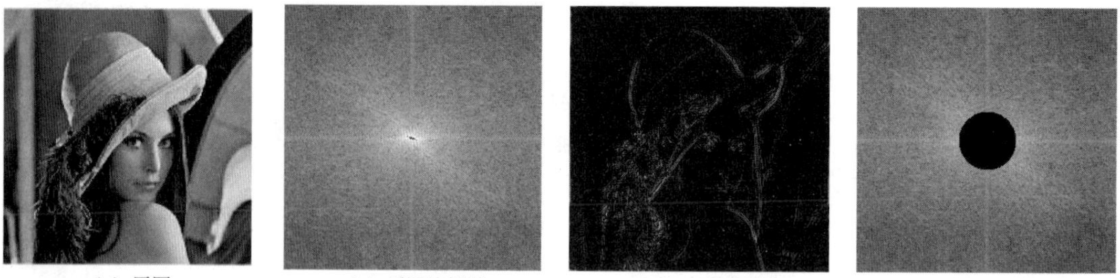

（a）原图　（b）原图的频谱　（c）处理后的图像　（d）处理后的频谱

图 3-29　理想高通滤波器效果

（2）高斯高通滤波器

二维高斯高通滤波器的函数表达式为

$$H(u,v)=1-\mathrm{e}^{\frac{-D^2(u,v)}{2\sigma^2}} \tag{3-64}$$

其中，σ 是关于中心的扩展度的度量。根据函数画出其图像如图 3-30 所示。

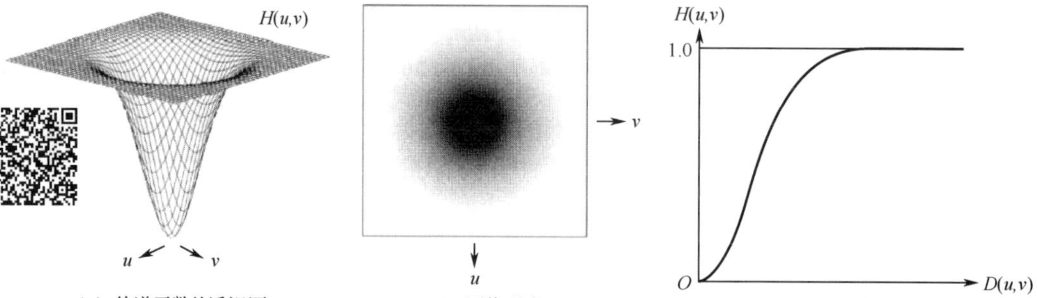

（a）传递函数的透视图　（b）图像形式　（c）径向横截面

图 3-30　高斯高通滤波器函数图像

高斯高通滤波器效果如图 3-31 所示。

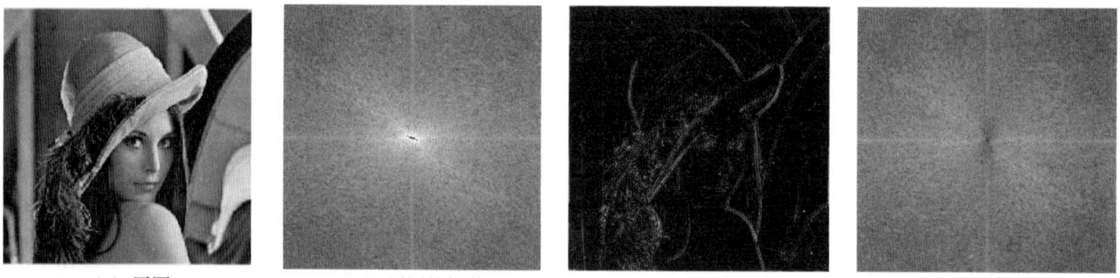

（a）原图　（b）原图的频谱　（c）处理后的图像　（d）处理后的频谱

图 3-31　高斯高通滤波器效果

（3）Butterworth 高通滤波器

n 阶 Butterworth 高通滤波器的函数表达式为

$$H(u,v)=\frac{1}{1+\left(\dfrac{D_0}{D(u,v)}\right)^{2n}} \tag{3-65}$$

根据函数画出其图像如图 3-32 所示。

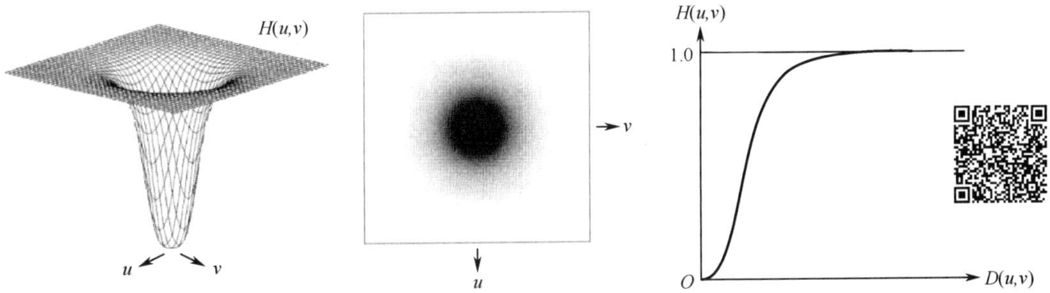

（a）传递函数的透视图　（b）图像形式　（c）径向横截面

图 3-32　Butterworth 高通滤波器函数图像

Butterworth 高通滤波器效果如图 3-33 所示。

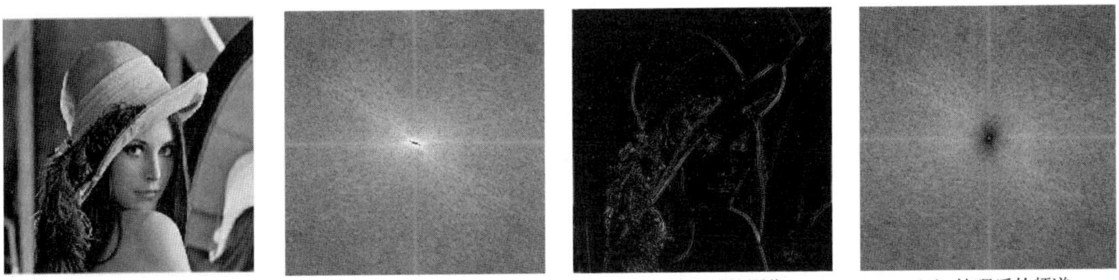

（a）原图　（b）原图的频谱　（c）处理后的图像　（d）处理后的频谱

图 3-33　Butterworth 高通滤波器效果

3.3　边缘检测

3.3.1　边缘检测原理

物体边缘是图像中非常重要的信息，提取图像的边缘信息有利于分析图像中的内容，进而实现图像中的物体分割、定位等操作。图像的边缘是指图像中像素值发生突变的区域。图像中像素值的变化趋势，可以用图像函数的导数表示，导数绝对值较大的区域就是图像的边缘区域。但是，在计算机中实现算法时一般不采用导数，因为在像素值变化 90° 的区域，其导数为无穷大，远远超出计算机的数据范围。而微分 dy 是将导数 $f'(x,y)$ 乘以一个无穷小量 dx 得到的，即 $\mathrm{d}y = f'(x,y)\mathrm{d}x$，这样就避免了计算结果超出计算机数据范围的问题，因此我们选择微分来表示像素值的变化情况。图 3-34 上方为一幅含边缘的图像，图像中每一行的像素值变化可以用下方的曲线表示。

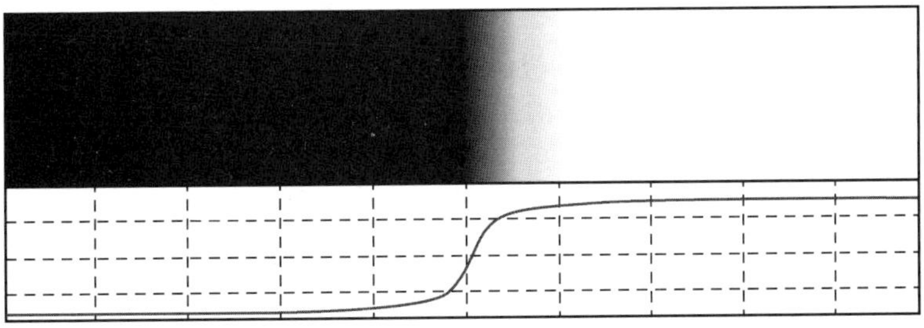

图 3-34　含边缘的图像及其像素值变化曲线

由图 3-34 可知，图像边缘位于像素值曲线变化最陡峭的区域，对像素值曲线求微分可得像素值函数微分曲线，其中微分绝对值较大区域是边缘区域，如图 3-35 所示。

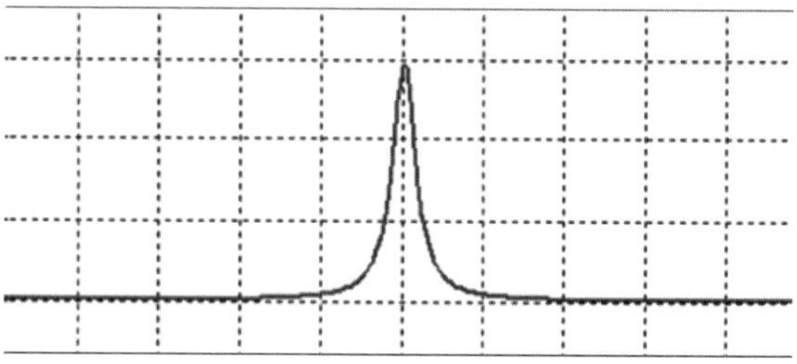

图 3-35　像素值函数微分曲线

微分只适用于连续信号，而现实中的图像是离散信号，因此常常利用差分来代替微分，差分是用临近的两个像素值的差来表示像素值函数变化的导数，使用时必须使差分的方向和边缘的方向相垂直，这就需要对图像进行多方向差分运算，一般包括水平 x 方向、垂直 y 方向和对角线方向，对角线方向又分为左上到右下方向和右上到左下方向。差分可分为前向差分和后向差分两种形式，前向差分是当前像素与下一个像素值的差，对于 x 方向的像素值函数变化的导数为

$$\frac{\mathrm{d}f(i,j)}{\mathrm{d}x}=-f(i,j)+f(i+1,j) \tag{3-66}$$

而后向差分则是当前像素与上一个像素值的差，x 方向的像素值函数变化的导数为

$$\frac{\mathrm{d}f(i,j)}{\mathrm{d}x}=-f(i-1,j)+f(i,j) \tag{3-67}$$

前向差分与后向差分在 x 方向的滤波器都是 $[-1\quad 1]$，同理在 y 方向的滤波器都是 $[-1\quad 1]^{\mathrm{T}}$，在左上到右下方向的滤波器是 $\begin{bmatrix}-1 & 0\\ 0 & 1\end{bmatrix}$，在右上到左下方向的滤波器是 $\begin{bmatrix}0 & -1\\ 1 & 0\end{bmatrix}$。但无论是前向差分还是后向差分，其求导的结果都接近于两个像素中间未知的梯度，而两个像素中间没有任何像素。想要表示某一像素处的梯度，需要采取其他差分方式，最接近的方式是用下一个像素值与上一个像素值的差来表示，即

$$\frac{\mathrm{d}f(x,y)}{\mathrm{d}x}=\frac{-f(x-1,y)+f(x+1,y)}{2} \tag{3-68}$$

此时差分算法在 x 方向的滤波器为 $[-0.5\quad 0\quad 0.5]$，在 y 方向的为 $[-1\quad 0\quad 1]^{\mathrm{T}}$，在左上到右下方向的滤波器是 $\begin{bmatrix}-1 & 0 & 0\\ 0 & 0 & 0\\ 0 & 0 & 1\end{bmatrix}$，在右上到左下方向的滤波器是 $\begin{bmatrix}0 & 0 & -1\\ 0 & 0 & 0\\ 1 & 0 & 0\end{bmatrix}$。

3.3.2 边缘检测线性算子

图像的边缘通常可以通过一阶导数的极值得到，由数学知识可知，一阶导数的极值对应二阶导数的过零点。一阶导数以最大值作为对应边缘的位置，而二阶导数则以过零点作为对应边缘的位置。根据不同的计算方法，可以将边缘检测滤波器（又称边缘检测线性算子）分为一阶导数的边缘算子、二阶导数的边缘算子和其他类型的边缘算子（如 Canny 边缘算子）。

1. 一阶导数的边缘算子

先对算子与图像的每个像素值做卷积和运算，再选取合适的阈值来提取图像的边缘。常见的

有 Roberts 边缘算子、Prewitt 算子、Sobel 算子和 Scharr 算子。

（1）Roberts 边缘算子

Roberts 边缘算子是一个 2×2 的模板，其像素梯度计算公式为

$$\frac{\partial f(i,j)}{\partial x}=f(i,j)-f(i+1,j+1) \tag{3-69}$$

$$\frac{\partial f(i,j)}{\partial y}=f(i+1,j)-f(i,j+1) \tag{3-70}$$

故在点 (i,j) 处的水平与竖直边缘检测 Roberts 边缘算子为

$$\boldsymbol{R}_x=\begin{bmatrix}1 & 0\\ 0 & -1\end{bmatrix},\quad \boldsymbol{R}_y=\begin{bmatrix}0 & -1\\ 1 & 0\end{bmatrix} \tag{3-71}$$

该算子采用的是对角方向相邻的两个像素之差，通过局部差分计算检测边缘线条，常用来处理陡峭的低噪声图像。当图像边缘接近 ±45° 时，该算法处理效果更理想，但是检测到的边缘线条较粗，定位精度不高。

Roberts 边缘算子边缘检测效果如图 3-36 所示。

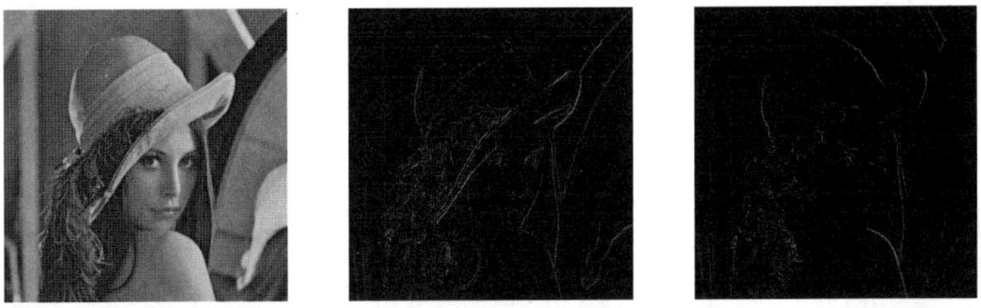

（a）原图　（b）$\boldsymbol{R}_x$ 进行卷积　（c）$\boldsymbol{R}_y$ 进行卷积

图 3-36　Roberts 边缘算子边缘检测效果

（2）Prewitt 算子

Prewitt 利用周围邻域 8 个点的灰度值来估计中心的梯度，它的梯度计算公式如下：

$$\frac{\partial f(i,j)}{\partial x}=[f(i-1,j+1)+f(i,j+1)+f(i+1,j+1)]-[f(i-1,j-1)-f(i,j-1)-f(i+1,j-1)] \tag{3-72}$$

$$\frac{\partial f(i,j)}{\partial y}=[f(i+1,j-1)+f(i+1,j)+f(i+1,j+1)]-[f(i-1,j-1)+f(i-1,j)+f(i-1,j+1)] \tag{3-73}$$

故 Prewitt 算子模板为

$$\boldsymbol{P}_x=\begin{bmatrix}-1 & 0 & 1\\ -1 & 0 & 1\\ -1 & 0 & 1\end{bmatrix},\quad \boldsymbol{P}_y=\begin{bmatrix}1 & 1 & 1\\ 0 & 0 & 0\\ -1 & -1 & -1\end{bmatrix} \tag{3-74}$$

由于 Prewitt 算子采用 3×3 模板对区域内的像素值进行计算，而 Robert 算子的模板为 2×2，因此 Prewitt 算子的边缘检测结果在水平方向和垂直方向上均比 Robert 算子更加明显。Prewitt 算子适合用来识别噪声较多、灰度渐变的图像。

Prewitt 算子边缘检测效果如图 3-37 所示。

（3）Sobel 算子

Sobel 算子在 Prewitt 算子的基础上增加了距离权重，该算子认为相邻像素点的距离远近对当前像素点的影响是不同的，距离越近的像素点对当前像素点的影响越大，所以 Sobel 算子把与中心像素的 4 邻域像素的权值设置为 ± 2。因其结合了 Prewitt 算子和距离权重，故其抗噪性能更强，

常用于噪声较多、灰度渐变的图像。Sobel 算子模板为

$$\boldsymbol{S}_x=\begin{bmatrix}-1 & 0 & 1\\ -2 & 0 & 2\\ -1 & 0 & 1\end{bmatrix},\quad \boldsymbol{S}_y=\begin{bmatrix}1 & 2 & 1\\ 0 & 0 & 0\\ -1 & -2 & -1\end{bmatrix} \tag{3-75}$$

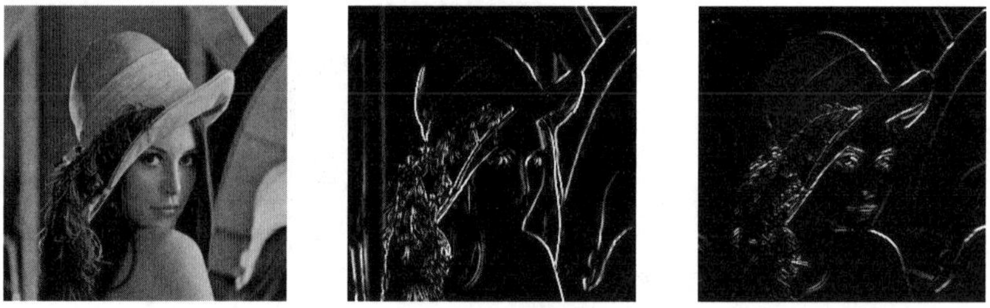

（a）原图　（b）$\boldsymbol{P}_x$ 进行卷积　（c）$\boldsymbol{P}_y$ 进行卷积

图 3-37　Prewitt 算子边缘检测效果

Sobel 算子边缘检测效果如图 3-38 所示。

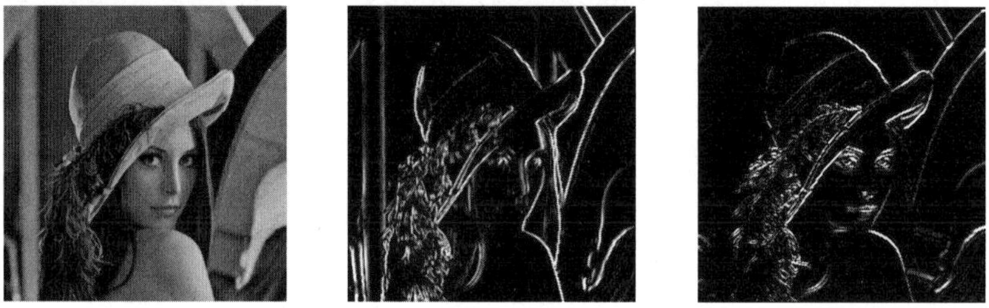

（a）原图　（b）$\boldsymbol{S}_x$ 进行卷积　（c）$\boldsymbol{S}_y$ 进行卷积

图 3-38　Sobel 算子边缘检测效果

（4）Scharr 算子

虽然 Sobel 算子可以有效地提取图像边缘，但是对图像中较弱边缘的提取效果较差。为了有效地提取较弱的边缘，需要将像素之间的差距拉大，于是引入了 Scharr 算子。Scharr 算子边缘检测滤波尺寸为 3×3，因此也称其为 Scharr 滤波器，可以将滤波器中的权重系数放大来增加像素间的差异，Scharr 算子就采用了这种思想，其模板为

$$\boldsymbol{C}_x=\begin{bmatrix}-3 & 0 & 3\\ -10 & 0 & 10\\ -3 & 0 & 3\end{bmatrix},\quad \boldsymbol{C}_y=\begin{bmatrix}3 & 10 & 3\\ 0 & 0 & 0\\ -3 & -10 & -3\end{bmatrix} \tag{3-76}$$

Scharr 算子边缘检测效果如图 3-39 所示。

（a）原图　（b）$\boldsymbol{C}_x$ 进行卷积　（c）$\boldsymbol{C}_y$ 进行卷积

图 3-39　Scharr 算子边缘检测效果

2．二阶导数的边缘算子

根据二阶导数的过零点来检测边缘，常见的有 Laplacian 算子和 Laplacian of Gaussian（LOG）算子。

（1）Laplacian 算子

对于图像的二阶微分可以用 Laplacian 算子来表示：

$$\nabla^2 f(x,y)=\frac{\partial^2 f(x,y)}{\partial x^2}+\frac{\partial^2 f(x,y)}{\partial y^2} \tag{3-77}$$

在像素点 $f(x,y)$ 的 3×3 邻域内，有如下差分近似关系：

$$\frac{\partial^2 f(i,j)}{\partial x^2}=f(i,j+1)-2f(i,j)+f(i,j-1) \tag{3-78}$$

$$\frac{\partial^2 f(i,j)}{\partial y^2}=f(i+1,j)-2f(i,j)+f(i-1,j) \tag{3-79}$$

故 Laplacian 算子模板为

$$\nabla^2 f \approx \begin{bmatrix} 0 & 1 & 0 \\ 1 & -4 & 1 \\ 0 & 1 & 0 \end{bmatrix} \tag{3-80}$$

Laplacian 算子检测边缘的步骤分为两步：第一步是用 Laplacian 算子模板与图像进行卷积操作；第二步是对卷积后图像，取像素值为 0 的像素点进行阈值处理，以检测边缘。

（2）LOG 算子

Laplacian 算子虽然方法简单，但是对噪声十分敏感，同时也没有提供边缘的方向信息。为了抑制噪声的干扰，Marr 等人提出了 LOG 方法，LOG 算子先采用高斯低通滤波器对图像进行滤波处理，再对图像滤波结果进行二阶微分运算：

$$\nabla^2[G(x,y)\times f(x,y)]=\nabla^2[G(x,y)]\times f(x,y) \tag{3-81}$$

二阶导数边缘检测效果如图 3-40 所示。

（a）原图　　（b）Laplacian 算子　　（c）LOG 算子

图 3-40　二阶导数边缘检测效果

3．Canny 边缘算子

上述两类均是通过微分算子来检测图像边缘，而 Canny 算子是在满足一定约束条件下推导出来的边缘检测最优化算子。其约束条件也就是最优边缘检测的三个标准如下。

- 低错误率：标识出尽可能多的实际边缘，同时尽可能减少噪声产生的误报。
- 高定位性：标识出的边缘要与图像中的实际边缘尽可能接近。
- 最小响应：图像中的边缘只能标识一次。

在目前常用的边缘检测方法中，Canny 边缘检测算法是具有严格定义的，是一种可以提供良好可靠检测的方法。因它具有满足最优边缘检测的三个标准和实现过程简单的优势，故成为边缘检测最流行的算法之一。其算法流程如图 3-41 所示。

图 3-41　Canny 边缘检测算法流程

具体操作如下所述。

（1）滤波降噪处理

为了尽可能减少噪声对边缘检测结果的影响，必须对图像中的噪声进行过滤操作来避免噪声造成的错误检测。一般使用高斯滤波去除噪声，大小为 $(2k+1)\times(2k+1)$ 的高斯滤波器核的生成方程由下式给出：

$$H_{ij}=\frac{1}{2\pi\sigma^2}\exp\left(-\frac{(i-(k+1))^2+(j-(k+1))^2}{2\sigma^2}\right),\ 1\leqslant i,j\leqslant 2k+1 \tag{3-82}$$

下面是一个 $\sigma=1.4$ 、尺寸为 3×3 的经过归一化后的高斯滤波器模板

$$\boldsymbol{H}=\begin{bmatrix}1/16 & 2/16 & 1/16\\ 2/16 & 4/16 & 2/16\\ 1/16 & 2/16 & 1/16\end{bmatrix} \tag{3-83}$$

若图像中一个 3×3 的窗口为 $\boldsymbol{A}$，要滤波的像素点为 e，则经过高斯滤波后像素点 e' 的值为

$$e'=\boldsymbol{H}*\boldsymbol{A}=\begin{bmatrix}h_{11} & h_{12} & h_{13}\\ h_{21} & h_{22} & h_{23}\\ h_{31} & h_{32} & h_{33}\end{bmatrix}*\begin{bmatrix}a & b & c\\ d & e & f\\ g & h & i\end{bmatrix}=\text{sum}\left(\begin{bmatrix}a\times h_{11} & b\times h_{12} & c\times h_{13}\\ d\times h_{21} & e\times h_{22} & f\times h_{23}\\ g\times h_{31} & h\times h_{32} & i\times h_{33}\end{bmatrix}\right) \tag{3-84}$$

其中，*为卷积符号，sum 表示矩阵中所有元素相加求和。

这里需要注意的是，高斯滤波器的尺寸大小影响 Canny 算子的性能。尺寸越大，对噪声的敏感度越低，边缘检测的误差也就越大。

（2）差分计算幅值和方向

图像边缘可以指向图像的各个方向，经典 Canny 算法用了四个边缘差分算子来分别计算水平、垂直和对角线方向的梯度。先利用边缘差分算子，如 Robert、Prewitt、Sobel 等计算水平和垂直方向的差分 G_x 与 G_y，再利用 G_x 和 G_y 计算梯度幅值 G 与方向 θ，即

$$G=\sqrt{G_x^2+G_y^2} \tag{3-85}$$

$$\theta=\arctan\left(\frac{G_y}{G_x}\right) \tag{3-86}$$

下面给出以 Sobel 算子为例的梯度幅值和方向计算过程。

选取式（3-75）中的 Sobel 算子。若图像中一个 3×3 的窗口为 $\boldsymbol{A}$，要计算梯度的像素点为 e，则和 Sobel 算子进行卷积之后，像素点 e 在 x 和 y 方向的梯度值分别为

$$G_x=\boldsymbol{S}_x*\boldsymbol{A}=\begin{bmatrix}-1 & 0 & 1\\ -2 & 0 & 2\\ -1 & 0 & 1\end{bmatrix}*\begin{bmatrix}a & b & c\\ d & e & f\\ g & h & i\end{bmatrix}=\text{sum}\left(\begin{bmatrix}-a & 0 & c\\ -2d & 0 & 2f\\ -g & 0 & i\end{bmatrix}\right) \tag{3-88}$$

$$G_y = \boldsymbol{S}_y * \boldsymbol{A} = \begin{bmatrix} 1 & 2 & 1 \\ 0 & 0 & 0 \\ -1 & -2 & -1 \end{bmatrix} * \begin{bmatrix} a & b & c \\ d & e & f \\ g & h & i \end{bmatrix} = \text{sum}\left(\begin{bmatrix} a & 2b & c \\ 0 & 0 & 0 \\ -g & -2h & -i \end{bmatrix}\right) \tag{3-89}$$

根据式（3-85）和式（3-86）即可得到像素点 e 的梯度和方向。

（3）非极大值抑制

边缘检测算法的目标是找到一个最优的边缘。对图像进行梯度计算后，仅基于梯度值提取到的边缘仍旧模糊，不满足最优边缘检测特征中的最小响应要求。而非极大值抑制则可以将局部最大值之外的剩余梯度值抑制为 0，大大增强图像的边缘信息。将当前像素的梯度幅值与沿正负梯度方向的两个像素进行比较；如果当前像素的梯度幅值与比另两个像素都大，则该像素点保留为边缘点，否则该像素点被抑制为 0。

实际数字图像中的像素点是离散的二维矩阵，所以真正在中心位置 c 处的梯度方向两侧的点不一定存在，或者说是一个亚像素点，而不存在的点及这个点的梯度值就必须通过对其两侧的点进行插值来得到。

图 3-42 展示了 $|G_y|>|G_x|$ 的情况，说明该点的梯度更加靠近 y 轴。c 点表示中心位置，G_1、G_2、G_3、G_4 分别为 c 的左上、上、右下和下四个邻域像素的梯度幅值，斜直线表示梯度方向，非极大值抑制是指在梯度方向上的极大值，权值 $\text{weight}=|G_x|/|G_y|$；dTmp1、dTmp2 分别为斜直线与上行、下行的交点位置。同理，图 3-43 展示了 $|G_y|<|G_x|$ 的情况。

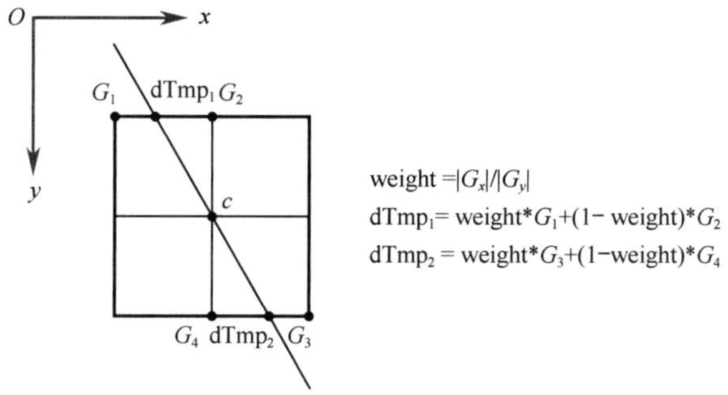

图 3-42　$|G_y|>|G_x|$ 的情况

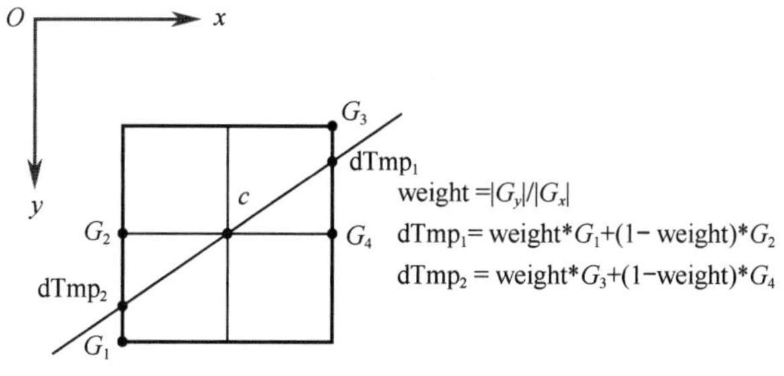

图 3-43　$|G_y|<|G_x|$ 的情况

接下来的工作是比较中心点 c 的梯度幅值和两个点插值的梯度幅值大小，确定其是否是极值点，若中心点梯度是这三个值中的最大值，则结果在矩阵中保留中心点梯度值，否则在结果中置 0。Canny 算子中的非极大值抑制是沿着梯度方向进行的，即判断其是否是梯度方向上的极值点。

（4）双阈值检测

在非极大值抑制之后，余下像素可以较准确地表示图像中的边缘信息，但是，仍然存在噪声和颜色变化等因素造成的一些错误边缘像素。为了解决这个问题，可以采用双阈值的方法将边缘划分为强边缘和弱边缘。将边缘像素的梯度值与高低阈值进行比较，若边缘像素的梯度值高于高阈值，则将其标记为强边缘像素；若边缘像素的梯度值小于高阈值且大于低阈值，则将其标记为弱边缘像素；如果边缘像素的梯度值小于低阈值，则直接去除它。阈值的选择取决于输入的图像信息。双阈值检测原理如图 3-44 所示。

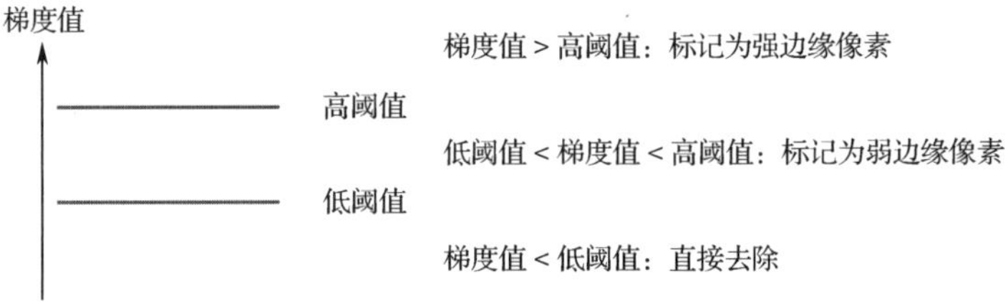

图 3-44　双阈值检测原理

（5）抑制孤立低阈值点

经过双阈值检测，被标记为强边缘的像素点已被确定为边缘，但对于弱边缘像素不一定，因为这些像素既可能是从真实边缘提取的，也可能是因噪声或颜色变化引起的。为了获得准确的结果，应该抑制由后者引起的弱边缘。通常认为真实边缘引起的弱边缘点和强边缘点是连通的，而由噪声引起的弱边缘点则不会。因此可以查看弱边缘像素的 8 个邻域像素，只要其中一个为强边缘像素，则该弱边缘点就可以保留为真实边缘，否则去除该像素。抑制孤立低阈值点原理如图 3-45 所示。

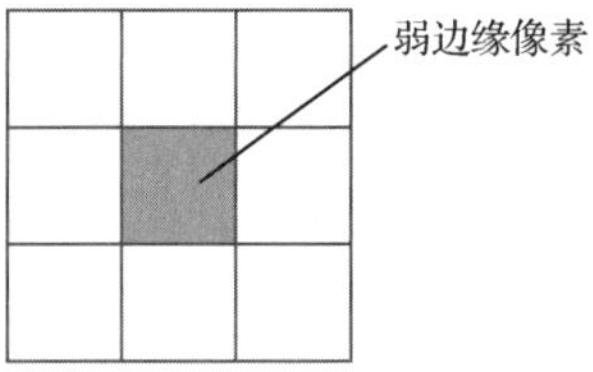

图 3-45　抑制孤立低阈值点原理

Canny 算子边缘检测效果如图 3-46 所示。

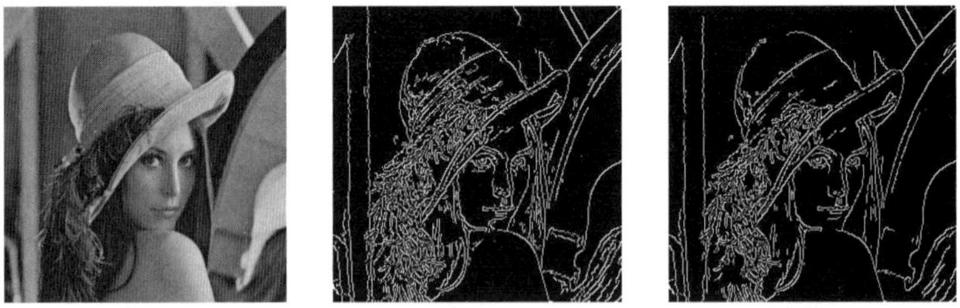

（a）原图　（b）低阈值 Canny 算子　（c）高阈值 Canny 算子

图 3-46　Canny 算子边缘检测效果

3.4 数学形态学滤波

3.4.1 数学形态学滤波基础

数学形态学滤波的主要工作是通过对目标图像的形态变换来实现特征提取和滤波。数学形态学是一种特殊的数字图像处理方法和理论。不同于空间域和频域算法，数学形态学以图像的形态特征为研究对象，通过设计一整套变换、概念和算法，用来描述图像的基本特征。利用数学形态学可以对图像进行增强、分割、边缘检测、形态分析、骨架化等处理。数学形态学的基本变换是膨胀和腐蚀。需要注意的是，在数学形态学变换之前，需要将图像转化为灰度图像，再利用二值化转化为二值图像。

在集合 A 和 B 中，$A \ominus B$ 表示 B 对 A 的腐蚀：

$$A \ominus B = \{\zeta \mid (B)_\zeta \subseteq A\} \tag{3-90}$$

其中，A 是被处理的对象，而 B 是用来处理 A 的，称 B 为结构元素，$(B)_\zeta$ 表示 B 平移 ζ 个单位得到的新集合。上式指出，B 对 A 的腐蚀作用是 B 平移 ζ 个单位后包含在 A 中所有被处理点的集合。因为“B 必须包含在 A 中”这一个陈述等价于“B 不与背景共享任何公共元素”，所以我们可以将腐蚀表达为如下的等价形式：

$$A \ominus B = \{\zeta \mid (B)_\zeta \cap A^c = \varnothing\} \tag{3-91}$$

其中，A^c 是 A 的补集，$\varnothing$ 是空集。

类似地，B 对 A 的膨胀定义为

$$A \oplus B = \{\zeta \mid (\hat{B})_\zeta \cap A \neq \varnothing\} \tag{3-92}$$

其中，$\hat{B}$ 表示 B 关于其原点的镜像，$(\hat{B})_\zeta$ 表示 $\hat{B}$ 平移 ζ 个单位后得到的新集合。B 对 A 的膨胀是平移 ζ 个单位后所有被处理点的集合。这样，$\hat{B}$ 和 A 至少有一个元素是重叠的。根据这样的解释，我们可以将膨胀表达为如下的等价形式：

$$A \oplus B = \{\zeta \mid [(\hat{B})_\zeta \cap A] \subseteq A\} \tag{3-93}$$

膨胀和腐蚀的过程及图像的非线性滤波过程类似，需要结构元素，也就是模板矩阵与图像进行逻辑运算，结构元素的形状和大小都可以根据需求定义。膨胀是图像中的高亮部分进行膨胀，领域扩张，效果图拥有比原图更大的高亮区域；具体操作是将结构元素覆盖范围内的最大值赋给中心点，即求局部最大值。而腐蚀与膨胀相反，是图像中的高亮部分被腐蚀掉，领域缩小，效果图拥有比原图更小的高亮区域；具体操作是将最小值赋给中心点，即求局部最小值。图像膨胀和腐蚀的过程示意图分别如图 3-47 和图 3-48 所示，其效果分别如图 3-49 和图 3-50 所示。

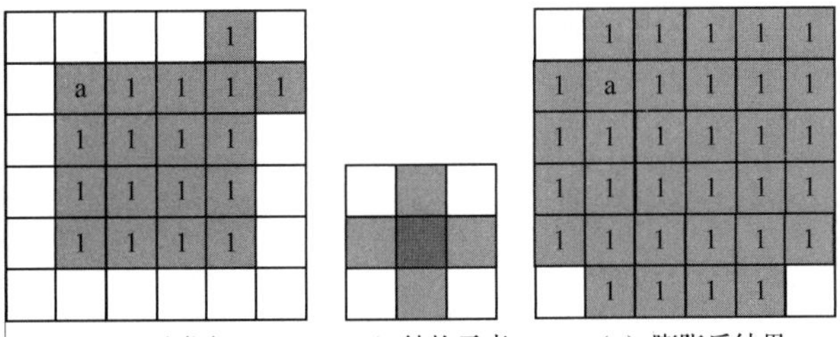

（a）原图　（b）结构元素　（c）膨胀后结果

图 3-47　图像膨胀过程示意图

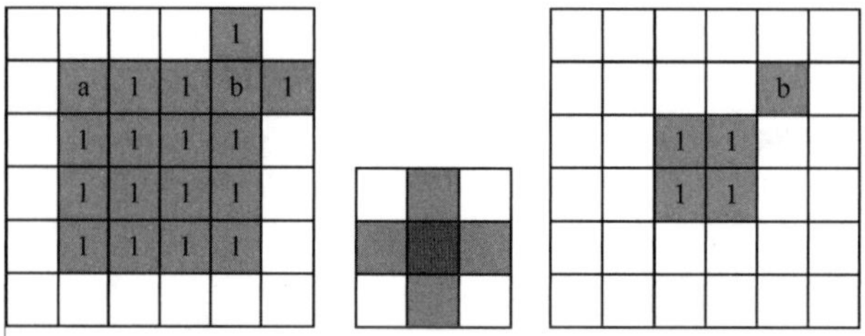

（a）原图　（b）结构元素　（c）腐蚀后结果

图 3-48　图像腐蚀过程示意图

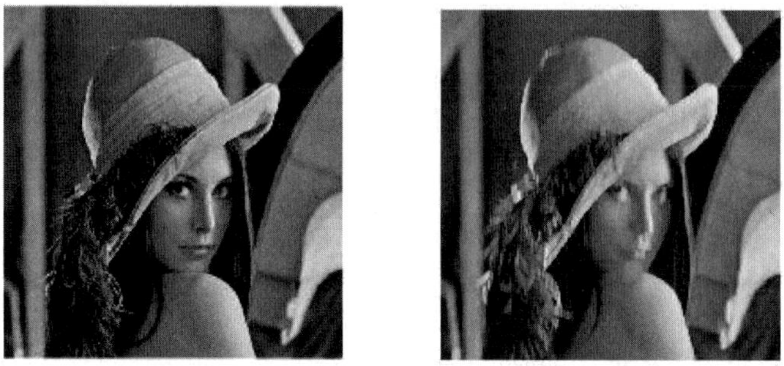

（a）原图　（b）膨胀后

图 3-49　图像膨胀效果

（a）原图　（b）腐蚀后

图 3-50　图像腐蚀效果

3.4.2 数学形态学运算

图像腐蚀可以去除细小的噪声区域，但是图像主要区域的面积会缩小，使主要区域的形状发生改变；图像膨胀可以填充较小的空洞，但也会增加噪声的面积。因此，根据腐蚀和膨胀不同的特性，可以将两者结合，既去除细小噪声，又不会减少图像的主要区域；既填充较小空洞，又不会增加噪声区域。以腐蚀和膨胀这两种基本运算为基础，可以得到其他几个常用的数学形态运算：开运算、闭运算、顶帽运算、黑帽运算、击中击不中变换、细化与粗化等，下面详细阐述。

1．开运算

开运算是对图像先腐蚀再膨胀。结构元 B 对集合 A 的开运算，表示为 $A \circ B$，其定义如下：

$$A \circ B = (A \ominus B) \oplus B \tag{3-94}$$

如图 3-51 所示，设目标图像为 A（左图），其中白色部分代表背景，灰色代表目标 X；右图为结构元 B，其中红色为原点位置。

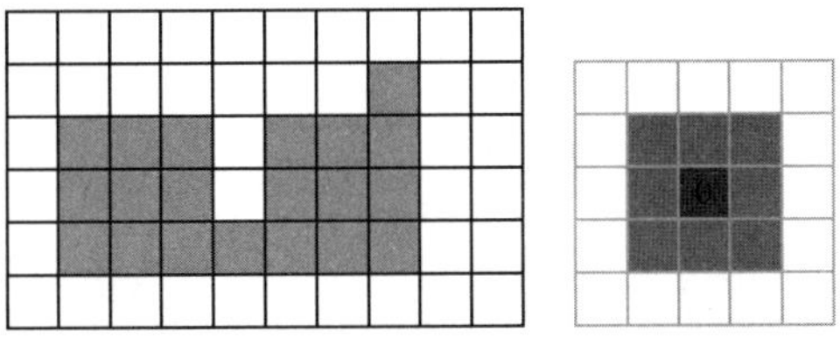

图 3-51　开运算图像与结构元素示意图

先进行腐蚀操作，如图 3-52 所示，腐蚀过程如左图，结果如右图。

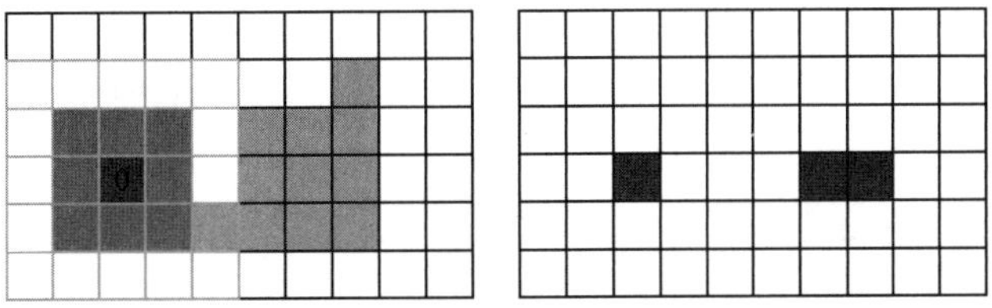

图 3-52　开运算腐蚀操作示意图

再进行膨胀操作，如图 3-53 所示，遍历处理过程如左图，膨胀后结果如右图。

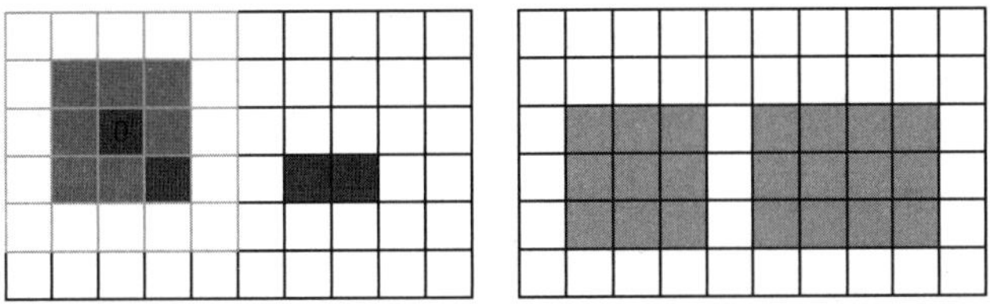

图 3-53　开运算膨胀操作示意图

图像的连通域是指图像中由具有相同像素值且位置相邻的像素组成的区域。图像开运算可以去除图像中的噪声，消除较小的连通域，保留较大的连通域，还可以在两个物体较细的连接处将两个物体分离，并且在不改变较大连通域面积的同时平滑连通域的边界。开运算效果如图 3-54 所示。

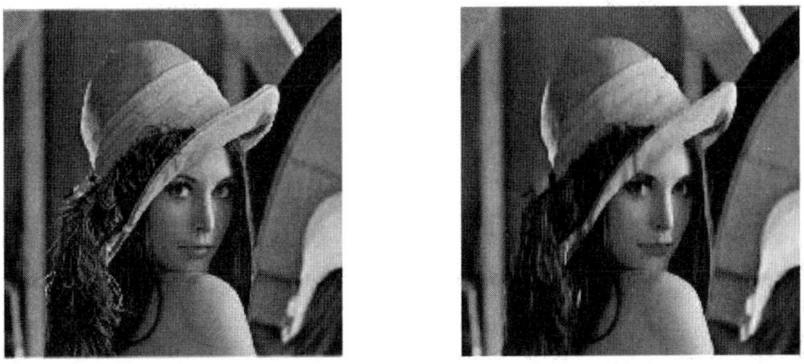

（a）原图　　　　（b）开运算后

图 3-54　开运算效果

2. 闭运算

闭运算是对图像先膨胀再腐蚀。结构元 B 对集合 A 的闭操作，表示为 $A \cdot B$，定义如下：

$$A \cdot B = (A \oplus B) \ominus B \tag{3-95}$$

式（3-95）说明，B 对集合 A 的闭操作就是简单地用 B 对 A 膨胀，紧接着用 B 对结果进行腐蚀。如图 3-55 所示，设目标图像为 A（左图），其中白色部分代表背景，灰色代表目标 X；右图为结构元 B，其中橘黄色为原点位置。

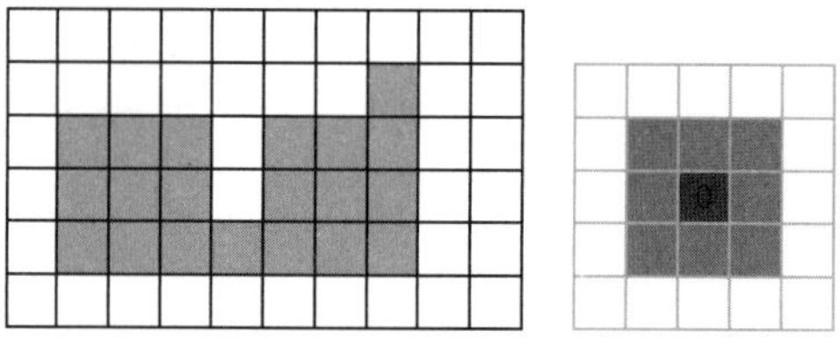

图 3-55　闭运算图像与结构元素示意图

先进行膨胀操作，如图 3-56 所示，膨胀过程如左图，结果如右图。

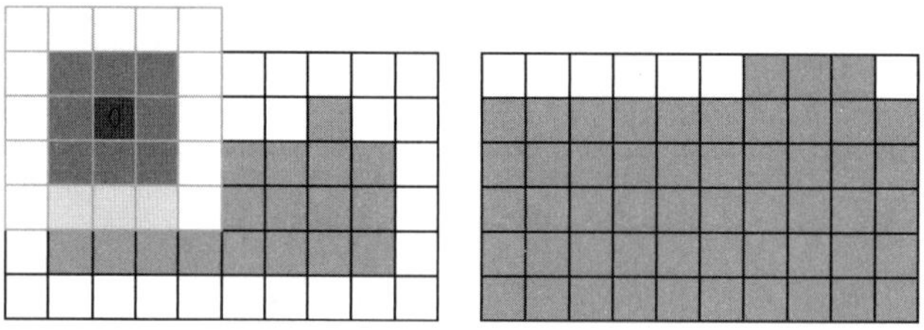

图 3-56　闭运算膨胀示意图

再进行腐蚀操作，如图 3-57 所示，遍历处理过程如左图，腐蚀后结果如右图。

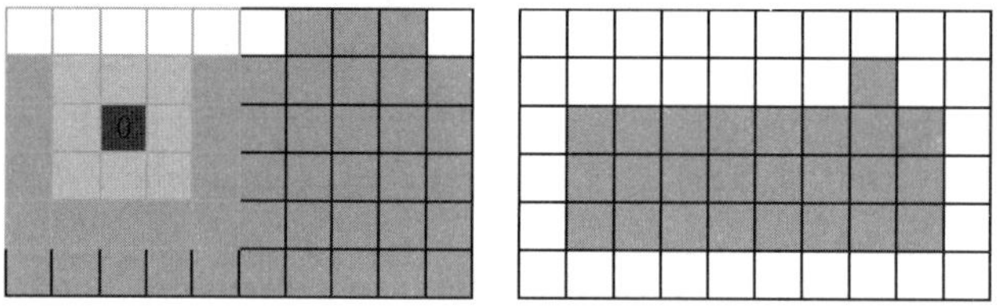

图 3-57　闭运算腐蚀示意图

图像闭运算可以去除连通域内的小型空洞，平滑物体轮廓，连接两个相邻的连通域。闭运算效果如图 3-58 所示。

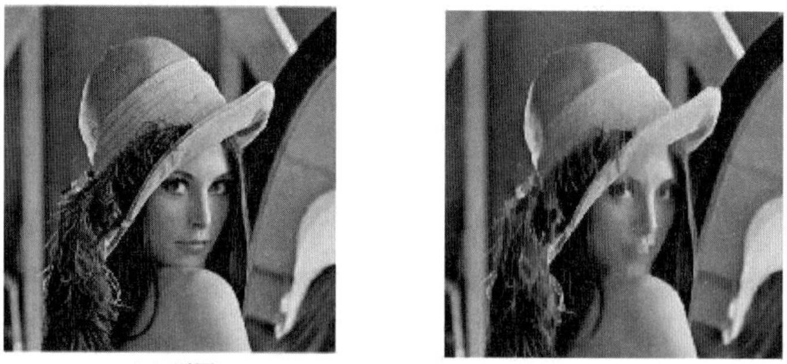

（a）原图　　（b）闭运算后

图 3-58　闭运算效果

3．顶帽运算

顶帽运算是由原始图像减去图像开运算得到的结果，目的是获取图像的噪声信息。顶帽运算效果如图 3-59 所示。

（a）原图　　（b）顶帽运算后

图 3-59　顶帽运算效果

4．黑帽运算

黑帽运算是与图像顶帽运算相对应的形态学操作，是由图像经过闭运算操作后减去原始图像得到的结果，目的是获取图像内部的小孔或者前景色中的小黑点。黑帽运算效果如图 3-60 所示。

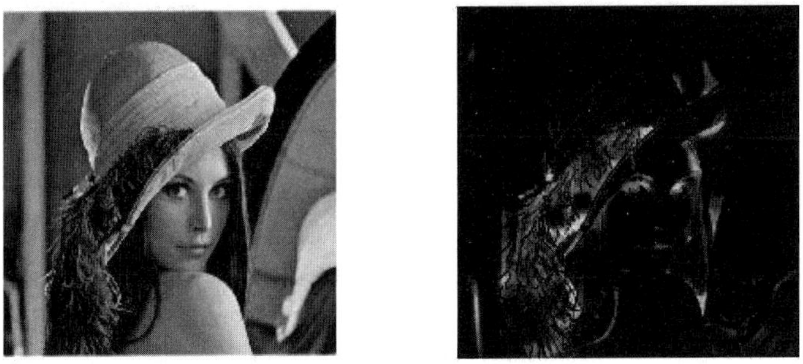

（a）原图　　（b）黑帽运算后

图 3-60　黑帽运算效果

5．击中击不中变换

击中击不中变换是比图像腐蚀要求更严格的一种形态学运算，图像腐蚀只需要图像能够包含结构元中所有非零元素，但是击中击不中变换在图像腐蚀的基础上还要求包含零元素，换句话说，只有当结构元与其覆盖的图像区域完全相同时，中心像素的值才会被置为 1，否则为 0。击中击不中变换原理如图 3-61 所示，效果如图 3-62 所示。

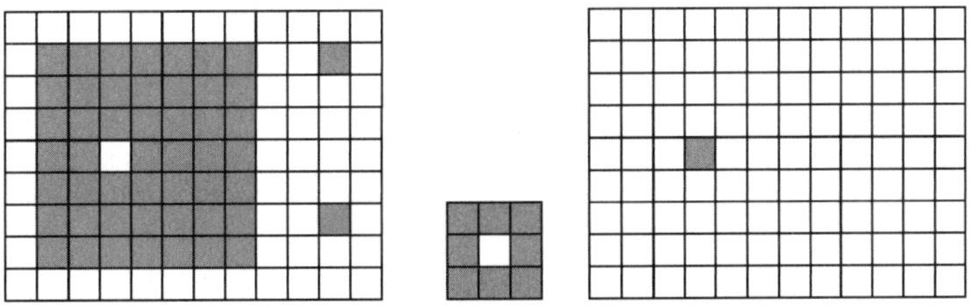

（a）原图　　（b）结构元素　　（c）击中击不中变换的结果

图 3-61　击中击不中变换原理

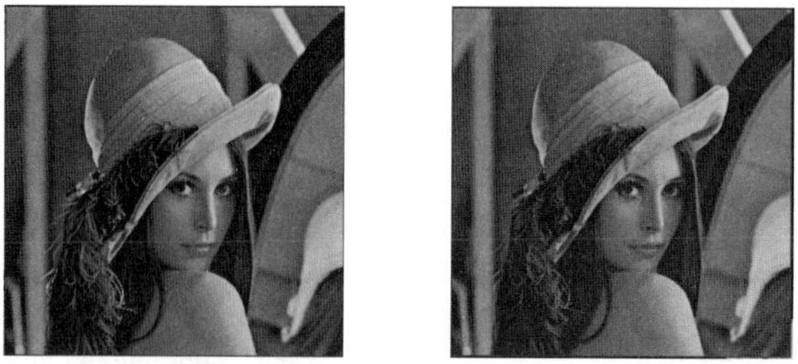

（a）原图　　（b）击中击不中变换后

图 3-62　击中击不中变换效果

6．细化与粗化

图像细化是减少图像的线条宽度所占像素，又称“骨架化”或“中轴变换”。图像细化一般要求保证细化后的连通性，能够尽可能保留图像的细节信息，线条的端点保持完好的同时线条交叉点不能发生畸变。由细化要求特性可知，图像细化主要适用于由线条形状构成的物体，如圆环、文字等。细化效果如图 3-63 所示。

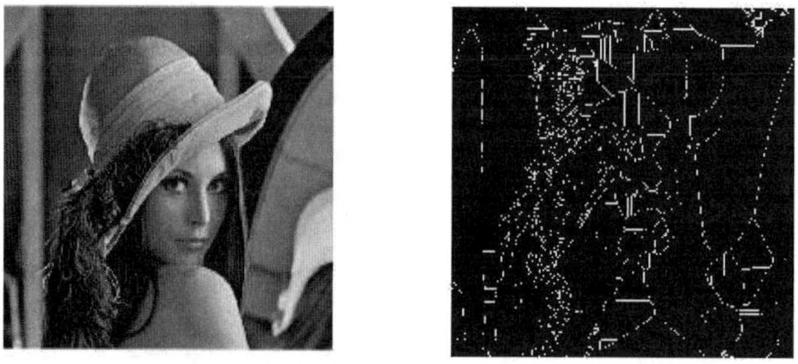

（a）原图　　（b）细化后

图 3-63　细化效果

图像的粗化与细化相反，是对图像的二值化补集进行细化。

第4章

图像分割与描述

图像分割是将图像划分为若干互不相交的区域。图像可根据灰度、彩色、空间纹理、几何形状等特征划分，分割完成后借助各种描述符来描述目标区域，以便后续分析处理。根据灰度差异进行分割是一种最直接的方法，因此，本章首先介绍图像直方图概念和灰度阈值分割方法，通过像素灰度的分布，利用阈值设定实现分割。然后讨论区域生长法及分水岭分割算法，借助相邻像素间的特征相似性进行分割。接着介绍活动轮廓模型，通过定义轮廓相关的能量泛函并进行最小化实现复杂形状目标的分割。分割后的图像进一步通过区域标记方法区分各个分割区域。最后讨论对目标区域进行面积、形状、矩等不同特征描述的方法。

4.1 图像直方图与阈值分割

对一幅灰度图进行图像分割，首先想到的就是基于像素的灰度值进行分割。对一幅灰度图来说，图像中各个物体区域内部的灰度值往往是相似且连续的，而不同区域之间的灰度值存在较大差别。如果将一幅灰度图划分为目标和背景两个部分，通常来说，目标的灰度值处于不同区间。基于这种特性，可使用基于阈值的图像分割方法，即设定一个基准的灰度值，高于该值的设定为一个区域，低于该值的设定为另一个区域。设输入图像为f，阈值分割后的输出图像为g，阈值为T，则阈值分割过程可表示为

$$g(x,y)=\begin{cases}255, & f(x,y)\geqslant T\\ 0, & f(x,y)<T\end{cases} \tag{4-1}$$

按照上述方法，对于一幅8位灰度图中的某个像素(x,y)而言，若(x,y)属于目标，则$g(x,y)=255$；若(x,y)属于背景，则$g(x,y)=0$，即目标区域像素为纯白色而背景为纯黑色。

图4-1展示了使用固定阈值进行阈值分割的效果，其中，图4-1（a）为原始灰度图；图4-1（b）为手动选择的较为合适的阈值分割效果，这里选择127作为阈值，可以看到整体分割效果较好；图4-1（c）为使用较高阈值进行分割的效果，这里选择160，可以看到，图像的下半部分即图像的暗区分割效果较差；图4-1（d）为使用较低阈值进行分割的效果，这里选择110，可以看到，图像的上半部分即图像的明区分割效果较差，产生了噪声干扰。综上所述，阈值选取是极为重要的。

本节介绍几种常用的阈值选取方法，包括基于图像直方图的阈值选取及自适应的阈值选取方法，这两种方法都属于全局阈值分割。此外，对于某些图像，我们很难用一个统一的阈值将整幅图像的目标和背景正确分离出来，可使用基于局部阈值分割的方法。

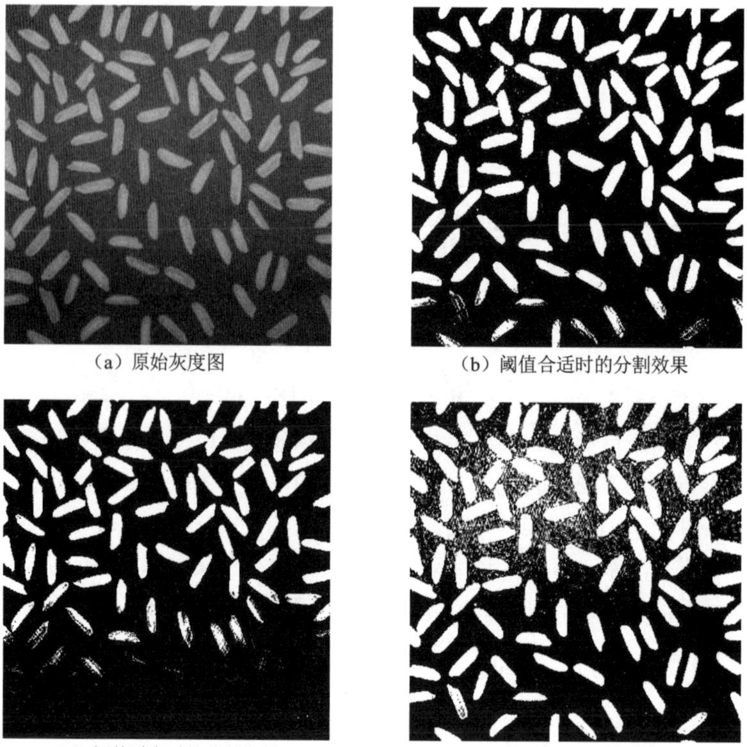

（a）原始灰度图　（b）阈值合适时的分割效果

（c）阈值过高时的分割效果　（d）阈值过低时的分割效果

图 4-1　阈值分割的效果

4.1.1 图像直方图

图像直方图是一种用于描述数字图像灰度分布情况的图形统计工具。通俗地说，直方图就是将图像中所有像素的亮度或颜色值按照一定的间隔进行统计从而形成的一种统计图形。在视觉处理中，它是一种常用工具，用来分析图像的灰度特征、对比度、亮度均衡、颜色分布等。

图像直方图通常以灰度值为横坐标，以像素数量或像素占比为纵坐标。对于彩色图像而言，可以分别计算各个通道（如红、绿、蓝通道）的直方图，并将它们合并成一个多通道直方图，以反映图像的整体色彩分布。本书仅讨论灰度图直方图。

设 s_k 为图像 $f(x,y)$ 的第 k 级灰度值，n_k 为 $f(x,y)$ 中具有灰度值 s_k 的像素的数量，n 为图像像素总数，L 为最大像素灰度值，则图像的灰度统计直方图 $p(s_k)$ 是一个一维离散函数：

$$p(s_k)=\frac{n_k}{n},\quad k=0,1,\cdots,L-1 \tag{4-2}$$

由于 $p(s_k)$ 给出了对 s_k 出现概率的一个估计，因此直方图提供了原始图的灰度值分布情况，也可以说给出了一幅图像所有灰度值的整体描述。对于背景和目标具有明显灰度值差别的情况，直方图统计可以作为阈值分割的基础。以图 4-2 为例，图 4-2（a）为一幅 4×4 的灰度图，每个格子中的数字代表该像素点的灰度值，图 4-2（b）为图像（a）对应的图像直方图，其中，横坐标 k 表示图像的灰度值，纵坐标 $h(k)$表示每个灰度值的像素数量。

图 4-3 所示为一幅实际图像及其直方图，图 4-3（a）为原始图像，图 4-3（b）为图像直方图。可以看出，图像整体较暗，即低灰度值的像素数量较多，因此直方图整体分布偏左。

0	1	2	3
1	2	3	0
2	3	0	1
3	0	1	1

（a）灰度图

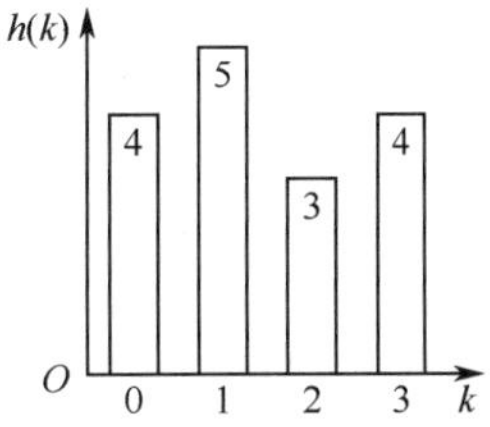

（b）图像直方图

图 4-2　图像直方图示例（1）

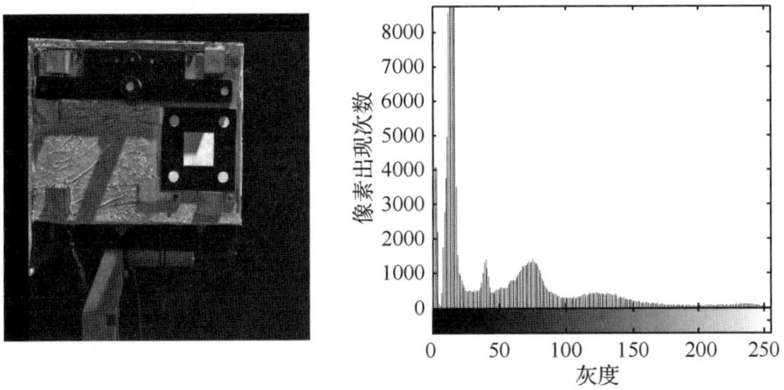

（a） 原始图像　　　　（b）图像直方图

图 4-3　图像直方图示例（2）

通过对图像直方图的分析，可以得到以下信息。

① 亮度特征：图像的亮度范围、亮度平均值、亮度方差等信息。

② 对比度：图像的对比度可以用直方图的宽度和高度来反映，宽度越大代表图像亮度值的变化越多，高度越高代表图像中该亮度值的像素数量越多，从而说明图像的对比度越大。

在实际应用中，图像直方图被广泛应用于图像增强、图像分割、图像检索等领域。直方图均衡化是图像直方图的常见应用，目的是通过增强图像的对比度来提高图像的视觉效果。对输入图像像素的灰度值进行调整，使其分布更均匀，从而提高图像的对比度，在图像后处理、图像增强等场景中具有广泛应用。

如图 4-4 所示，图 4-4（a）为原始灰度图及其对应的图像直方图，图 4-4（b）为直方图均衡化处理后的灰度图及其对应的图像直方图。可以看出，在进行了直方图均衡化后，图像的对比度明显增强，直方图的分布也更加均匀。

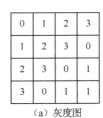

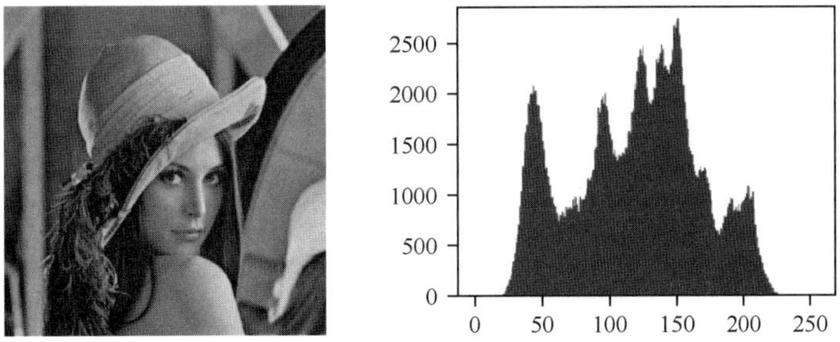

（a）原始灰度图及其对应的图像直方图

图 4-4　直方图均衡化效果

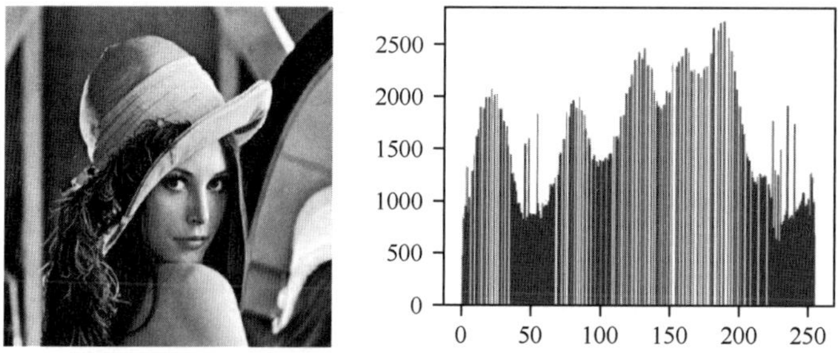

（b）直方图均衡化后的灰度图及其对应的图像直方图

图 4-4　直方图均衡化效果（续）

具体地说，直方图均衡化的实现步骤如下。

① 计算输入图像的灰度直方图：将图像中每个像素的灰度值计算出来，然后统计每个灰度值在图像中出现的频率，得到一个灰度直方图。

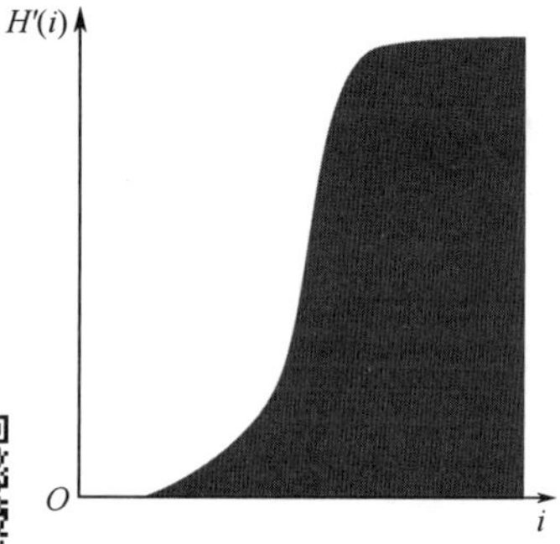

图 4-5　累积分布函数

② 计算累积分布函数：将灰度直方图进行累加，得到一个累积分布函数，如图 4-5 所示，表示每个灰度值在图像中的累积概率。对于直方图 $H(i)$，它的累积分布函数 $H'(i)$ 为

$$H'(i) = \sum_{j=0}^{i} H(j) \tag{4-3}$$

③ 对每个像素的灰度值进行映射：将输入图像中每个像素的灰度值映射到一个新的灰度值，使得新灰度值符合均匀分布的灰度直方图。具体的映射方式是，对于输入图像中的每个像素，将其灰度值作为输入，通过查找累积分布函数，得到一个新的灰度值作为输出。一种简单的映射方法是将累积分布函数 $H'(i)$ 先进行规范化，即将 $H'(i)$ 的最大值规范到 255，再将其直接作为重映射函数，即

$$\mathrm{eq}(x, y) = H'(s(x, y)) \tag{4-4}$$

通过这种方式，图像中灰度分布不均匀的区域将被拉伸到更大的灰度范围内，从而增加了图像的对比度。

4.1.2 阈值分割

阈值分割是图像处理中常用的一种方法，它可以将一幅图像分成两部分：背景和目标。阈值分割的基本思想是，将图像中的像素值与一个预先设定的阈值进行比较，如果像素值大于阈值，则将其归为目标；否则，将其归为背景。

若将整幅图像都使用一个统一阈值进行分割，则称为全局阈值分割；但有时图像的光照环境比较复杂，图像中各区域的灰度值差异很大，使用统一阈值无法将目标与背景分割出来，这时我们将图像分成许多小的子区域，对每个子区域采用不同的阈值进行分割，这称为局部阈值分割。本节介绍全局阈值分割，后面介绍局部阈值分割。

全局阈值分割的具体步骤如下。

① 选择一种阈值选择方法（如基于灰度直方图的阈值选择、OTSU 阈值法等），确定阈值；

② 将图像中每个像素的灰度值与阈值进行比较，将像素归为目标或背景部分；

③ 将归为目标或背景部分的像素设为不同的灰度值（通常是 255 和 0），以便进行后续的处理或显示。

1. 基于图像直方图的阈值选择

从图像直方图我们能够直观地看出图像灰度值的分布情况。通常来说，如果一幅图像背景和目标的灰度值有明显区别，那么该图像的直方图会呈现“双峰”的形状，且每个峰大致符合高斯分布。其中一个峰对应目标的灰度值分布，另一个峰对应背景的灰度值分布，两个峰之间存在一个谷。如果选择谷位置的灰度值作为阈值，就能很好地将背景与目标分割出来。如图 4-6 所示，图 4-6（a）为原始图像，图 4-6（b）为该图像的图像直方图，左侧峰对应背景的灰度值分布，右侧峰对应目标的灰度值分布，选择双峰之间的谷的灰度值作为阈值 T，就能达到较好的分割效果。本例可选择 150 作为分割的阈值。

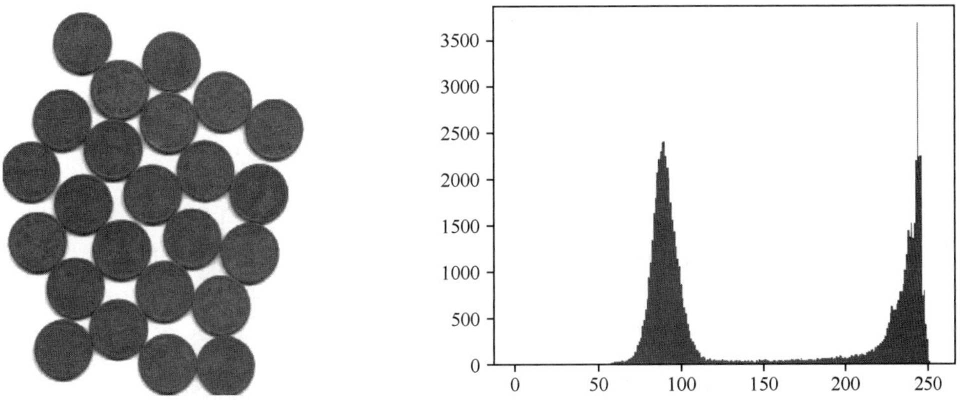

（a）原始图像　　（b）图像直方图

图 4-6　基于图像直方图的阈值选择

2. 基于最大类间方差法的自适应阈值选择

基于图像直方图的阈值选择方法对背景和目标灰度值差异明显的图像有很好的效果，但需要人工选择阈值，因此适用范围有限。同时，在很多情况下，图像直方图的分布不会呈现清晰的双峰。下面介绍一种自适应阈值选择方法——最大类间方差法，该算法由大津（OTSU）在 1979 年提出，因此又称为大津算法。

最大类间方差法按图像的灰度特性将图像分成背景和目标两部分。方差是灰度分布均匀性的一种度量，背景和目标之间的类间方差越大，说明构成图像的两部分的差别越大。部分目标被错分为背景或部分背景被错分为目标都会导致两部分差别变小。因此，使类间方差最大的分割意味着错分概率最小。对于图像 $I(x,y)$，目标和背景的分割阈值记作 T，属于目标的像素点数占整幅图像的比例为 ω_0，其平均灰度为 μ_0；背景像素点数占整幅图像的比例为 ω_1，其平均灰度为 μ_1。图像的总平均灰度为 μ，类间方差记为 g。

假设图像的背景较暗，并且图像的大小为 $M \times N$，图像中像素的灰度值小于阈值 T 的像素个数为 N_0，像素灰度大于阈值 T 的像素个数为 N_1，则有

$$\omega_0 = \frac{N_0}{M \times N} \tag{4-5}$$

$$\omega_1 = \frac{N_1}{M \times N} \tag{4-6}$$

$$N_0 + N_1 = M \times N \tag{4-7}$$

$$\omega_0 + \omega_1 = 1 \tag{4-8}$$

$$\mu = \omega_0\mu_0 + \omega_1\mu_1 \tag{4-9}$$

$$g = \omega_0(\mu_0 - \mu)^2 + \omega_1(\mu_1 - \mu)^2 \tag{4-10}$$

将式（4-9）代入式（4-10），得到等价公式：

$$g = \omega_0\omega_1(\mu_0 - \mu_1)^2 \tag{4-11}$$

此时得到了类间方差 g 的表达式，对于阈值 T 的每个取值，都有不同的 ω_0、ω_1、μ_0、μ_1 与之对应，最终也就有不同的类间方差 g。因此，问题求解转化成一个极值问题，即求使 g 最小时的阈值 T。对于极值问题，通常可使用求导为零的方法来求解，但在本问题中，ω_0、ω_1、μ_0、μ_1 与 T 的关系无法显式给出，因此可采用穷举的方法。注意，一般情况下 $g \in [0,255]$，因此可直接采用遍历的方式求解，即计算每个阈值 T 对应的类间方差 g，找到最小的 g 对应的 T 即可。

如图 4-7 所示，图 4-7（a）为原始灰度图，图 4-7（b）为图像直方图，图 4-7（c）为手动选取阈值进行分割的效果，图 4-7（d）为大津算法分割的效果。在本例中，图像直方图较为复杂，并未呈现双峰的形态，因此手动选择阈值较为困难，此时使用大津算法进行阈值选择，就能得到较好的分割效果。

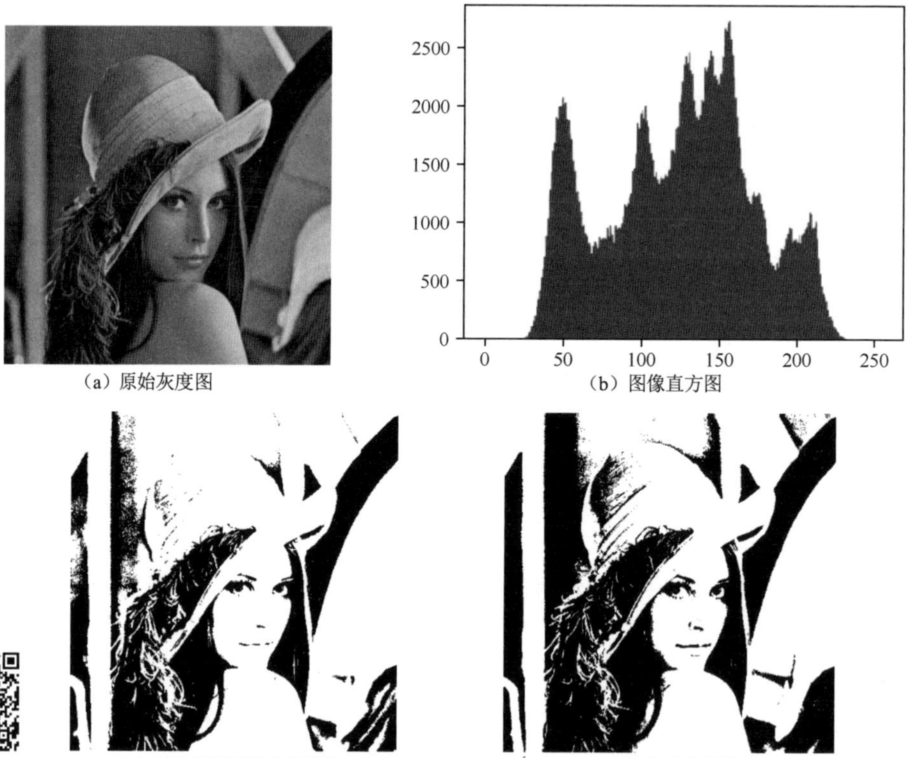

（a）原始灰度图　（b）图像直方图

（c）手动选取阈值分割效果　（d）大津算法分割效果

图 4-7　手动选取与大津算法阈值分割效果对比

4.1.3 局部阈值分割

对于一些光照不均匀的图像，使用统一阈值无法将背景与目标很好地分割出来，此时局部阈值分割是一种有效的解决方法。它在图像不同区域内选择不同的阈值，将图像分成若干子区域。这种方法可以在不同的光照条件下对图像进行有效的分割，因为不同区域的光照强度可能不同，因此阈值也会不同。

下面介绍一种常用的局部阈值分割算法。

① 对某个像素值，原来为 S，取其周围 $n\times n$ 的区域，求区域均值或高斯加权值，记为 T，将 T 作为局部阈值；

② 判断 S 与 T 的大小关系，若 $S>T$，则将 S 赋值为目标像素值；否则，赋值为背景像素值。

这是局部阈值分割的基本原理，在实际操作中，可以使用以下方法进行优化。

① 在实际操作中，通过卷积操作，即均值滤波或高斯滤波，实现求区域均值或高斯加权值；

② 增加超参数 C，C 可以为任何实数，将 $T-C$ 作为比较的阈值而非 T。

在局部阈值分割方法的实际应用中，区域大小 n 和超参数 C 的选择需要根据实际情况来确定，一般来说 n 要大于待检测目标的大小。

如图 4-8 所示，图 4-8（a）为一幅 640×480 的灰度图，图 4-8（b）为局部阈值分割的图像，这里的窗口大小 n 设为 101，超参数 C 设为 12，图 4-8（c）和图 4-8（d）分别为阈值是 120 和 180 的全局阈值分割的图像。可以看到，在使用全局阈值分割时，阈值过低会导致亮区分割效果较差，过高则会导致暗区分割效果较差，而局部阈值分割能够在各部分都取得较好的分割效果。

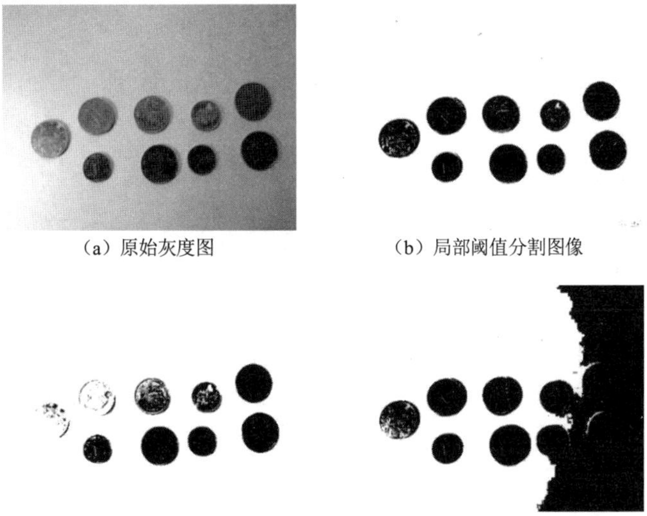

（a）原始灰度图　（b）局部阈值分割图像

（c）低阈值全局阈值分割图像　（d）高阈值全局阈值分割图像

图 4-8　局部阈值分割效果对比

除上述方法外，局部阈值分割的算法还有 Sauvola 算法、Niblack 算法、Bradley 算法等，不同局部阈值分割算法的阈值计算方法不同，它们的计算速度、对噪声的敏感性、分割效果也不同，可根据需要选择。

4.2　基于区域生长的图像分割

4.2.1　区域生长与图像填充

区域生长是一种聚类分割方法，即按照预定义的生长准则，将具有相似性质的像素和子区域组合成更大区域，最终形成分割结果。其基本实现过程是，在图像中选取一组点作为“种子”，即区域生长的起点，将与种子点具有相似预定义像素性质的邻域像素点，加入对应种子点的区域，实现区域生长，以刚加入种子点区域内的像素点作为新的起点向外扩张，直至没有满足条件的像素点加入，则生长完成了一个目标区域。

下面通过一个示例来理解区域生长算法。假设某 5×5 灰度图如图 4-9（a）所示，选取其中某一像素点作为种子点，如橙色像素点。计算种子点 8 邻域中像素点与其灰度值的差值绝对值，将该值和区域生长阈值进行对比，当小于该阈值时，该邻近像素点就会被归于目标区域并成为新的种子点，继续向邻近像素生长。当阈值取 2 时，区域生长的结果如图 4-9（b）所示。

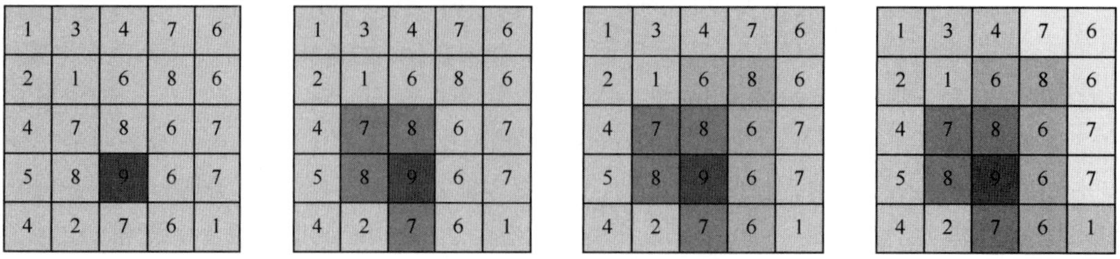

（a）种子点选取　（b）第一次区域生长　（c）第二次区域生长　（d）第三次区域生长

图 4-9　区域生长算法过程实例

可以看到，新生长出的目标区域，每一个新的像素点均为新的种子点。以这些点为中心，进行第二次区域生长。如图 4-9（c）所示，绿色像素块为本次区域生长的结果。继续进行第三次生长，如图 4-9（d）所示，将加入的像素点标记为黄色。本次增长后，图像已没有满足相似性准则的像素点，所以运算停止。将属于目标区域的像素点标记为 1，其他为 0，最终区域分割结果如图 4-10 所示。

0	0	0	1	1
0	0	1	1	1
0	1	1	1	1
0	1	1	1	1
0	0	1	1	0

图 4-10　区域生长算法区域分割结果

上例简单演示了区域生长步骤。然而在实际应用中，区域生长算法需要面对种子点选取、区域生长方法选择、生长停止条件等问题。

4.2.2 种子点的自动选取

区域生长算法的准确性依赖于种子点即生长起始点的选取，仅靠手动选取种子点很难获得较好的分割效果。如图 4-11 所示，图 4-11（a）为原始图像，图 4-11（b）、（c）、（d）为种子点在不同选取位置的分割结果，当手动选取种子点不合理时，区域分割结果可能会出现缺失或扩散。因此，需要实现种子点的自动选取。在自动选取种子点时，有以下三个标准。

① 种子点与周围像素点的灰度值相似：选择种子点时，应尽可能选择与周围像素点灰度值相似的点。这样可以确保分割结果的一致性和精确性。

② 在目标区域内至少挑选一个初始种子点：在多区域分割时，应在每个目标区域内至少挑选一个初始种子点，这样可以保证每个目标区域都能被分割出来，并且分割结果准确。

③ 不同区域之间的种子点不连通：在多区域分割时，应确保不同区域之间的种子点不连通，这样可以避免分割结果出现重叠或缺失的情况，保证分割结果的准确性和可靠性。

下面举例说明如何利用图像直方图选取种子点。

假设图像直方图中含有 N 个峰值、k 级灰度值，对应的灰度值分别为 $S_{k1},S_{k2},\cdots,S_{k(N-1)},S_{kN}$。由于直方图的横坐标灰度值 0～255 是等距离分布的，因此 $S_{k1},S_{k2},\cdots,S_{k(N-1)},S_{kN}$ 能够代表各自对应峰值的位置信息，它们的距离可以表示峰宽值的大小，其均值为

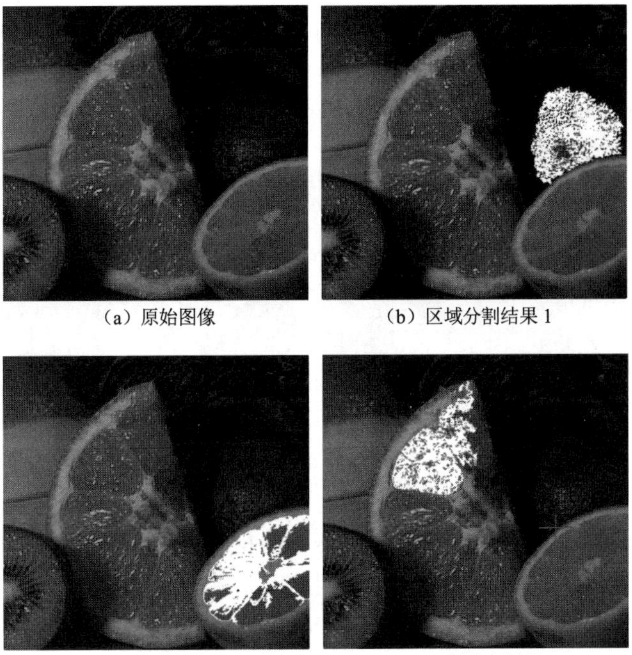

（a）原始图像　（b）区域分割结果 1

（c）区域分割结果 2　（d）区域分割结果 3

图 4-11　种子点选取位置影响分割结果

$$S_k = \frac{1}{N}\sum_{l=1}^{N} S_{kl} \tag{4-12}$$

令峰值点最高的灰度值为 $S_{k\max}$，按照直方图曲线表示的性质，最高峰值点对应的像素点的个数是最多的，将 $S_{k1}, S_{k2}, \cdots, S_{k(N-1)}, S_{kN}$（除 $S_{k\max}$ 外）与 $S_{k\max}$ 进行比较测试，即

$$D_l = \left|S_{k\max} - S_{kl}\right|,\ S_{k\max} \notin S_{kl} \tag{4-13}$$

求出参考距离 D_c：$D_c = \left|S_{k\max} - S_k\right|$。分别比较 D_l 与 D_c：若 $D_l \leqslant D_c$，则 S_{kl} 不为种子点；若 $D_l > D_c$，则 S_{kl} 为种子点。这时取得种子点对象，即 $D_l > D_c$ 时 D_l 所对应的 S_{kl} 的灰度值。此时随机选取灰度值为 S_{kl} 的像素点。这种自动选取种子点的方法可以降低手动选取时的误选率，使分割效果更加稳定。

4.2.3　区域生长准则

区域生长算法以种子点为起点，将满足相似性原则的像素点加入对应的区域。像素点间相似性的判据选取，取决于实际问题的需要及待分割图像数据的类型。例如，对于卫星图像的处理依赖于彩色图像的固有信息，对于单色图像的处理依赖于灰度值和可表现出空间性质的描述子。如果在区域生长中，没有考虑到像素点的连通性和相邻性，只利用相似性原则进行判断，则会产生错误的结果。若生成一幅灰度图，将其中灰度像素值相同的像素点设为一个“区域”，不考虑它们之间的连通性，则最终得到的结果对当前问题会毫无价值。

同样，上文采用了基于区域内灰度相似性的生长准则，如果将图 4-9 中的区域生长阈值替换为 5，那么整个图像都会成为目标区域，分割结果将毫无意义。单纯的采用生长阈值判断作为生长准则分割结果是不稳定的，邻近区域灰度变化较为缓和时，可能会出现像素点的错误归类。因此，在实际应用中，对生长准则进行了调整，计算当前观测像素与种子像素颜色负差的最大值和当前观测像素与种子像素颜色正差的最大值，人工设定种子点区域生长的下界和上界，若观测像素点和种子点各通道差值在区域生长阈值范围内，则将该点加入该种子点区域。不同的阈值选取会产生不同的区域生长结果，如图 4-12 所示。

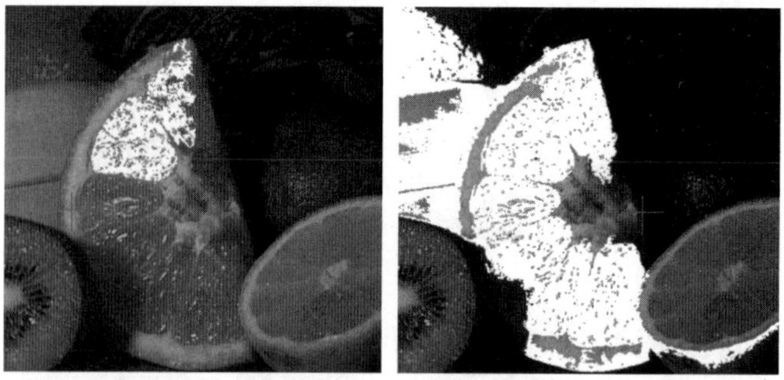

（a）阈值取 20 时区域生长结果　　（b）阈值取 50 时区域生长结果

图 4-12　区域生长阈值选取结果对比

当图像中不再有像素点满足加入某个目标区域的相似性准则时，区域分割算法停止。基于灰度值、空间信息、彩色信息等建立的相似性准则，在运行过程中保持不变，没有充分利用生长过程中加入目标区域的信息。为增强区域生长算法的运算能力，可加入待分类像素和已经进入目标区域的像素间相似性的比较、目标区域的轮廓形状等信息。

4.3 分水岭分割算法

4.3.1 基本思想

分水岭概念是以对图像进行三维“地形学”表达为基础的：其中两个是坐标，另一个是灰度级。对于这样一种地形学的解释，我们考虑两类点：①当一滴水放在图中某点的位置上时，水一定不会再下落的局部极小值点；②当水处在图中某点的位置上时，水会等概率地流向不止一个局部极小值点。对一个特定的区域，满足条件①的点的集合组成地形的“谷底”。满足条件②的点的集合组成地形表面的峰线，其术语称作“分水岭”，“分水岭”之间的区域称为“汇水盆地”。

基于分水岭概念的分割算法的主要目标是找出分割线。其基本思想是，通过把每个极小值位置都看成一个“漏口”，在每个漏口处让水涌出并均匀上升，直至整个区域被淹没，同时建立相互隔离的“坝”，以此来确定不同汇水盆地之间的分割线。

这个思想可以用图 4-13 来进一步解释。图 4-13（a）显示了一幅灰度图，图 4-13（b）显示了依据灰度转化的地形俯视图，其中的“山峰”高度与输入图像的灰度级值成比例。为了防止上升的水从这些结构的边缘溢出，可以想象将整个地形的周围用比最高山峰还要高的坝包围起来。这里的最高山峰高度是由这个输入图像的灰度级可能具有的最大值决定的。

假设在每个区域的极小值处（“谷底”位置）打一个洞，并让水以均匀的流速从洞中涌出，从低处开始浸没整个地形，直到整个地形都被覆盖。图 4-13（c）展示了被水淹没的第 1 个阶段，这里用浅蓝色表示水，覆盖了深褐色背景对应的区域。图 4-13（d）和（e）显示了水分别在第一和第二个汇水盆地中上升的情况。由于水不断地上升，最终水将从一个汇水盆地中溢出到另一个里。在图 4-13（f）中，显示了水开始从左边的盆地溢出到右边的盆地，并且之间有一个短的“坝”（由单个像素组成）防止较高水位的水聚合在一起，具体坝的构筑将在后面章节中讨论。在图 4-13（g）

中，可以看到在两个汇水盆地之间出现了更长的坝，并且在右上角还有一“条”坝，它们阻止了来自不同盆地的水的聚合。这个过程会一直持续，直至水位达到最高点（对应于图像中灰度级的最大值）。最后，水坝的残留部分就对应于分割线，这条线就是要得到的分割结果。

本例中，分割结果可以在原图上以一个像素宽的红色路径叠加展示，如图 4-13（h）所示。一个非常重要的性质是，分水岭对应的分割线组成一条连通的路径，从而给出区域之间的连续边界。

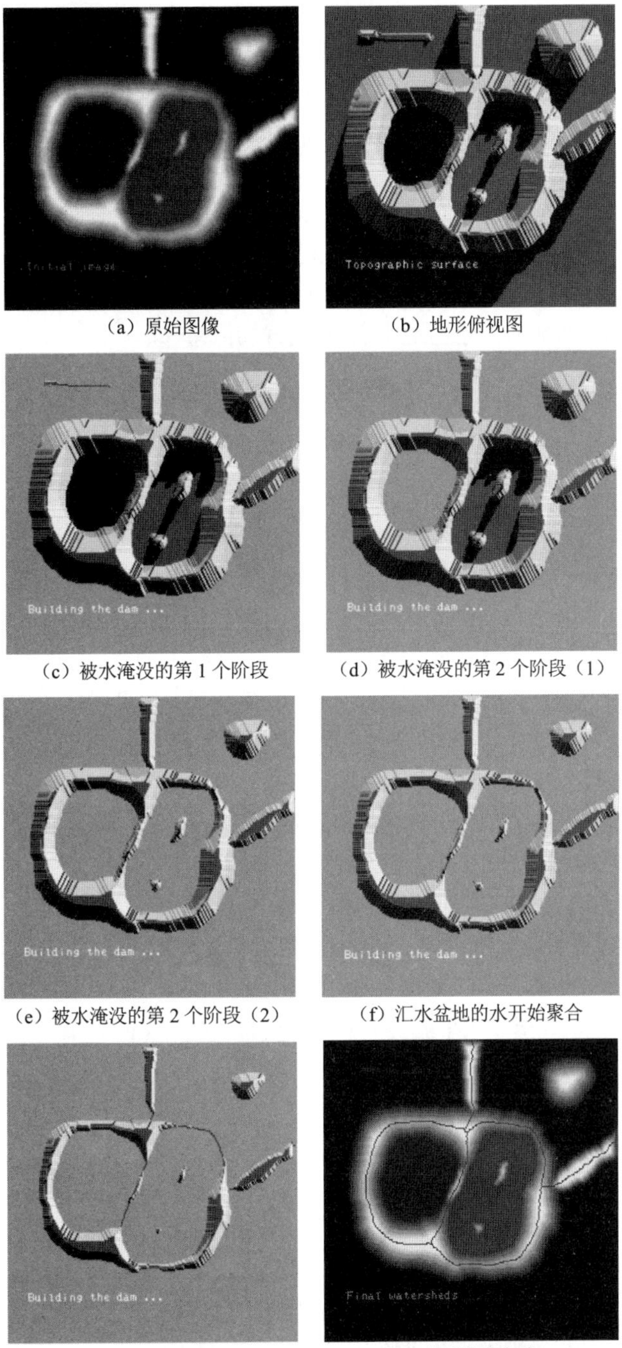

（a）原始图像　（b）地形俯视图　（c）被水淹没的第 1 个阶段　（d）被水淹没的第 2 个阶段（1）　（e）被水淹没的第 2 个阶段（2）　（f）汇水盆地的水开始聚合　（g）更长的坝　（h）最后的分割线

图 4-13　分水岭分割算法的基本思想解释

4.3.2 数学描述

分水岭分割算法的基本思想可以用数学语言描述。设 $M_1, M_2, \cdots, M_R$ 表示待分割图像 $f(x,y)$ 的极小区域，即图像中局部最小值点的坐标的集合，R 为区域数量，$C(M_i)$ 表示与极小区域 M_i 相关的汇水盆地，即盆地内的点组成的一个集合，max 和 min 分别表示待分割图像灰度值的极大值和极小值。假设 $T[n]$ 表示满足 $f(x,y)<n$ 的所有点 (s,t) 的集合，n 表示当前灰度阈值，从几何意义上说，$T[n]$ 是图像 $f(x,y)$ 中位于平面 $g(x,y)=n$ 以下的点的集合，$g(x,y)$ 为图像梯度函数。

对于一个给定流域，在第 n 步将会出现不同程度的溢流（也可能不出现），假设在第 n 步时极小区域 M_i 发生溢流，令

$$C_n(M_i)=C(M_i)\cap T[n] \tag{4-14}$$

$C_n(M_i)$ 可看成一个二值图像，换句话说，如果在位置 (x,y) 处满足 $(x,y)\in C(M_i)$，$(x,y)\in T[n]$，则 $C_n(M_i)=1$；否则，$C_n(M_i)=0$。

假设 $C[n]$ 表示第 n 步所有汇水盆地中溢流部分的并集，即

$$C[n]=\bigcup_{i=1}^{R} C_n(M_i) \tag{4-15}$$

则 $C[\max+1]$ 为所有汇水盆地的并集，即

$$C[\max+1]=\bigcup_{i=1}^{R} C(M_i) \tag{4-16}$$

分水岭分割算法在初始时取 $C[\min+1]=T[\min+1]$，且这一算法是一递归运算。假设 $C[n-1]$ 已经建立，根据方程，$C[n]$ 为 $T[n]$ 的一个子集，又因为 $C[n-1]$ 是 $C[n]$ 的子集，故 $C[n-1]$ 为 $T[n]$ 的子集。这样 $C[n-1]$ 的每一个连通成分都严格地只包含于 $T[n]$ 的一个连通成分。设 Q 是 $T[n]$ 中连通成分的集合，那么对每一个连通成分 $q\in Q[n]$，有以下三种可能：

① $q\cap C[n-1]$ 为空集；

② $q\cap C[n-1]$ 包含 $C[n-1]$ 的一个连通成分；

③ $q\cap C[n-1]$ 包含 $C[n-1]$ 的一个以上的连通成分。

以上三种可能分别对应以下三种处理方式：

① $C[n]$ 可由把连通分量 q 加到 $C[n-1]$ 中得到；

② $C[n]$ 可由把连通分量 q 加到 $C[n-1]$ 中得到；

③ 需要在 q 中建分水岭。

不断递归上述过程，直至“水平面”上升到灰度极大值即 max，就可以获得分割图像区域的分水岭。

4.3.3 算法演示

为了获得图 4-14（a）原始图像中相互接触的硬币的边界，对其应用分水岭算法。为了准确获得分水岭，将原始图像处理为图 4-14（b）所示形式，其中白色区域表示确定的硬币区域；黑色表示背景区域；灰色区域表示不确定区域，即不确定属于硬币还是背景，这样处理便于获得更准确的边界线。对图 4-14（b）进行分水岭分割可以得到图 4-14（c）所示的线条，将线条叠加到原图后的效果如图 4-14（d）所示，可以看到硬币的边界已经被准确地提取出来。

（a）原始图像　　（b）图像处理

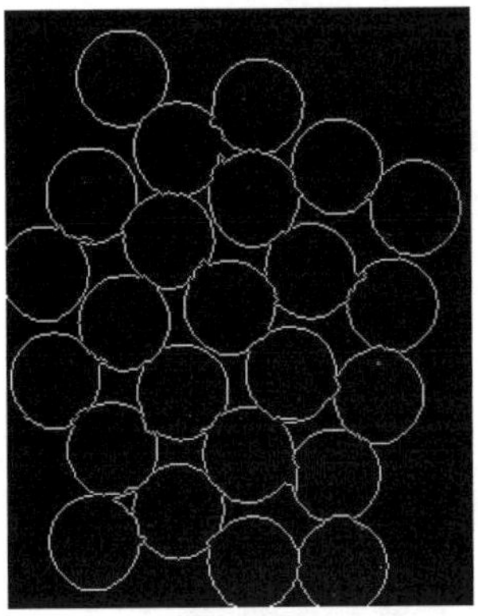
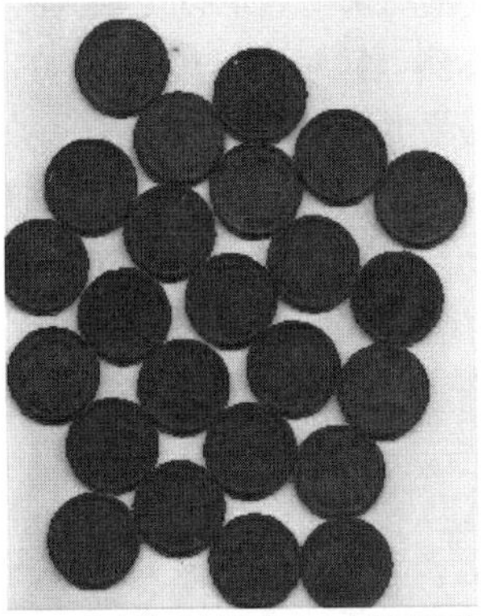

（c）分水岭分割线条　　（d）分水岭分割线条叠加原图效果

图 4-14　分水岭分割效果

在实际应用中，分水岭分割算法通常以形态学梯度或其他梯度的极小点作为溢流的标记点进行分割。然而，原始图像中的噪声或微小灰度值的波动可能导致梯度图像中存在许多假的极小值，从而导致分割结果不准确。即使对梯度图像进行平滑处理，也难以保证分组中的极小值与原始图像中物体的数量相匹配。图 4-15（a）所示的图像中存在较多的噪声区域，直接使用分水岭分割算法的效果如图 4-15（b）所示，出现了过度分割的现象，因此在实际应用中，需要根据具体的应用场景对分水岭分割算法进行改进。

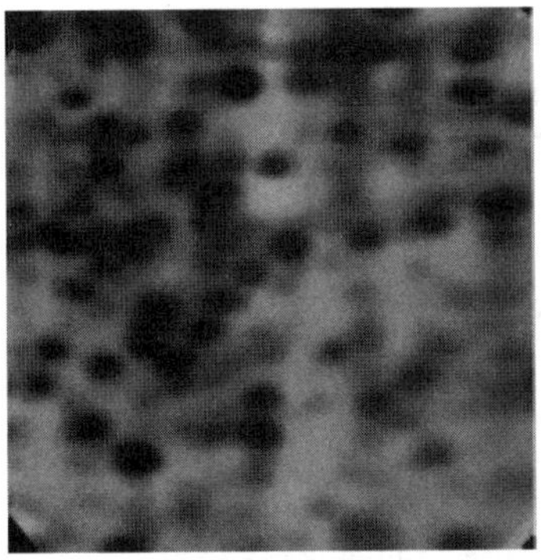
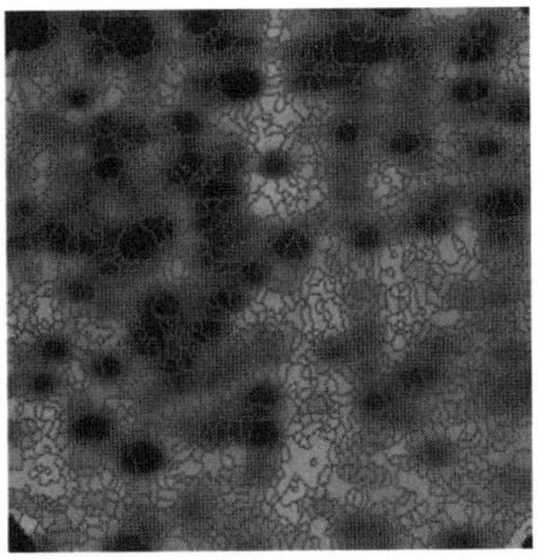

（a）原始图像　　（b）过度分割效果

图 4-15　分水岭算法过度分割效果

4.3.4 改进的分水岭分割算法

为了解决分水岭分割算法存在的易受到图像噪声影响、处理结果不稳定等问题，研究人员对原始分水岭分割算法进行了改进，改进算法包括增加前处理、增加后处理、前后处理结合三类。前处理的改进通常在分水岭分割之前进行，以减少梯度图像中假的极小值的数量，例如，对原始图像进行降噪、灰度值平滑、边缘保留等处理，从而提高分割的准确度。而后处理则是在分水岭分割后对分割结果进行一定的优化和调整，以获得更加准确的分割结果。后处理的改进通常包括去除孤立区域、合并相邻区域、填充空洞、边界平滑等操作。前后处理结合是将前处理和后处理方法结合使用，共同处理分水岭分割算法的问题。使用这种方法，既可以提高分割算法的准确性，又可以进一步优化分割结果，满足特定领域需要。

以前处理方法为例，针对图 4-15 所示的过度分割问题，可以使用基于标记图像的分水岭分割算法，即先指定图像中的标记。在区域的洪水淹没过程中，水平面都是从定义的标记区域开始的，如图 4-16（a）中红色区域所示，这样可以避免一些很小的噪声极值区域的分割，分割效果如图 4-16（b）所示，红色线条为最终的分水岭，可以看到过度分割的现象已经被消除，分水岭准确分割了“汇水盆地”。

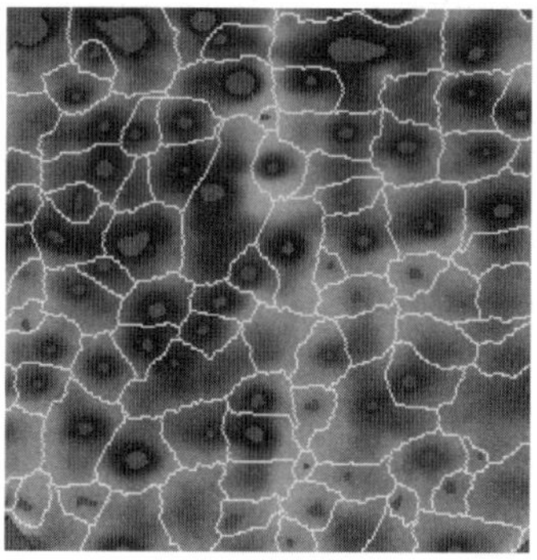

（a）原始图像

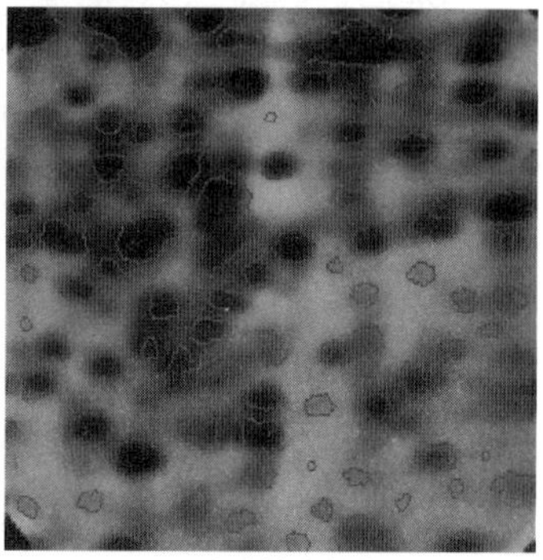

（b）分水岭分割效果

图 4-16　基于标记图像的分水岭分割算法效果

此外，还存在其他多种改进方法，如基于多分辨率分割的分水岭分割算法、基于对比度增强的分水岭分割算法等，可得到更准确的分割结果。

4.4 活动轮廓与 Snake 模型

4.4.1 基于能量泛函的分割方法

基于能量泛函的分割方法主要是指活动轮廓模型（active contour model）及在此基础上发展出来的算法。活动轮廓模型是一种常用的图像分割方法，尤其适用于轮廓不规则、形状复杂或者轮廓不清晰的目标识别和定位。其基本思想是利用连续的曲线来表示目标轮廓，通过定义一个能量泛函来描述曲线的形状、平滑性和位置，从而使分割过程转变为求解该能量泛函的最小值。

活动轮廓模型的机制是自顶向下定位图像特征，通常情况下，活动轮廓模型需要使用内部能量和外部能量来约束曲线的变形。其中，内部能量主要用于平滑曲线，并维护曲线的形状和拓扑结构；外部能量主要用于将曲线形态向目标边缘移动，捕捉目标的轮廓。内部能量和外部能量可通过多种方法计算，如 Sobel 算子、Gabor 滤波器等。

在活动轮廓模型中，曲线的运动方向不仅受到外部能量的影响，还受到法向曲率力的推动。具体来说，曲率力是曲线的二次导数，表示曲线在某一点处的弯曲程度。曲线存在正曲率和负曲率，在法向曲率力的推动下，曲线的运动方向有所不同：有些部分朝外扩展，有些部分朝内运动。

对于简单曲线来说，它具有一种非常特殊的数学性质，即在曲率力的驱动下，所有简单曲线最终都会退化成一个圆，并最终消逝。这是因为曲率力向着曲线的凸边界方向作用，而圆的所有点的曲率力都向着圆心，因此当曲线退化成圆时，曲率力也会随之消失。曲线的两个重要几何参数是单位法向量和曲率，其中单位法向量表示曲线的方向，曲率则描述曲线的弯曲程度。基于这些几何参数，曲线演化理论将研究曲线随时间的变形。

曲线演化的过程可以表示为

$$\frac{\mathrm{d}\boldsymbol{x}}{\mathrm{d}t}=v\boldsymbol{N} \tag{4-17}$$

其中，$\boldsymbol{x}$ 是曲线上的点；$\boldsymbol{N}$ 是该点处的法向量；v 是速度大小，可以为正或负，表示演化方向朝内或朝外。力 $\boldsymbol{F}$ 可以表示为曲线上每个点处的切向力和法向力的组合：

$$\boldsymbol{F}=\boldsymbol{F}_{\mathrm{t}}+\boldsymbol{F}_{\mathrm{n}} \tag{4-18}$$

其中，$\boldsymbol{F}_{\mathrm{t}}$ 是切向力，$\boldsymbol{F}_{\mathrm{n}}$ 是法向力。切向力可以表示为曲线上每个点处的曲率和速度的乘积：

$$\boldsymbol{F}_{\mathrm{t}}=\kappa v\boldsymbol{T} \tag{4-19}$$

其中，κ 是曲线的曲率，$\boldsymbol{T}$ 是该点处的切向量。法向力可以表示为曲线上每个点处的能量变化率：

$$\boldsymbol{F}_{\mathrm{n}}=\frac{-\mathrm{d}E}{\mathrm{d}\boldsymbol{N}} \tag{4-20}$$

其中，E 是曲线上每个点的能量。根据能量最小原理，可以得到能量 E 的表达式：

$$E=\int(\alpha\kappa^2+\beta\kappa^4)\mathrm{d}s \tag{4-21}$$

其中，α 和 β 是曲线的弹性系数，s 是曲线的弧长。

在曲线演化过程中，曲线的能量趋向于最小，因为此时它是最平衡的。在图像分割中，我们的目标是找到目标的轮廓，因此曲线在图像的任何部分都可以朝着能量最小即目标轮廓的方向演变。当曲线演变到目标轮廓时，能量达到最小值，演变停止，这时候目标就被分割出来了。曲线演化理论中的力和能量实际上是用来描述曲线在变形过程中受到的约束与规范。将力和能量考虑进去，我们可以设计出更加复杂的曲线演化方法，来解决更加复杂的图像分割问题。

4.4.2 Snake 模型

基于能量泛函的分割方法关键在于，轮廓如何表示，力如何构造，以及构造哪些力才可以让目标轮廓的能量最小。针对上述问题的描述和解决衍生出了很多基于活动轮廓模型的分割方法。其中，如果轮廓是参数表示的，它就是参数活动轮廓模型，典型的为 Snake 模型。

Snake 模型由 Kass 在 1987 年提出。它以由一些控制点（即轮廓线）构成的模板为基础，通过模板的自身弹性形变，并与局部图像特征相匹配，最终实现调和，即极小化某种能量函数，从而完成对图像的分割。Snake 模型的目标是解决上层知识与底层图像特征之间的矛盾问题。通常情况下，图像特征（如亮度、梯度、角点、纹理和光流）是局部的，并且只受其邻域的影响，这导致它们与物体的形状无关。但人类对物体的认知往往基于其整体轮廓。因此，如何有效地融合这两种信息，成为 Snake 模型的核心问题。

为实现信息融合，Snake 模型定义了能量函数，包括内部力和图像力两部分。内部力反映上层知识，基于轮廓线的形状特征定义，使轮廓线更倾向于某些形状，从而实现对物体形状的高层次建模。图像力反映底层图像特征，基于图像亮度、梯度、角点、纹理和光流等信息计算得出，使轮廓线更倾向于匹配底层的局部特征。在模型上作用于不同方向上的许多力会对模型的形变产生影响，这些力所产生的能量可表示为活动轮廓模型的能量函数的独立能量项。Snake 模型需要在感兴趣区域的附近给出一条初始曲线，然后最小化能量泛函，让曲线在图像中发生变形，不断逼近目标轮廓。

Kass 等提出的原始 Snake 模型由一组控制点 $\boldsymbol{v}(s)=[x(s),y(s)]$，$s\in[0,1]$ 组成，这些点首尾以直线相连构成轮廓线。其中，$x(s)$ 和 $y(s)$ 分别表示每个控制点在图像中的坐标位置；s 是以傅里叶变换形式描述边界的自变量。在 Snake 模型的控制点上定义能量函数（反映能量与轮廓之间的关系）：

$$E_{\text{total}}=\int_s\left(\frac{1}{2}\alpha\left|\frac{\partial \boldsymbol{v}}{\partial s}\right|^2\pm\frac{1}{2}\beta\left|\frac{\partial^2 \boldsymbol{v}}{\partial s^2}\right|^2\pm E_{\text{ext}}(\boldsymbol{v}(s))\right)\mathrm{d}s \tag{4-22}$$

其中，第 1 项称为弹性能量，是 $\boldsymbol{v}$ 的一阶导数的模；第 2 项称为弯曲能量，是 $\boldsymbol{v}$ 的二阶导数的模；第 3 项是外部能量（外部力），在基本 Snake 模型中一般只取控制点或连线所在位置的图像局部特征，如梯度

$$E_{\text{ext}}(\boldsymbol{v}(s))=-\left|\nabla I(\boldsymbol{v})\right|^2 \tag{4-23}$$

也称图像力。若轮廓 C 靠近目标图像边缘，C 的灰度梯度将会增大，式（4-23）的能量最小，由曲线演变公式可知，该点的速度将变为 0。这样，C 就停在图像的边缘位置了，完成了分割。

最终对图像的分割转化为求解能量函数 E_{total} 极小化（最小化轮廓的能量）。在能量函数极小化过程中，弹性能量迅速把轮廓线压缩成一个光滑的圆，弯曲能量驱使轮廓线成为光滑曲线或直线，而图像力则使轮廓线向图像的高梯度位置靠拢。基本 Snake 模型就是在这 3 个力的联合作用下工作的。

上面给出了 Snake 模型的连续形式，此时求解能量函数 E_{total} 极小化是一个典型的变分问题，可借助欧拉-拉格朗日方程求解；此时原有变分问题转化为微分方程的求解问题。对应方程为

$$\alpha\boldsymbol{v}''(s)-\beta\boldsymbol{v}''''(s)-\nabla E_{\text{ext}}=0 \tag{4-24}$$

将式（4-24）离散化后，对 $x(s)$ 和 $y(s)$ 分别可构造包含五阶对角阵的线性方程组，通过迭代计算求解。在实际应用中，一般先在物体周围手动找出控制点作为 Snake 模型的起始位置，再对能量函数迭代求解。

4.4.3 Snake 模型计算步骤与实验效果

Snake 模型的计算步骤如下。

① 初始化：给定待分割的图像和一个初始轮廓，该轮廓通常是由用户手动标注或基于其他方法的初步分割结果。

② 能量计算：计算每个点到轮廓线的距离及该点的梯度，根据这些信息计算一个能量函数，能量值低的区域更有可能是轮廓所在的位置。

③ 能量最小化：利用能量梯度下降的方法，沿梯度最陡的方向更新所有点的位置，使能量不断降低。

④ 收敛检测：对比前后两次能量值的变化，若变化小于一个设定的阈值，则认为算法已经收敛，输出最终的轮廓线。

⑤ 后处理：将得到的轮廓进行标记，进一步填充内部区域得到分割结果。

需要注意的是，Snake 模型是一个迭代的过程，每次更新轮廓位置都是根据当前状态下的能量函数进行的。因此，初始化条件的设置、能量函数的设计及收敛阈值的选择等，都会对算法的结果产生影响。

下面使用 Snake 模型对猴子脸部的边缘拟合样条曲线，将猴子的脸部与图像的其余部分分割开来。在预处理步骤对图像进行一些平滑处理。在猴子的脸部周围初始化一个圆圈，用红色虚线表示，并使用默认边界条件来拟合闭合曲线。接着通过不停迭代使曲线搜索到边缘（脸部的边界），最终效果如图 4-17 所示，其中蓝色实线是最终的边缘线。从迭代次数为 100、200、300、400 时的效果可以看出，随着迭代次数增加，拟合效果逐渐接近真实脸部轮廓。

（a）迭代次数 100

（b）迭代次数 200

（c）迭代次数 300

（d）迭代次数 400

图 4-17　Snake 模型猴子脸部提取效果

4.5　图像标记

图像分割后的结果包含多个互不连通的区域，需要用不同数字将这些区域分别标记。例如，利用改进的分水岭分割算法可得图 4-16（b）的分割效果，红色框内就是想要的分割对象，我们需要对图像进行标记从而区分目标和背景，常用的思路是为输入图像中的每个像素都打上特定的标记或标签，以表示该像素属于哪个类别或对象。假定图像分割后已经过二值化处理，区域对应像素为 1，背景为 0。最简单直接的标记方法称为像素标记，步骤如下。

① 由图像左上角开始，按照从左至右、从上到下的顺序进行扫描。

② 若当前像素值为 1，则检查该像素是否与在此之前扫描到值为 1 的像素连通。对于 4-连通而言，只需要检查它和左、上的 2 个相邻像素是否连通。

③ 如果没有连通像素，则给当前像素赋予一个新的标记值，然后返回步骤①，否则继续执行。

④ 如果仅有 1 个像素与当前像素连通，或 2 个连通像素与当前像素具有相同的标记值，则将当前像素标记为连通像素值；否则，将当前像素标记为具有最小标记值的相邻像素，同时将相邻的不同标记值记入等价组（等价矩阵）。

⑤ 返回至步骤①，直至所有像素扫描结束。

⑥ 根据等价矩阵计算标记值等价关系，并按顺序对标记值重新编号。

⑦ 二次扫描图像，将每个标记值用新的编号代替。

图 4-18 演示了这一过程，图 4-18（a）中方块内的数字为标记值，绿色数字为需要记入等价组的像素值。经过一次扫描后形成的等价矩阵如图 4-19 所示，经过等价关系计算，可知 3 个标记值均对应同一标记，编号为 1。进一步扫描将区域像素按新标记值替代，形成最终标记结果如图 4-18（b）所示。

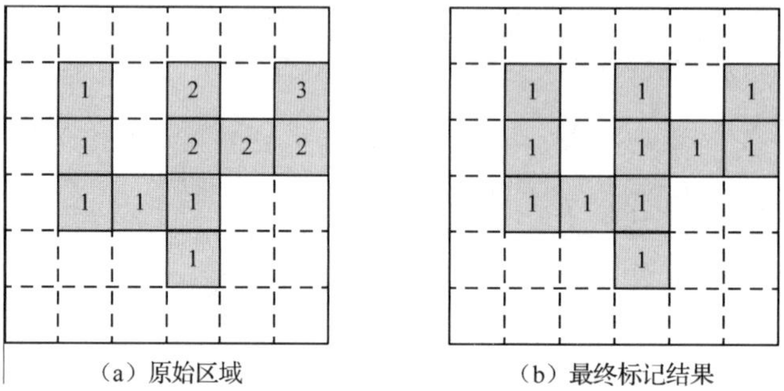

（a）原始区域　　（b）最终标记结果

图 4-18　图像标记示例

$$\begin{matrix} & 1 & 2 & 3 & \\ & \left[\begin{matrix}1 & 1 & 0\\0 & 1 & 1\\0 & 0 & 1\end{matrix}\right. & & \left.\right] & \begin{matrix}1\\2\\3\end{matrix}\end{matrix}$$

$$\begin{array}{c} \quad 1 \quad 2 \quad 3 \\ \begin{bmatrix}1 & 1 & 0\\0 & 1 & 1\\0 & 0 & 1\end{bmatrix}\begin{matrix}1\\2\\3\end{matrix}\end{array}$$

图 4-19　标记等价矩阵

上述标记算法的计算速度随图像像素的增多而减慢，因此，可以使用基于跑长码的图像标记算法对图像进行快速标记。该算法分为两步，即跑长码表生成和邻接表处理。第一步，对图像进行扫描，生成所有目标段的跑长码表和描述各段连接关系的邻接表，如图 4-20 所示。第二步，对邻接表进行扫描，合并连接的各段，得到最终标记结果。算法流程如图 4-21 所示。整个算法只需对图像进行一次扫描，同时临时存储空间仅与初始目标段数线性相关。

	1	2	3	4	5	6	7	8
1	0	1	1	1	0	0	1	1
2	0	1	1	0	0	1	0	1
3	0	0	1	1	1	1	1	1
4	0	1	1	0	0	1	0	0
5	0	0	0	0	0	0	0	0
6	0	0	0	1	1	1	0	0
7	0	0	0	1	1	0	0	0
8	0	0	1	0	1	0	0	0

（a）原始图像

(2,4,1)	(7,8,2)	
(2,3,1)	(6,6,3)	(8,8,2)
(3,7,1)		
(2,3,1)	(6,6,1)	
(4,6,4)		
(4,5,4)		
(3,3,5)	(5,5,4)	

（b）生成的跑长码表

1	2	3	1	1	4	5
1	2	3	3	2	4	5

（c）生成的邻接表

图 4-20　跑长码表和邻接表生成

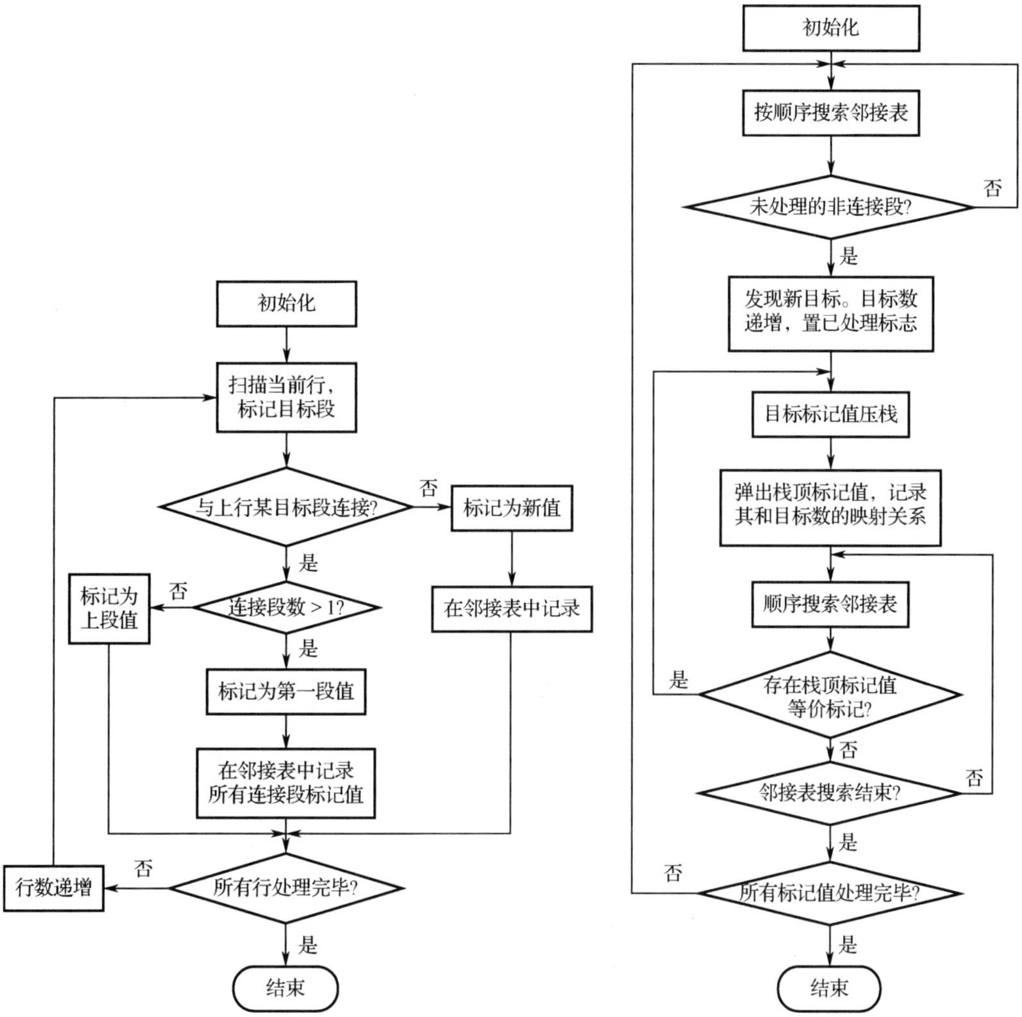

（a）跑长码表及邻接表生成流程　　（b）邻接表处理流程

图 4-21　基于跑长码的图像标记算法流程

4.6　图像描述

前面已经介绍了如何从一幅图像中提取出目标区域，本节将介绍如何描述这些目标区域。对目标的描述通常借助各种描述符进行，它们能够反映目标的各个属性，便于对图像进行进一步分析和处理。

4.6.1　简单描述符

1. 区域面积

对一个区域 R，其区域面积 A 即区域所包含的像素数。区域面积可以作为判别条件帮助进行目标检测，在某些应用场景中还可以用来量化分析，如在生物医学领域通过计算细胞的面积来研究细胞的生长和分裂。

2. 区域重心

区域重心是基于区域中的所有像素点来计算的，可以用区域重心的坐标表示区域的位置。例如，在进行目标跟踪时，重心的坐标可帮助确定物体的运动轨迹。区域重心坐标的计算公式为

$$\bar{x}=\frac{1}{A}\sum_{(x,y)\in R}x \tag{4-25}$$

$$\bar{y}=\frac{1}{A}\sum_{(x,y)\in R}y \tag{4-26}$$

注意，区域重心的坐标可能不是整数，在实际应用中要考虑到这一点，并进行相应的处理，避免因此造成系统错误。

3. 凸包

凸包（Convex Hull）是指包含给定点集内所有点的最小凸多边形。换言之，凸包是一个凸多边形，使点集内的所有点都在该多边形的边界或内部。如图 4-22 所示，图 4-22（a）为原始图像，图 4-22（b）中的红线为手型区域的凸包。

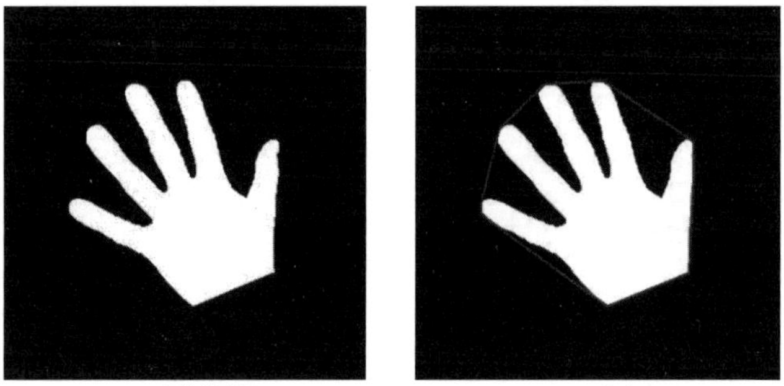

（a）原始图像　　（b）凸包

图 4-22　图像的凸包

4. 区域的最小外接矩形

在介绍区域的最小外接矩形前，先介绍区域的外接矩形的概念。区域的外接矩形是指能够包围住区域的最小矩形。它通常使用区域的最小外接矩形的边界框来计算。边界框的计算方法是找到区域中最左、最右、最上、最下的点，然后将这些点连接起来形成一个矩形。

区域的最小外接矩形是指能够包围住区域的最小旋转矩形。它通常使用旋转角度作为参数，并计算每个角度下能够包围住区域的矩形的面积，找到最小的矩形作为最小外接矩形。如图 4-23 所示，图 4-23（a）为区域的外接矩形，图 4-23（b）为区域的最小外接矩形，二者的区别在于是否考虑旋转。

无论是计算外接矩形还是最小外接矩形，都需要遍历区域内的像素点，因此计算复杂度与区域大小成正比。在实际应用中，为了减少计算量，通常会对区域图像进行降采样，或者使用分层计算等技术来加速计算。

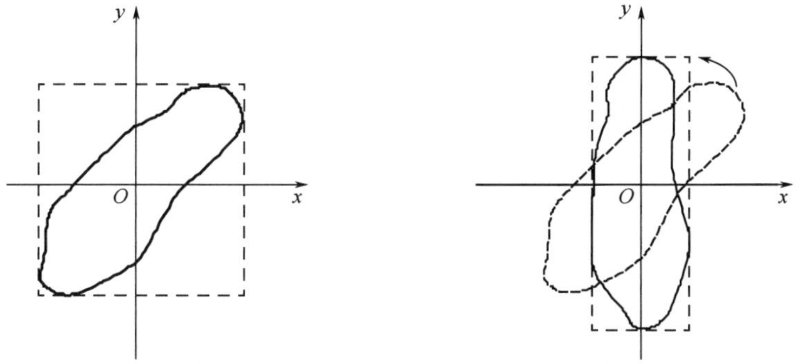

（a）区域的外接矩形　　（b）区域的最小外接矩形

图 4-23　区域的外接矩形与最小外接矩形

5．形状描述

在人类语言中，形状是很难描述的。在大多数关于形状的讨论中，通常使用原型对象来代替，即“形状像……”。而在计算机中对形状进行描述则需要一些特定的数学描述符。下面给出一些常用的形状描述符：

$$\text{圆度} = \frac{4\times\text{面积}}{\pi\times\text{最大直径}^2}$$

$$\text{凸性} = \frac{\text{凸包周长}}{\text{周长}}$$

$$\text{实性} = \frac{\text{面积}}{\text{凸包面积}}$$

其中，最大直径是图像的最小外接矩形的长边长度。

这三个描述符的取值范围均为(0,1]。其中，圆度刻画了图像与圆的相似度，图像与圆越相似，圆度越接近 1，反之则越接近 0；凸性和实性则从两个不同角度刻画了图像凸的程度，当图像是凸多边形时，凸性和实性均为 1，当图像有凹陷部分时，凸度和实性均小于 1。不同形状的图形如图 4-24 所示，形状描述符如表 4-1 所示。

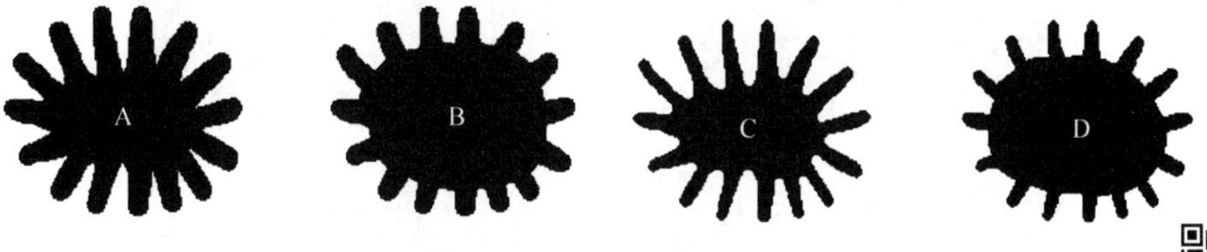

图 4-24　不同形状的图形

表 4-1　不同形状图形的形状描述符

形　状	圆　度	凸　性	实　性
A	0.587	0.351	0.731
B	0.584	0.483	0.782
C	0.447	0.349	0.592
D	0.589	0.497	0.714

从计算结果可以看出，C 形状较“瘦”，圆度明显低于其他图形；A 和 C 由于凹陷较深，凸性较低，但 A 比 C 更饱满，因此它的实性要高于 C。

6．欧拉数

图像的欧拉数 $E = C - H$ 。其中，C 表示目标的数量，H 表示孔洞的数量。

欧拉数是目标形状的一类拓扑描述。如图 4-25 所示，对于数字 8，$C = 1$，有两个孔洞，$H = 2$，因此该图像的欧拉数为−1。在数字识别领域，数字 8 的欧拉数是独一无二的，除数字 8 外，其余数字的欧拉数均大于或等于 0。再以字母 A、B、C 为例，它们的欧拉数分别为 1−1 = 0，1−2 = −1，1−0=1。

图 4-25　数字与字母

7．区域的椭圆拟合

椭圆拟合法的基本思路是，对于给定平面上的一组样本点（通常是区域边界上的一组点），寻找一个椭圆，使其尽可能接近这些样本点。也就是说，将图像中的一组数据以椭圆方程为模型进行拟合，使某一椭圆方程尽量满足这些数据，并求出该椭圆方程的各个参数。

一般使用最小二乘法进行拟合，即先假设一组椭圆参数，将区域边界点到椭圆的距离之和作为误差，求出使这个误差最小的椭圆参数。如图 4-26 所示，图 4-26（a）为原始图像，图 4-26（b）为椭圆拟合后的图像。

（a）原始图像　　（b）椭圆拟合后的图像

图 4-26　椭圆拟合

8．偏心率

偏心率又称伸长度，描述了区域的紧凑性。偏心率的计算方法有很多，一种简单常用的计算方法是计算区域等效椭圆的宽高比，即等效椭圆长轴与短轴的比值。

9. 图像的多边形近似

前面已经介绍了图像的边界，但在实际中，边界往往过于复杂，不便于许多操作的进行。下面介绍一种使用多边形来近似图像边界的方法，其主要思想是使用尽可能少的线段来表达边界的基本形状。

多边形近似的算法有很多种，DP（Douglas-Peucker）算法是一种常用的方法，如图 4-27 所示，图 4-27（a）为原始图像，图 4-27（b）为该图像的边界曲线。DP 算法的基本步骤如下。

① 在曲线上任取一点 A 作为首点，遍历曲线边界，找到距离 A 最远的点 B 作为尾点。首尾两点 A、B 之间连接一条直线 AB，该直线为曲线的弦，如图 4-27（c）所示。

② 在直线两侧，分别寻找曲线上离该线段距离最大的点。假设一侧找到的点为 C，计算其与 AB 的距离，如图 4-27（d）所示。

③ 比较该距离与预先给定的阈值 T，如果其小于 T，则该直线段作为曲线的近似，该段曲线处理完毕。

④ 如果距离大于阈值，则用 C 将曲线分为两段 AC 和 BC，并分别对两段曲线进行步骤①～步骤③的处理，如图 4-27（e）所示。

⑤ 当所有曲线都处理完毕时，依次连接各个分割点形成的折线，即可以作为曲线的近似，如图 4-27（f）所示。

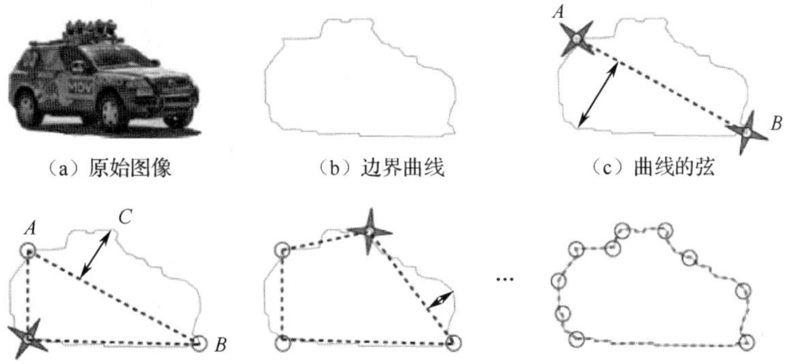

（a）原始图像　（b）边界曲线　（c）曲线的弦

（d）确定点 C　（e）线段扩展　（f）获得最终多边形近似

图 4-27　DP 算法

4.6.2 Hu 不变矩

在对图像的描述中，一个好的图像描述应能在尽可能区别不同目标的基础下，对目标的尺度、平移、旋转等不敏感，图像的不变矩就是其中一类。

1. 矩的概念

矩是概率与统计领域的一个概念，是随机变量的一种数字特征。设 X 为随机变量，c 为常数，k 为正整数，则 $E[(X-c)^k]$ 称为 X 关于 c 点的 k 阶矩。

比较重要的有以下两种情况。

① $c=0$，这时 $\mu_k=E(X^k)$ 称为 X 的 k 阶原点矩。

② $c=E(X)$，这时 $\mu_k=E[(X-E(X))^k]$ 称为 X 的 k 阶中心矩。

1 阶原点矩就是期望。1 阶中心矩 $\mu_1=0$，2 阶中心矩 μ_2 就是 X 的方差 $\mathrm{Var}(X)$。在统计学上，高于 4 阶的矩极少使用。μ_3 可以衡量分布是否有偏，μ_4 可以衡量分布（密度）在均值附近的陡峭程度。

2. 图像的矩

对于一幅图像，将像素的坐标看成一个二维随机变量(X,Y)，那么一幅灰度图可以用二维灰度密度函数表示，因此，可以用矩描述灰度图的特征。

对于图像 $f(x,y)$，它的 $p+q$ 阶矩定义为

$$m_{pq}=\sum_{(x_i,y_i)\in R}x_i^p y_i^q f(x_i,y_i) \tag{4-27}$$

为了便于理解，下面给出能表示一些物理意义的各阶矩。

0 阶矩（m_{00}）：目标区域的质量。

1 阶矩（m_{01}, m_{10}）：目标区域的质心。

2 阶矩（m_{02}, m_{11}, m_{20}）：目标区域的旋转半径。

3 阶矩（$m_{03}, m_{12}, m_{21}, m_{30}$）：目标区域的方位和斜度，反映目标的扭曲程度。

3 阶以上的矩目前尚不存在直观的物理意义。

但是目标区域往往伴随着空间变换（平移、尺度、旋转），因此需要在普通矩的基础上构造出具备不变性的矩。

3. 中心矩与归一化中心矩

为了构造描述符的平移不变性，引入中心矩的概念，$f(x, y)$ 的 $p+q$ 阶中心矩定义为

$$\mu_{pq}=\sum_{(x_i,y_i)\in R}(x_i-\overline{x})^p(y_i-\overline{y})^q f(x_i,y_i) \tag{4-28}$$

其中，$\overline{x}=\dfrac{m_{10}}{m_{00}}$，$\overline{y}=\dfrac{m_{01}}{m_{00}}$ 是前面定义的区域重心。

选择以目标区域的质心为中心构建中心矩，可保证计算结果与目标区域的位置无关，即具备了平移不变性。

为抵消尺度变化对中心矩的影响，利用 0 阶中心矩对各阶中心矩进行归一化处理，得到归一化中心矩，$f(x, y)$的归一化中心矩定义为

$$\eta_{pq}=\frac{\eta_{pq}}{\eta_{00}^{\gamma}} \tag{4-29}$$

其中，$\gamma=\dfrac{p+q}{2}$，$p+q\geqslant 2$。

由上文可知，0 阶矩表示目标区域的质量（面积），那么如果目标区域的尺度发生变化，显然其 0 阶中心矩也会相应变化，比值不变，使矩具备尺度不变性。

4. Hu 不变矩

Hu 不变矩是由 M-K Hu 在 1961 年提出的，它是利用 2 阶和 3 阶归一化中心矩构造的不变矩组，具有平移、尺度、旋转不变性，适合用来描述图像。Hu 不变矩的定义为

$$\mathrm{Hu}_1=\eta_{20}+\eta_{02} \tag{4-30}$$

$$\mathrm{Hu}_2=(\eta_{20}-\eta_{02})^2+4\eta_{11}^2 \tag{4-31}$$

$$\mathrm{Hu}_3=(\eta_{30}-3\eta_{12})^2+(3\eta_{21}+\eta_{03})^2 \tag{4-32}$$

$$\mathrm{Hu}_4=(\eta_{30}+\eta_{12})^2+(\eta_{21}+\eta_{03})^2 \tag{4-33}$$

$$\begin{aligned}\mathrm{Hu}_5 = &(\eta_{30} - 3\eta_{12})(\eta_{30} + \eta_{12})[(\eta_{30} + \eta_{12})^2 - 3(\eta_{21} + \eta_{03})^2] + \\ &(3\eta_{21} - \eta_{03})(\eta_{21} + \eta_{03})[3(\eta_{30} + \eta_{12})^2 - (\eta_{21} + \eta_{03})^2]\end{aligned} \tag{4-34}$$

$$\mathrm{Hu}_6 = (\eta_{20} - \eta_{02})[(\eta_{30} + \eta_{12})^2 - (\eta_{21} + \eta_{03})^2] + 4\eta_{11}(\eta_{30} + \eta_{12})(\eta_{21} + \eta_{03}) \tag{4-35}$$

$$\mathrm{Hu}_7 = (3\eta_{21} - \eta_{03})(\eta_{30} + \eta_{12})[(\eta_{30} + \eta_{12})^2 - 3(\eta_{21} + \eta_{03})^2] + (\eta_{30} - 3\eta_{12})(\eta_{21} + \eta_{03})[3(\eta_{30} + \eta_{12})^2] \tag{4-36}$$

以大写英文字母的识别为例，如图 4-28 所示，A、I、O、M、F 的各阶 Hu 不变矩如表 4-2 所示。此外，各个字母的 Hu 不变矩都随着阶数的升高而变小，因为 Hu 不变矩是由多个归一化矩的高阶幂计算得到的。可以看出，不同的矩组合对不同的形状有一定的区分能力。

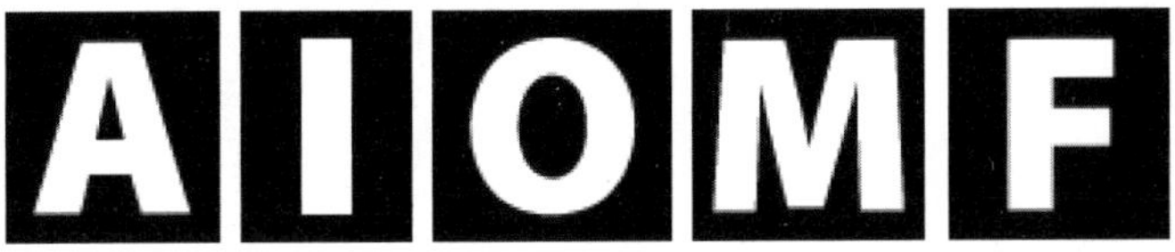

图 4-28　不同的字母

表 4-2　不同字母的各阶 Hu 不变矩

字　母	Hu_1	Hu_2	Hu_3	Hu_4	Hu_5	Hu_6	Hu_7
A	2.837e-1	1.961e-3	1.484e-2	2.265e-4	−4.152e-7	1.003e-5	−7.941e-9
I	4.578e-1	1.820e-1	0.000	0.000	0.000	0.000	0.000
O	3.791e-1	2.623e-4	4.501e-7	5.858e-7	1.529e-13	7.775e-9	−2.591e-13
M	2.465e-1	4.775e-4	7.263e-5	2.617e-6	−3.607e-11	−5.718e-8	−7.218e-24
F	3.186e-1	2.914e-2	9.397e-3	8.221e-4	3.872e-8	2.019e-5	2.285e-6

第2篇

特征提取与运动估计

第5章 特征检测与匹配

机器视觉中，使用特征来简化图像描述和识别图像目标。特征提取是将这些特征从图像中分离出来的过程。进一步，这些特征可用于识别和区分图像中的各类目标，同时也是后续2.5视觉和三维重构的基础。本章介绍图像中的特征检测和匹配方法，主要内容包括角点检测、特征匹配、Hough变换与形状检测等。

5.1 角点检测

5.1.1 角点

角点是图像中某些特征比较突出的像素点。常见的角点有以下几种：

- 灰度梯度最大值对应的像素点；
- 两条直线或曲线的交点；
- 一阶梯度值和梯度方向变化率最大的像素点；
- 一阶导数值最大但二阶导数值为0的像素点。

常见的角点检测有Harris角点检测、SIFT角点检测、SURF角点检测、ORB角点检测等。Harris角点检测是通过滑动窗口实现的，比较滑动窗口平移前后的灰度值变化判断是不是角点。SIFT算法的实质是在不同的尺度空间检测局部极值，并计算出特征点的方向，在光照、噪声、视角、旋转和缩放等干扰下仍然具有良好的稳定性。SURF算法步骤和SIFT算法大致相同，但更高效。ORB算法可实现实时角点检测，常应用在机器人视觉导航等。

5.1.2　Harris 角点检测

Harris 角点是从像素值变化的角度定义的，像素值的局部峰值处就是 Harris 角点。Harris 角点的检测是通过滑动窗口实现的，如图 5-1 所示。

由图 5-1 中左图可知，如果在各个方向移动滑动窗口，窗口区域内的像素值都没有发生变化，则该窗口区域内图像不存在 Harris 角点；如图 5-1 中的中间图所示，如果滑动窗口在某一方向移动时，窗口区域内的像素值发生较大变化，但是在其他方向没有变化，则该窗口区域内图像不存在 Harris 角点，且图像可能为一条直线中的线段；如图 5-1 中右图所示，如果在各个方向移动滑动窗口时，窗口区域内的像素值都发生了较大变化，那么窗口区域内图像必然存在 Harris 角点。

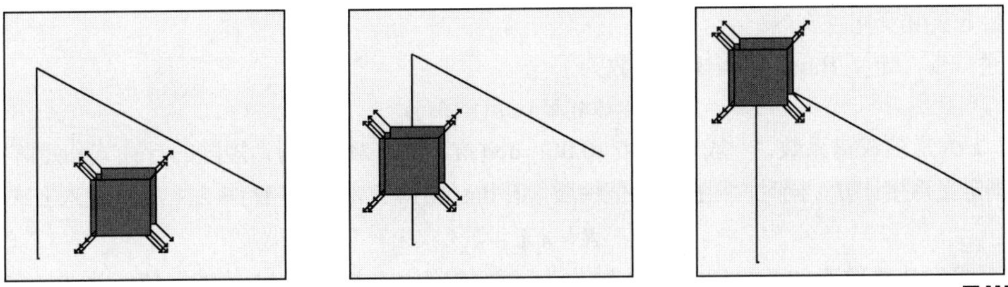

图 5-1　Harris 角点检测示意图

设 $w(x,y)$ 表示窗口权重函数，$[u,v]$ 为窗口平移量，则像素在窗口内的变化量为

$$E(u,v)=\sum_{x,y}w(x,y)[I(x+u,y+v)-I(x,y)]^2 \tag{5-1}$$

其中，$I(x,y)$ 为平移前的像素灰度值，$I(x+u,y+v)$ 为平移后的像素灰度值。对于窗口权重函数 $w(x,y)$，最简单的方式就是窗口内的所有像素所对应的 w 权重系数均为 1。但是，如果窗口中心点是角点，滑动窗口移动过程中，该点的灰度变化应该最为剧烈，故该点的窗口权重系数可以取值大些；而离窗口中心角点较远的像素点灰度变化较为平缓，该点窗口权重系数可以取值小些，因此可以使用二元高斯函数来表示窗口权重函数。窗口权重函数 $w(x,y)$ 可以为常数，也可以为高斯加权函数，示意图如图 5-2 所示，其中左图为常数，右图为高斯加权函数。

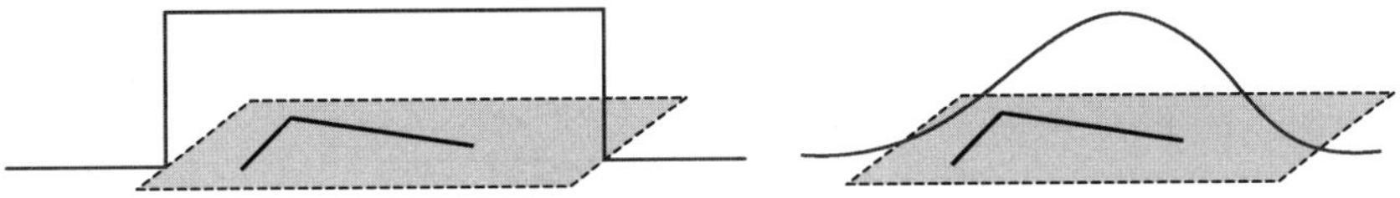

图 5-2　窗口权重函数示意图

另外，可以利用泰勒展开对窗口内的像素变化量进行转化，对灰度变化部分进行一阶泰勒展开近似可得

$$\begin{aligned}
&\sum_{x,y}w(x,y)[I(x+u,y+v)-I(x,y)]^2\\
\approx&\sum_{x,y}w(x,y)[I(x,y)+uI_x+vI_y-I(x,y)]^2\\
=&\sum_{x,y}w(x,y)(u^2I_x^2+2uvI_xI_y+v^2I_y^2)\\
=&\sum_{x,y}w(x,y)[u\quad v]\begin{bmatrix}I_x^2 & I_xI_y\\ I_xI_y & I_y^2\end{bmatrix}\begin{bmatrix}u\\ v\end{bmatrix}\\
=&[u\quad v]\left(\sum_{x,y}w(x,y)\begin{bmatrix}I_x^2 & I_xI_y\\ I_xI_y & I_y^2\end{bmatrix}\right)\begin{bmatrix}u\\ v\end{bmatrix}
\end{aligned} \tag{5-2}$$

令

$$M=\sum_{x,y}w(x,y)\begin{bmatrix}I_x^2 & I_xI_y\\ I_xI_y & I_y^2\end{bmatrix} \tag{5-3}$$

其中，$\boldsymbol{M}$ 是计算 Harris 角点的梯度协方差矩阵，I_x, I_y 分别是像素在 x, y 方向的一阶偏导数。将式（5-3）代入式（5-2）近似可得

$$E(u,v)\approx[u \quad v]\boldsymbol{M}\begin{bmatrix}u\\ v\end{bmatrix} \tag{5-4}$$

由式（5-3）可知，$\boldsymbol{M}$ 是一个实对称矩阵，因此 $E(u,v)$ 是一个二次型。在给定平移量 $[u \quad v]$ 时，$E(u,v)$ 的大小由矩阵 $\boldsymbol{M}$ 的两个特征值 λ_1,λ_2 决定；λ_1,λ_2 越大，对应 $E(u,v)$ 值越大，在给定平移量下灰度变化越剧烈。

进一步，定义 Harris 角点响应函数为

$$R=\det(\boldsymbol{M})-k(\mathrm{tr}(\boldsymbol{M}))^2 \tag{5-5}$$

其中，k 为常值权重系数，一般取 0.04～0.06；$\det(\boldsymbol{M})$ 和 $\mathrm{tr}(\boldsymbol{M})$ 分别为矩阵的行列式和矩阵的迹，可根据定义直接计算。同时，根据特征值性质，有 $\det(\boldsymbol{M})=\lambda_1\lambda_2$，$\mathrm{tr}(\boldsymbol{M})=\lambda_1+\lambda_2$，代入上式可得

$$R=\lambda_1\lambda_2-k(\lambda_1+\lambda_2)^2 \tag{5-6}$$

上式将计算像素值变化率 $E(u,v)$ 转化为计算梯度协方差矩阵 $\boldsymbol{M}$ 的特征值。当 $R\gg 0$ 时，λ_1,λ_2 都很大，$E(u,v)$ 在各个方向变化明显，说明该点为角点；当 $R\ll 0$ 时，λ_1,λ_2 相差较大，该点位于直线上；当 $|R|$ 很小时，λ_1,λ_2 都很小，该点位于平面上，如图 5-3 所示。

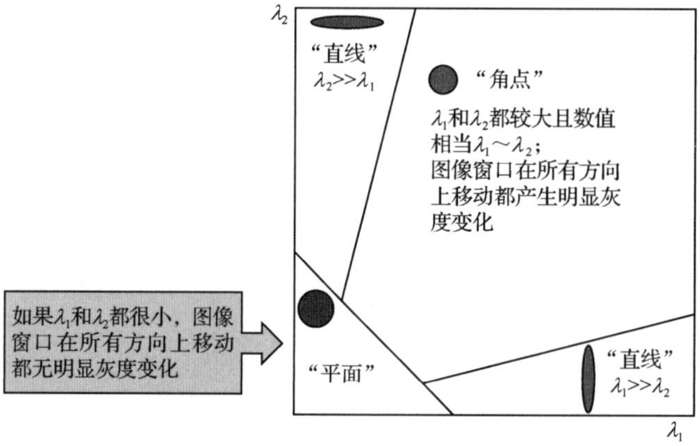

图 5-3　特征值与图像中的角点、直线和平面之间的关系

使用 Harris 角点检测会得到 Harris 评价函数，但是由于其取值范围较广且有正有负，常常需要归一化到指定的区域后，再通过阈值比较判断像素点是否为 Harris 角点，如图 5-4 所示。

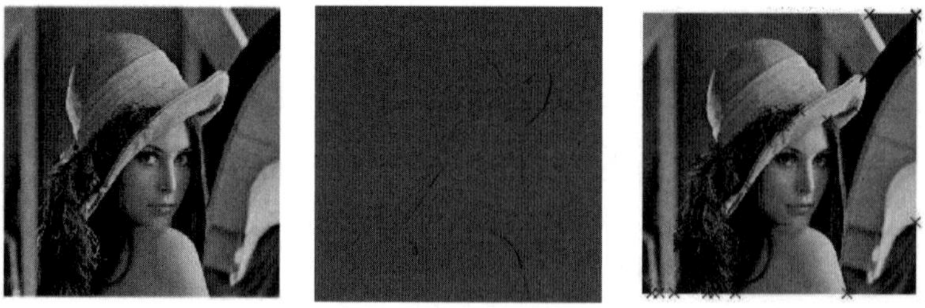

（a）原图　　（b）归一化后的系数图像　　（c）绘制 Harris 角点

图 5-4　Harris 角点检测示意图

5.1.3　SIFT 角点检测

尺度不变特征变换（Scale-Invariant Feature Transform，SIFT）是于 1999 年提出的一种经典特征检测算法。该算法在空间尺度中寻找角点，并提取对应的特征向量。SIFT 检测到的特征点在光照、噪声、视角、旋转和缩放等干扰下具有良好的稳定性，因此得到广泛应用。

SIFT 角点检测流程如图 5-5 所示，主要包括以下 5 部分。

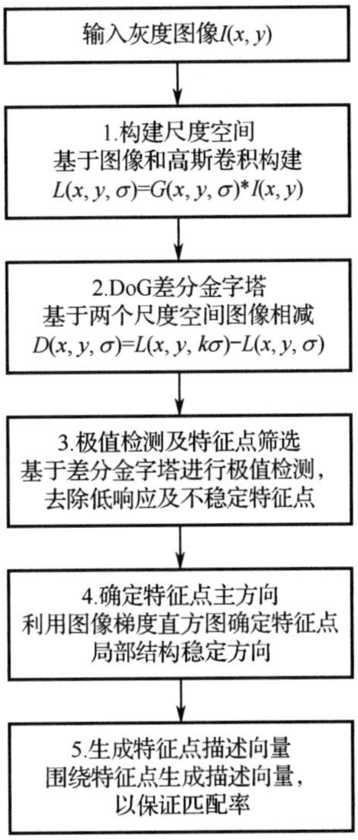

图 5-5　SIFT 角点检测流程

1．构建尺度空间

现实世界中的特征只有在一定尺度上才有意义，尺度空间在数字图像上体现了这一概念。原始图像和不同尺度的二维高斯核函数进行卷积运算可以得到不同程度“模糊”图像，以此模拟特征在不同距离时在视网膜上的成像过程。图像的尺度空间表达可由图像和不同方差的高斯核卷积得到，即

$$L(x,y,\sigma)=G(x,y,\sigma)*I(x,y) \tag{5-7}$$

其中，$L(x,y,\sigma)$ 表示图像的高斯尺度空间表达；$I(x,y)$ 表示图像函数；$G(x,y,\sigma)$ 表示高斯核函数：

$$G(x,y,\sigma)=\frac{1}{2\pi\sigma^2}\mathrm{e}^{-\frac{x^2+y^2}{2\sigma^2}} \tag{5-8}$$

标准差 σ 在此处又称为尺度因子，反映图像被模糊的程度，其值越大图像越模糊，对应的尺度也越大。图 5-6 展示了原始图像（第一个图）和以不同尺度高斯核卷积生成的结果，尺度从左向右顺序递增。

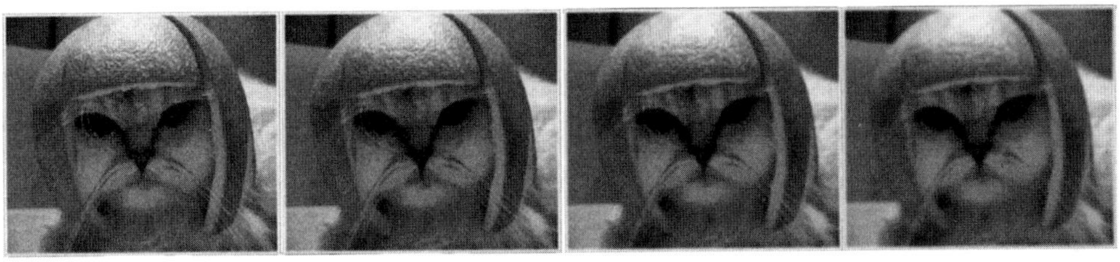

图 5-6　尺度空间构建示意图

2．DoG 差分金字塔

设 k 为相邻两个高斯尺度空间的比例因子，进一步定义 DoG（Difference of Gaussion）算子：

$$\begin{aligned}D(x,y,\sigma)&=[G(x,y,k\sigma)-G(x,y,\sigma)]*I(x,y)\\&=L(x,y,k\sigma)-L(x,y,\sigma)\end{aligned} \tag{5-9}$$

从上式可知，相邻两个尺度空间的图像相减就得到了 DoG 图像，得到的 DoG 图像同样形成金字塔结构，如图 5-7 所示。假设高斯尺度空间由 5 层图像构成，对相邻两层的图像进行差分即得 DoG 结果。DoG 可有效地检测特征。

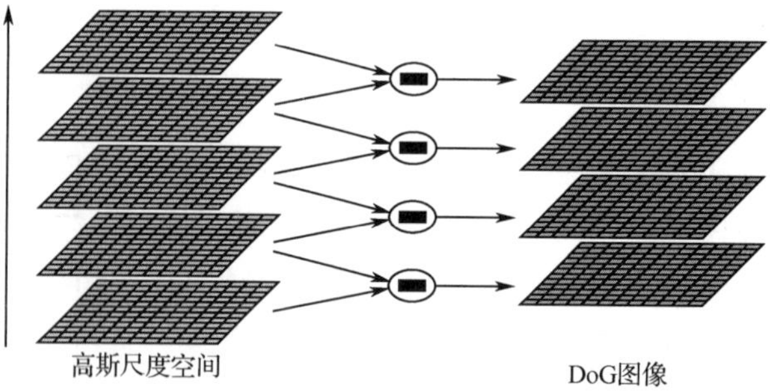

图 5-7　DoG 图像生成过程示意图

3. 极值检测及特征点筛选

为了检测尺度空间的特征点即极值点，DoG 每个像素点都要同其图像域（同一尺度空间）和尺度域（相邻的尺度空间）的所有相邻点进行比较，当其比所有相邻点都大或小时，该像素点为极值点。三维邻域像素点如图 5-8 所示，中间的检测点要和其所在图像的 3×3 邻域的 8 个像素点及其相邻上下两层的 3×3 邻域的 18 个像素点，共 26 个像素点进行比较。

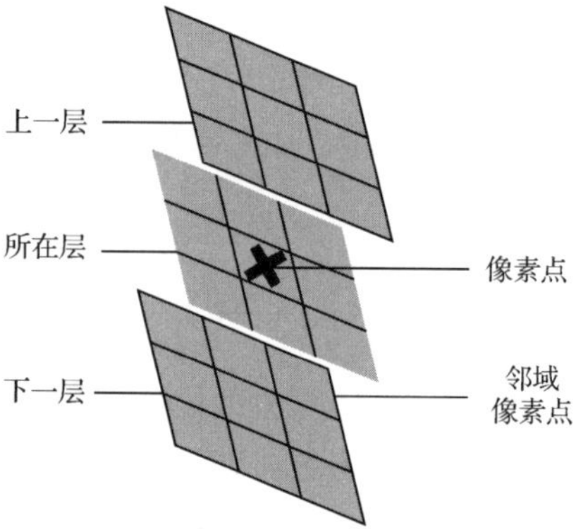

图 5-8　三维邻域像素点

通过极值比较得到的 DoG 图像局部极值点是在离散空间搜索得到的，与连续空间中极值点的真正位置有一定差异，如图 5-9 所示。同时，以上得到尺度空间中的极值点不一定是真正的极值点，还需要进一步去除低响应特征点和不稳定的特征点。

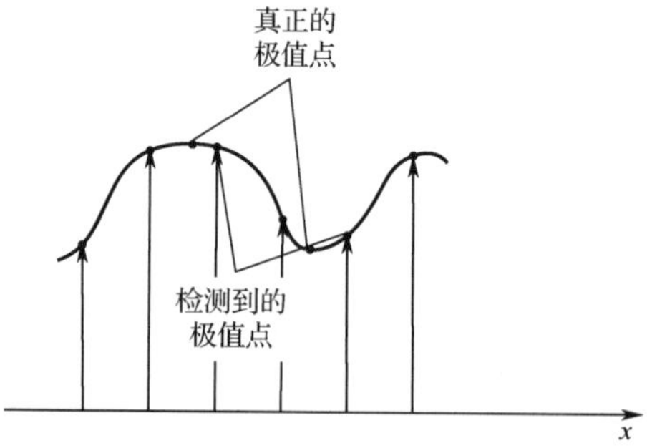

图 5-9　检测到的极值点与真正的极值点对比

假设极值点的准确位置为(x, y, σ)，初步检测位置为(x_0, y_0, σ_0)，应用向量函数泰勒展开公式，将 DoG 函数展开并舍弃掉 2 阶以上的项，可得

$$D(\boldsymbol{x})=D(\boldsymbol{x}_0)+\left(\frac{\partial D}{\partial \boldsymbol{x}}\right)^{\mathrm{T}}\Delta\boldsymbol{x}+\frac{1}{2}\Delta\boldsymbol{x}^{\mathrm{T}}\frac{\partial^2 D}{\partial \boldsymbol{x}^2}\Delta\boldsymbol{x} \tag{5-10}$$

其中，$D(\boldsymbol{x})=D\left(\begin{bmatrix}x\\y\\\sigma\end{bmatrix}\right)$，$D(\boldsymbol{x}_0)=D\left(\begin{bmatrix}x_0\\y_0\\\sigma_0\end{bmatrix}\right)$，$\left(\frac{\partial D}{\partial \boldsymbol{x}}\right)^{\mathrm{T}}=\begin{bmatrix}\frac{\partial D}{\partial x} & \frac{\partial D}{\partial y} & \frac{\partial D}{\partial \sigma}\end{bmatrix}$，$\Delta\boldsymbol{x}=\begin{bmatrix}x\\y\\\sigma\end{bmatrix}-\begin{bmatrix}x_0\\y_0\\\sigma_0\end{bmatrix}$，

$$\frac{\partial^2 D}{\partial \boldsymbol{x}^2}=\begin{bmatrix}\frac{\partial^2 D}{\partial x^2} & \frac{\partial^2 D}{\partial x\partial y} & \frac{\partial^2 D}{\partial x\partial \sigma}\\ \frac{\partial^2 D}{\partial x\partial y} & \frac{\partial^2 D}{\partial y^2} & \frac{\partial^2 D}{\partial y\partial \sigma}\\ \frac{\partial^2 D}{\partial x\partial \sigma} & \frac{\partial^2 D}{\partial y\partial \sigma} & \frac{\partial^2 D}{\partial \sigma^2}\end{bmatrix}。$$

为确定准确极值点的位置，可以对式（5-10）求导并令导数为 0，得到

$$\Delta\boldsymbol{x}=-\left[\frac{\partial^2 D}{\partial \boldsymbol{x}^2}\right]^{-1}\frac{\partial D}{\partial x} \tag{5-11}$$

将求得的$\Delta\boldsymbol{x}$代入式（5-10），可得

$$D(\hat{\boldsymbol{x}})=D(\boldsymbol{x}_0)+\frac{1}{2}\left(\frac{\partial D}{\partial \boldsymbol{x}}\right)^{\mathrm{T}}\Delta\boldsymbol{x} \tag{5-12}$$

其中，$\hat{\boldsymbol{x}}=\boldsymbol{x}_0+\Delta\boldsymbol{x}$代表插值优化后的新位置。

当$\Delta\boldsymbol{x}$在任一维度上的偏移量大于 0.5 时，意味着插值中心已经偏移到它的邻近点上，此时必须改变当前特征点的位置。同时在新的位置上反复插值直至收敛；也有可能超出所设定的迭代次数或者超出图像边界的范围，此时应去除该像素点。另外，过小的点易受噪声的干扰而变得不稳定，所以若极值点对应的$D(\hat{\boldsymbol{x}})$值小于指定阈值，也应当去除。

此外，DoG 算子会对图像的边缘产生较强响应值，落在图像边缘上的特征点就是不稳定的点，需要剔除。边缘点的剔除通过利用特征点处的 Hessian 矩阵来解决，定义如下：

$$\boldsymbol{H}=\begin{bmatrix}D_{xx} & D_{xy}\\ D_{xy} & D_{yy}\end{bmatrix} \tag{5-13}$$

其中，D_{xx},D_{xy},D_{yy}可在特征点邻域对应位置计算差分求得。

设α、β为$\boldsymbol{H}$的特征值且$\alpha>\beta$，根据矩阵的性质，有

$$\frac{\mathrm{Tr}(\boldsymbol{H})^2}{\mathrm{Det}(\boldsymbol{H})^2}=\frac{(\alpha+\beta)^2}{\alpha\beta}=\frac{(r\beta+\beta)^2}{r\beta^2}=\frac{(r+1)^2}{r} \tag{5-14}$$

其中，$r=\dfrac{\alpha}{\beta}$为二特征值比率。r越大，两个特征值的比值越大，即该像素点在某一个方向的梯度值很大，而在另一个方向的梯度值很小，则该点越可能是边缘特征点。为了去除不稳定的边缘特征点，需要让该比值小于一定的阈值，即检测

$$\frac{\mathrm{Tr}(\boldsymbol{H})}{\mathrm{Det}(\boldsymbol{H})}<\frac{(r+1)^2}{r} \tag{5-15}$$

若该式成立，则去除该点；实际操作中一般取$r=10$。

4．确定特征点主方向

经过极值检测与特征点筛选，已经寻找到不同尺度下都存在的特征点，为了实现图像旋转不变性，需要确定这些特征点的主方向。我们可以先利用特征点邻域像素的梯度分布特性来确定其

方向参数，再利用图像的梯度直方图求取特征点局部结构的稳定方向即主方向。

先计算以特征点为中心、以$3\times1.5\sigma$为半径的邻域窗口内像素的梯度分布特征，每个点对应$L(x,y)$的梯度的模值$m(x,y)$和方向$\theta(x,y)$分别为

$$m(x,y)=\sqrt{[L(x+1,y)-L(x-1,y)]^2+[L(x,y+1)-L(x,y-1)]^2} \tag{5-16}$$

$$\theta(x,y)=\arctan\frac{L(x,y+1)-L(x,y-1)}{L(x+1,y)-L(x-1,y)} \tag{5-17}$$

在得到特征点的梯度分布特征后，使用直方图统计邻域内像素的梯度和方向。梯度直方图将0～360°的方向范围分为8个柱（bins），其中每柱45°。如图5-10所示，直方图的峰值方向代表特征点的主方向。

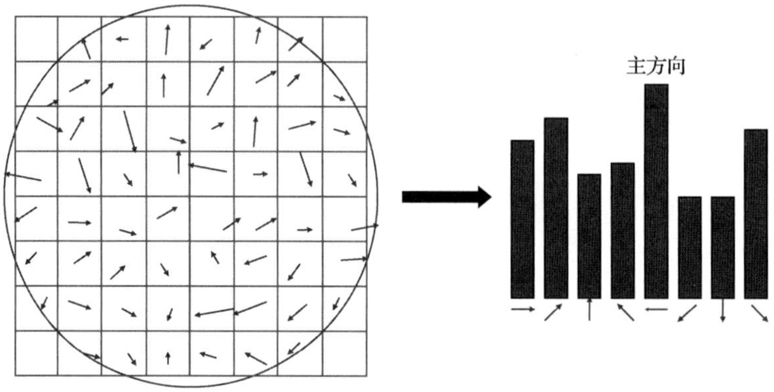

图5-10　梯度直方图

为了增强特征点的近邻域点对关键点（在图像中具有显著性质的点）方向的作用并减少突变的作用，可以使用高斯函数对直方图进行平滑操作。为了得到更精确的方向，还可以对离散的梯度直方图进行插值拟合。除将直方图中最大值所在的方向作为该特征点的主方向外，为了增强匹配的鲁棒性，保留峰值大于主方向峰值80%的方向作为该特征点的辅方向。

5．生成特征点描述向量

完成上述步骤，已经得到SIFT特征点的位置、尺度和方向信息，下面需要使用一组向量生成特征点的描述子。描述子应不随周围环境的变化而变化，同时具有较高的独立性，以保证匹配率，其生成有以下三个步骤。

（1）校正旋转主方向，确保旋转不变性

为了保证特征向量的旋转不变性，要将坐标轴旋转为特征点的主方向，旋转后邻域内像素的新坐标为

$$\begin{bmatrix} x' \\ y' \end{bmatrix}=\begin{bmatrix} \cos\theta & -\sin\theta \\ \sin\theta & \cos\theta \end{bmatrix}\begin{bmatrix} x \\ y \end{bmatrix} \tag{5-18}$$

其中，θ为主方向角度。

（2）生成128维的特征向量

在旋转后的图像中以特征值为中心采集16×16的邻域像素样本，将像素样本点与特征点的相对梯度方向高斯加权平均后，将其分配到对应的4×4大小的子区域内，并把梯度值分配到8个方向上，因此最终生成一个$4\times4\times8$的128维特征点描述子特征向量，过程如图5-11所示。

（3）归一化处理与门限值处理

生成特征向量后，为了去除光照变化的影响，需要对它们进行归一化处理。对于图像灰度值

整体漂移，由于图像各点的梯度由邻域像素差分得到，可直接去除该项影响。设得到的特征点描述子特征向量为 $\boldsymbol{h}=(h_1,h_2,\cdots,h_{128})$，将其归一化后可得到新的特征向量 $\boldsymbol{l}=(l_1,l_2,\cdots,l_{128})$，各分量按如下方式计算：

$$l_i=\frac{h_i}{\sqrt{\sum_{j=1}^{128}h_j^2}},\quad i=1,2,\cdots,128 \tag{5-19}$$

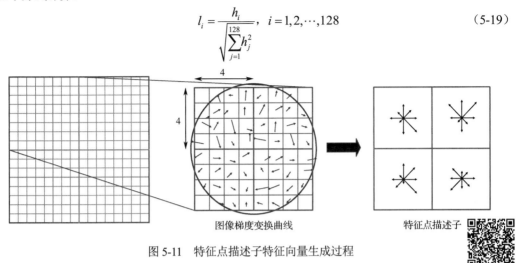

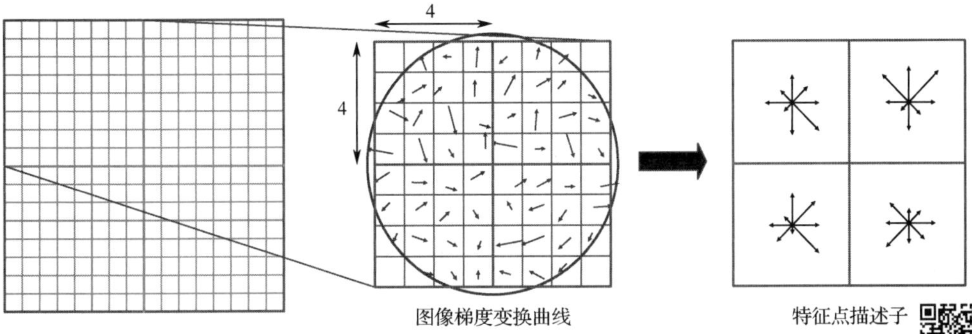

图 5-11　特征点描述子特征向量生成过程

针对非线性光照和相机饱和度变化造成的某些方向梯度值过大，而对方向的影响微弱的问题，可对归一化后的特征向量 $\boldsymbol{l}$ 各分量设置阈值（一般取 0.2）来截断较大的梯度值，大于阈值的分量则赋值为阈值，小于阈值的则保持不变。之后进行一次归一化处理，以提高特征的鉴别性。

SIFT 角点检测效果如图 5-12 所示。

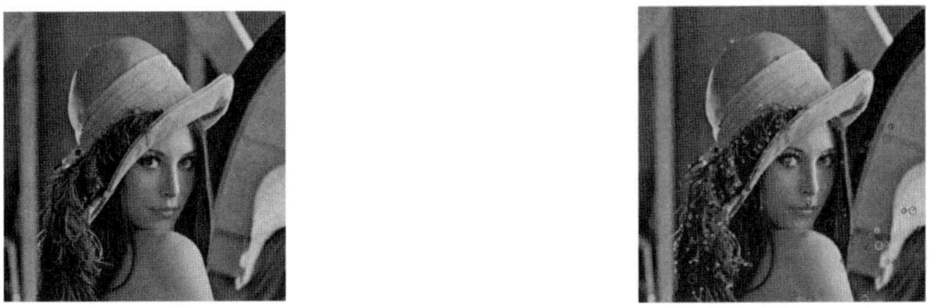

（a）原图　　　　（b）SIFT 角点检测后

图 5-12　SIFT 角点检测效果

5.1.4　SURF 角点检测

虽然 SIFT 特征点具有较高的准确性和稳定性，但计算速度较慢，无法满足系统高实时性要求，一般只能应用于离线或者对实时性要求不高的图像处理操作。为了解决这个问题，Herbert Bay 等提出了一种对 SIFT 特征点加速的 SURF（Speeded Up Robust Features，加速稳健特征）特征点检测方法。SURF 是 SIFT 的高效改进算法，其算法步骤与 SIFT 大致类似，但使用了 Hessian 矩阵的行列式值作为特征点检测和积分图加速运算；使用基于 2D 离散小波变换响应构造描述子，并有效利用积分图 SURF 的描述子，从而有效提升算法的检测速度。

SURF 角点检测步骤如下。

1. 构建尺度空间

SURF 使用改进的 Hessian 矩阵来构造所有可能的特征点，定义如下：

$$\boldsymbol{H}(x,y,\sigma)=\begin{bmatrix} L_{xx}(x,y,\sigma) & L_{xy}(x,y,\sigma) \\ L_{xy}(x,y,\sigma) & L_{yy}(x,y,\sigma) \end{bmatrix} \tag{5-20}$$

其中，$L_{xx}(x,y,\sigma)=\dfrac{\partial^2 L(x,y,\sigma)}{\partial x^2}$，$L_{xy}(x,y,\sigma)=\dfrac{\partial^2 L(x,y,\sigma)}{\partial x \partial y}$，$L_{yy}(x,y,\sigma)=\dfrac{\partial^2 L(x,y,\sigma)}{\partial y^2}$，进一步构造判别式

$$\Delta \boldsymbol{H}=L_{xx}(x,\sigma)\times L_{yy}(x,\sigma)-(0.9\times L_{xy}(x,\sigma))^2 \tag{5-21}$$

当某个像素点的 $\Delta \boldsymbol{H}$ 取得局部最大值时，则表示该点比周围其他像素点都亮或者都暗，由此可确定关键点。

2. 定位特征点

先将 Hessian 矩阵变换过的像素点与其尺度空间邻域范围的像素点比较，比较方式与图 5-8 相同。若其为极值，则可初步定位该点为特征点，随后剔除亮度比较低及边界上的一些错误点，得到特征点的精确定位。

3. 确定特征点主方向

在以特征点为中心的一个圆形范围内，把一定角度内存在的像素点的上、下、左、右四个方向的离散小波特征之和赋予对应的区域。之后旋转赋值，找到值最大的扇形，将其方向设为主方向，步骤如图 5-13 所示。

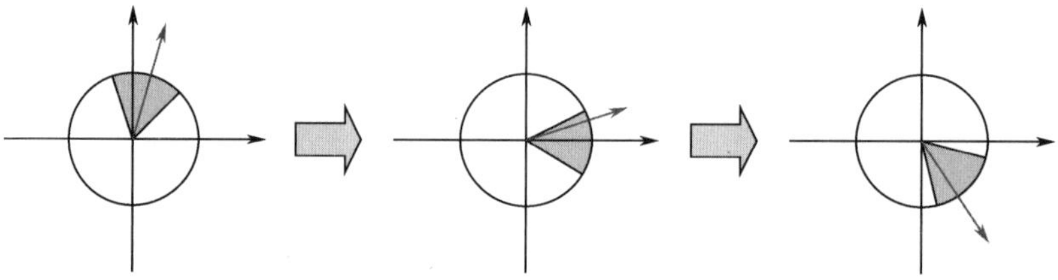

图 5-13　特征点主方向选取

4. 生成特征点描述向量

在特征点的附近选取 4×4 大小的矩形部分，并设置矩形块方向与主方向平行。每个矩形内选择 25 个像素点，利用小波变换计算 4 个特征，即可以用 4×4×4=64 维的向量描述一个像素点，如图 5-14 所示。

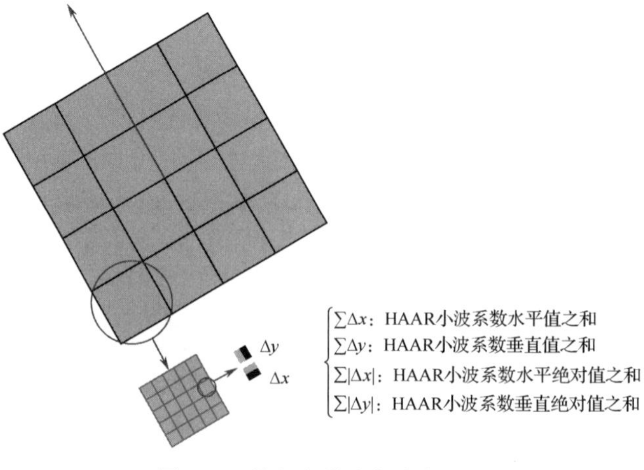

图 5-14　特征点描述向量生成图

5.1.5　ORB 角点检测

SURF 角点检测速度相对于 SIFT 虽然有显著改进，但在没有 GPU 的环境中很难保证实时性，而 ORB（Oriented FAST and Rotated BRIEF）特征检测可以大大提高特征点检测的速度，同时还保持了特征旋转和尺度的不变性。ORB 检测算法由 FAST 特征检测算法和 BRIEF 向量创建算法两部分组成。

1．FAST 特征检测算法

FAST（Features from Accelerated Segment Test）特征检测算法由 E Rosten 和 T Drummond 于 2006 年首次提出，是一种高效的角点检测算法，基本上可以满足实时检测系统的要求，是机器视觉领域的主流角点检测算法之一。其检测步骤如下。

① 在图像中选取待检测像素点 $\boldsymbol{p}$，设其亮度为 I_p。

② 设置一个亮度阈值 T，则可以将亮度范围划分为小于 $I_p - T$ 、在 $I_p - T$ 与 $I_p + T$ 之间、大于 $I_p + T$ 三类。

③ 以像素点 $\boldsymbol{p}$ 为中心，选取半径为 3 的圆上的 16 个像素点，选取方式如图 5-15 所示。

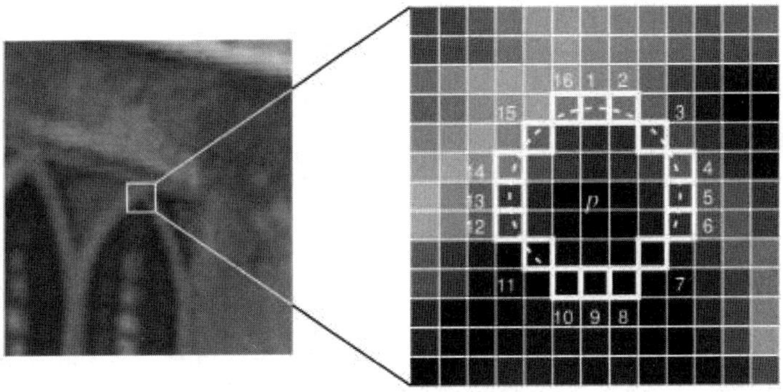

图 5-15　像素点选取示意图

假设候选圆上有连续的 N（通常取 12）个像素点的亮度大于 $I_p + T$ 或者小于 $I_p - T$，那么像素点 $\boldsymbol{p}$ 可以被认为是特征点。

④ 循环上述操作，对每个像素执行相同的操作。

在实际操作过程中，为了使程序运行更加高效，可以进行预检测来快速排除图像中海量的非角点像素。当 $N = 12$ 时，具体操作是，对于每个像素点，直接检测邻域圆上的第 1、5、9、13 个像素点的亮度。只有当这 4 个像素中有 3 个同时大于 $I_p + T$ 或者小于 $I_p - T$ 时，当前像素点才有可能是一个角点，继续进行更加严谨的判断，否则直接排除。另外，原始的 FAST 角点经常出现“扎堆”的现象，故在检测之后仍需用非极大值抑制去除非响应极大值的角点来缓解角点集中的问题。

因为 FAST 特征点只需要比较像素间亮度的差异，所以运算速度非常快，但是它也存在一些问题，因此 ORB 特征检测算法中对其不足之处加以如下改进。

① FAST 特征点数量大且不确定，而算法要求对图像提取固定数量的特征。因此，可以预先设定好要提取的角点数量 N，对原始的 FAST 角点分别计算 Harris 响应值，只选取前 N 个具有最大响应值的角点。

② FAST 角点计算时固定选取半径为 3 的圆窗口，不具备尺度不变性。为满足特征点尺度不变性的要求，首先构建图像金字塔，然后在金字塔的每层进行角点检测，最终选取在所有尺度图像上提取的角点。

③ FAST 角点不具备方向性。ORB 算法利用灰度质心法来解决这个问题，具体方法是分别计算区域图像中灰度值作为权重在 x 轴与 y 轴上的质心，并通过这两个质心长度的比值确定方向。

2. BRIEF 向量创建算法

BRIEF 是一种二进制编码描述子，描述向量由 0 和 1 组成。这里 0 和 1 的确定是通过比较关键点附近两个像素灰度值的大小关系进行的。BRIEF 描述子的优点在于速度快，但缺点是不具备尺度不变性与旋转不变性，且对噪声比较敏感，因此 ORB 算法同样对其进行了如下改进。

① 解决旋转不变性问题：在使用灰度质心法计算出 FAST 关键点的方向后，依据这个方向旋转启发式搜索得到的 256 对匹配点对，获得描述子的旋转不变性。

② 解决尺度不变性问题：在关键点所在的图像金字塔上进行描述子的计算。

③ 解决噪声敏感问题：原始 BRIEF 方法通过比较像素值大小来构造描述子的每一位，因此对噪声敏感。在 ORB 的方案中，不再使用像素对，代之使用 9×9 的图像块，通过块中像素值之和替代原有单一像素值进行计算，改善对噪声的敏感性。

ORB 角点检测效果如图 5-16 所示。

（a）原图　　（b）ORB 角点检测后

图 5-16　ORB 角点检测效果

5.1.6　角点检测算法比较

Harris 角点是经典角点之一，主要用于检测图像中线段的端点或两条线段的交点，需要通过阈值比较判断是不是 Harris 角点，在实际项目中判断阈值应根据实际情况和工程经验给出。SIFT 角点检测模仿了实际生活中的物体近大远小、近清晰远模糊的特点，构建了高斯金字塔，并且在光照、噪声、视角、缩放和旋转等干扰下依然有良好的稳定性，但是由于计算速度慢，无法用于实时系统。SURF 角点检测的特点是直接使用方框滤波去逼近高斯差分空间，这种逼近可以借助积分图像轻松计算出方框滤波器的卷积，但是应用在没有 GPU 的环境中仍然很难保证算法的实时性。ORB 角点检测以计算速度快著称，其核心思想是将图像中与周围像素存在明显差异的像素点作为关键点。

5.2　特征匹配

在相机实际使用过程中，相机偏移会使成像位置发生改变，从而使同一物体在图像中出现的位置不同。为了能够快速定位到物体在新图像中的位置，从而为后续图像处理做准备，我们需要进行特征匹配。特征匹配就是在不同的图像中寻找同一物体的同一特征点。因为每个特征点都有唯一标识符即描述子，所以特征匹配就是在多个图像中寻找具有相似描述子的特征点。根据描述子特点的不同，可以将相似描述子的寻找方法分为两类：一类是计算描述子之间的欧氏距离，如 SIFT 特征点、SURF 特征点等；另一类是计算描述子之间的汉明距离，如 ORB 特征点。

特征匹配最简单直观的方法就是暴力匹配法，即计算某个特征点描述子与其他所有特征点描述子之间的距离，然后将距离排序，取距离最近的特征点作为匹配点。这种方法简单粗暴，匹配结果也不可避免地会出现大量的误匹配，因此该算法需要进行改进以去除误匹配结果。常见的改进方法有暴力匹配法、筛选阈值法、交叉匹配法、KNN 匹配法、RANSAC 匹配法。

1．暴力匹配法

暴力匹配是基本的特征点匹配方法。方法是，对于从两幅图像中提取的两个特征向量集合，对第一个集合中的每个特征向量 $\boldsymbol{x}_i$，从第二个集合中找出与其距离最小的特征向量 $\boldsymbol{x}'_j$ 作为匹配点。

2．筛选阈值法

选择已经匹配的特征点对的最小距离作为筛选阈值；若两个特征点描述子之间的距离大于这个距离，则认为匹配正确，否则匹配错误并去除之。

$$\mathrm{dst}(x, y)=\begin{cases}\text{true}, & \mathrm{src}(x, y) > \text{thresh} \\ \text{false}, & \text{其他}\end{cases} \tag{5-22}$$

其中，dst 为最小匹配距离，src 为两个特征点描述子之间的距离。

3．交叉匹配法

经过一次暴力匹配之后，反过来使用被匹配到的特征点进行匹配，如果匹配到的仍然是第一次匹配的点的话，那么这次匹配正确；否则其是误匹配点，可直接去掉。例如，第一次特征点 A 经过暴力匹配，匹配到了特征点 B；反过来，对特征点 B 使用暴力匹配进行匹配，如果匹配的结果是特征点 A，那么匹配是正确的，否则匹配错误。

4．KNN 匹配法

KNN 不会返回给定特征的单个最佳匹配特征点，而是返回 k 个最佳匹配特征点。进一步可使用筛选阈值法确定最终匹配点。首先针对 k 个匹配点对应的特征向量 $\boldsymbol{x}$，计算最小匹配距离

$$d_j^* = \min_{i=1,2,\cdots,k} \| \boldsymbol{x}_j - \boldsymbol{x}_i \| \tag{5-23}$$

进一步，设次佳匹配距离为 $d_j^{*'}$，且满足 $d_j^* < \alpha \cdot d_j^{*'}$，则可认为 d_j^* 是正确匹配。其中，α 为 0～1 之间的比例因子，通常可取 0.8。

图 5-17 演示了使用暴力匹配和 KNN 匹配对两幅图像的特征点进行匹配得到的结果，此处 K=2，也称为 2NN。可以看出，2NN 匹配效果明显优于暴力匹配。

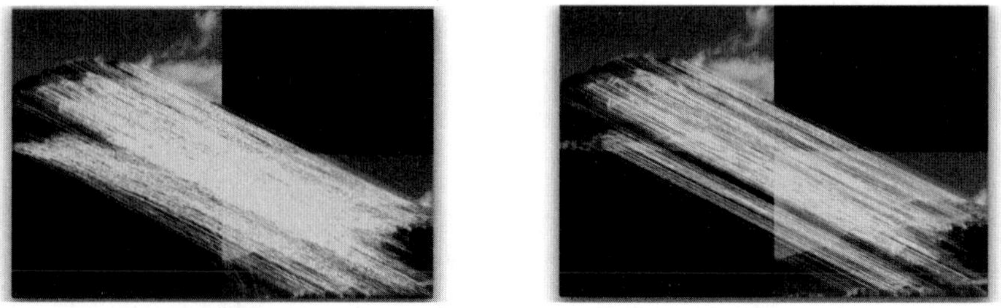

（a）暴力匹配　　（b）2NN 匹配

图 5-17　特征匹配算法对比

5. RANSAC 匹配法

RANSAC（Random Sample Consensus）匹配是一类鲁棒匹配算法，在特征点存在较多误匹配时仍能得到较好结果。RANSAC 匹配法使用观测数据（往往含有较大的噪声或无效点）、数据参数化模型及参数估计方法来计算最佳匹配结果，同时也可完成鲁棒参数估计。该匹配法通过反复选择数据中的一组随机子集进行参数估计来实现目标，具体步骤如下。

① 选择数据中的一组随机子集作为局内点，根据假设模型进行参数估计。

② 用①中得到的参数化模型测试其他所有数据，如果某个点适用于估计的模型，则认为它也是局内点。

③ 如果有足够多的点被归类为假设的局内点，估计的模型就足够合理，此时顺序执行④；否则返回①，随机选择另一组数据子集重复估计。

④ 用所有假设的局内点重新估计模型参数（如使用最小二乘），并作为最终结果。

⑤ 通过估计局内点与模型的错误率来评估模型。

上述过程被重复执行固定的次数，每次产生的模型或因为局内点太少而被舍弃，或因为满足估计要求而被选用。

图 5-18 演示了这一过程。其中，图 5-18（a）为原始数据点集，图 5-18（b）为随机选择 2 点（蓝色）进行最小二乘的估计结果，以虚线表示。进一步统计数据集中匹配估计模型的点，如图 5-18（c）阴影区域所示；区域内点数未能满足数量要求。重复该过程，直至估计结果匹配点数符合要求，如图 5-18（d）所示。此时得到的结果为最终估计模型。

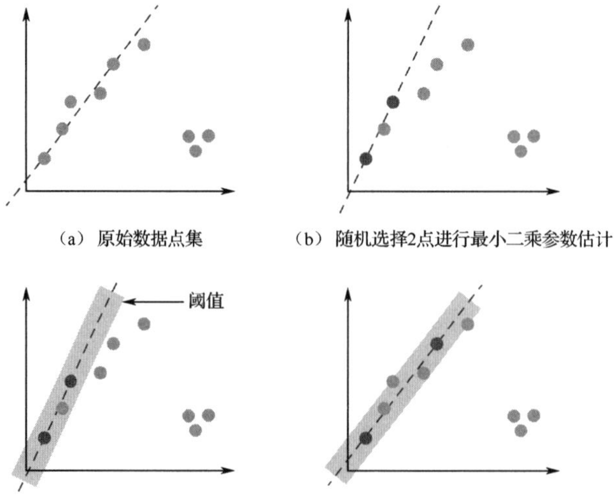

（a）原始数据点集　　（b）随机选择2点进行最小二乘参数估计

（c）估计模型匹配点及对应区域　　（d）最终估计模型及对应区域

图 5-18　RANSAC 算法过程

在图像匹配中，两幅图像中的匹配对应点符合单应矩阵变换规律。单应性变换可以由 4 个对应的特征点得到单应矩阵，将第一幅图像中的特征点根据单应矩阵求取在第二幅图像中的重投影坐标，比较重投影坐标与已匹配的特征点坐标之间的距离，如果小于一定的阈值，则该点是正确匹配点，否则其是错误匹配点需被去除。如图 5-19 所示，有几条直线是 SIFT 匹配算法的误判，RANSAC 有效地将其识别，并将正确的模型用线框标注出来。

图 5-19　RANSAC 匹配法示意图

5.3　Hough 变换与形状检测

5.3.1　Hough 变换原理

前面已经检测到图像中的特征点信息，但是在许多应用场合还需要进一步检测图像中的形状信息，常见的是直线和圆。在图像处理时从图像中识别几何形状的基本方法之一是霍夫（Hough）变换，Hough 变换应用广泛，且改进算法众多。

Hough 变换于 1962 年由 Paul Hough 首次提出，最初的 Hough 变换被设计用来检测直线，后经过算法改进和扩充，Hough 变换可以检测任意形状的物体，多为圆和椭圆。Hough 变换运用空间坐标变换，将一个空间中具有相同形状的曲线或直线映射到另一个坐标空间上形成峰值，从而把检测任意形状的问题转化为统计峰值的问题。

Hough 变换分为标准 Hough 变换（Standard Hough Transform，SHT）、多尺度 Hough 变换（Multi-Scale Hough Transform，MSHT）和累计概率 Hough 变换（Progressive Probabilistic Hough Transform，PPHT）三种。其中，MSHT 为 SHT 在多尺度下的一个变种。PPHT 是 SHT 的一个改进，它在一定的范围内而不是全部范围进行 Hough 变换，计算单独线段的方向及范围，从而减少计算量，缩短计算时间。下面介绍标准的 Hough 线变换和圆变换。

5.3.2 Hough 线变换

要检测两个像素点所在的直线，首先需要构建直线的数学解析式。在笛卡儿坐标系内，直线的数学解析式可以表示为

$$y = kx + b \tag{5-24}$$

其中，k 是直线的斜率，b 是直线的截距。

对于图像中的任意一个像素点 $A(x_0, y_0)$，所有经过该点的直线在笛卡儿坐标系下可以表示为

$$y_0 = kx_0 + b \tag{5-25}$$

这样的直线有无数条。如果在 $k-b$ 空间即变换后的 Hough 空间内进行表示，则表达式为 $b = -x_0 k + y_0$，表示一条直线。笛卡儿坐标系内的一个点对应 Hough 空间的一条直线，如图 5-20（a）所示。

同理，笛卡儿坐标系内的一条直线对应于 Hough 空间的一个点，如图 5-20（b）所示。笛卡儿坐标系的 $A(x_0,y_0)$，$B(x_1,y_1)$两个点对应 Hough 空间的两条直线，如图 5-20（c）所示，两条直线必定相交，因为 A、B 两点必共线。笛卡儿坐标系的共线多点对应 Hough 空间相交的多条直线，且交点唯一，如图 5-20（d）所示；非共线多点对应 Hough 空间相交的多条直线，交点不唯一，如图 5-20（e）所示，Hough 变换采取的策略是选择由尽可能多直线汇成的点。

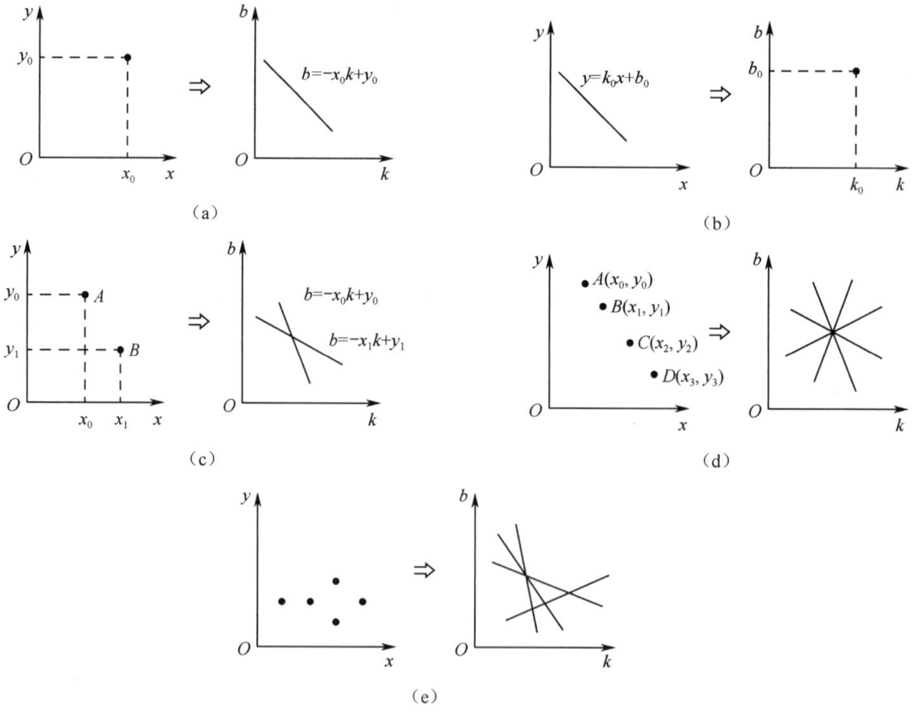

图 5-20 Hough 变换

需要注意的是，如果图像中存在垂直直线，即所有像素点的 x 坐标相同，那么直线的斜率 $k=\infty$，故使用上述方法得到的是 Hough 空间中平行直线簇，无法相交于一点，因此也就无法进行 Hough 变换。此时可以考虑将笛卡儿坐标系中的直线用极坐标表示，此时 Hough 空间不再用 $k-b$ 空间表示，而是用 $\rho-\theta$ 空间表示，如图 5-21 所示。

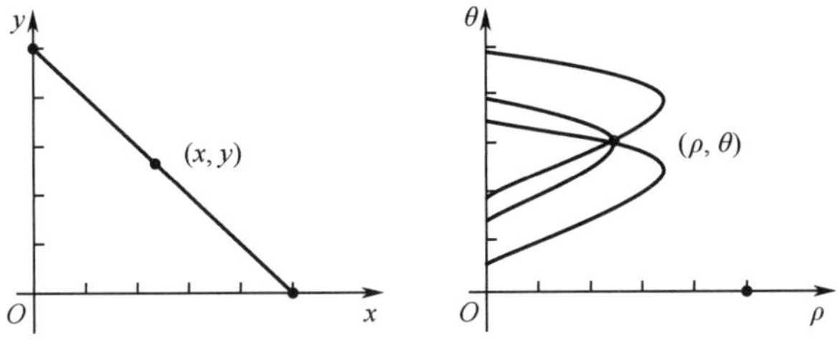

图 5-21　$\rho-\theta$ 空间示意图

根据 Hough 变换原理，利用极坐标形式表示直线时，在图像空间中经过一个点的所有直线对应于极坐标形式 Hough 空间的一条正弦曲线，其他对应关系同笛卡儿坐标系。Hough 线变换示意图如图 5-22 所示。

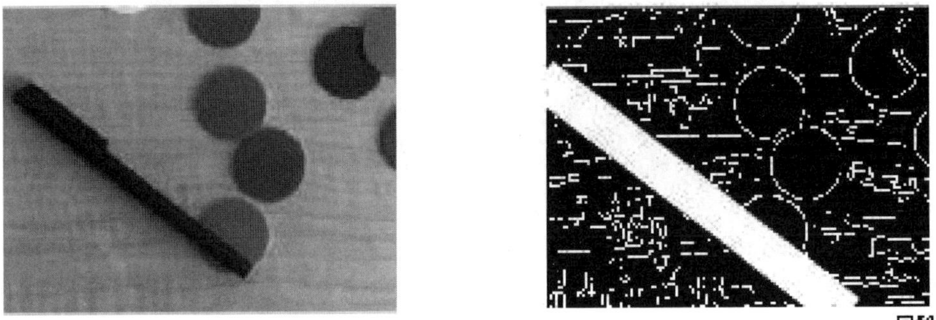

（a）原图　　（b） Hough 线变换后

图 5-22　Hough 线变换示意图

5.3.3　Hough 圆变换

Hough 圆变换的基本原理和线变换类似，只是像素点对应的二维极坐标空间被三维的圆心点 x, y 还有半径 r 空间取代。

如图 5-23 所示，在笛卡儿坐标系中，圆的方程为

$$(x-a)^2+(y-b)^2=r^2 \tag{5-26}$$

其中，(a,b) 是圆心，r 是半径，也可以表述为

$$\begin{aligned} x&=a+r\cos\theta \\ y&=b+r\sin\theta \end{aligned} \tag{5-27}$$

即

$$\begin{aligned} a&=x-r\cos\theta \\ b&=y-r\sin\theta \end{aligned} \tag{5-28}$$

所以在 abr 组成的三维坐标系中，一个点可以唯一确定一个圆。而在笛卡儿坐标系中，经过某一点的所有圆映射到 abr 坐标系中就是一条三维的曲线，如图 5-24 所示。

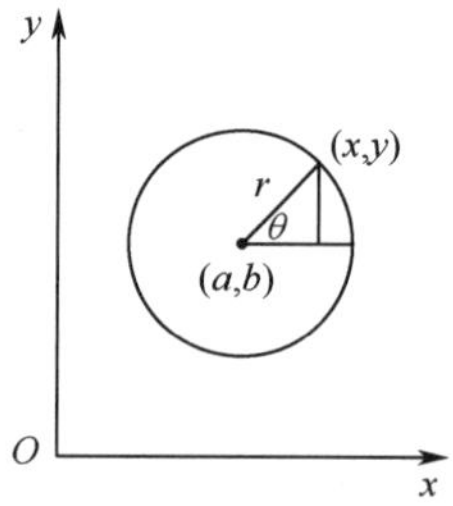

图 5-23　笛卡儿坐标系圆示意图

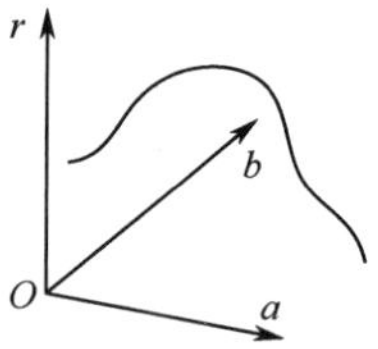

图 5-24　*abr* 坐标系映射图

经过笛卡儿坐标系中所有非零像素点的所有圆就构成 *abr* 坐标系中很多条三维曲线。判断 *abr* 中每一点的相交圆数量，如果 *abr* 坐标系中一个点的相交圆数量大于一定阈值，那么这个点对应的笛卡儿坐标系图像就认为是圆。

Hough 圆变换示意图如图 5-25 所示。从图中可以看出，Hough 圆变换对噪声点不敏感，并且可以在同一个图中找到多个圆。

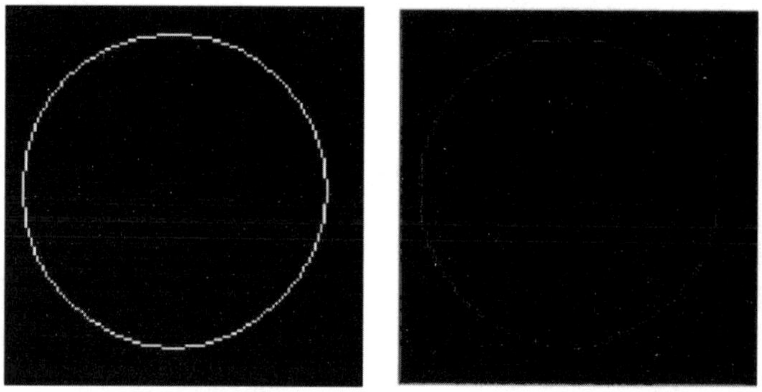

（a）原图　　（b） Hough 圆变换后

图 5-25　Hough 圆变换示意图

第6章

运动估计与滤波

当处理一段视频而非单一图像帧时，通常更关注其中的特定运动目标，因此运动的检测和跟踪具有重要意义。图像中的运动可分为如下几类：

● 相机静止，目标运动，如使用固定相机的视频监控场景；
● 相机运动，目标静止，如眼在手上的机械臂抓取固定目标；
● 相机和目标均运动，如无人机跟踪地面运动目标。

本章讨论对这几类运动的检测和目标跟踪。对于相机静止情况，若能首先得到相对静止的背景场景，则前景可直接通过当前帧减除背景得到，该方法称为背景提取。当相机运动时，可使用目标跟踪技术跟踪图像中的运动目标，或使用光流估计算法对每个像素的运动进行逐点计算。最后讨论如何使用卡尔曼滤波、粒子滤波等方法进行目标运动轨迹预测和跟踪。

▶ 6.1 背景提取

6.1.1 背景建模基本思想

当相机静止时，视野中背景保持不变，因此图像中的每个像素可分为两类：背景和前景，其中前景对应运动目标。只要确定像素类别，进一步就可利用之前的图像标记等方法对运动目标前景进行进一步的处理分析。因此，如何在存在光照干扰、不同目标运动速度的情况下准确对各像素进行分类，是背景建模方法的核心问题。

帧间差分法是一类基本背景建模方法。其基本原理是，先将基于时间序列图像中相邻两帧或几帧图像逐个像素进行对比，得到一幅差值图像；再通过事先确定的阈值对差值图像进行二值化处理，如果大于指定阈值，则认为是前景。当使用两帧图像时，帧间差分法可表示为

$$d_i(k+1) = \begin{cases} 1, & |x_i(k+1) - x_i(k)| > T \\ 0, & \text{其他} \end{cases} \tag{6-1}$$

其中，$x_i(k+1)$，$x_i(k)$ 分别为在 $k+1$、k 时刻图像中索引为 i 的像素值，T 为阈值，$d_i(k+1)$ 为在 $k+1$ 时刻的计算结果。图 6-1 演示了帧间差分法的一个实例，图 6-1（a）为初始人像，图 6-1（b）为使用相邻帧差分对所有像素进行计算并阈值化后得到的结果，其中的白色像素为前景像素，黑色像素为背景像素。

基于帧间差分思想的算法具有计算简单、计算量小、对光线变化不敏感的优点，但容易造成实体内部空洞，如图 6-1（b）中的人像部分所示。此外，差分间隔需要根据运动目标的速度选择，选择不当会影响背景提取精度。例如，目标运动的速度太快，则会因被运动物体遮挡和重现导致计算出的运动区域的掩模远大于运动物体的尺寸，从而出现较大检测误差。此外，简单的两帧差

分法对图像噪声有较强的敏感性，当图像包含较大噪声或出现全局光照变化时，会导致检测失败。

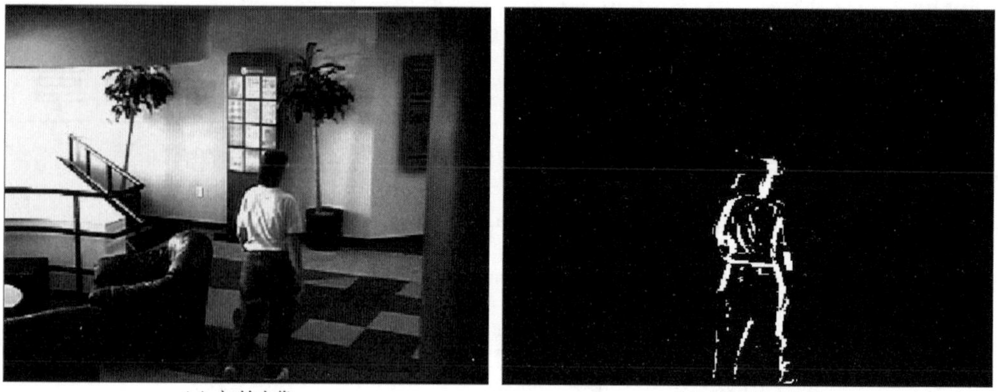

（a）初始人像　　（b）帧间差分计算

图 6-1　帧间差分法

6.1.2　基于单一高斯模型的背景建模

为改进帧间差分法检测效果，可假设当某像素属于背景时，其亮度随时间的变化符合高斯分布，即正态分布。先给出正态分布的定义。若随机变量 $X=\{x_1 \quad x_2 \quad \cdots \quad x_n\}$ 服从概率密度函数 $\mathcal{N}(x)$，则称 X 服从均值为 μ、方差为 σ^2 的正态分布：

$$\mathcal{N}(x)=\frac{1}{\sqrt{2\pi\sigma}}\exp\left(-\frac{(x-\mu)^2}{2\sigma^2}\right) \tag{6-2}$$

正态分布可记为 $x\sim\mathcal{N}(\mu,\sigma)$；均值为 0 的正态分布曲线如图 6-2 所示。可以看出，当某变量变化符合高斯分布时，其值落在 $\pm3\sigma$ 范围内的概率为 99.8%；因此可近似认为，如果变量值落在该范围之外，则不属于该分布。

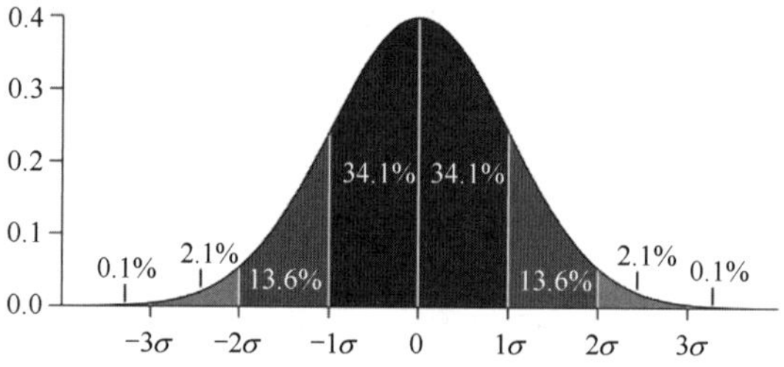

图 6-2　均值为 0 的正态分布曲线

正态分布曲线呈对称形态，由两个参数决定：均值 μ 和标准差 σ。均值 μ 决定正态曲线峰值的位置，表示数据的集中趋势；标准差 σ 则决定正态曲线的形状，如图 6-3 所示。当 σ 较大时，曲线更为平缓，表示数据分散程度较高；而当 σ 较小时，曲线更陡峭，表示数据分布较为紧密。对于标准正态分布曲线，其与 x 轴围成的面积为 1。

基于高斯模型假设，图像中某背景像素随时间变化的曲线如图 6-4 所示。可以看出，在每一采样时刻，像素值并非恒定，而是受噪声影响不断变化，但整体分布落在 $\pm3\sigma$ 范围内。分布参数 μ、σ 可根据定义计算如下：

$$\mu_i=\frac{1}{N}\sum_{k=1}^{N}x_i(k) \tag{6-3}$$

$$\sigma_i^2 = \frac{1}{N}\sum_{k=1}^{N}(x_i(k)-\mu_i)^2 \tag{6-4}$$

其中，i 为像素索引值，$x_i(k)$ 为 k 时刻图像中像素 i 的灰度值，N 为图像帧数。随着图像采集的持续进行，参数 μ、σ 也将不断更新。进一步，根据前述准则，如果当前像素值满足

$$\left|x_{i,k} - \mu_i\right| < 3\sigma_i \tag{6-5}$$

则认为该像素属于背景；否则认为其属于前景。

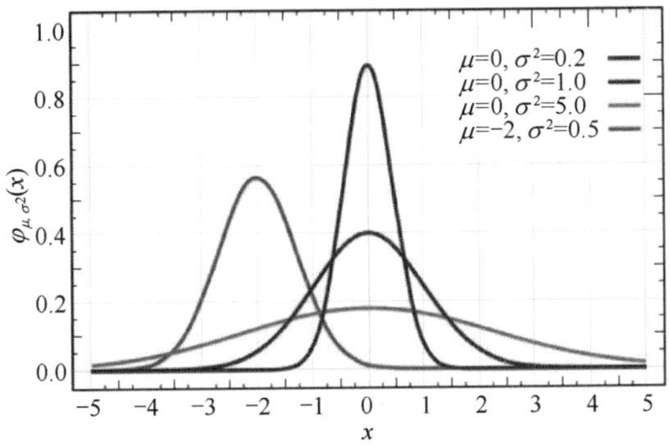

图 6-3　不同均值和标准差对应的正态分布曲线

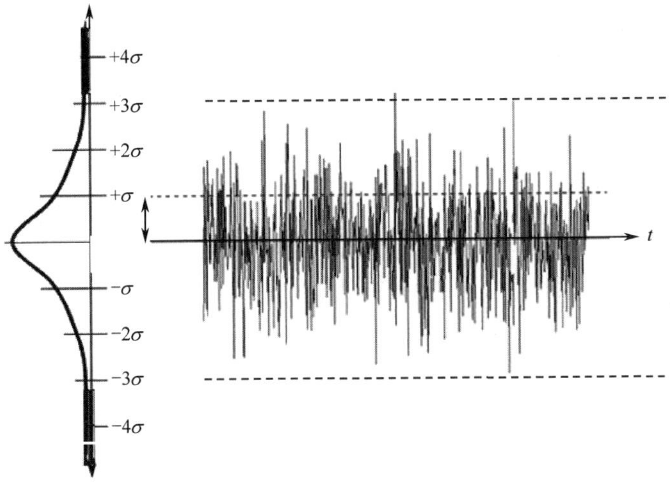

图 6-4　图像中某背景像素随时间变化的曲线

使用式（6-3）、式（6-4）计算需使用现有所有帧图像数据，计算量将随着 N 的增大而不断增加。而且当 N 很大时，新数据带来的变化将越来越小，导致参数无法更新。为此，可使用如下改进方法：

$$\mu_i(k+1) = (1-\rho)\mu_i(k) + \rho x_i(k) \tag{6-6}$$

$$\sigma_i^2(k+1) = (1-\rho)\sigma_i^2(k) + \rho(x(k)-\mu(i))^2 \tag{6-7}$$

其中，参数 ρ 确定如下：

$$\rho = \alpha\mathcal{N}(x_i(k) \mid \mu_i(k), \sigma_i^2(k)) \tag{6-8}$$

其中，α 为学习率，取为常数，通常可设为 0.002～0.02；$\mathcal{N}$ 为高斯分布的概率密度函数。注意，式（6-6）、式（6-7）为迭代形式，每一时刻只需上一时刻计算结果和当前时刻数据，无须所有数据累加，因此计算更快，同时 ρ 的引入可以保证当前时刻的新数据对参数有更新的作用。

进一步，可定义多元高斯分布。对于 d 维向量 $\boldsymbol{x}=[x_1 \quad x_2 \quad \cdots \quad x_d]^{\mathrm{T}}$，假设各分量彼此独立，其均值向量 $\boldsymbol{\mu}=[\mu_1 \quad \mu_2 \quad \cdots \quad \mu_d]^{\mathrm{T}}$，标准差向量 $\boldsymbol{\sigma}=[\sigma_1 \quad \sigma_2 \quad \cdots \quad \sigma_d]^{\mathrm{T}}$，则向量的概率密度函数为

$$p(\boldsymbol{x})=(2\pi)^{-\frac{d}{2}}\left|\boldsymbol{\Sigma}\right|^{-\frac{1}{2}}\exp\left(-\frac{1}{2}(\boldsymbol{x}-\boldsymbol{\mu})^{\mathrm{T}}\boldsymbol{\Sigma}^{-1}(\boldsymbol{x}-\boldsymbol{\mu})\right) \tag{6-9}$$

其中，$\boldsymbol{\Sigma}$ 为协方差矩阵：

$$\boldsymbol{\Sigma}=\begin{bmatrix}\sigma_1^2 & 0 & \cdots & 0\\ 0 & \sigma_2^2 & \cdots & 0\\ \vdots & \vdots & & \vdots\\ 0 & 0 & \cdots & \sigma_d^2\end{bmatrix}$$

当处理彩色或其他类型多通道图像时，可将每一像素视为多维向量，使用多元高斯模型建模。此时背景的判别需对每一分量依次进行；所有分量满足 3σ 准则时则认为其属于背景。

6.1.3 混合高斯模型

在简单场景下，单一高斯模型可得到很好的效果：处理速度快，分割对象比较完整。当背景比较复杂时，如树叶摇晃、有水波纹等，像素值可能在多个亮度区间中跳变，此时已不能用单一高斯分布建模。如图 6-5 所示，其中图 6-5（a）为原始水波纹视频中某帧图像，图 6-5（b）为水中某像素颜色随时间的分布，其中 x, y 轴对应二颜色分量，可以明显看出像素分布的 2 个分量。

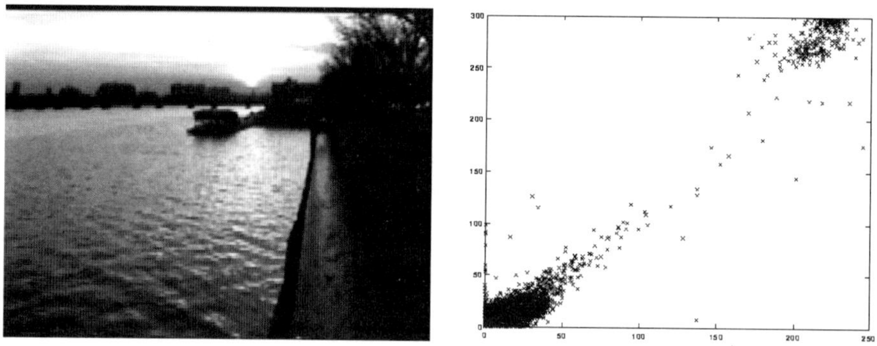

（a）原始图像　　（b）某像素颜色分布，混合高斯（2 个高斯模型）

图 6-5　混合高斯模型像素分布

混合高斯模型的核心概念是将观测数据的分布视为多个高斯分布的线性组合，如图 6-6 所示，混合高斯模型可以对单峰、多峰、长尾等多种数据进行有效建模。图 6-6 中，每个高斯分布代表数据中的一个子集或类别，这些子集可能对应于不同的背景状态或运动模式。每个分布均可用多个高斯分布线性组合描述，这些高斯分布具有不同的均值、方差和权重，以便捕捉像素值的变化特性，如图中不同颜色虚线曲线。

事实上，如果把高斯分布函数视为高斯基，则几乎任意形状的概率密度函数均可以通过在高斯基上进行线性展开来近似，即混合高斯模型具有普遍适用性。基于像素的混合高斯模型具有优越的多峰分布背景建模能力，其能够有效地适应背景的变化。

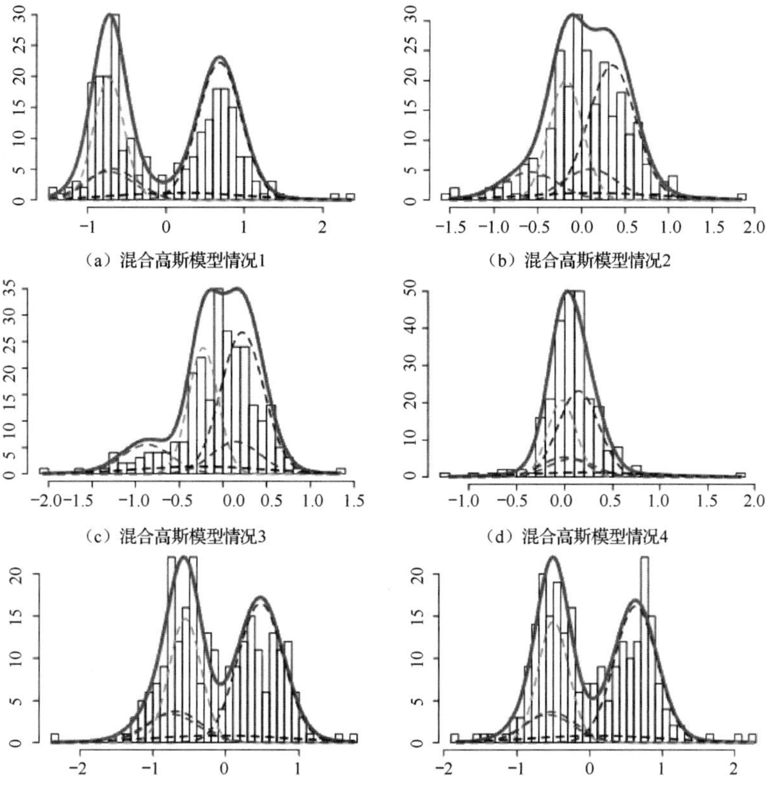

（a）混合高斯模型情况1　（b）混合高斯模型情况2

（c）混合高斯模型情况3　（d）混合高斯模型情况4

（e）混合高斯模型情况5　（f）混合高斯模型情况6

图 6-6 混合高斯模型

6.1.4 基于混合高斯模型的背景建模

混合高斯模型背景建模方法由 Stauffer 等提出。与单一高斯模型为每个像素建一个高斯模型不同，该方法为每个像素建立 Q 个高斯模型，一般 Q 取 3～5，这样就使模型克服外界环境影响（典型的如树叶摇晃等）成为可能。在背景无运动物体的时候，连续采 N 帧图像，用来实现对背景模型的初始化。假如，对某一像素点，采样值为 $x_1, x_2, \cdots, x_N$，这 N 个采样点可用混合高斯分布函数来近似表示，其混合概率密度可表示为

$$p(x(k)) = \sum_{q=1}^{Q} w_q(k) \cdot \mathcal{N}(x(k) \mid \mu_q(k), \sigma_q^2(k)) \tag{6-10}$$

其中，$w_q(k)$ 为 k 时刻第 q 个高斯分布在混合模型中所占的权重，Q 为高斯模型的个数，$\mu_q(k)$ 和 $\sigma_q^2(k)$ 分别为 t 时刻对应像素点的第 i 个高斯模型的期望和方差。

建立混合高斯模型，需要先解决的一个问题是，如何利用这 N 个采样点在线估计出 $w_q(k)$，$\mu_q(k)$ 和 $\sigma_q(k)$ 这些参数。期望最大化（Expectation-Maximization，EM）算法是解决这一问题的经典算法；但 EM 在线迭代方法过于复杂，计算效率低，因此通常使用迭代 K 均值（K-means）算法近似，其步骤如下。

① **模型初始化。**将采到的第一帧图像的每个像素的灰度值作为均值，再赋以较大的方差。初值 $Q=1$，$w=1.0$。

② **模型学习。**将当前帧的对应点像素的灰度值与已有的 Q 个高斯模型作比较，若满足条件 $|x_k - \mu_{q,k}| < 3\sigma_{q,k}$（或取为 $|x_k - \mu_{q,k}| < 2.5\sigma_{q,k}$），则按如下方式调整第 q 个高斯模型的参数和权重：

$$w_q(k+1)=(1-\alpha)w_q(k)+\alpha M_q(k+1) \tag{6-11}$$

$$\mu_q(k+1)=(1-\rho)\mu_q(k)+\rho x(k+1) \tag{6-12}$$

$$\sigma_q^2(k+1)=(1-\rho)\sigma_q^2(k)+\rho(x_{k+1}-\mu_q(k+1))^2 \tag{6-13}$$

其中，$M_q(k)$为二值化函数，仅当像素值匹配第 q 类时取 1，其余为 0。ρ $(0<\rho<1)$为更新参数。否则转入③。

③ **增加/替换高斯分量**。若不满足条件，且 $q<Q$，则增加一个高斯分量，以当前帧对应像素点的灰度值为均值，再赋以较大的方差和较小的权重；若 $q=Q$，则按照 w_q 由大到小的优先级排序，用新的高斯分布代替优先级最小的高斯分布，新的高斯分布以当前帧对应像素点的灰度值为均值，再赋以较大的方差和较小的权重（权重满足 $\sum_{q=1}^{Q} w_q=1$）。

④ **判断背景**。训练得到的这 Q 个分量，它们并不是全都代表背景模型。背景模型按优先级排完序之后，若前 B 个分布的权重之和大于 T，则该 B 个分布认为是可用背景模型：

$$B=\underset{b}{\operatorname{argmin}}\left(\sum_{q=1}^{b} w_q>T\right) \tag{6-14}$$

若选的 T 值较小，则背景模型往往是单峰的，近似于单一高斯模型；若选的 T 值较大，则背景模型往往为多峰分布，适用于背景较复杂的情形。

⑤ **判断前景**。若当前像素点的灰度值不和已有的 Q 个高斯模型中的任何一个相匹配，则该像素点为前景点，同时采用③中方法替换最小权值对应的高斯分量。

背景提取效果示意图如图 6-7 所示，测试所用视频采集来自于某路口拍摄图像序列，相机固定安装在道路右侧车道上方。使用前述混合高斯模型背景提取算法对背景进行学习，学习速率 α=0.002。在第 5 帧时（图（d）），由于刚开始学习，因此提取背景与前景几乎相同；到第 284 帧时（图（e）），背景已学习较好，此时前景中的自行车、行人及公交车等已不在背景中，但缓慢运动目标（公交车）仍在画面中残存痕迹；至第 1005 帧时（图（f）），已全部完成学习，相比图 6-7（e）效果更好；其中的车辆是静止目标，因此包含在背景中。

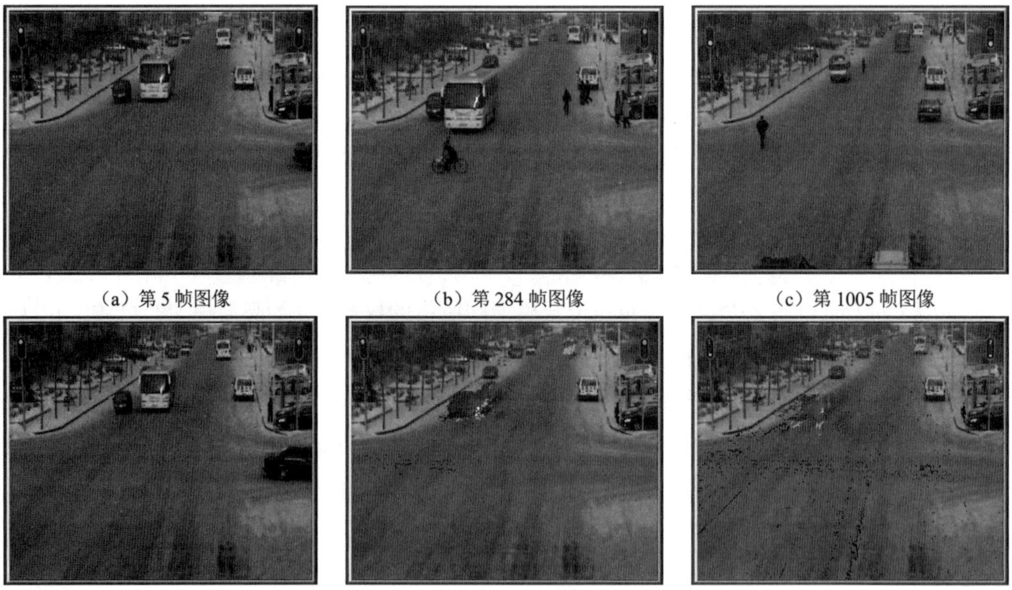

（a）第 5 帧图像　（b）第 284 帧图像　（c）第 1005 帧图像

（d）第 5 帧背景　（e）第 284 帧背景　（f）第 1005 帧背景

图 6-7　混合高斯模型背景提取效果示意图

6.2 光流估计

人们观察三维世界中目标的运动时，运动目标的轮廓会在人的视网膜上形成一系列连续变化的图像，这些连续变化的信息不断地“流过”人眼视网膜（即图像平面），就像一种光“流”过一样，称之为光流（optical flow）。在视频跟踪领域，光流是指图像中灰度模式的表面运动，是物体的三维速度矢量在像平面上的投影，它表示物体在图像中位置的瞬时变化。光流来源于仿生学思想，用于估计图像序列中的每个像素在时间上的移动方向和速度。光流法的基本假设是，相邻帧之间图像中像素的灰度值在短时间内是保持稳定的，即它们的移动量相对于帧间的时间变化而言很小。通过对相邻帧之间的像素灰度值进行比较，可以计算出每个像素的移动向量，即该像素从当前帧到下一帧的位移量。计算得到的位移量可用于运动估计、视频稳定、目标跟踪等视觉应用。

6.2.1 基本光流方程

光流可看成像素点在图像平面上运动而产生的瞬时速度场。对于一个图像序列，我们假设图像中一个像素点(x,y)在t时刻的亮度值为$I(x,y,t)$，如果$u(x,y)$和$v(x,y)$分别表示点(x,y)处光流在x和y方向的运动速度分量，在足够小的一个时间$\mathrm{d}t$里，点(x,y)移动到点$(x+\mathrm{d}x,y+\mathrm{d}y)$，其中$\mathrm{d}x=u\mathrm{d}t$，$\mathrm{d}y=v\mathrm{d}t$。根据亮度恒定假设，即沿某运动轨迹曲线的各帧中相应的像素点具有相同的灰度值，即图像上对应点亮度不变，如图 6-8 所示。由此可以得到

$$I(x+\mathrm{d}x,y+\mathrm{d}y,t+\mathrm{d}t)=I(x,y,t) \tag{6-15}$$

将上式左侧按泰勒公式展开可得

$$I(x,y,t)+\frac{\partial I}{\partial x}\mathrm{d}x+\frac{\partial I}{\partial y}\mathrm{d}y+\frac{\partial I}{\partial t}\mathrm{d}t+O(\partial^2)=I(x,y,t) \tag{6-16}$$

当位移量 $\mathrm{d}x,\mathrm{d}y$ 较小时，忽略二次及高次项，整理可得

$$I_x u+I_y v+I_t=0 \tag{6-17}$$

其中，$I_x=\dfrac{\partial I}{\partial x}$，$I_y=\dfrac{\partial I}{\partial y}$ 分别为$I(x,y,t)$在x和y方向的一阶偏导数。

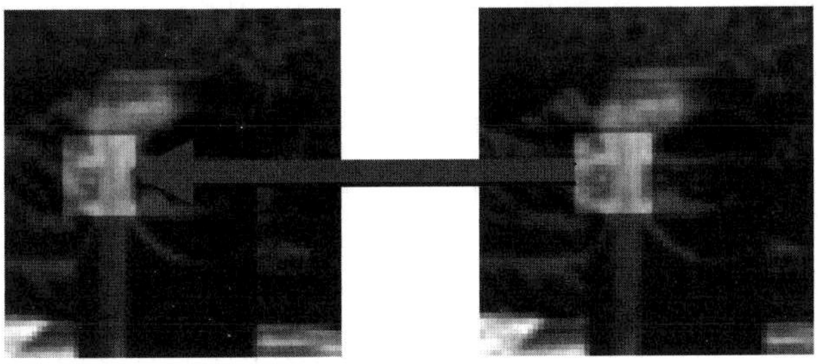

图 6-8　恒定亮度假设示意图

式（6-17）或写成

$$\nabla I\cdot\boldsymbol{v}+I_t=0 \tag{6-18}$$

其中，梯度算子$\nabla=[\partial_x \quad \partial_y]^{\mathrm{T}}$，光流向量$\boldsymbol{v}=[u(x,y) \quad v(x,y)]^{\mathrm{T}}$，$I_t=\dfrac{\partial I}{\partial t}$。该方程称为光流方程。可以看出，光流方程仅有一个，但有两个未知数，即光流向量的两个分量u,v，因此仅使用光流

方程不能确定图像光流，需要引入其他约束条件。引入不同的约束条件，就会产生不同的光流计算方法。目前较为常用的光流计算方法主要有基于梯度的算法、基于匹配的算法、基于频域的算法和基于相位的算法。其中最常用的是基于梯度的光流算法，也称为微分法，主要根据图像灰度的梯度函数得到图像中每个像素点的运动矢量，已得到广泛应用。

6.2.2 Lucas-Kanade 算法

Lucas-Kanade 算法，简称 L-K 算法，最初于 1981 年由 Lucas 和 Kanade 二人提出。该算法假设在一个小的空间邻域内运动矢量保持恒定，进一步使用加权最小二乘法估计光流。由于该算法应用于输入图像的一组点上时比较方便，因此被广泛应用于稀疏光流场计算。L-K 算法的提出基于以下三个假设。

① 亮度恒定不变。目标像素在不同帧间运动时特征保持不变，对于灰度图，假设在整个被跟踪期间像素亮度不变。

② 时间连续或者运动是“小运动”。相邻帧间的像素运动较小，图像运动相对时间来说比较缓慢。

③ 空间一致。同一场景中同一表面上的邻近点运动情况相似，且这些点在图像上的投影也在邻近区域。

假设在图像位置 $\boldsymbol{p}=[x\ y]$ 一个小的邻域 Ω 内所有像素的光流速度向量相同，记为 $\boldsymbol{v}=[u\quad v]^{\mathrm{T}}$，定义如下加权平方和性能指标函数：

$$J(\boldsymbol{v};\boldsymbol{p})=\sum_{x\in\Omega_p} w^2(x)\left(\nabla I(x)\cdot v+\frac{\partial I}{\partial t}\right)^2 \tag{6-19}$$

其中，$w(x)$ 是窗口函数，即对窗口中的像素亮度值进行加权平均，并且使邻域中心的加权值比周围的大。然后通过指标函数 J 最小化来得到该点处的最佳光流估计 $\hat{\boldsymbol{v}}$：

$$\hat{\boldsymbol{v}}=\underset{\boldsymbol{v}}{\operatorname{argmin}}\, J(\boldsymbol{v}) \tag{6-20}$$

最优解 $\hat{\boldsymbol{v}}$ 可以使用最小二乘方法得到。事实上，式（6-19）可记为

$$J(\boldsymbol{v})=\|\boldsymbol{W}(\boldsymbol{A}\boldsymbol{v}-\boldsymbol{b})\|^2 \tag{6-21}$$

其中，

$$\boldsymbol{W}=\operatorname{diag}\{w(\boldsymbol{x}_1),w(\boldsymbol{x}_2),\cdots,w(\boldsymbol{x}_{N_w})\}$$

$$\boldsymbol{A}=[\nabla I(\boldsymbol{x}_1)\quad \nabla I(\boldsymbol{x}_2)\quad \cdots\quad \nabla I(\boldsymbol{x}_{N_w})]^{\mathrm{T}}$$

$$\boldsymbol{b}=-\left[\frac{\partial I(\boldsymbol{x}_1)}{\partial t}\quad \frac{\partial I(\boldsymbol{x}_2)}{\partial t}\quad \cdots\quad \frac{\partial I(\boldsymbol{x}_{N_w})}{\partial t}\right]^{\mathrm{T}}$$

当 $\boldsymbol{A}$ 满秩时，令 $\frac{\partial J}{\partial \boldsymbol{v}}=0$，可得最小二乘解：

$$\hat{\boldsymbol{v}}=(\boldsymbol{W}\boldsymbol{A})^{+}\boldsymbol{W}\boldsymbol{b}=(\boldsymbol{A}^{\mathrm{T}}\boldsymbol{W}^2\boldsymbol{A})^{-1}\boldsymbol{A}^{\mathrm{T}}\boldsymbol{W}^2\boldsymbol{b} \tag{6-22}$$

其中，$^{+}$代表矩阵的 Moore-Penrose 广义逆。

对一个旋转的魔方使用 L-K 算法进行运动估计，如图 6-9 所示，其中，图 6-9（a）、（b）为魔方旋转序列中的两幅图像，图 6-9（c）是运动估计后的结果，图中一个点的光流向量用一个箭头表示，箭头指向方向为向量方向，箭头长度为向量大小。

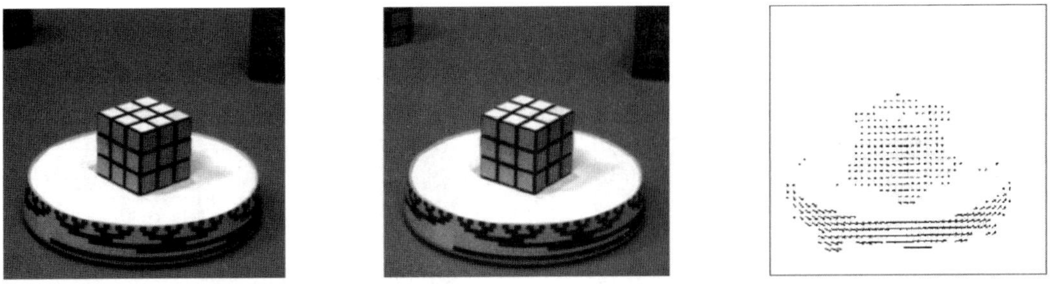

（a）魔方旋转序列图像 1　（b）魔方旋转序列图像 2　（c）运动估计结果

图 6-9　L-K 算法运动估计示意图

6.2.3　金字塔光流法

当像素运动较大时，式（6-17）假设无法满足，需对原算法进行改进。金字塔光流法可对这一问题进行有效处理。金字塔光流法使用图像金字塔分解技术，将原始图像分解成多个尺度，每个尺度都是原始图像的缩小版本，然后在每个尺度上运行 Lucas-Kanade 算法，以获得更准确的光流结果。

金字塔光流法的具体步骤如下。

① 对原始图像进行金字塔分解，生成多个尺度上的图像，通常上一层图像的宽高为下一层的二分之一。

② 在最粗糙的尺度上运行 L-K 算法，得到初始光流估计。

③ 从粗糙的尺度开始，逐步升级到较细的尺度。在每个尺度上，使用前一尺度的光流估计作为初始估计，并在该尺度上运行 L-K 算法，以得到更精确的光流估计。

④ 将每个尺度上的光流估计组合起来，得到最终的光流向量。

图 6-10 演示了金字塔光流法的步骤，图 6-10（a）是原始图像 I_t 进行金字塔分解之后的系列图像，图 6-10（b）是原始图像 I_{t-1} 进行金字塔分解之后的一系列图像，纵向代表分解的各个尺度，同一水平高度上的图像分解尺度相同。

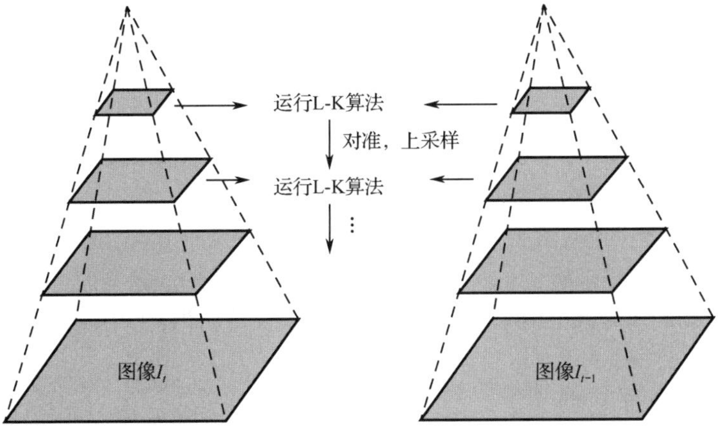

图像I_t金字塔　图像I_{t-1}金字塔

（a）　（b）

图 6-10　金字塔光流算法的步骤

图 6-11 演示了对图 6-9 中的旋转魔方使用金字塔光流法进行运动估计的结果，图 6-11（a）

是对原始图像进行金字塔分解之后所得到的系列图像，图 6-11（b）是运动估计结果，黄色线段代表光流向量。

（a）金字塔分解后的系列图像

（b）运动估计结果

图 6-11　金字塔光流法运动估计结果示意图

金字塔光流法在计算光流时可以得到更准确的结果，因为它考虑了不同尺度上的信息。它被广泛应用于机器视觉领域，如运动跟踪、视频压缩、人机交互等。

6.2.4　Horn-Schunck 算法

Horn-Schunck 算法（简称 H-S 算法）的基本思想是在基本光流方程基础上引入全局光流平滑约束假设，假设在整幅图像上光流的变化是光滑的，即物体运动矢量是平滑的或缓慢变化的，利用这一条件，在光流方程（6-18）的基础上加入约束并构造指标泛函，使光流求解问题正则化。具体步骤如下。

首先建立积分形式的指标泛函：

$$E = \int \underbrace{(\nabla I \cdot \boldsymbol{v} + I_t)^2}_{E_o} + \lambda \underbrace{(\|\nabla u\|^2 + \|\nabla v\|^2)}_{E_s} \mathrm{d}\boldsymbol{x} \tag{6-23}$$

其中，$\nabla u = \begin{bmatrix} \frac{\partial u}{\partial x} & \frac{\partial u}{\partial y} \end{bmatrix}^{\mathrm{T}}$，$\nabla v = \begin{bmatrix} \frac{\partial v}{\partial x} & \frac{\partial v}{\partial y} \end{bmatrix}^{\mathrm{T}}$，$\lambda$ 为拉格朗日乘子。可以看出，积分项由两部分构成，第一部分 E_o 对应光流方程约束，第二部分 E_s 则对应运动平滑性约束。当 ∇I 和 I_t 可较精确地求得（噪声小）时，说明图像中运动平滑性应较好地保持，λ 取值应较大；相反，说明微分信息不足，此时运动平滑性约束应占据主导地位，λ 取值应较小。

式（6-23）是一个关于向量场 $\boldsymbol{v}$ 的积分函数，$\boldsymbol{v}$ 的求解是一个典型的变分问题，可根据其对应的欧拉—拉格朗日方程求解。在求解过程中需将连续形式的问题离散化。这里为简化问题，直接考虑离散情况，此时式中的积分转化为求和，微分转化为差分。根据极小值定理，对应导数为零，即

$$\frac{\partial E}{\partial u(x,y)} = \frac{\partial E}{\partial v(x,y)} = 0 \tag{6-24}$$

同时，将平滑约束 E_s 用相邻点差分计算，即

$$E_s(x,y)=\frac{1}{4}\{(u(x,y)-u(x,y-1))^2+(u(x+1,y)-u(x,y))^2+ \\ (u(x,y)-u(x,y-1))^2+(u(x+1,y)-u(x,y))^2+ \\ (v(x,y)-v(x,y-1))^2+(v(x+1,y)-v(x,y))^2+ \\ (v(x,y)-v(x,y-1))^2+(v(x+1,y)-v(x,y))^2\} \tag{6-25}$$

合并式（6-24）和式（6-25），可得

$$\frac{\partial E}{\partial u}=2(I_x u+I_y v+I_t)I_x+\lambda\cdot 2(u-\overline{u})=0 \\ \frac{\partial E}{\partial v}=2(I_x u+I_y v+I_t)I_y+\lambda\cdot 2(v-\overline{v})=0 \tag{6-26}$$

式（6-26）中为简洁起见，省略坐标 (x,y)； $\overline{u}$ 、 $\overline{v}$ 分别为 u、v 在其 4-邻域上的均值，即

$$\overline{u}=\frac{u(x+1,y)+u(x-1,y)+u(x,y+1)+u(x,y-1)}{4}, \\ \overline{v}=\frac{v(x+1,y)+v(x-1,y)+v(x,y+1)+v(x,y-1)}{4}$$

整理式（6-26），有

$$(I_x^2+\lambda)u+I_xI_yv=\lambda\overline{u}-I_xI_t \\ I_xI_yu+(I_y^2+\lambda)v=\lambda\overline{v}-I_yI_t \tag{6-27}$$

这是一个关于 u、v 的方程组，可直接求解。同时注意到，解与 $\overline{u}$ 、 $\overline{v}$ 相关，而这二者必须等到后面点的运动（对应$(x+1, y)$和$(x, y+1)$）已知后才可计算。因此最终将得到 $N\times2$ 个方程，N 为图像中的像素数。由于 N 通常很大，因此其解只能通过迭代求得。使用基本的高斯—赛德尔迭代方法，可得

$$u^{k+1}=\overline{u}^k-\frac{I_x\overline{u}^k+I_y\overline{v}^k+I_t}{I_x^2+I_y^2+\lambda}\cdot I_x$$

$$v^{k+1}=\overline{v}^k-\frac{I_x\overline{u}^k+I_y\overline{v}^k+I_t}{I_x^2+I_y^2+\lambda}\cdot I_y$$

高斯—赛德尔迭代的缺点是收敛速度慢，通常计算一幅图像需要几十次到数百次迭代。采用更好的迭代方法，如基于拟牛顿法的加速方法、超松弛迭代（SOR）法等，可显著加快迭代速度。

以 SOR 法为例，给出迭代形式如下：

$$u^{k+1}=(1-\omega)u^k+\omega\left(\overline{u}^{k,k+1}-\frac{I_x\overline{u}^{k,k+1}+I_y\overline{v}^{k,k+1}+I_t}{\lambda+I_x^2+I_y^2}I_x\right) \\ v^{k+1}=(1-\omega)v^k+\omega\left(\overline{v}^{k,k+1}-\frac{I_x\overline{u}^{k,k+1}+I_y\overline{v}^{k,k+1}+I_t}{\lambda+I_x^2+I_y^2}I_y\right) \tag{6-28}$$

其中，$\overline{u}^{k,k+1},\overline{v}^{k,k+1}$ 表示均值由两部分得到：本次 k+1 次迭代中已计算的点（左和上位置），以及未计算的点。此时使用上一次迭代的值。具体计算步骤如下：

① 初始化，设定迭代次数；

② 计算 I_x,I_y,I_t；

③ 根据式（6-28）迭代计算 u,v ，当迭代次数大于指定次数或者误差 ε 小于指定误差时，终止迭代，其中，

$$\varepsilon=\frac{1}{N}\sum_{(x,y)}(u^{k+1}(x,y)-u^k(x,y))^2+(v^{k+1}(x,y)-v^k(x,y))^2$$

图 6-12 中第一列分别是研究中广泛使用的魔方和 Hamburg Taxi 测试图像序列中的图像帧。在第 2 列和第 3 列分别给出了使用 H-S 算法、L-K 算法计算得到的光流估计结果。其中，箭头代表该点处的光流向量，箭头指向为向量方向，箭头长度为向量大小。由图可见，H-S 算法可产生更为稠密的光流估计结果，但 L-K 算法的结果已基本反映实际运动情况，同时对噪声（两幅图像背景处）更为稳健。

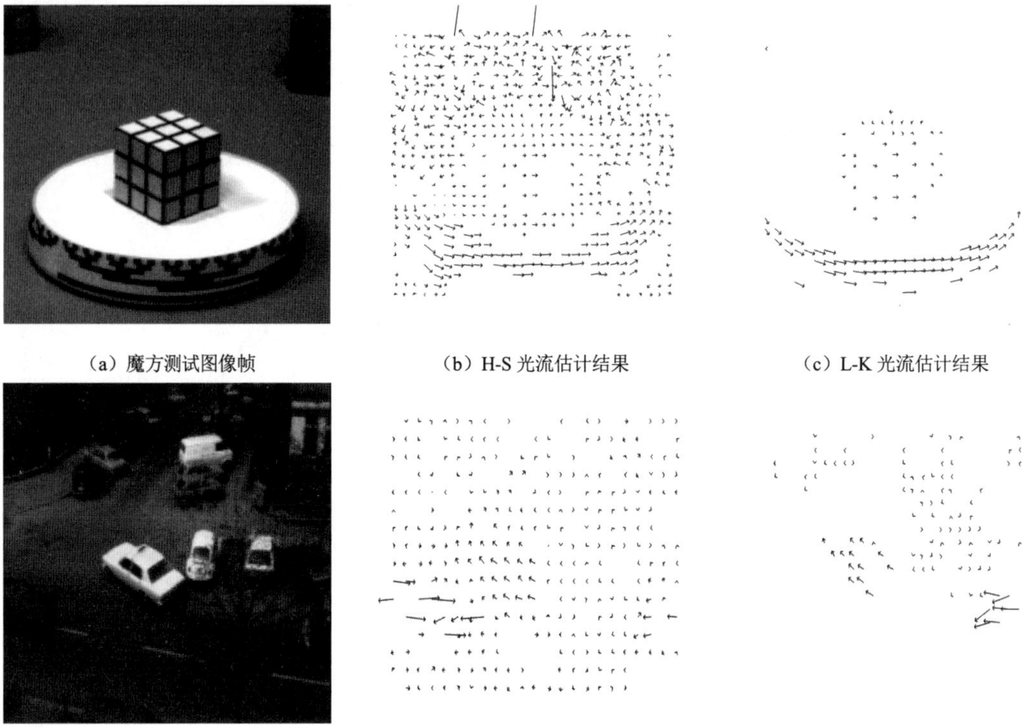

（a）魔方测试图像帧　（b）H-S 光流估计结果　（c）L-K 光流估计结果

（d）Hamburg Taxi 测试图像帧　（e）H-S 光流估计结果　（f）L-K 光流估计结果

图 6-12　光流估计结果对比

6.3 目标跟踪

6.3.1 基本问题

目标跟踪是一种实时自动跟踪连续图像序列或视频中特定目标的方法，旨在确定目标在每个时刻的位置信息。其主要任务为，给定第 k 帧图像中目标的位置，输出目标在第 $k+1$ 帧中的位置。如图 6-13 所示，图 6-13（a）中被检测到的车辆在图 6-13（b）中对应的位置由方框标出，不同车辆对应关系通过左上角编号标识。目标跟踪是运动识别、智能监控、视频检索、人机交互等领域的核心技术，同时在雷达信号处理和生物医学工程等领域也有广泛应用。

目标跟踪的难点在于需要适应各种不同的环境、背景及不断变化的目标形态，同时满足实时性要求。光线变化和目标外观的改变可能导致目标丢失，或者产生目标分离或连接等不良后果。此外，长时间遮挡、复杂背景、相机运动、光照变化及持续跟踪等也是目标跟踪需要考虑的因素。同时，复杂度过高的算法可能无法满足实时性要求。因此，研究一种高实时性、高精度和高鲁棒性的目标跟踪算法显得尤为重要。

（a）原图像

（b）跟踪结果

图 6-13　目标跟踪技术

6.3.2　Meanshift 算法

Meanshift 算法是一种基于均值漂移的目标跟踪方法，通过计算像素特征概率来比较上一帧的目标模型与当前帧的候选模型。该算法利用相似性度量函数选取最相似的候选模型，沿着得到的 Meanshift 向量移动目标位置，并通过不断迭代使算法收敛到目标位置。

Meanshift 作为一种多功能数据分析方法，被应用于众多领域。它旨在从数据密度分布中寻找局部最大值。对于连续数据分布，处理过程相对简单，仅需将爬山算法应用于数据密度直方图。由于 Meanshift 算法在统计意义上排除了数据中的离群值，即与数据峰值距离较远的点，它被视为一种稳定的方法。该算法仅处理局部窗口内的数据点，并在处理结束后转移窗口。

Meanshift 算法包含以下步骤。

① 选定搜索窗口，包括窗口的初始位置、种类（均匀、多项式、指数、高斯）、形态（对称、非对称、旋转、圆形、矩形）及尺寸（窗口外的数据将被忽略）。

② 计算带权重窗口的质心。

③ 将窗口中心置于计算出的质心位置。

④ 回到第②步，重复执行，直至窗口位置保持不变（通常会达到这一状态）。

图 6-14 表示窗口中心的一次更新过程，其中 C1（蓝色圆形区域）为初始窗口，其中心为 $C1_q$；C2（绿色圆形区域）为迭代过程收敛后的窗口，其中心为 $C2_q$。短箭头表示第一次迭代中窗口中心移动的 Meanshift 向量；长箭头表示 Meanshift 算法中窗口的整体移动方向。

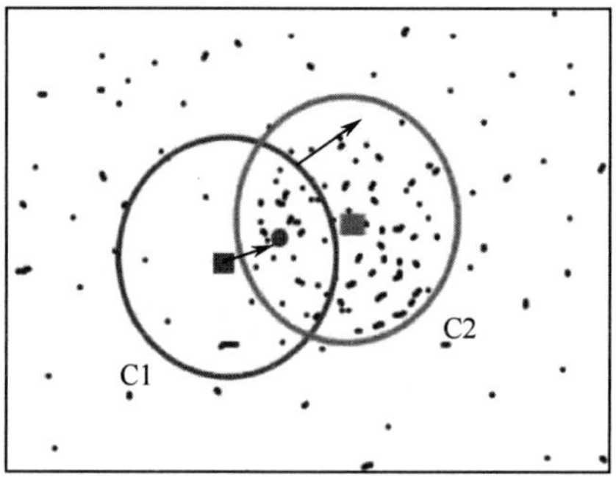

图 6-14　Meanshift 算法

Meanshift 算法与核密度估计息息相关。在这里，“核”是一种局部函数，如高斯分布。如果有足够多的点上具有适当的权重和尺度的核，数据分布就可以完全依据这些核进行描述。与核密度估计不同，Meanshift 算法只估计数据分布的梯度（即变化方向）。梯度为零的位置一般表示分布的顶峰（虽然可能是局部的）。当然，在其他位置或尺度上也可能存在顶峰。

Meanshift 算法中的核心公式就是矩阵的核，它将 Meanshift 向量等式简化为计算图像像素分布的重心：

$$x_c = \frac{M_{10}}{M_{00}}, \quad y_c = \frac{M_{01}}{M_{00}} \tag{6-29}$$

其中，零阶矩和一阶矩的计算方法如下：

$$M_{00} = \sum_x \sum_y I(x,y) \tag{6-30}$$

$$M_{10} = \sum_x \sum_y xI(x,y), \quad M_{01} = \sum_x \sum_y yI(x,y) \tag{6-31}$$

计算得到的 Meanshift 向量告诉我们如何将 Meanshift 窗口的中心重新移动到由计算得出的此窗口的重心的位置。显然，窗口的移动造成了窗口内容的改变，于是我们又重复刚才重新定位窗口中心的步骤。窗口中心重定位的过程通常会收敛到 Meanshift 向量为 0（也就是窗口不再移动）。收敛的位置在窗口中像素分布的局部最大值（峰值）处。由于峰值本身是一个对尺度变化敏感的量，因此窗口的大小不同，峰值的位置也不一样。

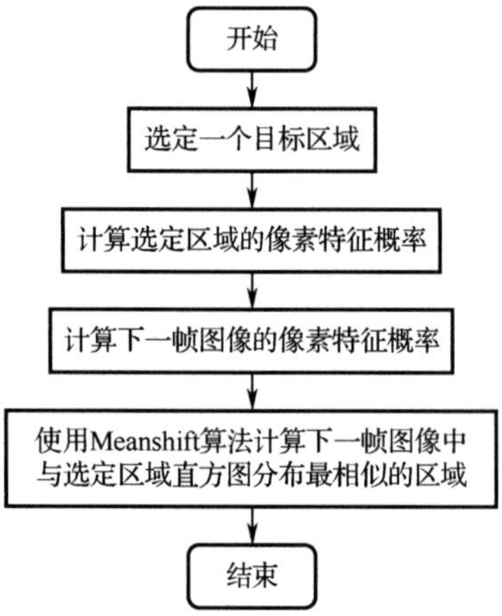

图 6-15　Meanshift 算法流程图

Meanshift 算法流程图如图 6-15 所示。首先，选定待跟踪的目标区域。然后，分别计算目标区域与下一帧中的目标候选区域内的像素特征概率得到上一帧的目标模型和当前帧的候选模型。利用相似性度量函数比较目标模型与候选模型之间的相似性，选择相似性最大的候选模型并得到关于目标模型的 Meanshift 向量，目标从上一帧的位置沿着该 Meanshift 向量移动，通过不断迭代，算法最终可以收敛到目标位置，达到跟踪的目的。

得益于 Meanshift 算法的收敛特性，持续迭代计算 Meanshift 向量，目标最终会在当前帧中收敛至其真实位置（一个稳定点）。如此一来，便能实现对目标的准确跟踪。如图 6-16 所示，在图 6-16（a）中识别的目标，经由图 6-16（b）、图 6-16（c），在图 6-16（d）中仍能被稳定跟踪。

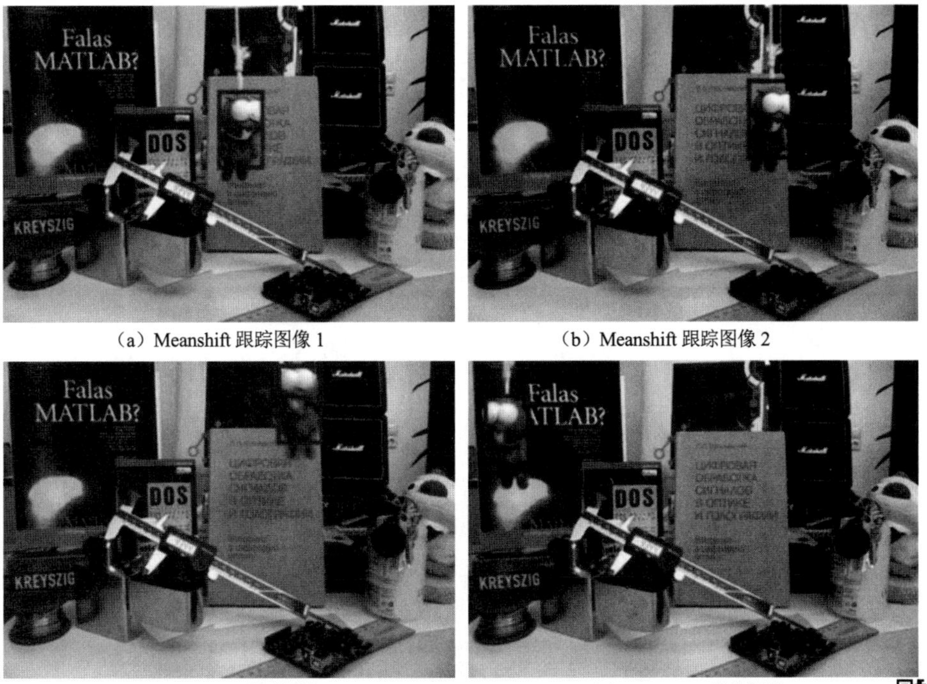

（a）Meanshift 跟踪图像 1　　（b）Meanshift 跟踪图像 2

（c）Meanshift 跟踪图像 3　　（d）Meanshift 跟踪图像 4

图 6-16　Meanshift 算法对目标的准确跟踪

6.3.3　KCF 算法

KCF（核相关滤波）算法是图像跟踪的一类快速有效的方法，可在背景运动甚至剧烈干扰时仍有效完成实时目标跟踪。其基本思想是，在当前图像中找到与待跟踪目标最“相关”的区域；“相关”可以通过良好设计的相关滤波器实现，即设计一个滤波模板，使得当它作用在跟踪目标上时，得到的响应最大。假设在过去 t 个时刻，目标区域样本分别为 $f_1, f_2, \cdots, f_t$，我们希望通过滤波器 h_t 作用，得到期望输出 g_i。通常 g_i 为二维高斯函数，峰值位于目标区域中心。如图 6-17 所示，图 6-17（c）显示了二维高斯函数对应热力图，颜色越接近红色表示值越大。h_t 应具备自适应变化能力，以满足目标变化及环境干扰时的目标跟踪性能。

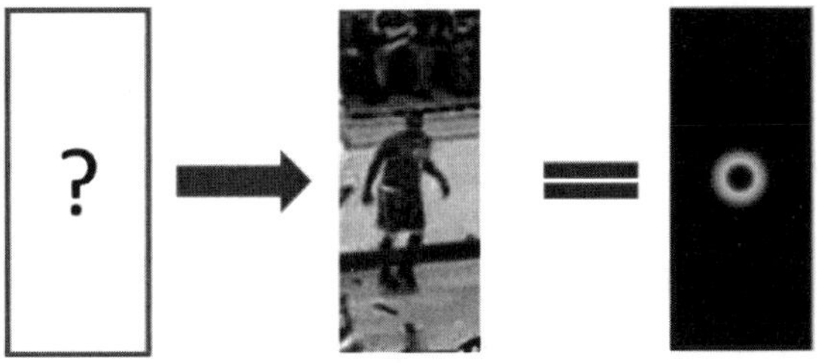

（a）滤波器　　（b）跟踪目标　　（c）热力图

图 6-17　KCF 算法

KCF 算法中的两个关键问题是，如何设计滤波模板，确保在目标变化及环境干扰时仍具有很好的跟踪性能；如何确定输出“最大”的相应位置。

KCF 使用核相关滤波器实现跟踪算法，核相关滤波器是目前最为成功的跟踪器之一，在公开数据集上有着很好的跟踪效果，同时速度快，便于实时跟踪处理。

考虑到跟踪目标的复杂性，需要综合现有目标特征，得到待匹配目标，此过程可通过样本训练实现。样本训练实际上是一个岭回归问题，或称正则化最小二乘问题，即

$$\min \sum_{i} (f(\boldsymbol{x}_i) - y_i)^2 + \lambda \|\boldsymbol{w}\|^2 \tag{6-32}$$

其中，$f(\boldsymbol{x}_i) = \boldsymbol{w}^{\mathrm{T}} \boldsymbol{x}_i$，$\lambda$ 为控制过拟合的参数。

根据极值必要条件，可直接确定 $\boldsymbol{w}$ 的解为

$$\boldsymbol{w} = (\boldsymbol{X}^{\mathrm{T}} \boldsymbol{X} + \lambda \boldsymbol{I})^{-1} \boldsymbol{X}^{\mathrm{T}} \boldsymbol{y} \tag{6-33}$$

其中，$\boldsymbol{y} = [y_1 \quad y_2 \quad \cdots \quad y_t]^{\mathrm{T}}$；$\boldsymbol{X}$ 为循环矩阵，定义如下：

$$\boldsymbol{X} = \boldsymbol{C}(\boldsymbol{x}) = \begin{bmatrix} x_1 & x_2 & x_3 & \cdots & x_n \\ x_n & x_1 & x_2 & \cdots & x_{n-1} \\ x_{n-1} & x_n & x_1 & \cdots & x_{n-2} \\ \vdots & \vdots & \vdots & & \vdots \\ x_2 & x_3 & x_4 & \cdots & x_1 \end{bmatrix} \tag{6-34}$$

即将一个 n 维基准向量每次向右循环移动一个元素，直至生成一个 $n \times n$ 阶矩阵，具体效果如图 6-18 所示。

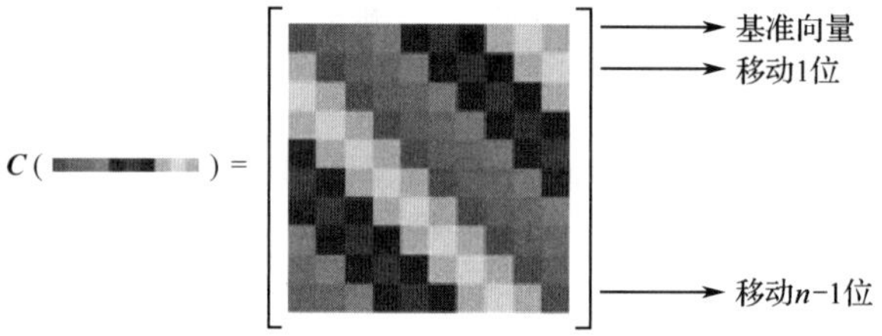

图 6-18 KCF 算法示例

当信号为二维图像时，则移动包含 x 和 y 方向，如图 6-19 所示。其中，图 6-19（c）为基准样本，其他为基准样本移动不同位移后产生的样本。

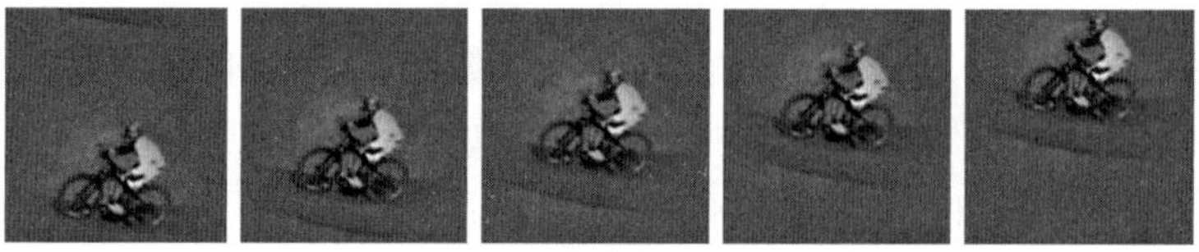

（a）+30　（b）+15　（c）基准样本　（d）−15　（e）−30

图 6-19 图像样本位移

根据循环矩阵的性质：

$$\boldsymbol{X} = \boldsymbol{F}^{\mathrm{H}} \mathrm{diag}(\hat{\boldsymbol{x}}) \boldsymbol{F}$$

其中，$\hat{\boldsymbol{x}}$ 为样本 $\boldsymbol{x}$ 的傅里叶变换，$\mathrm{diag}(\hat{\boldsymbol{x}})$ 是 $\hat{\boldsymbol{x}}$ 形成的对角阵。$\boldsymbol{F}$ 为傅里叶变换阵，则 $\boldsymbol{X}^{\mathrm{H}} \boldsymbol{X} = \boldsymbol{F} \mathrm{diag}(\hat{\boldsymbol{x}}^* \odot \hat{\boldsymbol{x}}) \boldsymbol{F}^{\mathrm{H}}$，其中，$\odot$ 表示逐元素相乘，*表示共轭，H 表示共轭转置。因此，上述线性回归的解的傅里叶变换可以表示为

$$\hat{w} = \mathrm{diag}\left(\frac{\hat{\boldsymbol{x}}^*}{\hat{\boldsymbol{x}}^* \odot \hat{\boldsymbol{x}} + \lambda} \right) \hat{y} = \frac{\hat{\boldsymbol{x}}^* \odot \hat{y}}{\hat{\boldsymbol{x}}^* \odot \hat{\boldsymbol{x}} + \lambda} \tag{6-35}$$

在实际应用中，岭回归算法难以解决复杂输入导致的线性不可分的问题。为了解决这一问题。需要使用非线性回归的方法，将原始的特征空间映射到高维甚至无穷维的空间中，从而使得原本线性不可分的数据变为线性可分。然而，在高维空间 $\mathbb{Z}$ 下计算内积十分复杂，如果升维到无穷维，

甚至会无法计算。针对这一问题，可以使用核技巧通过核函数隐式地将 $\mathbb{X}$ 空间映射到 $\mathbb{Z}$ 空间，从而实现内积的快速运算，如下所示：

$$\kappa(\boldsymbol{x},\boldsymbol{x}')=\boldsymbol{\phi}^{\mathrm{T}}(\boldsymbol{x})\phi(\boldsymbol{x}') \tag{6-36}$$

其中，$\kappa(\cdot,\cdot)$ 为内积运算；$\boldsymbol{\phi}(\cdot)$ 为核函数，其选取原则就是使样本在升维后的 $\mathbb{Z}$ 空间中变得线性可分。

利用核函数，可将解 $\boldsymbol{w}$ 表示为 $\boldsymbol{\phi}(\boldsymbol{x})$ 的线性组合：

$$\boldsymbol{w}=\sum_i \alpha_i \boldsymbol{\phi}(\boldsymbol{x}_i) \tag{6-37}$$

代入回归模型的公式，有

$$\boldsymbol{f}(\boldsymbol{z})=\boldsymbol{w}^{\mathrm{T}}\boldsymbol{z}=\sum_{i=1}^{n}\alpha_i\kappa(\boldsymbol{z},\boldsymbol{x}_i) \tag{6-38}$$

此时，求解 $\boldsymbol{w}$ 的过程变为在对偶空间中求解 α 的过程，其解析解为

$$\alpha=(\boldsymbol{K}+\lambda\boldsymbol{I})^{-1}\boldsymbol{y} \tag{6-39}$$

其中，$\boldsymbol{K}$ 为核矩阵，满足 $K_{ij}=\kappa(\boldsymbol{x}_i,\boldsymbol{x}_j)$。

由于 $\boldsymbol{K}$ 的维度较高，直接计算效率较低，如果选取合适的核函数（如高斯核函数、多项式核函数、卡方核函数等）使得核矩阵 $\boldsymbol{K}$ 变成循环矩阵，则可以将其在频域表示为

$$\hat{\alpha}=\frac{\hat{y}}{\hat{k}^{\boldsymbol{xx}}+\lambda} \tag{6-40}$$

其中，$\hat{\alpha}$、$\hat{k}^{\boldsymbol{xx}}$ 表示对应向量的离散傅里叶变换结果，$\hat{k}^{\boldsymbol{xx}}$ 是矩阵 $\boldsymbol{K}$ 的第一行，其元素可以通过如下公式构造：

$$\hat{k}^{\boldsymbol{xx}'}=\kappa(\boldsymbol{x}',\boldsymbol{P}^{i-1}\boldsymbol{x}) \tag{6-41}$$

其中，$\boldsymbol{P}$ 为循环置换矩阵。使用傅里叶变换求解，可以得出使用高斯核函数时的结果如下：

$$k^{\boldsymbol{xx}'}=\exp\left(-\frac{1}{\sigma^2}\left(\|\boldsymbol{x}\|^2+\boldsymbol{x}'^2-2\mathcal{F}^{-1}(\hat{\boldsymbol{x}}^*\odot\hat{\boldsymbol{x}}')\right)\right) \tag{6-42}$$

当输入图像为多通道的（彩色图、特征图）时，核相关的计算公式为

$$k^{\boldsymbol{xx}'}=\exp\left(-\frac{1}{\sigma^2}\left(\|\boldsymbol{x}\|^2+\boldsymbol{x}'^2-2\mathcal{F}^{-1}\left(\sum_c\hat{\boldsymbol{x}}_c^*\odot\hat{\boldsymbol{x}}_c'\right)\right)\right) \tag{6-43}$$

核相关滤波器对模板参数采用逐帧更新的策略。在更新完后，在上一帧目标位置处选取较大的搜索框，对搜索框内的子图像提取特征，计算滤波器响应的峰值，根据峰值的位置得到当前帧目标跟踪框相对于上一帧的移动。KCF 算法具体步骤如下。

① 在第一帧中框选出带最终目标的位置，将矩形的选择框区域扩大 2.5 倍，记大小为 $M\times N$。

② 将矩形框的样本进行余弦加权，然后计算图像特征，如梯度直方图等，得到 n 维特征图，特征的每个维度看成一个大小为 $M\times N$ 的样本输入。

③ 利用二维高斯函数生成和样本大小 $M\times N$ 一致的训练标签矩阵 $\boldsymbol{y}$。

④ 利用核回归模型，先利用式（6-41）计算出 $k^{\boldsymbol{xx}}$。

⑤ 在下一帧中，在之前帧的目标位置框选出 $M\times N$ 大小的图像，同样进行余弦加权，然后求 HoG 特征图，得到 $z_1,z_2,\cdots,z_{31}$，利用式（6-41）求得 $k^{\boldsymbol{xz}}$。

⑥ 计算频域下的相应矩阵，然后计算傅里叶反变换得到相应矩阵 $\boldsymbol{f}(z)$。

⑦ 在矩阵 $\boldsymbol{f}(z)$ 中找到最大的响应位置，若响应值超过余弦给定阈值，则该位置为当前帧中的目标位置；若最大的响应值仍小于阈值，则采取补救措施（如用全图搜索匹配的方法）重新选择一个目标区域，然后回到步骤①重新开始。

⑧ 更新模型，以新找到的目标位置选取样本，重复步骤②～步骤⑤，计算用于当前帧的模型，记为α'，则下一帧使用的模型由当前计算模型与开始的模型插值得到。

⑨ 重复步骤⑥开始的检测过程。

跟踪器的应用示例如图 6-20 所示，实验背景为在足球比赛俯视视角视频序列中使用 KCF 算法实时跟踪球员位置，实验选择了一段球员快速运动的图像序列，在第一帧中标出了球员的位置，如图 6-20（a）所示。

（a）第 1 帧跟踪

（b）第 10 帧跟踪

图 6-20　跟踪器第 1 帧和第 10 帧跟踪结果图

在第 10 帧时，目标球员的位置和姿态都发生了明显变化，跟踪器仍然能正确跟踪球员，如图 6-20（b）所示。可以看出，KCF 算法在目标背景复杂、目标变化较大的情形下，仍能进行稳定跟踪。

6.4　运动模型与滤波

在目标检测跟踪系统中，需要建立被跟踪对象合适的运动模型，进一步对运动模型参数进行估计，并对未来状态进行预测。本节先介绍常用的运动模型，再介绍卡尔曼滤波和粒子滤波的基础理论与基本原理。

6.4.1　运动模型

在实际中，目标的运动轨迹经常用二次（匀速运动）和三次（匀加速运动）的多项式模型描述。恒速运动模型是常用模型之一，即假设相邻帧时间间隔足够短，目标运动速度近似不变。

设特征坐标$\boldsymbol{u}=[x\ y]^{\mathrm{T}}$，则匀速运动可由下式描述：

$$\ddot{\boldsymbol{u}}(t)=0 \tag{6-44}$$

记速度为$\boldsymbol{v}(t)$。根据恒速运动模型假设，有

$$\boldsymbol{v}(t)=\text{const} \tag{6-45}$$

对方程积分可得

$$\boldsymbol{u}(t)=\boldsymbol{v}(t-\Delta t)\Delta t \tag{6-46}$$

定义状态向量

$$\boldsymbol{x}(t)=[x(t)\quad v_x(t)\quad y(t)\quad v_y(t)]^{\mathrm{T}}$$

可得离散状态方程

$$\boldsymbol{x}_k = \boldsymbol{\Phi}\boldsymbol{x}_{k-1} \tag{6-47}$$

其中，

$$\boldsymbol{\Phi} = \begin{bmatrix} \boldsymbol{\Phi}_x & 0 \\ 0 & \boldsymbol{\Phi}_y \end{bmatrix} = \begin{bmatrix} 1 & \Delta t & 0 & 0 \\ 0 & 1 & 0 & 0 \\ 0 & 0 & 1 & \Delta t \\ 0 & 0 & 0 & 1 \end{bmatrix}, \quad \boldsymbol{\Phi}_x = \boldsymbol{\Phi}_y = \begin{bmatrix} 1 & \Delta t \\ 0 & 1 \end{bmatrix}$$

事实上，速度不可能一直保持恒定。设 k 时刻速度增量为 ω_k，则位置增量为 $\omega_k \Delta t$。因此，目标运动模型可用下面状态方程描述：

$$\boldsymbol{x}_k = \boldsymbol{\Phi}\boldsymbol{x}_{k-1} + \boldsymbol{\Gamma}\boldsymbol{\omega}_{k-1} \tag{6-48}$$

其中，

$$\boldsymbol{\Gamma} = \begin{bmatrix} \Delta t & 0 \\ 1 & 0 \\ 0 & \Delta t \\ 0 & 1 \end{bmatrix}, \quad \boldsymbol{\omega}_{k-1} = \begin{bmatrix} \omega_{xk} \\ \omega_{yk} \end{bmatrix}$$

系统观测状态由目标识别跟踪算法确定，观测矩阵为

$$\boldsymbol{H}_k = \begin{bmatrix} 1 & 0 & 0 & 0 \\ 0 & 0 & 1 & 0 \end{bmatrix}$$

增量 $\boldsymbol{\omega}_k$ 和量测噪声 $\boldsymbol{v}_k$ 可描述为零均值白噪声序列，此时 $\boldsymbol{Q}_k = \sigma_{\boldsymbol{\omega}}^2 \boldsymbol{I}_4$，$\boldsymbol{R}_k = \sigma_v^2 \boldsymbol{I}_2$。$\sigma_{\boldsymbol{\omega}}$ 应该和 $\boldsymbol{\omega}_k$ 在同一数量级，实际中一般取 $0.5|\boldsymbol{\omega}_k| \leqslant \sigma_{\boldsymbol{\omega}} \leqslant |\boldsymbol{\omega}_k|$，其中，$|\ |$ 定义为各元素绝对值的最大值，根据目标运动速度决定。σ_v 由目标检测算法精度决定。实际中噪声模型可能不服从白噪声假设，但由于图像面积有限，同时各目标在场景中对应的观测数据数量不大，因此可忽略滤波发散的影响。

6.4.2　卡尔曼滤波

1．线性卡尔曼滤波

卡尔曼滤波（Kalman Filtering）是一种经典的最优状态估计与滤波方法，它可以处理包含噪声的量测数据，以提取出真实的状态信息。卡尔曼滤波的核心思想是利用系统的动态模型和观测数据，对系统状态进行预测和校正，即利用前一时刻的估计值和现时刻的量测值来更新对状态变量的估计，求出现时刻的估计值。由于其原理清晰，易于实现，并且具有最小方差误差估计特性，因此在运动跟踪领域得到了广泛应用。

卡尔曼滤波包含预测与更新两个步骤。其中，预测步骤可以理解为根据系统过去状态和估计系统模型，推导此刻系统的状态；更新步骤可以理解为比较此刻预测的系统状态和传感器的量测值，对预测的系统状态进行修正。

对于线性时不变系统，其模型可表述为

$$\begin{aligned} \boldsymbol{x}_k &= \boldsymbol{A}\boldsymbol{x}_{k-1} + \boldsymbol{B}\boldsymbol{u}_k \\ \boldsymbol{z}_k &= \boldsymbol{H}\boldsymbol{x}_k \end{aligned} \tag{6-49}$$

其中，$\boldsymbol{x}_k, \boldsymbol{x}_{k-1}, \boldsymbol{z}_k$ 分别为 t_k, t_{k-1} 时刻的状态向量及 t_k 时刻的量测值，$\boldsymbol{A}$ 为状态转移矩阵，$\boldsymbol{B}$ 为输入矩阵，$\boldsymbol{H}$ 为测量矩阵，它们均为常值且不随时间 t 改变。

在实际物理系统中，由于模型参数的不确定性、量测噪声等因素，系统的状态值、量测值和

真实值之间存在一定误差。因此，式（6-46）变为

$$x_k = Ax_{k-1} + Bu_k + \omega_k$$
$$z_k = Hx_k + v_k \tag{6-50}$$

其中引入的 ω_k, v_k 分别代表过程噪声与量测噪声，均假设为理想高斯白噪声，协方差矩阵分别为 Q,R，即 $p(\omega)\sim N(0,Q), p(v)\sim N(0,R)$。

如图 6-21 所示，以一个直线上运动的小车为例，小车装有加速度传感器。该加速度传感器每隔 Δt 时间输出小车在时刻 t 的瞬时加速度 a_t。同时，有一个光学测量仪器可以在每一时刻测量光从原点传播到小车位置的时间 z_t。我们希望能够估计小车在每一时刻的速度 v_t 和距离 d_t。由于加速度传感器的量测噪声，我们无法使用该传感器的原始输出积分得到当前位置。

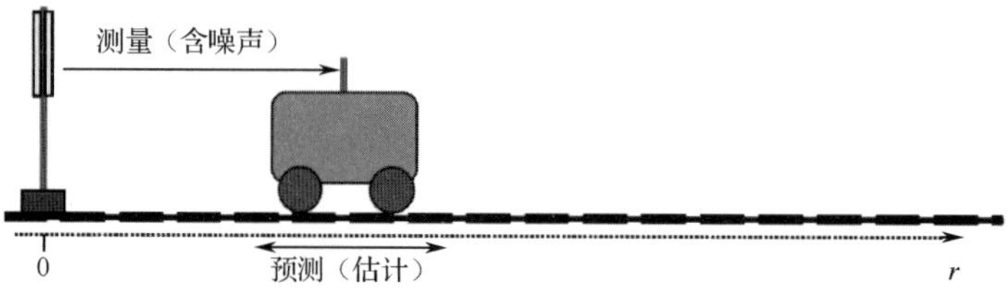

图 6-21　一维小车运动示意图

卡尔曼滤波的思想是试图在噪声情况下给出一种最优估计，使得估计值尽可能接近真值。卡尔曼滤波算法中状态预测值 $\tilde{x}_k^-$ 和状态最优估计值 $\tilde{x}_k^+$ 的计算公式如下：

$$\tilde{x}_k^- = A\tilde{x}_k^+ + Bu_k$$
$$\tilde{x}_k^+ = \tilde{x}_k^- + K(z_k - H\tilde{x}_k^-) \tag{6-51}$$

其中，上标~代表该值是估计量，+代表最优估计（更新后的值），−代表更新前的值（原始估计值），矩阵 K 称为卡尔曼增益。由该方程可知，卡尔曼增益实质上衡量了模型预测误差与测量误差的比重。令更新前后值与真值之间的误差分别为

$$e_k^- = x_k - \tilde{x}_k^-$$
$$e_k = x_k - \tilde{x}_k^+$$
$$P_k^- = \mathbb{E}[e_k^- e_k^{-\mathrm{T}}]$$
$$P_k = \mathbb{E}[e_k e_k^{\mathrm{T}}]$$

其中，矩阵 P 代表各误差的协方差矩阵。根据上述方程可得最优估计与真值误差的方差矩阵：

$$P_k = (I - KH)P_k^-(I - KH)^{\mathrm{T}} + KRK^{\mathrm{T}} \tag{6-52}$$

对于小车而言，t 时刻的状态估计值的不确定性可由该方差矩阵描述，如图 6-22 所示。

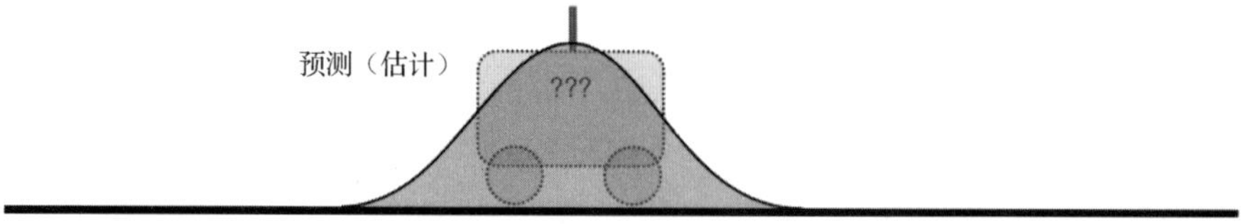

图 6-22　小车位置估计的不确定性描述示意图

而卡尔曼滤波的估计原则就是该方差矩阵最小，使估计值尽可能逼近于真实值，将 P_k 对 K 求偏导，经过推导，最终可得卡尔曼滤波算法五步公式如下：

$$\tilde{x}_k^- = A\tilde{x}_k^+ + Bu_k$$
$$P_k = (I - KH)P_k^-$$
$$K_k = \tilde{x}_k^- + K_k(z_k - Hx_k^-)$$

$$\tilde{\boldsymbol{x}}_k^+ = \tilde{\boldsymbol{x}}_k^- + K(\boldsymbol{z}_k - \boldsymbol{H}\tilde{\boldsymbol{x}}_k^-)$$
$$\boldsymbol{P}_k = (\boldsymbol{I} - \boldsymbol{K}_k\boldsymbol{H})\boldsymbol{P}_k^- \tag{6-53}$$

其中，前两式称为算法预测公式，后三式称为算法更新公式。

只要给定初值 $\boldsymbol{x}_0$ 和 $\boldsymbol{P}_0$，根据 k 时刻的量测值 z_k 就可递推计算得 k 时刻的状态估计 $\hat{\boldsymbol{x}}_k$（$k=1,2,\cdots$）。卡尔曼滤波迭代流程如图 6-23 所示。

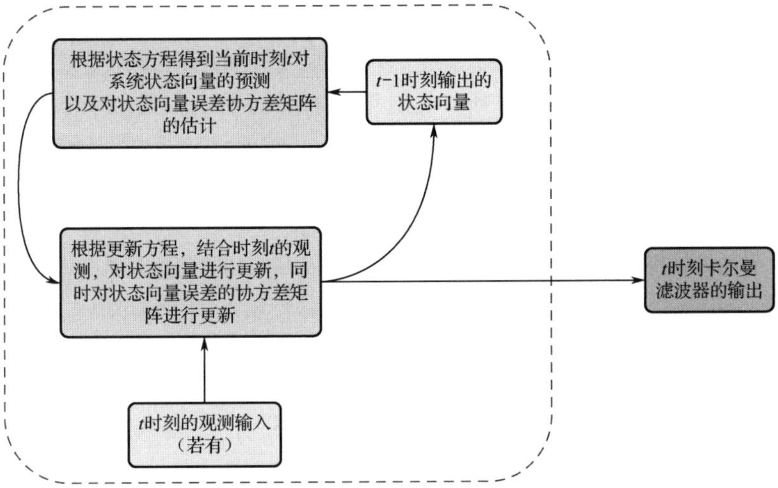

图 6-23　卡尔曼滤波迭代流程

下面以一个做匀速圆周运动的点的真实状态估计为例，解释卡尔曼滤波的工作原理。对问题具体建模如下：点的状态量 $\boldsymbol{x}=(\theta,\dot{\theta})$ 是一个 1×2 的向量，由点的角度与角速度组成；系统的状态转移矩阵 $\boldsymbol{A}=\begin{bmatrix}1 & 0\\0 & 1\end{bmatrix}$；测量矩阵 $\boldsymbol{H}=[1\quad 1]$。假设测量为真实值与高斯噪声的叠加，即噪声 $\boldsymbol{W}=\begin{bmatrix}w_1\\w_2\end{bmatrix}$，$\boldsymbol{w}_i \sim N(0,0.1)$，$i=1,2$，量测值 $\boldsymbol{z}=\boldsymbol{H}\boldsymbol{x}+\boldsymbol{W}$。根据卡尔曼滤波基本方程（6-53），可以得到对状态的估计值。图 6-24 演示了跟踪结果。其中，白线为点的运动轨迹，红线连接真实状态与估计值，线段越短说明与真实值之间的误差越小；黄线连接真实状态与量测值。图 6-24 中，黄色线段短于红色线段，验证了卡尔曼滤波的有效性。进一步可发现，随着跟踪滤波的进行，真实状态与估计值之间的误差将越来越小，最终将逐步收敛于真值。

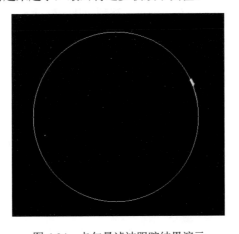

图 6-24　卡尔曼滤波跟踪结果演示

2．非线性卡尔曼滤波

经典的卡尔曼滤波仅适用于线性系统，且误差应符合理想高斯分布。然而在实际中，系统的状态和测量模型不再是线性的，例如，状态方程是非线性的或者观测与状态之间的关系是非线性的，这时标准卡尔曼滤波不再适用。在实际应用里，解决非线性滤波问题往往采用各种线性近似的方法，将非线性关系进行线性近似，将其转化成线性问题。

非线性卡尔曼滤波对标准卡尔曼滤波算法进行了扩展，使之能处理非线性模型。扩展卡尔曼滤波（Extended Kalman Filtering，EKF）就是一种使用广泛的非线性卡尔曼滤波方法，对非线性状态转移函数和非线性观测函数进行一阶泰勒展开，并用得到的一阶近似项作为原状态方程和观测方程近似表达形式，从而实现线性化，同时假定线性化后的状态依然服从理想高斯分布，最后对线性化后的系统采用标准卡尔曼滤波获得状态估计。尽管比线性卡尔曼滤波更复杂，但它可以更准确地估计非线性系统状态，因此应用场景更为广泛。

扩展卡尔曼滤波处理非线性问题的主要方法是分别对预测和观测这两部分中非线性部分求取雅可比矩阵，作为卡尔曼滤波中的预测矩阵和观测矩阵。非线性系统方程及其观测方程通常可以表示为

$$\begin{aligned}\boldsymbol{x}_k &= f(\boldsymbol{x}_{k-1},\boldsymbol{u}_k,\boldsymbol{\omega}_k)\\ \boldsymbol{z}_k &= h(\boldsymbol{x}_k,\boldsymbol{v}_k)\end{aligned} \tag{6-54}$$

其中，$\boldsymbol{x}_k,\boldsymbol{z}_k$ 分别代表系统的状态变量和量测值；$f(\cdot),h(\cdot)$ 分别代表非线性系统函数和非线性测量函数。与线性系统的情况一样，可以得到扩展卡尔曼滤波算法如下：

$$\begin{aligned}&\boldsymbol{x}_{k+1}^- = f(\hat{\boldsymbol{x}}_k,0)\\ &\boldsymbol{P}_{k+1}^- = \boldsymbol{A}_k\hat{\boldsymbol{P}}_k\boldsymbol{A}_k^{\mathrm{T}} + \boldsymbol{Q}_k\\ &\boldsymbol{K}_{k+1} = \boldsymbol{P}_{k+1}^-\boldsymbol{H}^T(\boldsymbol{H}_k\boldsymbol{P}_{k+1}^-\boldsymbol{H}^{\mathrm{T}} + \boldsymbol{R})^{-1}\\ &\hat{\boldsymbol{x}}_{k+1} = \boldsymbol{x}_{k+1}^- + \boldsymbol{K}_{k+1}(\boldsymbol{z}_{k+1} - h(\boldsymbol{x}_{k+1}^-,0))\\ &\hat{\boldsymbol{P}}_{k+1} = (\boldsymbol{I} - K_{k+1}\boldsymbol{H}_k)\boldsymbol{P}_{k+1}^-\end{aligned} \tag{6-55}$$

与标准卡尔曼滤波算法不同的是，状态转移矩阵 $\boldsymbol{A}_k$ 和测量矩阵 $\boldsymbol{H}_k$ 由 f 和 h 的雅克比矩阵代替，求法如下：

$$\begin{aligned}\boldsymbol{A}_k &= \frac{\partial f}{\partial \boldsymbol{x}} = \frac{\partial f}{\partial x_1} + \frac{\partial f}{\partial x_2} + \frac{\partial f}{\partial x_3} + \cdots + \frac{\partial f}{\partial x_n}\\ \boldsymbol{H}_k &= \frac{\partial h}{\partial \boldsymbol{x}} = \frac{\partial h}{\partial x_1} + \frac{\partial h}{\partial x_2} + \frac{\partial h}{\partial x_3} + \cdots + \frac{\partial h}{\partial x_n}\end{aligned} \tag{6-56}$$

下面以二维平面小车的运动估计为例说明扩展卡尔曼滤波的应用。采用一个简单的非线性匀转速匀速度（CTRV）模型来描述小车，假设观察到的状态变量为

$$\boldsymbol{x} = [p_x \quad p_y \quad v \quad \theta \quad \omega]^{\mathrm{T}} \tag{6-57}$$

其中，p_x,p_y,v,θ,ω 分别代表平面上的二维空间坐标、速度、角速度和转速，如图 6-25 所示。因此，可得到系统的状态转移方程：

$$\boldsymbol{x}_{k+1} = \boldsymbol{x}_k + \begin{bmatrix}\dfrac{v(t)}{\omega}(\sin(\theta_k + \omega_k\Delta t) - \sin\theta_k)\\ \dfrac{v(t)}{\omega}(-\cos(\theta_k + \omega_k\Delta t) - \cos\theta_k)\\ 0\\ \omega_k\Delta t\\ 0\end{bmatrix} \tag{6-58}$$

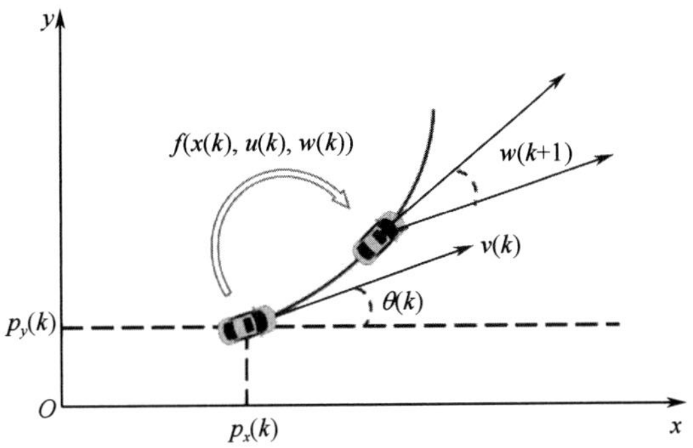

图 6-25　二维平面小车变量示意图

假设可以观测的状态量为二维平面坐标：

$$\boldsymbol{z}_k = [p_x \quad p_y]^{\mathrm{T}}$$

则观测矩阵为

$$\boldsymbol{H} = \begin{bmatrix} 1 & 0 & 0 & 0 & 0 \\ 0 & 1 & 0 & 0 & 0 \end{bmatrix}$$

同时也可得到系统的雅可比矩阵和系统误差分别为

$$\begin{bmatrix} 1 & 0 & \frac{1}{\omega}[\sin(\omega\Delta t+\theta)-\sin\theta] & \frac{v}{\omega}[\cos(\omega\Delta t+\theta)-\cos\theta] & \frac{v\Delta t}{\omega}\cos(\omega\Delta t+\theta)-\frac{v}{\omega^2}[\sin(\omega\Delta t+\theta)-\sin\theta] \\ 0 & 1 & \frac{1}{\omega}[-\cos(\omega\Delta t+\theta)+\cos\theta] & \frac{v}{\omega}[\sin(\omega\Delta t+\theta)-\sin\theta] & \frac{v\Delta t}{\omega}\sin(\omega\Delta t+\theta)-\frac{v}{\omega^2}[-\cos(\omega\Delta t+\theta)+\cos\theta] \\ 0 & 0 & 1 & 0 & 0 \\ 0 & 0 & 0 & 1 & \Delta t \\ 0 & 0 & 0 & 0 & 1 \end{bmatrix} \tag{6-59}$$

$$\boldsymbol{Q} = \begin{bmatrix} \frac{1}{2}\cos\theta_k\Delta t^2 & 0 \\ \frac{1}{2}\sin\theta_k\Delta t^2 & 0 \\ \Delta t & 0 \\ 0 & \frac{1}{2}\Delta t^2 \\ 0 & \Delta t \end{bmatrix} \begin{bmatrix} \sigma_{a_k}^2 & 0 \\ 0 & \sigma_{\ddot{\theta}_k}^2 \end{bmatrix} \begin{bmatrix} \frac{1}{2}\cos\theta_k\Delta t^2 & 0 \\ \frac{1}{2}\sin\theta_k\Delta t^2 & 0 \\ \Delta t & 0 \\ 0 & 0 \end{bmatrix} \tag{6-60}$$

将上述模型代入扩展卡尔曼滤波算法，为了对比效果，分别采用上述 CTRV 模型与 EKF 算法、线性匀速度（CV）模型与标准卡尔曼滤波算法进行验证。得到的仿真结果如图 6-26 和图 6-27 所示，其中，红色轨迹为小车真实轨迹，绿色实线为 CTRV 模型估计小车轨迹，蓝色实线为 CV 模型估计小车的轨迹。可以看出，CTRV 模型结合 EKF 算法的预测效果更优，更贴近真值。

6.4.3　粒子滤波

非线性卡尔曼滤波可进行非线性运动预测，但要求系统状态和测量函数连续可微，实际系统可能无法满足。由于对非线性函数进行了一阶近似，同时需要计算雅可比矩阵，容易产生精度下降甚至发散的问题。粒子滤波则为解决这些问题提供了一类有效的方法。

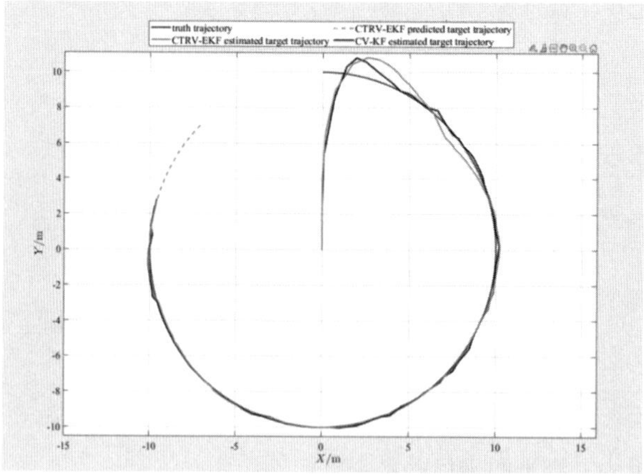

图 6-26　仿真实验小车做圆周运动轨迹图

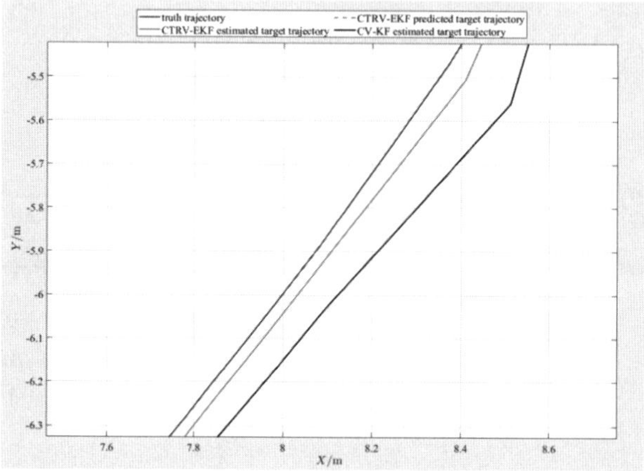

图 6-27　轨迹局部放大图

粒子滤波（Particle Filter，PF）建立在蒙特卡洛模拟方法的基础上。蒙特卡洛模拟指利用所求状态空间中大量的样本点来近似逼近待估计变量的后验概率分布，从而将积分问题转换为有限样本点的求和问题。然而在实际计算中，通常无法直接从后验概率分布中采样，如何得到服从后验概率分布的随机样本是蒙特卡洛模拟方法中的基本问题之一。为解决上述问题，重要性采样法引入一个已知的、容易采样的重要性概率密度函数并从中生成采样粒子，利用这些随机样本的加权和来逼近后验滤波概率密度。简言之，粒子滤波算法是利用一系列随机样本的加权和表示后验概率密度，通过求和来近似积分操作。

为描述方便，用 $\boldsymbol{X}_k=\boldsymbol{x}_{0:k}=\{\boldsymbol{x}_0, \boldsymbol{x}_1, \cdots, \boldsymbol{x}_k\}$ 和 $\boldsymbol{Z}_k=z_{1:k}=\{z_1, z_2, \cdots, z_k\}$ 分别表示 0 到 k 时刻所有的状态值与 1 到 k 时刻所有的量测值。假设可以从后验概率密度函数 $p(\boldsymbol{x}_k \mid Y_k)$ 中抽取 N 个独立同分布的随机样本 $\boldsymbol{x}_k^{(i)}, i=1,2,\cdots,N$，则 $p(\boldsymbol{x}_k \mid \boldsymbol{Z}_k)$ 可近似逼近为

$$p(\boldsymbol{x}_k \mid \boldsymbol{Z}_k) \approx \frac{1}{N}\sum_{i=1}^{N}\delta(\boldsymbol{x}_k - \boldsymbol{x}_k^{(i)}) \tag{6-61}$$

其中，$\boldsymbol{x}_k$ 为随机变量；δ 为单位脉冲函数，即

$$\delta(\boldsymbol{x}_k - \boldsymbol{x}_k^{(i)}) = 1, \boldsymbol{x}_k = \boldsymbol{x}_k^{(i)}, \quad \delta(\boldsymbol{x}_k - \boldsymbol{x}_k^{(i)}) = 0, \boldsymbol{x}_k \neq \boldsymbol{x}_k^{(i)}$$

且 $\int \delta(\boldsymbol{x})\,\mathrm{d}\boldsymbol{x} = 1$。

设 $\boldsymbol{x}_k^{(i)}$ 为从 $p(\boldsymbol{x}_k \mid \boldsymbol{Z}_k)$ 中获取的采样粒子，则任意函数 $f(\boldsymbol{x}_k)$ 的期望估计可以用求和方式逼

近，即

$$E[f(\boldsymbol{x}_k)\mid \boldsymbol{Z}_k]=\int f(\boldsymbol{x}_k)p(\boldsymbol{x}_k\mid \boldsymbol{Z}_k)\mathrm{d}\boldsymbol{x}_k=\frac{1}{N}\sum_{i=1}^{N}f(\boldsymbol{x}_k^{(i)}) \tag{6-62}$$

令 $\{\boldsymbol{x}_k^{(i)},w_k^{(i)},i=1,2,\cdots,N\}$ 表示一支撑点集，其中，$\boldsymbol{x}_k^{(i)}$ 为 k 时刻第 i 个粒子的状态，其相应的权重为 $w_k^{(i)}$，则后验滤波概率密度函数可以表示为

$$p(\boldsymbol{x}_k\mid \boldsymbol{Z}_k)=\sum_{i=1}^{N}w_k^{(i)}\delta(\boldsymbol{x}_k-\boldsymbol{x}_k^{(i)}) \tag{6-63}$$

其中，$w_k^{(i)}\propto\dfrac{p(\boldsymbol{x}_k^{(i)}|\boldsymbol{Z}_k)}{q(\boldsymbol{x}_k^{(i)}|\boldsymbol{Z}_k)}$。

在基于重要性采样的蒙特卡洛模拟方法中，估计后验概率需要利用所有的观测数据，每次新的观测数据到来都需要重新计算整个状态序列的重要性权值。序贯重要性采样将统计学中的序贯分析方法应用到蒙特卡洛模拟方法中，从而实现后验概率的递推估计。

假设重要性概率密度函数 $q(\boldsymbol{X}_k\mid \boldsymbol{Z}_k)$ 可以分解为

$$q(\boldsymbol{X}_k\mid \boldsymbol{Z}_k)=q(\boldsymbol{X}_{k-1}\mid \boldsymbol{Z}_{k-1})q(\boldsymbol{x}_k\mid \boldsymbol{X}_{k-1},\boldsymbol{Z}_k) \tag{6-64}$$

设系统状态是一个马尔可夫过程，且给定系统状态下各次观测独立，则有

$$p(\boldsymbol{X}_k)=p(\boldsymbol{x}_0)\prod_{i=1}^{k}p(\boldsymbol{x}_i\mid \boldsymbol{x}_{i-1})$$

$$p(\boldsymbol{Z}_k\mid \boldsymbol{X}_k)=\prod_{i=1}^{k}p(\boldsymbol{z}_i\mid \boldsymbol{x}_i) \tag{6-65}$$

其递归形式可以表示为

$$\begin{aligned}p(\boldsymbol{X}_k\mid \boldsymbol{Z}_k)&=\frac{p(\boldsymbol{z}_k\mid \boldsymbol{X}_k,\boldsymbol{Z}_{k-1})p(\boldsymbol{X}_k\mid \boldsymbol{Z}_{k-1})}{p(\boldsymbol{z}_k\mid \boldsymbol{Z}_{k-1})}\\&=\frac{p(\boldsymbol{z}_k\mid \boldsymbol{X}_k,\boldsymbol{Z}_{k-1})p(\boldsymbol{x}_k\mid \boldsymbol{X}_{k-1},\boldsymbol{Z}_{k-1})p(\boldsymbol{X}_{k-1}\mid \boldsymbol{Z}_{k-1})}{p(\boldsymbol{z}_k\mid \boldsymbol{Z}_{k-1})}\\&=\frac{p(\boldsymbol{z}_k\mid \boldsymbol{x}_k)p(\boldsymbol{x}_k\mid \boldsymbol{x}_{k-1})p(\boldsymbol{X}_{k-1}\mid \boldsymbol{Z}_{k-1})}{p(\boldsymbol{z}_k\mid \boldsymbol{Z}_{k-1})}\end{aligned} \tag{6-66}$$

因此，权重 $w_k^{(i)}$ 的递归形式可以表示为

$$\begin{aligned}w_k^{(i)}\propto\frac{p(\boldsymbol{X}_k^{(i)}\mid \boldsymbol{Z}_k)}{q(\boldsymbol{X}_k^{(i)}\mid \boldsymbol{Z}_k)}&=\frac{p(\boldsymbol{z}_k\mid \boldsymbol{x}_k^{(i)})p(\boldsymbol{x}_k^{(i)}\mid \boldsymbol{x}_{k-1}^{(i)})p(\boldsymbol{X}_{k-1}^{(i)}\mid \boldsymbol{Z}_{k-1})}{q(\boldsymbol{x}_k^{(i)}\mid \boldsymbol{X}_{k-1}^{(i)},\boldsymbol{Z}_k)q(\boldsymbol{X}_{k-1}^{(i)}\mid \boldsymbol{Z}_{k-1})}\\&=w_{k-1}^{(i)}\frac{p(\boldsymbol{z}_k\mid \boldsymbol{x}_k^{(i)})p(\boldsymbol{x}_k^{(i)}\mid \boldsymbol{x}_{k-1}^{(i)})}{q(\boldsymbol{x}_k^{(i)}\mid \boldsymbol{X}_{k-1}^{(i)},\boldsymbol{Z}_k)}\end{aligned} \tag{6-67}$$

最后对粒子权值进行归一化处理，即

$$\tilde{w}_k^{(i)}=\frac{w_k^{(i)}}{\sum_{i=1}^{N}w_k^{(i)}}$$

序贯重要性采样算法从重要性概率密度函数中生成采样粒子，并随着量测值的依次到来递推求得相应的权值，最终以粒子加权和的形式描述后验滤波概率密度，进而得到状态估计。

与常规滤波方法相比，粒子滤波具有非参数化的特点，能表达比高斯模型更广泛的分布，同时也对参数的非线性特性具有更强的建模能力，因此广泛用于解决状态估计和运动估计问题。

下面以二维空间中的小车位置运动估计为例说明粒子滤波的应用。已知运动小车的初始位置、状态方程、传感器测量数据，现在使用粒子滤波方法对其进行位置估计。具体实现步骤如下。

（1）初始化粒子群

在运动空间内，对所有粒子使用均匀分布初始化，结果如图 6-28 所示，选取粒子数 $N=200$。

（2）目标位置测量

小车运动达到下一位置后，传感器对当前位置进行测量，并得到包含量测噪声的位置数据。

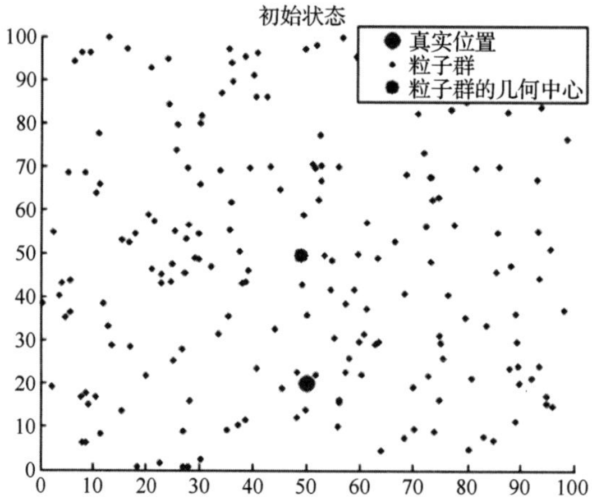

图 6-28　小车位置运动估计——粒子初始化结果

（3）计算粒子权重

把粒子群中的全部粒子逐个代入小车的运动方程，得到粒子群的下一步位置。同时计算每个粒子的位置和测量得到的小车位置，按照两个位置间距离的不同给每个粒子添加一个权重，用于重采样。距离越近，权值越大；可使用高斯函数等根据距离远近计算权值。得到全部粒子的权值后进行归一化。

（4）重采样

在具有新的权值的所有粒子中重采样出 N 个新粒子。权值大的会被多次采样到，权值小的可能被丢弃。

重复步骤（2）～（4），粒子群的几何中心就是需要的最优估计位置。

粒子群随时间迭代的演化结果，以及小车真实运动轨迹、测量轨迹和粒子群几何中心轨迹对比分别如图 6-29、图 6-30 所示。可以明显看出，粒子滤波的估计位置逐步收敛于真值。

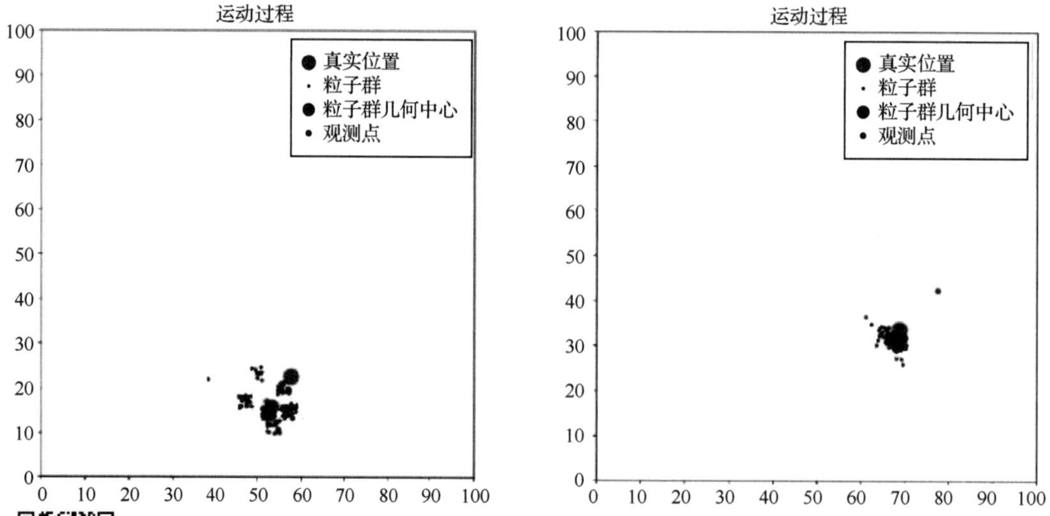

图 6-29　粒子群迭代演化结果

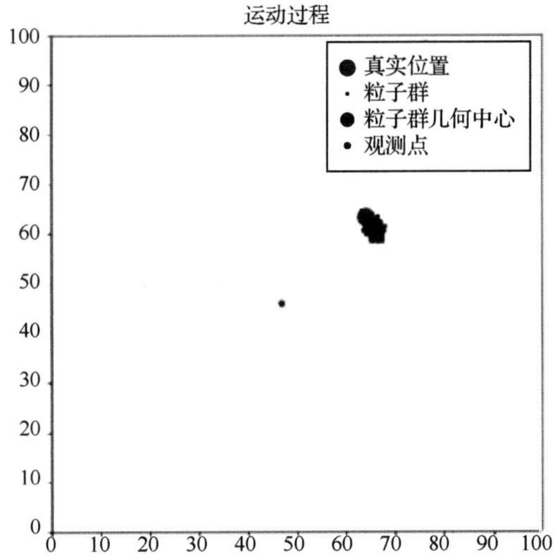

图 6-29　粒子群迭代演化结果（续）

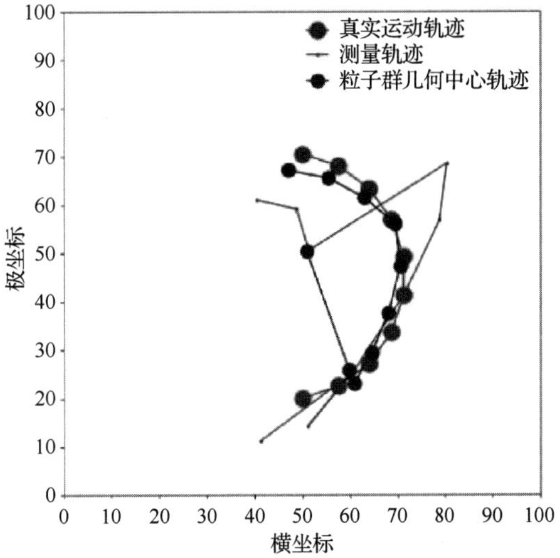

图 6-30　真实运动轨迹、测量轨迹和粒子群几何中心轨迹对比

第 3 篇

视觉几何与三维重构

第 7 章

单目位姿测量与标定

机器视觉系统可从相机采集的图像中计算角点等特征，进一步利用这些特征估计三维世界中目标的相对位置、几何形状等信息，即由二维特征重构三维世界。本章主要介绍使用如何使用单目相机估计目标的相对位置与姿态。在描述三维世界时，使用坐标系和坐标变换来表征相对位姿关系，因此首先介绍相机成像几何中的常用坐标系、坐标变换及成像模型。进一步介绍 PnP 问题及求解，即如何利用多个特征点求解目标和相机坐标系间的相对位姿。最后讨论了相机参数的标定问题，标定结果将作为方法的输入参数以完成求解过程。

7.1 坐标系与成像模型

相机通过图像采集完成了从三维世界到二维图像的变换过程，在变换过程中涉及多个坐标系和坐标变换，同时具体变换关系取决于相机成像模型。

7.1.1 坐标系定义与坐标变换

在描述相机成像过程时，经常使用的坐标系包括图像坐标系、像素坐标系、世界坐标系和相机坐标系。

1. 像素坐标系 O_puv

相机获得的图像数据是由像素点组成的，每个像素点在图像中的离散化位置关系使用像素坐标系描述，这种关系同时表征了像素点在计算机存储系统中的相对位置。该坐标系建立在图像上，坐标原点 O_p 位于图像的左上角；O_pu 轴平行于图像上边缘，水平向右为正方向；O_pv 轴垂直于 O_pu 轴，竖直向下为正方向。

2．图像坐标系 O_ixy

与像素坐标系不同，图像坐标系利用实际的物理长度描述图像中两点之间的距离，是一种连续的位置关系。该坐标系同样是建立在图像上的，即相机的感光芯片。坐标原点 O_i 位于光轴在感光芯片的投影点上，一般情况是图像的几何中心，O_ix 轴与 O_iy 轴分别平行于 O_pu 轴与 O_pv 轴。两坐标系的关系如图 7-1 所示。

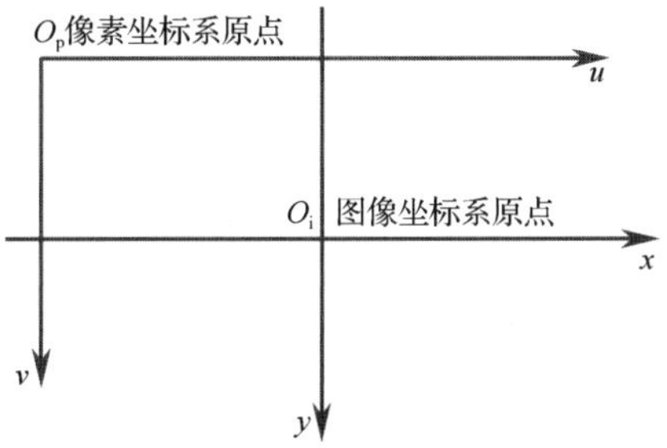

图 7-1　图像坐标系与像素坐标系的关系

3．世界坐标系 $O_wx_wy_wz_w$

世界坐标系又称惯性坐标系。位姿测量是确定对象运动状态的过程，而所有运动都需要参照的基本坐标系是惯性坐标系。该坐标系相对于对象所处的环境固定不变。在进行位姿测量的过程中，需要先确定该坐标系。有时可选择对象获取第一帧图像数据时的本体坐标系作为世界坐标系。

4．相机坐标系 $O_cx_cy_cz_c$

固定在相机本体上的坐标系是相机坐标系，坐标原点 O_c 位于相机的光心，O_cx_c 轴、O_cy_c 轴分别平行于 O_ix 轴、O_iy 轴，O_cz_c 满足右手定则，主要用于描述相机与世界坐标系之间的位置关系。相机坐标系、图像坐标系与世界坐标系的关系可表示为图 7-2 的形式。

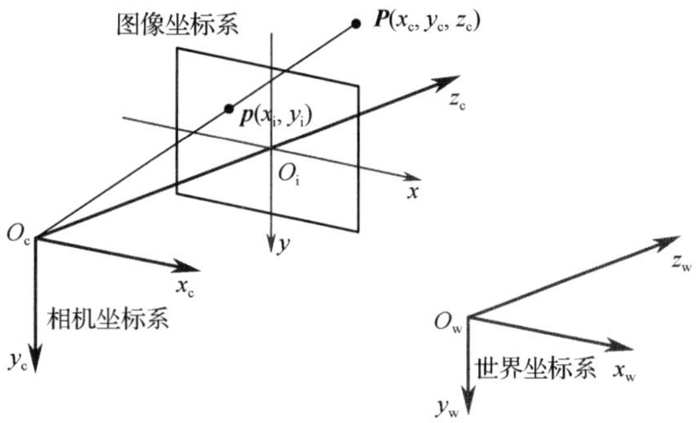

图 7-2　相机坐标系、图像坐标系与世界坐标系的关系

5．坐标转换

坐标系之间坐标的转换关系通常包括平移和旋转两个部分，分别使用旋转矩阵 $\boldsymbol{R}$ 和平移向量 $\boldsymbol{t}$ 表示。设点 $\boldsymbol{P}$ 在世界坐标系下的坐标 $\boldsymbol{P}_w$ 为 $[x_w \quad y_w \quad z_w]^T$，在相机坐标系下的坐标 $\boldsymbol{P}_c$ 为 $[x_c \quad y_c \quad z_c]^T$，那么两个坐标系之间的转换关系为

$$\boldsymbol{P}_c = \boldsymbol{R}\boldsymbol{P}_w + \boldsymbol{t} \tag{7-1}$$

其中，旋转矩阵 $\boldsymbol{R}$ 满足正交约束条件，即每列对应的列向量长度为 1，任意二列均正交，对应向

量点积为 0。上式又可记为齐次形式：

$$\begin{bmatrix} x_c \\ y_c \\ z_c \\ 1 \end{bmatrix} = \begin{bmatrix} r_{11} & r_{12} & r_{13} & t_1 \\ r_{21} & r_{22} & r_{23} & t_2 \\ r_{31} & r_{32} & r_{33} & t_3 \\ 0 & 0 & 0 & 1 \end{bmatrix} \begin{bmatrix} x_w \\ y_w \\ z_w \\ 1 \end{bmatrix} \tag{7-2}$$

令 $\tilde{\boldsymbol{P}}_w = [x_w \quad y_w \quad z_w \quad 1]^T$、$\tilde{\boldsymbol{P}}_c = [x_c \quad y_c \quad z_c \quad 1]^T$ 分别为 $\boldsymbol{P}_w$、$\boldsymbol{P}_c$ 的齐次坐标，则上式又可记为

$$\tilde{\boldsymbol{P}}_c = \boldsymbol{T}\tilde{\boldsymbol{P}}_w \tag{7-3}$$

其中，$\boldsymbol{T} = \begin{bmatrix} r_{11} & r_{12} & r_{13} & t_1 \\ r_{21} & r_{22} & r_{23} & t_2 \\ r_{31} & r_{32} & r_{33} & t_3 \\ 0 & 0 & 0 & 1 \end{bmatrix}$ 为齐次变换矩阵。在下面推导中，为书写简洁起见，可用不加上标～符号代表各向量的齐次形式。

7.1.2 线性成像模型

相机模型描述相机将三维世界的点映射到二维平面上的原理，相机模型的种类很多，针对单目相机通常采用理想透视模型，又称线性成像模型。在小孔成像的基础上引入非线性畸变模型进行修正，以得到更加精确的相机成像模型。

线性成像模型采用小孔成像原理，众所周知，三维世界中的物体通过小孔在投影平面上形成一个倒立的平面图像。根据该现象对小孔模型进行几何建模，如图 7-3 所示，其中 $O_c x_c y_c z_c$ 为相机坐标系，$O_i xy$ 为图像坐标系，平面 $O_i xy$ 也是相机的物理成像平面，O_c 与 O_i 之间的距离为相机的焦距。通过小孔模型将空间点 $\boldsymbol{P}_c$ 投影到图像坐标系中得到点 $\boldsymbol{p}$。

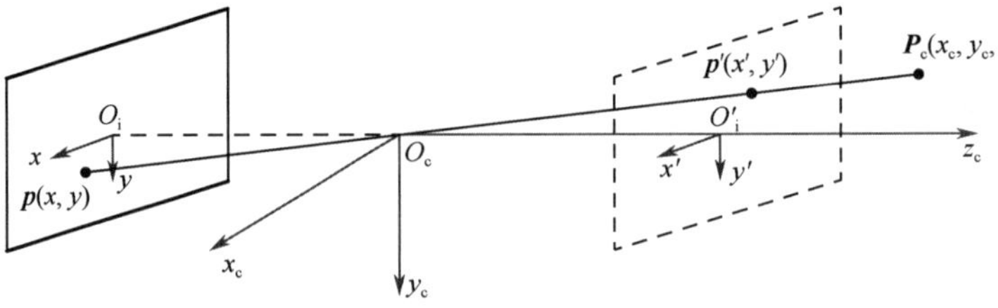

图 7-3 理想透视模型

设该相机的焦距为 f，$\boldsymbol{P}_c$ 的坐标为 $[x_c \quad y_c \quad z_c]^T$，$\boldsymbol{p}$ 的坐标为 $[x \quad y]^T$。由三角形的相似关系可得

$$\begin{cases} -x = f\dfrac{x_c}{z_c} \\ -y = f\dfrac{y_c}{z_c} \end{cases} \tag{7-4}$$

由于小孔成像的过程中会存在图像颠倒的问题，因此在式（7-4）即坐标转换的过程中存在一个负号的“关系”。但一般情况下，相机会自动进行图像的反转从而得到正像。为了成像平面中的图像与相机获取的图像正反保持一致，将成像平面变换到三维空间点与相机坐标系之间，即图 7-3 中的虚线平面。$\boldsymbol{P}_c$ 在该平面的投影点 $\boldsymbol{p}'$ 的坐标设为 $[x' \quad y']^T$，两者之间的转换关系为

$$\begin{cases} x' = f\dfrac{x_c}{z_c} \\ y' = f\dfrac{y_c}{z_c} \end{cases} \tag{7-5}$$

将上式表达为齐次坐标的形式：

$$z_c\begin{bmatrix} x' \\ y' \\ 1 \end{bmatrix} = \begin{bmatrix} f & 0 & 0 \\ 0 & f & 0 \\ 0 & 0 & 1 \end{bmatrix}\begin{bmatrix} x_c \\ y_c \\ z_c \end{bmatrix} \tag{7-6}$$

相机成像模型最终要将空间点 $\boldsymbol{P}_c$ 对应到像素坐标系中，上述过程只是通过相似三角形关系将点 P_c 对应到了图像坐标系中，因此还需要考虑图像坐标系与像素坐标系之间的关系。由这两个坐标系的定义可知，它们建立相机获取的图像信息与计算机能够处理的数字信息之间的关系。假设图像上存在一点 $\boldsymbol{P}$，其在图像坐标系下表示为 $\boldsymbol{p}(x,y)$，在像素坐标系下表示为 $\boldsymbol{p}(u,v)$，由图像坐标系转换到像素坐标系的公式为

$$\begin{cases} u = \dfrac{x}{d_x} + u_0 \\ v = \dfrac{y}{d_y} + v_0 \end{cases} \tag{7-7}$$

其中，u_0 和 v_0 分别表示相机光轴投影点在像素坐标系中的坐标，一般情况下为图像尺寸的一半；d_x 和 d_y 分别表示每个像素在图像坐标系中实际的宽度和高度。

结合式（7-6）与式（7-7）可得空间点 P_c 从相机坐标到像素坐标的转换关系，如下式所示：

$$z_c\begin{bmatrix} u \\ v \\ 1 \end{bmatrix} = \begin{bmatrix} f_x & 0 & u_0 \\ 0 & f_y & v_0 \\ 0 & 0 & 1 \end{bmatrix}\begin{bmatrix} x_c \\ y_c \\ z_c \end{bmatrix} = \boldsymbol{K}\begin{bmatrix} x_c \\ y_c \\ z_c \end{bmatrix} \tag{7-8}$$

其中，$f_x = f/d_x$，$f_y = f/d_y$。从式（7-8）可以看出，参数矩阵 $\boldsymbol{K}$ 只与相机的自身参数有关，因此 $\boldsymbol{K}$ 称为相机的内参矩阵。通过相机的内参矩阵可将相机坐标空间中任意一个三维点转换到像素坐标系中。

现在考虑一个新的问题，在相机坐标系下存在另一个点 $\boldsymbol{Q}_c$，假设它在各轴的坐标值都是 $\boldsymbol{P}_c$ 的 k 倍，即 $[kx_c \;\; ky_c \;\; kz_c]^{\mathrm{T}}$，将其代入式（7-8）可得

$$kz_c\begin{bmatrix} u \\ v \\ 1 \end{bmatrix} = \begin{bmatrix} f_x & 0 & u_0 \\ 0 & f_y & v_0 \\ 0 & 0 & 1 \end{bmatrix}\begin{bmatrix} kx_c \\ ky_c \\ kz_c \end{bmatrix} = \boldsymbol{K}\begin{bmatrix} kx_c \\ ky_c \\ kz_c \end{bmatrix} \tag{7-9}$$

对式（7-9）的各端同时除以 k 得到的结果与式（7-8）完全相同，也就是说，点 $\boldsymbol{P}_c$ 与点 $\boldsymbol{Q}_c$ 在像素坐标系中的位置是相同的，这表明在小孔成像的过程中点的深度信息被丢失了，所以单目相机无法得到像素点的深度值。

利用世界坐标系到相机坐标系之间的转换关系及相机坐标系到像素坐标系之间的转换关系，易得：

$$z_c\begin{bmatrix} u \\ v \\ 1 \end{bmatrix} = \begin{bmatrix} f_x & 0 & u_0 \\ 0 & f_y & v_0 \\ 0 & 0 & 1 \end{bmatrix}[\boldsymbol{R} \quad \boldsymbol{t}]\begin{bmatrix} x_w \\ y_w \\ z_w \\ 1 \end{bmatrix} = \boldsymbol{K}[\boldsymbol{R} \quad \boldsymbol{t}]\begin{bmatrix} x_w \\ y_w \\ z_w \\ 1 \end{bmatrix} \tag{7-10}$$

或记为

$$z_c \begin{bmatrix} u \\ v \\ 1 \end{bmatrix} = \boldsymbol{M} \begin{bmatrix} x_w \\ y_w \\ z_w \\ 1 \end{bmatrix}$$

上式称为相机的理想透视模型，或称线性成像模型，刻画了空间三维点坐标到像平面坐标的映射关系。其中，$\boldsymbol{M} = \boldsymbol{K}[\boldsymbol{R} \quad \boldsymbol{t}]$ 称为线性投影矩阵，由旋转矩阵 $\boldsymbol{R}$ 和平移向量 $\boldsymbol{t}$ 构成的 3×4 矩阵 $[\boldsymbol{R} \quad \boldsymbol{t}]$ 又称为相机的外参矩阵。相较于由相机自身特性所决定的内参矩阵 $\boldsymbol{K}$ 而言，外参矩阵会随着相机的运动而不断改变。通过一系列不同的方法求解相机外参矩阵的过程称为单目相机的位姿估计。

7.1.3 非线性畸变模型

考虑到理想透视模型是对实际相机镜头的近似，因此在计算图像像素时还应该考虑相机的畸变。相机的畸变可分为径向畸变和切向畸变两种。其中，径向畸变是指由相机镜片形状所引起的图像失真，一般表现为真实世界中的直线投影到图像中变成了曲线，这种现象在图像的边缘尤为明显。对于大多数相机而言，其畸变主要为径向畸变。图 7-4 给出了相机径向畸变的两种形式。

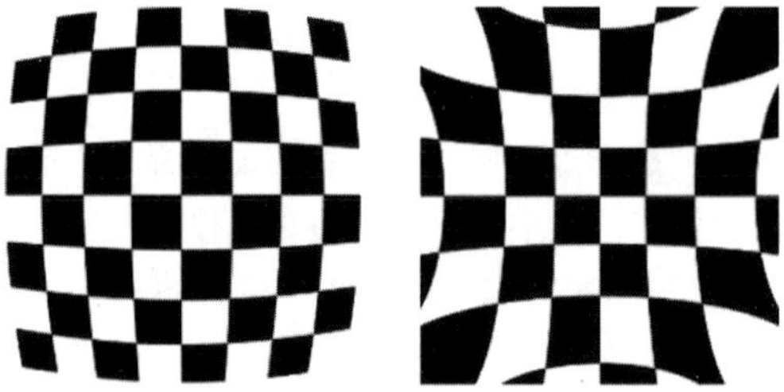

（a）桶形畸变　　（b）枕形畸变

图 7-4　相机的径向畸变

图 7-4（a）表示的是桶形畸变，图像的放大率随着与光轴之间距离的增加而减少；图 7-4（b）表示的则是枕形畸变，图像的放大率随着与光轴之间距离的增加而增加。但是，所有穿过图像中心的直线能够保持其形状不变。相机的径向畸变可使用下式描述：

$$\begin{cases} x_r = x(1 + k_1 r^2 + k_2 r^4 + k_3 r^6) \\ y_r = y(1 + k_1 r^2 + k_2 r^4 + k_3 r^6) \end{cases} \tag{7-11}$$

其中，$[x_r \quad y_r]^T$ 为加入畸变后点 P 的坐标，k_1、k_2 和 k_3 分别表示径向畸变的一阶、二阶和三阶参数，$r^2 = x^2 + y^2$ 表示像素点到图像中心的距离。

相机的切向畸变是相机组装过程中无法保证透镜平面与成像平面之间相互平行所导致的图像失真，如图 7-5 所示。

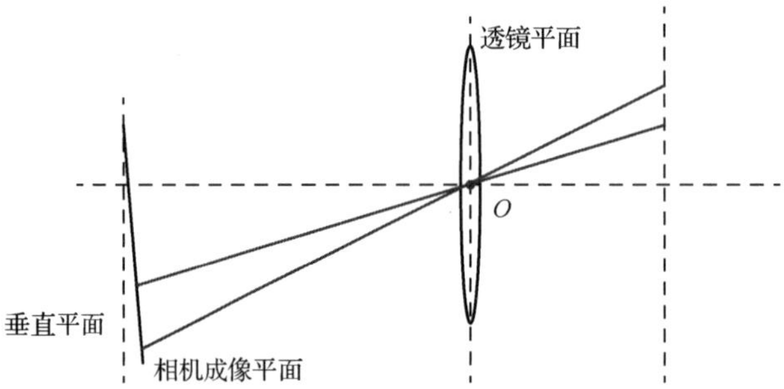

图 7-5　相机的切向畸变

切向畸变可使用下式描述：

$$\begin{cases} x_{\mathrm{t}} = x + 2p_1xy + p_2(r^2 + 2x^2) \\ y_{\mathrm{t}} = y + 2p_2xy + p_1(r^2 + 2y^2) \end{cases} \tag{7-12}$$

其中，p_1 和 p_2 分别表示切向畸变的一阶和二阶参数。

结合两种畸变即可获得相机的畸变模型如下式所示：

$$\begin{cases} x_{\mathrm{d}} = x + x(1 + k_1r^2 + k_2r^4 + k_3r^6) + 2p_1xy + p_2(r^2 + 2x^2) \\ y_{\mathrm{d}} = y + y(1 + k_1r^2 + k_2r^4 + k_3r^6) + 2p_2xy + p_1(r^2 + 2y^2) \end{cases} \tag{7-13}$$

7.2　单目视觉相对位姿测量

世界坐标系相对于相机坐标系的相对位姿测量可使用单个相机或多个相机实现。与基于多个相机的双目或多目视觉测量方式相比，单目视觉需要硬件设备少，成本相对低廉，便于部署安装，因而得到广泛使用。但基于单目视觉的位姿测量方式需要利用特征在世界坐标系下的已知信息，如特征点的三维坐标。当该信息无法获得时，则必须使用多个相机，或借助其他类型传感器实现。

PnP（Perspective-n-Point）问题是基于 3D-2D 特征点求解相对位姿的常用方法，如图 7-6 所示，是指利用 n 个点的三维空间坐标及其投影在像素坐标系中的二维坐标，估计相机坐标系相对于三维空间的位姿矩阵。在 PnP 问题的求解过程中，如果已知 3 个或以上的点的对应坐标就可以进行相机的运动估计，在实际问题中还必须有一个额外点来进行估计结果的验证。基于 PnP 问题进行位姿估计时，需要知道特征点在世界坐标系下的坐标、特征点成像的二维坐标和相机的内参。PnP 方法即使在匹配点数量较少的情况下也能获得较好的运动估计，是一种重要的姿态估计方法。PnP 的求解方法有直接线性变换、利用三对点完成位姿估计的 P3P 及利用最小重投影误差等。如果特征点的三维坐标是世界坐标系中的坐标值，就可以求出相机相对于环境的位姿矩阵；如果该三维坐标是另一相机坐标系中的坐标值，那么求出的是两相机之间的相对位置关系。

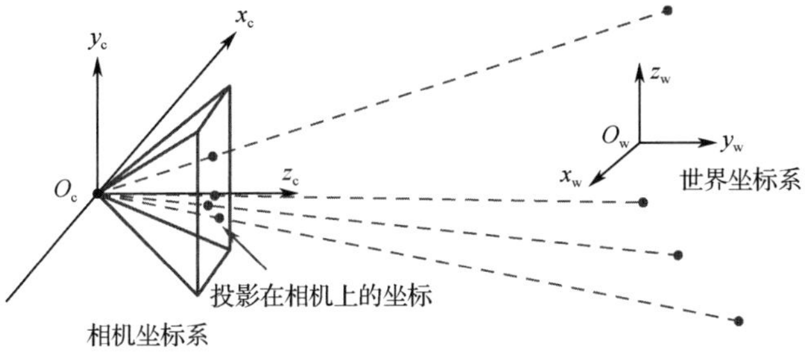

图 7-6　PnP 的几何结构

在以下讨论中，需要用到规一化相机模型。根据式（7-10），注意到相机内参矩阵 $\boldsymbol{K}$ 必然可逆，因此等式两端同乘 $\boldsymbol{K}^{-1}$，有

$$z_{\mathrm{c}}\boldsymbol{K}^{-1}\begin{bmatrix} u \\ v \\ 1 \end{bmatrix} = [\boldsymbol{R} \quad \boldsymbol{t}]\begin{bmatrix} x_{\mathrm{w}} \\ y_{\mathrm{w}} \\ z_{\mathrm{w}} \\ 1 \end{bmatrix} = [\boldsymbol{R} \quad \boldsymbol{t}]\boldsymbol{P}_{\mathrm{w}} \tag{7-14}$$

进一步，由于 $\boldsymbol{K}$ 为上三角阵且最后元素为 1，因此 $\boldsymbol{K}^{-1}$ 仍为上三角阵，且最后一个元素仍为

1，因此有

$$z_c \boldsymbol{K}^{-1}\begin{bmatrix}u\\v\\1\end{bmatrix}=z_c\begin{bmatrix}u'\\v'\\1\end{bmatrix}=[\boldsymbol{R}\quad \boldsymbol{t}]\boldsymbol{P}_w \tag{7-15}$$

其中，$[u' \quad v' \quad 1]^T=\boldsymbol{K}^{-1}[u \quad v \quad 1]^T$。该式称为规一化的线性成像模型，等效相机内参矩阵为单位矩阵，等效焦距为 1。当 $\boldsymbol{K}$ 已知时，可根据特征点成像坐标 (u,v) 计算规一化的点坐标 (u',v')。在本节下面讨论中，像平面特征点坐标均使用规一后的坐标。

7.2.1 P3P 问题求解

P3P 是 PnP 问题中的一种求解方法，它只需利用 3 个特征点便可以求出相机的相对位姿。这种方法先利用余弦定理及特征点在二维平面内的坐标计算该点在相机坐标系下的坐标。在相机坐标系下，三维空间的特征点及其在成像平面中的投影可以表示为图 7-7 的形式。

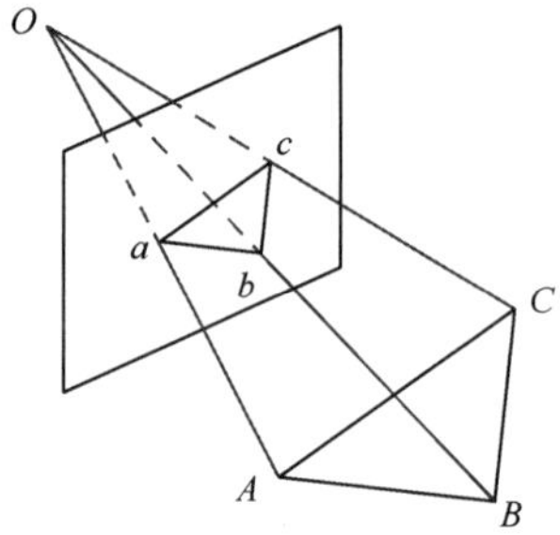

图 7-7　特征点在相机坐标系与投影平面中的关系

显然，$\triangle Oab \sim \triangle OAB$、$\triangle Oac \sim \triangle OAC$、$\triangle Obc \sim \triangle OBC$，那么 $\cos\angle aOb=\cos\angle AOB$，$\cos\angle aOc=\cos\angle AOC$，$\cos\angle bOc=\cos\angle BOC$。由余弦定理可得

$$\begin{aligned}OA^2+OB^2-2OA\cdot OB\cdot\cos\angle aOb=AB^2\\OA^2+OC^2-2OA\cdot OC\cdot\cos\angle aOc=AC^2\\OB^2+OC^2-2OB\cdot OC\cdot\cos\angle bOc=BC^2\end{aligned} \tag{7-16}$$

经处理可得

$$\begin{aligned}(1-u)y^2-ux^2-\cos\angle aOby+2uxy\cos\angle aOb+1=0\\(1-w)x^2-wy^2-\cos\angle aOcx+2wxy\cos\angle aOb+1=0\end{aligned} \tag{7-17}$$

其中，$\cos\angle aOb$、$\cos\angle aOc$、$\cos\angle bOc$ 为已知量，$x=OA/OC$，$y=OB/OC$，$u=BC^2/AB^2$，$w=AC^2/AB^2$。利用吴氏消元法及用于验证的特征点，可求得 A、B、C 三点在相机坐标系中的三维坐标。此时将问题转换成 3D 到 3D 的位姿估计问题，3D-3D 位姿求解通常采用 ICP（Iterative Closest Point）算法。ICP 算法的核心思想是利用点到点的距离误差：

$$\boldsymbol{e}_i=\boldsymbol{p}_i-(\boldsymbol{R}\boldsymbol{p}_i'+\boldsymbol{t}) \tag{7-18}$$

构建最小二乘问题：

$$\min_{\boldsymbol{R},\boldsymbol{t}}\frac{1}{2}\sum_{i=1}^{n}\left\|\boldsymbol{p}_i-(\boldsymbol{R}\boldsymbol{p}_i'+\boldsymbol{t})\right\|_2^2 \tag{7-19}$$

其中，$\boldsymbol{p}_i$ 和 $\boldsymbol{p}_i'$ 表示同一个特征点在两个不同坐标系中的三维坐标，求解这个非线性最小二乘问题即可获得最优的位姿变换矩阵。求解非线性最小二乘问题的方法很多，常用的有线性代数求解和非线性优化。但是，P3P 求解方法存在的最大问题就是只利用了 3 对点的信息，即使有更多的匹配点存在也很难利用其他的匹配信息。2D 或 3D 点受到噪声干扰或者特征点出现匹配错误，都将会使算法失效。

7.2.2　PnP 问题通用线性求解

使用直接线性化的方式求解 PnP 问题时，首先将其描述为以下数学形式。假设空间中存在一特征点 $\boldsymbol{P}$，其三维空间的齐次坐标表示为$[X \quad Y \quad Z \quad 1]^{\mathrm{T}}$，对应像平面投影点的规一化齐次坐标表示为$\boldsymbol{p}=[u \quad v \quad 1]^{\mathrm{T}}$。根据式（7-15），有

$$s\begin{bmatrix} u \\ v \\ 1 \end{bmatrix}=[\boldsymbol{R} \quad \boldsymbol{t}]\begin{bmatrix} X \\ Y \\ Z \\ 1 \end{bmatrix}=\boldsymbol{T}\begin{bmatrix} X \\ Y \\ Z \\ 1 \end{bmatrix}=\begin{bmatrix} t_1 & t_2 & t_3 & t_4 \\ t_5 & t_6 & t_7 & t_8 \\ t_9 & t_{10} & t_{11} & t_{12} \end{bmatrix}\begin{bmatrix} X \\ Y \\ Z \\ 1 \end{bmatrix} \tag{7-20}$$

其中，比例因子$s=z_{\mathrm{c}}$，$\boldsymbol{T}=\begin{bmatrix} t_1 & t_2 & t_3 & t_4 \\ t_5 & t_6 & t_7 & t_8 \\ t_9 & t_{10} & t_{11} & t_{12} \end{bmatrix}=[\boldsymbol{R} \quad \boldsymbol{t}]$。假设$\boldsymbol{T}_1=[t_1 \quad t_2 \quad t_3 \quad t_4]$，$\boldsymbol{T}_2=[t_5 \quad t_6 \quad t_7 \quad t_8]$，$\boldsymbol{T}_3=[t_9 \quad t_{10} \quad t_{11} \quad t_{12}]$，可以将上式写为以下形式：

$$\begin{gathered} s\cdot u=\boldsymbol{P}^{\mathrm{T}}\boldsymbol{T}_1 \\ s\cdot v=\boldsymbol{P}^{\mathrm{T}}\boldsymbol{T}_2 \\ s=\boldsymbol{P}^{\mathrm{T}}\boldsymbol{T}_3 \end{gathered} \tag{7-21}$$

将式（7-21）中最后一式代入前两式，可得到两个约束方程：

$$\begin{gathered} \boldsymbol{P}^{\mathrm{T}}\boldsymbol{T}_1-\boldsymbol{P}^{\mathrm{T}}\boldsymbol{T}_3u=0 \\ \boldsymbol{P}^{\mathrm{T}}\boldsymbol{T}_2-\boldsymbol{P}^{\mathrm{T}}\boldsymbol{T}_3v=0 \end{gathered} \tag{7-22}$$

其中，

$$\begin{aligned} u_1&=\frac{t_1X+t_2Y+t_3Z+t_4}{t_9X+t_{10}Y+t_{11}Z+t_{12}}=\frac{\boldsymbol{P}^{\mathrm{T}}\boldsymbol{T}_1}{\boldsymbol{P}^{\mathrm{T}}\boldsymbol{T}_3} \\ v_1&=\frac{t_5X+t_6Y+t_7Z+t_8}{t_9X+t_{10}Y+t_{11}Z+t_{12}}=\frac{\boldsymbol{P}^{\mathrm{T}}\boldsymbol{T}_2}{\boldsymbol{P}^{\mathrm{T}}\boldsymbol{T}_3} \end{aligned} \tag{7-23}$$

由于 $\boldsymbol{T}$ 中有 12 个未知参数，因此最少需要 6 对非共面的匹配点才可实现对相机位姿矩阵的求解。但通常情况下得到的匹配点对数目会远远大于 6，假设通过特征匹配得到 N 对特征点，则 $\boldsymbol{T}$ 的约束方程可表示为下式：

$$\begin{bmatrix} \boldsymbol{P}_1^{\mathrm{T}} & 0 & -u_1\boldsymbol{P}_1^{\mathrm{T}} \\ 0 & \boldsymbol{P}_1^{\mathrm{T}} & -v_1\boldsymbol{P}_1^{\mathrm{T}} \\ \vdots & \vdots & \vdots \\ \boldsymbol{P}_N^{\mathrm{T}} & 0 & -u_1\boldsymbol{P}_N^{\mathrm{T}} \\ 0 & \boldsymbol{P}_N^{\mathrm{T}} & -v_1\boldsymbol{P}_N^{\mathrm{T}} \end{bmatrix}\begin{bmatrix} \boldsymbol{T}_1 \\ \boldsymbol{T}_2 \\ \boldsymbol{T}_3 \end{bmatrix}=0 \tag{7-24}$$

其中，$\boldsymbol{P}_i$（i=,1,2,⋯,N）为第 N 个特征点齐次坐标，等号左侧第一个矩阵维数为 $2N\times12$，第二个为 12×1 的列向量。此方程为超定方程，可使用 SVD 求解该方程组的最小二乘解 $\boldsymbol{T}$。当 $N=6$ 时可以直接解出线性方程组；当 $N\geqslant6$ 时，这是一个超定方程，没有精确解，令

$$A=\begin{bmatrix} \boldsymbol{P}_1^{\mathrm{T}} & 0 & -u_1\boldsymbol{P}_1^{\mathrm{T}} \\ 0 & \boldsymbol{P}_1^{\mathrm{T}} & -v_1\boldsymbol{P}_1^{\mathrm{T}} \\ \vdots & \vdots & \vdots \\ \boldsymbol{P}_N^{\mathrm{T}} & 0 & -u_1\boldsymbol{P}_N^{\mathrm{T}} \\ 0 & \boldsymbol{P}_N^{\mathrm{T}} & -v_1\boldsymbol{P}_N^{\mathrm{T}} \end{bmatrix} \tag{7-25}$$

对 $\boldsymbol{A}$ 进行 SVD，有

$$\boldsymbol{U\Sigma V}^{\mathrm{T}}=\mathrm{SVD}(\boldsymbol{A}) \tag{7-26}$$

根据 SVD 分解性质，$\boldsymbol{U}$、$\boldsymbol{V}$ 均为正交矩阵，$\boldsymbol{\Sigma}$ 为对角矩阵，且对角线上奇异值从大到小排列，$\boldsymbol{V}$ 的最后一列即所求解。

当所有目标特征点在一个平面上时，问题可进一步简化。令所有点坐标 $Z=0$，$\boldsymbol{R}=[\boldsymbol{R}_1 \quad \boldsymbol{R}_2 \quad \boldsymbol{R}_3]$，此时式（7-20）变为

$$s\begin{bmatrix} u \\ v \\ 1 \end{bmatrix}=[\boldsymbol{R}_1 \quad \boldsymbol{R}_2 \quad \boldsymbol{R}_3 \quad \boldsymbol{t}]\begin{bmatrix} X \\ Y \\ 0 \\ 1 \end{bmatrix}=[\boldsymbol{R}_1 \quad \boldsymbol{R}_2 \quad \boldsymbol{t}]\begin{bmatrix} X \\ Y \\ 1 \end{bmatrix} \tag{7-27}$$

进一步可列出类似式（7-24）的方程，但待求解未知数减少为 9 个。注意到等式右侧为 0，可消去一未知数，因此最终求解 8 个未知数，当 $N \geqslant 4$ 时，同样可利用 SVD 方法进行求解。最后，利用旋转矩阵每列的单位长度性质求出消去的未知数，同时旋转矩阵的第三列可通过各列的正交性得出，即有 $\boldsymbol{R}_3=\boldsymbol{R}_1 \times \boldsymbol{R}_2$。

在上述求解的过程中，$\boldsymbol{T}$ 的 12 个变量被当成不相关的变量，得到的矩阵 $\boldsymbol{R}$ 可能不满足旋转矩阵的约束条件。因此，需要使用一个旋转矩阵对其进行近似，如下式所示

$$\boldsymbol{R} \leftarrow (\boldsymbol{RR}^{\mathrm{T}})^{-\frac{1}{2}}\boldsymbol{R} \tag{7-28}$$

7.2.3 改进的 PnP 问题求解

由于特征点的采集过程会受到噪声的影响，因此特征点的坐标会存在一定误差。为了尽可能消除噪声的影响，人们提出一些 PnP 算法的改进算法，如 EPnP 算法等，并采用迭代求解的方式。EPnP 算法的核心思想是，先根据特征匹配过程中得到的参考点在相机坐标系下的坐标 $\boldsymbol{p}_i$ 计算得到 4 个控制点 $\boldsymbol{c}_i$（i=1,2,3,4），利用控制点在世界坐标系下的坐标 $\boldsymbol{c}_j^{\mathrm{w}}$ 及在像素坐标系下的坐标 $\boldsymbol{c}_j^{\mathrm{p}}$ 计算其在相机坐标系下的坐标 $\boldsymbol{c}_j^{\mathrm{c}}$，进而求解参考点在相机坐标系下的坐标，再通过 SVD 求解相机相对世界坐标系的位姿变换矩阵。EPnP 算法的基础是，参考点关于控制点在世界坐标系和相机坐标系下的组合系数相同。假设在世界坐标系下第 i 个参考点表示为

$$\boldsymbol{P}_i=\sum_{j=1}^{4}\alpha_{ij}\boldsymbol{c}_j^{\mathrm{w}}, \quad \sum_{j=1}^{4}\alpha_{ij}=1 \tag{7-29}$$

该点在相机坐标系下表示为

$$\begin{aligned} \boldsymbol{p}_i &=[\boldsymbol{R} \quad \boldsymbol{t}]\begin{bmatrix} \boldsymbol{P}_i \\ 1 \end{bmatrix}=[\boldsymbol{R} \quad \boldsymbol{t}]\begin{bmatrix} \sum_{j=1}^{4}\alpha_{ij}\boldsymbol{c}_j^{\mathrm{w}} \\ \sum_{j=1}^{4}\alpha_{ij} \end{bmatrix} \\ &=\sum_{j=1}^{4}\alpha_{ij}[\boldsymbol{R} \quad \boldsymbol{t}]\begin{bmatrix} \boldsymbol{c}_j^{\mathrm{w}} \\ 1 \end{bmatrix}=\sum_{j=1}^{4}\alpha_{ij}\boldsymbol{c}_j^{\mathrm{c}} \end{aligned} \tag{7-30}$$

其中，$\boldsymbol{P}_i$ 表示参考点在世界坐标系下的坐标，$\boldsymbol{p}_i$ 表示参考点在相机坐标系下的坐标，无特殊说明本节均采用此表示方式。

基于此，EPnP 算法可以总结为以下几个步骤。

1. 控制点 c_i 的选择

所有参考点在世界坐标系下的坐标为 $\boldsymbol{P}_i$（$i=1,2,\cdots,n$），选择所有参考点的重心作为第一个控制点：

$$\boldsymbol{c}_1^{\mathrm{w}}=\frac{1}{n}\sum_{i=1}^{n}\boldsymbol{P}_i \tag{7-31}$$

进而定义矩阵

$$\boldsymbol{A}=\begin{bmatrix}\boldsymbol{P}_1^{\mathrm{T}}-\boldsymbol{c}_1^{\mathrm{wT}}\\ \boldsymbol{P}_2^{\mathrm{T}}-\boldsymbol{c}_2^{\mathrm{wT}}\\ \boldsymbol{P}_3^{\mathrm{T}}-\boldsymbol{c}_3^{\mathrm{wT}}\end{bmatrix} \tag{7-32}$$

计算矩阵 $\boldsymbol{A}^{\mathrm{T}}\boldsymbol{A}$ 的特征值及其对应的特征向量，分别记为 λ_i 和 $\boldsymbol{v}_i$，其中 $i=1,2,3$。剩下三个控制点依次记为

$$\boldsymbol{c}_j^{\mathrm{w}}=\boldsymbol{c}_1^{\mathrm{w}}+\sqrt{\frac{\lambda_{j-1}^2}{n}}\boldsymbol{v}_j,\quad j=2,3,4 \tag{7-33}$$

2. 计算参考点的权值

第 i 个参考点在世界坐标系下的坐标为 $\boldsymbol{P}_i$，利用 4 个控制点坐标的加权和表示为

$$\boldsymbol{P}_i=\sum_{j=1}^{4}\alpha_{ij}\boldsymbol{c}_j^{\mathrm{w}} \tag{7-34}$$

其中，

$$\sum_{j=1}^{4}\alpha_{ij}=1 \tag{7-35}$$

使用齐次坐标将其表示为

$$\begin{bmatrix}\boldsymbol{P}_i\\1\end{bmatrix}=\begin{bmatrix}\boldsymbol{c}_1^{\mathrm{w}} & \boldsymbol{c}_2^{\mathrm{w}} & \boldsymbol{c}_3^{\mathrm{w}} & \boldsymbol{c}_4^{\mathrm{w}}\\ 1 & 1 & 1 & 1\end{bmatrix}\begin{bmatrix}\alpha_{i1}\\ \alpha_{i2}\\ \alpha_{i3}\\ \alpha_{i4}\end{bmatrix}=\boldsymbol{C}\begin{bmatrix}\alpha_{i1}\\ \alpha_{i2}\\ \alpha_{i3}\\ \alpha_{i4}\end{bmatrix} \tag{7-36}$$

根据第 1 步中的控制点选取规则，能够保证 $\boldsymbol{C}$ 为可逆矩阵，因此第 i 个参考点关于控制点的加权系数为

$$\begin{bmatrix}\alpha_{i1}\\ \alpha_{i2}\\ \alpha_{i3}\\ \alpha_{i4}\end{bmatrix}=\boldsymbol{C}^{-1}\begin{bmatrix}\boldsymbol{P}_i\\1\end{bmatrix} \tag{7-37}$$

3. 建立参考点由相机坐标系到像素坐标系的投影方程

设相机的内参矩阵 $\boldsymbol{K}$ 已知，控制点在相机坐标系下的坐标值未知，定义 $\boldsymbol{c}_j^{\mathrm{c}}=[x_j^{\mathrm{c}}\quad y_j^{\mathrm{c}}\quad z_j^{\mathrm{c}}]^{\mathrm{T}}$，则第 i 个参考点的投影方程可以表示为

$$w_i\begin{bmatrix}u_i\\v_i\\1\end{bmatrix}=\boldsymbol{KP}_i=\boldsymbol{K}\sum_{i=1}^{4}\alpha_{ij}\boldsymbol{c}_j^{\mathrm{c}}=\begin{bmatrix}f_u&0&u_{\mathrm{c}}\\0&f_v&v_{\mathrm{c}}\\0&0&1\end{bmatrix}\sum_{j=1}^{4}\left(\alpha_{ij}\begin{bmatrix}x_j^{\mathrm{c}}\\y_j^{\mathrm{c}}\\z_j^{\mathrm{c}}\end{bmatrix}\right) \tag{7-38}$$

将式（7-38）中的最后一个等式代入前两个等式可得

$$\sum_{j=1}^{4}[\alpha_{ij}f_u x_j^{\mathrm{c}}+\alpha_{ij}(u_{\mathrm{c}}-u_i)z_j^{\mathrm{c}}]=0 \tag{7-39}$$

$$\sum_{j=1}^{4}[\alpha_{ij}f_v y_j^{\mathrm{c}}+\alpha_{ij}(v_{\mathrm{c}}-v_i)z_j^{\mathrm{c}}]=0 \tag{7-40}$$

4．求解控制点在相机坐标系下的坐标

将 n 个参考点的方程组合，构成方程个数为 $2n$ 的方程组：

$$\boldsymbol{Mx}=\boldsymbol{0} \tag{7-41}$$

其中，

$$\boldsymbol{M}=\begin{bmatrix}\alpha_{i1}f_u&0&\alpha_{i1}(u_{\mathrm{c}}-u_1)&\cdots&\alpha_{i4}f_u&0&\alpha_{i4}(u_{\mathrm{c}}-u_4)\\0&\alpha_{i1}f_v&\alpha_{i1}(v_{\mathrm{c}}-v_1)&\cdots&0&\alpha_{i4}f_v&\alpha_{i4}(v_{\mathrm{c}}-v_4)\end{bmatrix}$$

$$\boldsymbol{x}=[x_1^{\mathrm{c}}\quad y_1^{\mathrm{c}}\quad z_1^{\mathrm{c}}\quad\cdots\quad x_4^{\mathrm{c}}\quad y_4^{\mathrm{c}}\quad z_4^{\mathrm{c}}]^{\mathrm{T}}=[\boldsymbol{c}_1^{\mathrm{cT}}\quad\boldsymbol{c}_2^{\mathrm{cT}}\quad\boldsymbol{c}_3^{\mathrm{cT}}\quad\boldsymbol{c}_4^{\mathrm{cT}}]$$

计算 $\boldsymbol{M}^{\mathrm{T}}\boldsymbol{M}$ 的特征向量 $\boldsymbol{v}_i$，因此控制点在相机坐标系下的坐标向量可由特征向量线性组合而成

$$\boldsymbol{x}=\sum_{i=1}^{N}\beta_i\boldsymbol{v}_i \tag{7-42}$$

其中，β_i 为系数。取 $N=4$，根据两点之间的距离不因坐标系而发生改变，建立误差方程如下式所示，并进行非线性最小二乘优化求解 $\boldsymbol{\beta}$：

$$\mathrm{Error}(\boldsymbol{\beta})=\sum_{(i,j),i<j}\left(\left\|\boldsymbol{c}_j^{\mathrm{c}}-\boldsymbol{c}_i^{\mathrm{c}}\right\|^2-\left\|\boldsymbol{c}_j^{\mathrm{w}}-\boldsymbol{c}_i^{\mathrm{w}}\right\|^2\right) \tag{7-43}$$

基于此，控制点 $\boldsymbol{c}_i$ 在相机坐标系下可表示为

$$\boldsymbol{c}_i^{\mathrm{c}}=\sum_{j=1}^{4}\beta_j\boldsymbol{v}_j^{[i]} \tag{7-44}$$

其中，$\boldsymbol{v}_j^{[i]}$（$i=1,2,3,4$）为第 i 个控制点对应 $\boldsymbol{v}_j$ 中的 3 维列向量，如当 $i=1$ 时，取 $\boldsymbol{v}_j$ 的第一组（前 3 个）元素。

5．计算相机的位姿变换

计算参考点在相机坐标系下的坐标值：

$$\boldsymbol{p}_i=\sum_{j=1}^{4}\alpha_{ij}\boldsymbol{c}_j^{\mathrm{c}} \tag{7-45}$$

计算参考点在相机坐标系下的重心和矩阵 $\boldsymbol{B}$：

$$\boldsymbol{p}_0=\frac{1}{n}\sum_{i=1}^{n}\boldsymbol{p}_i \tag{7-46}$$

$$\boldsymbol{B}=\begin{bmatrix}\boldsymbol{p}_1^{\mathrm{T}}-\boldsymbol{c}_1^{\mathrm{cT}}\\ \boldsymbol{p}_2^{\mathrm{T}}-\boldsymbol{c}_2^{\mathrm{cT}}\\ \boldsymbol{p}_3^{\mathrm{T}}-\boldsymbol{c}_3^{\mathrm{cT}}\end{bmatrix} \tag{7-47}$$

计算矩阵 $\boldsymbol{H}$，并对其进行 SVD 操作：

$$\boldsymbol{H}=\boldsymbol{B}^{\mathrm{T}}\boldsymbol{A}=\boldsymbol{U\Sigma V}^{\mathrm{T}} \tag{7-48}$$

计算位姿旋转矩阵和平移向量：

$$\boldsymbol{R}=\boldsymbol{UV}^{\mathrm{T}} \tag{7-49}$$

$$\boldsymbol{t}=\boldsymbol{p}_0-\boldsymbol{Rp}_0 \tag{7-50}$$

7.2.4　结果优化

2D-3D 求解相机位姿问题还可以构建为一个关于重投影误差的非线性最小二乘问题，如图 7-8 所示。其中，理想坐标值 $\hat{\boldsymbol{p}}_2$ 需要利用相机内参矩阵 $\boldsymbol{K}$ 和已有的初步估计外参矩阵 $[\boldsymbol{R}\quad\boldsymbol{t}]$，使用线性投影模型计算获得，称为重投影点。理想坐标和实际特征点坐标 $\boldsymbol{p}_2$ 的误差 $\boldsymbol{e}$ 称为重投影误差。

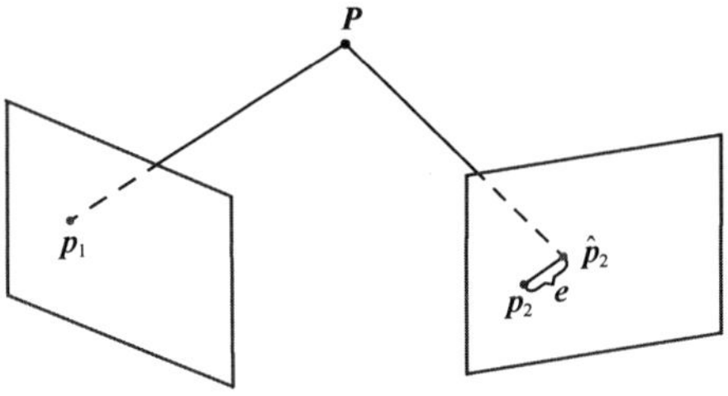

图 7-8　特征点的重投影误差

设空间点 $\boldsymbol{P}_i$ 的齐次坐标表示为 $\boldsymbol{P}_i=[x_i\quad y_i\quad z_i\quad 1]^{\mathrm{T}}$，该点在像平面下的坐标表示为 $\boldsymbol{p}_i=[u_i\quad v_i\quad 1]^{\mathrm{T}}$。根据线性成像模型，像素位置与空间坐标点的位置关系为

$$s_i\boldsymbol{p}_i=\boldsymbol{K}[\boldsymbol{R}\quad\boldsymbol{t}]\boldsymbol{P}_i \tag{7-51}$$

其中，s_i 可根据已知内参矩阵 $\boldsymbol{K}$、空间点 $\boldsymbol{P}_i$ 坐标和初步估计的外参矩阵 $[\boldsymbol{R}\quad\boldsymbol{t}]$ 算出。位姿估计结果的优化问题可设置为使所有特征点重投影误差之和最小时对应的相机位姿求解问题，即

$$\underset{\boldsymbol{T}}{\operatorname{argmin}}\sum_{i=1}^{n}\left\|\boldsymbol{p}_i-\frac{1}{s_i}\boldsymbol{KTP}_i^2\right\|^2 \tag{7-52}$$

上述非线性优化问题可以通过 L-M 算法求解。

在相机标定后，加载标定的相机内外参数，相机参数标定的获取情况详见 7.3 节，初始化后获得世界坐标系下物体位置矩阵。读取示例图像获取其相对位姿，首先将其转换为灰度图，然后获得图像平面点角点坐标，最后通过特征点的世界坐标、相机内参矩阵、相机角点等信息作为输入量，获得世界坐标系相对相机坐标系的旋转向量 $\boldsymbol{R}$ 和平移向量 $\boldsymbol{t}$。图 7-9 给出了 PnP 运行效果。其中，彩色坐标轴的原点为计算得到的世界坐标系原点；绿、蓝、红三条线段代表世界坐标系的 x、y、z 坐标轴方向。

图 7-9　PnP 运行效果

7.3　相机参数标定

相机参数标定是指使用一定方法获得成像模型中的内参矩阵及畸变参数的具体数值，主要有传统标定方法和自标定方法两类。传统标定方法需要标定参照物，并且已知参照物的参数，利用获取的参照物图像，求解相机参数，常见的有直接线性变换（DLT）方法、Tsai 两步标定法和张正友平面标定法等。传统标定方法虽然操作相对复杂，但其精度较高。自标定方法不需要标定参照物，只需多幅图像点的对应关系就能求解出相机参数，如基于无穷远平面、绝对二次曲面的自标定方法、基于 Kruppa 方程的自标定方法等。自标定方法灵活方便，但精度和鲁棒性都不高。因此传统标定方法得到更加广泛的应用。张正友平面标定法操作简单，精度较高，可以适应大部分场合，因此自 2000 年提出以来，已成为当前使用最为广泛的方法。

7.3.1　张正友平面标定法

张正友平面标定法相较于直接线性变换方法考虑了相机存在的畸变问题，该方法首先估计理想无畸变情况下的 5 个内参和 6 个外参，然后应用最小二乘法估计径向畸变下的畸变系数，最后利用极大似然法优化结果，提升估计精度。

首先，对某一位姿拍摄的图像进行特征提取，获取多个特征角点，如图 7-10 所示。

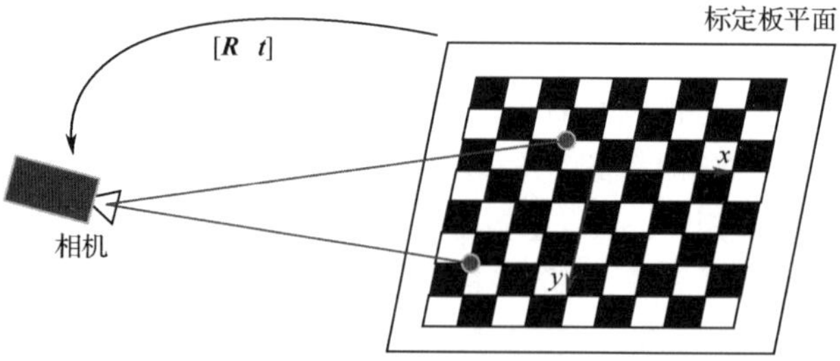

图 7-10　相机标定板

设某特征点坐标为 $\boldsymbol{p}=[u \quad v \quad 1]^{\mathrm{T}}$，在标定板平面内建立世界坐标系，并确定角点在世界坐标系下的坐标 $\boldsymbol{P}=[X \quad Y \quad Z \quad 1]^{\mathrm{T}}$。当考虑线性成像模型时，根据 7.1 节内容，可知

$$s\boldsymbol{p}=\boldsymbol{K}[\boldsymbol{R}\quad \boldsymbol{t}]\boldsymbol{P} \tag{7-53}$$

其中，s 为尺度因子，$\boldsymbol{K}$ 为相机内参矩阵，$\boldsymbol{R}$ 为旋转矩阵，$\boldsymbol{t}$ 为平移向量，令

$$\boldsymbol{K}=\begin{bmatrix} f_u & 0 & u_c \\ 0 & f_v & v_c \\ 0 & 0 & 1 \end{bmatrix} \tag{7-54}$$

由于世界坐标系建立在标定板平面中，因此 $Z=0$。令 $\boldsymbol{R}=[\boldsymbol{R}_1\quad \boldsymbol{R}_2\quad \boldsymbol{R}_3]$，则式（7-53）可记为

$$s\begin{bmatrix} u \\ v \\ 1 \end{bmatrix}=\boldsymbol{K}[\boldsymbol{R}_1\quad \boldsymbol{R}_2\quad \boldsymbol{R}_3\quad \boldsymbol{t}]\begin{bmatrix} X \\ Y \\ 0 \\ 1 \end{bmatrix}=\boldsymbol{K}[\boldsymbol{R}_1\quad \boldsymbol{R}_2\quad \boldsymbol{t}]\begin{bmatrix} X \\ Y \\ 1 \end{bmatrix} \tag{7-55}$$

令 $\boldsymbol{H}=\boldsymbol{K}[\boldsymbol{R}_1\quad \boldsymbol{R}_2\quad \boldsymbol{t}]$，有

$$\begin{bmatrix} u \\ v \\ 1 \end{bmatrix}=\boldsymbol{H}\begin{bmatrix} X \\ Y \\ 1 \end{bmatrix} \tag{7-56}$$

当有 4 个及以上特征点时，利用 PnP 算法可求得矩阵 $\boldsymbol{H}$，又称为单应矩阵。注意，此时 $\boldsymbol{H}$ 耦合了外参和内参信息。令 $\boldsymbol{H}=[\boldsymbol{H}_1\quad \boldsymbol{H}_2\quad \boldsymbol{H}_3]$，综合上式，有

$$[\boldsymbol{H}_1\quad \boldsymbol{H}_2\quad \boldsymbol{H}_3]=\lambda\boldsymbol{K}[\boldsymbol{R}_1\quad \boldsymbol{R}_2\quad \boldsymbol{t}] \tag{7-57}$$

其中，λ 为比例系数。由于旋转矩阵中的向量 $\boldsymbol{R}_1$、$\boldsymbol{R}_2$ 在构造中是正交的，且模长为 1，因此可得到两个约束条件：

$$\begin{gathered} \boldsymbol{R}_1^{\mathrm{T}}\boldsymbol{R}_2=0 \\ \boldsymbol{R}_1^{\mathrm{T}}\boldsymbol{R}_1=\boldsymbol{R}_2^{\mathrm{T}}\boldsymbol{R}_2=1 \end{gathered} \tag{7-58}$$

转化为 $\boldsymbol{H}$ 的表达式：

$$\begin{gathered} (\boldsymbol{K}^{-1}\boldsymbol{H}_1)^{\mathrm{T}}(\boldsymbol{K}^{-1}\boldsymbol{H}_2)=0 \\ (\boldsymbol{K}^{-1}\boldsymbol{H}_1)^{\mathrm{T}}(\boldsymbol{K}^{-1}\boldsymbol{H}_1)=(\boldsymbol{K}^{-1}\boldsymbol{H}_2)^{\mathrm{T}}(\boldsymbol{K}^{-1}\boldsymbol{H}_2) \end{gathered} \tag{7-59}$$

即

$$\begin{gathered} \boldsymbol{H}_1^{\mathrm{T}}\boldsymbol{K}^{-\mathrm{T}}\boldsymbol{K}^{-1}\boldsymbol{H}_2=0 \\ \boldsymbol{H}_1^{\mathrm{T}}\boldsymbol{K}^{-\mathrm{T}}\boldsymbol{K}^{-1}\boldsymbol{H}_1=\boldsymbol{H}_2^{\mathrm{T}}\boldsymbol{K}^{-\mathrm{T}}\boldsymbol{K}^{-1}\boldsymbol{H}_2 \end{gathered} \tag{7-60}$$

记

$$\boldsymbol{B}=\boldsymbol{K}^{-\mathrm{T}}\boldsymbol{K}^{-1} \tag{7-61}$$

注意到 $\boldsymbol{B}$ 为对称矩阵，有

$$\boldsymbol{B}=\begin{bmatrix} B_{11} & B_{12} & B_{13} \\ B_{12} & B_{22} & B_{23} \\ B_{13} & B_{23} & B_{33} \end{bmatrix}$$

代入式（7-60），有

$$\boldsymbol{H}_i^{\mathrm{T}}\boldsymbol{K}^{-\mathrm{T}}\boldsymbol{K}^{-1}\boldsymbol{H}_j=\boldsymbol{H}_i^{\mathrm{T}}\boldsymbol{B}\boldsymbol{H}_j=\begin{bmatrix} h_{i1}h_{j1} \\ h_{i1}h_{j2}+h_{i2}h_{j1} \\ h_{i2}h_{j2} \\ h_{i3}h_{j1}+h_{i1}h_{j3} \\ h_{i3}h_{j2}+h_{i2}h_{j3} \\ h_{i3}h_{j3} \end{bmatrix}^{\mathrm{T}}\begin{bmatrix} B_{11} \\ B_{12} \\ B_{22} \\ B_{13} \\ B_{23} \\ B_{33} \end{bmatrix}=\boldsymbol{v}_{ij}^{\mathrm{T}}\boldsymbol{b} \tag{7-62}$$

式中，i,j可以分别取1,2。

$$\boldsymbol{v}_{ij}=[h_{i1}h_{j1} \quad h_{i1}h_{j2}+h_{i2}h_{j1} \quad h_{i2}h_{j2} \quad h_{i3}h_{j1}+h_{i1}h_{j3} \quad h_{i3}h_{j2}+h_{i2}h_{j3} \quad h_{i3}h_{j3}]^{\mathrm{T}}$$

$$\boldsymbol{b}=[B_{11} \quad B_{12} \quad B_{22} \quad B_{13} \quad B_{23} \quad B_{33}]^{\mathrm{T}}$$

因此，约束条件可转换为

$$\begin{bmatrix} \boldsymbol{v}_{12}^{\mathrm{T}} \\ \boldsymbol{v}_{11}^{\mathrm{T}}-\boldsymbol{v}_{22}^{\mathrm{T}} \end{bmatrix}\boldsymbol{b}=0 \tag{7-63}$$

注意到$\boldsymbol{b}$的维数为 6，而$\boldsymbol{b}$左侧的矩阵行数为 2，即对应每一图像可提供两个方程。当有三幅或更多图像时，可通过 SVD 计算$\boldsymbol{b}$。在$\boldsymbol{b}$的计算结果中会引入一个缩放因子λ，因此，相机参数与矩阵$\boldsymbol{b}$之间的关系为

$$\boldsymbol{b}=\lambda\boldsymbol{K}^{-\mathrm{T}}\boldsymbol{K} \tag{7-64}$$

由$\boldsymbol{B}$确定相机内参如下：

$$\begin{aligned} v_0 &= (B_{12}B_{13}-B_{11}B_{23})/(B_{11}B_{22}-B_{12}^2) \\ \lambda &= B_{33}-[B_{13}^2+v_0(B_{12}B_{13}-B_{11}B_{23})]/B_{11} \\ \alpha &= \sqrt{\lambda/B_{11}} \\ \beta &= \sqrt{\lambda B_{11}/(B_{11}B_{22}-B_{12}^2)} \\ \gamma &= -B_{12}\alpha^2\beta/\lambda \\ u_0 &= \gamma v_0/\alpha-B_{13}\alpha^2/\lambda \end{aligned} \tag{7-65}$$

相机的内参矩阵$\boldsymbol{K}$确定之后，根据式（7-58）可以确定相机外参，即旋转和平移矩阵：

$$\begin{aligned} \boldsymbol{R}_1 &= \lambda\boldsymbol{A}^{-1}\boldsymbol{H}_1 \\ \boldsymbol{R}_2 &= \lambda\boldsymbol{A}^{-1}\boldsymbol{H}_2 \\ \boldsymbol{R}_3 &= \boldsymbol{R}_1\times\boldsymbol{R}_2 \\ \boldsymbol{t} &= \lambda\boldsymbol{A}^{-1}\boldsymbol{H}_3 \end{aligned} \tag{7-66}$$

此时得到的$\boldsymbol{R}$因为噪声可能不符合旋转矩阵的要求，通过 SVD 得到旋转矩阵$\boldsymbol{R}$。上述推导结果是基于理想情况的解，但在实际标定过程中，需要用最大似然估计进行优化。此时依旧假设相机不存在畸变，共拍摄了n幅标定图像，每幅图像里有m个棋盘格角点。三维空间点$\boldsymbol{P}$在图像上对应的二维实际投影点为$\boldsymbol{p}$，可直接通过标定板的角点提取来获取。而理想坐标$\hat{\boldsymbol{p}}=[\hat{u} \quad \hat{v} \quad 1]^{\mathrm{T}}$需要利用计算出的相机内参矩阵$\boldsymbol{K}$、外参矩阵$[\boldsymbol{R} \quad \boldsymbol{t}]$，并使用线性投影模型计算获得，即重投影点。假设噪声是独立同分布的，则可通过最小化重投影误差，即$\boldsymbol{p}$与$\hat{\boldsymbol{p}}$之间的距离和来优化相机参数：

$$\min_{\boldsymbol{K}}\sum_{i=1}^{n}\sum_{j=1}^{m}\left\|\boldsymbol{p}_{ij}-\hat{\boldsymbol{p}}(\boldsymbol{K},\boldsymbol{R}_i,\boldsymbol{t}_i,\boldsymbol{M}_j)\right\|^2 \tag{7-67}$$

接下来考虑相机的畸变问题，张正友平面标定法考虑了畸变模型中影响较大的径向畸变前两个系数，对应式（7-11）中的k_1,k_2。根据相机成像模型，有

$$\begin{aligned} \hat{u}-u_0 &= (u-u_0)(1+k_1r^2+k_2r^4) \\ \hat{v}-v_0 &= (v-v_0)(1+k_1r^2+k_2r^4) \end{aligned} \tag{7-68}$$

其中，(u,v)为考虑成像畸变后的像素点坐标，$(\hat{u},\hat{v})$为重投影点坐标，将上式表达成矩阵的形式：

$$\begin{bmatrix} (u-u_0)r^2 & (u-u_0)r^4 \\ (v-v_0)r^2 & (v-v_0)r^4 \end{bmatrix}\begin{bmatrix} k_1 \\ k_2 \end{bmatrix}=\begin{bmatrix} \hat{u}-u \\ \hat{v}-v \end{bmatrix} \tag{7-69}$$

对于每个已知$(\hat{u},\hat{v})$和(u,v)的角点都可以构建以上两个方程，因此如果有m幅图像，每幅图像有n个角点，那么可以得到$2mn$个约束方程，记为

$$\boldsymbol{Dk}=\boldsymbol{d} \tag{7-70}$$

其中，$\boldsymbol{k}=[k_1\ \ k_2]^{\mathrm{T}}$，求解该方程的最小二乘解即可获得该相机的畸变参数：

$$\boldsymbol{k}=(\boldsymbol{D}^{\mathrm{T}}\boldsymbol{D})^{-1}\boldsymbol{D}^{\mathrm{T}}\boldsymbol{d} \tag{7-71}$$

进一步，类似式（7-67），可利用线性投影模型和估计的径向畸变系数 k_1,k_2 计算。考虑非线性畸变时的重投影点 $\hat{\boldsymbol{p}}(\boldsymbol{K},k_1,k_2,\boldsymbol{R}_i,\boldsymbol{t}_i,\boldsymbol{M}_j)$，通过非线性最小二乘对相机参数进行迭代优化。但是，这一次优化的过程中认为相机的内参、外参均是精确的，只对相机的两个畸变参数 k_1,k_2 进行优化：

$$\min_{k_1,k_2}\sum_{i=1}^{n}\sum_{j=1}^{m}\left\|\boldsymbol{p}_{ij}-\hat{\boldsymbol{p}}(\boldsymbol{K},k_1,k_2,\boldsymbol{R}_i,\boldsymbol{t}_i,\boldsymbol{M}_j)\right\|^2 \tag{7-72}$$

此过程为非线性优化过程，可使用 L-M 算法等实现。据此张正友标定的过程全部完成。张正友平面标定法在原始论文中仅考虑了径向畸变二参数 k_1,k_2，后续对方法进行了扩展，可计算出式（7-13）中的所有径向和切向畸变系数。

7.3.2　标定步骤

张正友平面标定法的标定步骤如下。

（1）选择标定图案并制作标定板，常见标定板包括棋盘格标定板、同心圆标定板等，如图 7-11 所示。不同标定板均使用其中的点特征，棋盘格中为黑白格交点，同心圆中则为圆心位置。特征点在棋盘上的坐标精确已知。

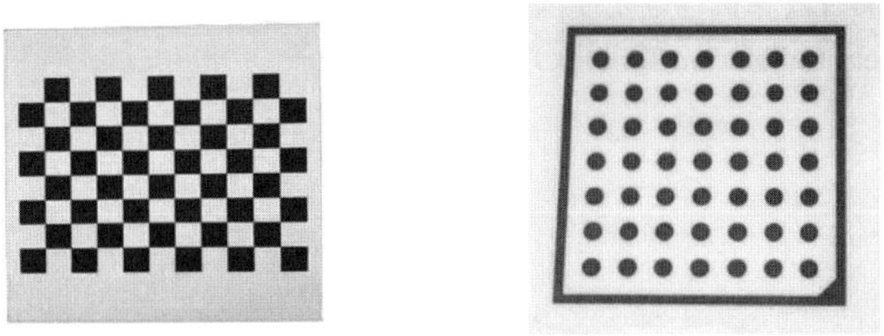

（a）棋盘格标定板　　（b）同心圆标定板

图 7-11　标定板

（2）移动相机或移动标定板在不同的位姿拍摄多幅标定板图像。张正友平面标定法要求至少拍摄 3 幅，实际上，为得到更为准确的标定结果，需要拍摄十几到几十幅图像，且各图像位姿要有一定差别，如图 7-12 所示。

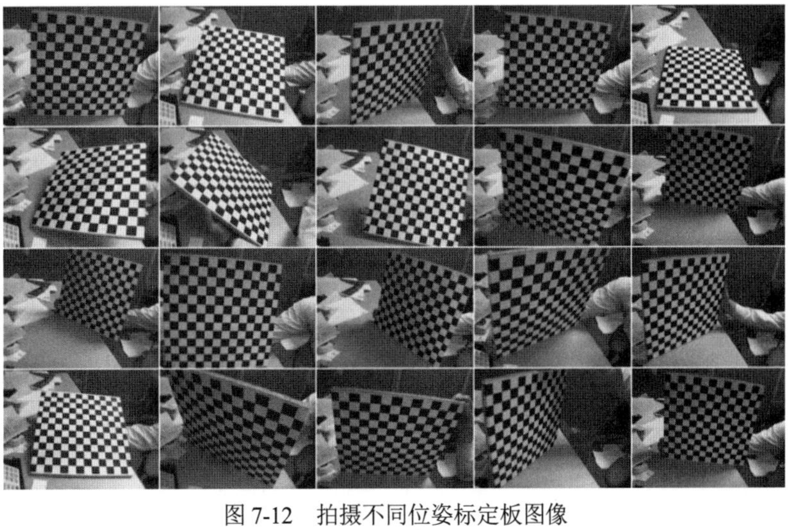

图 7-12　拍摄不同位姿标定板图像

（3）在所有图像上检测特征点，获得特征点坐标集合。图 7.13（a）展示了对某幅标定板图像检测得到的特征点，以红色小十字标出。

（4）利用式（7-66）～式（7-72）求解相机内参和对应所有图像的外参。图 7.13（b）可视化地展示了所有拍摄位置相机外参的计算结果，在图中以带标号的不同颜色平面网格标出，每一网格对应一幅标定图像。

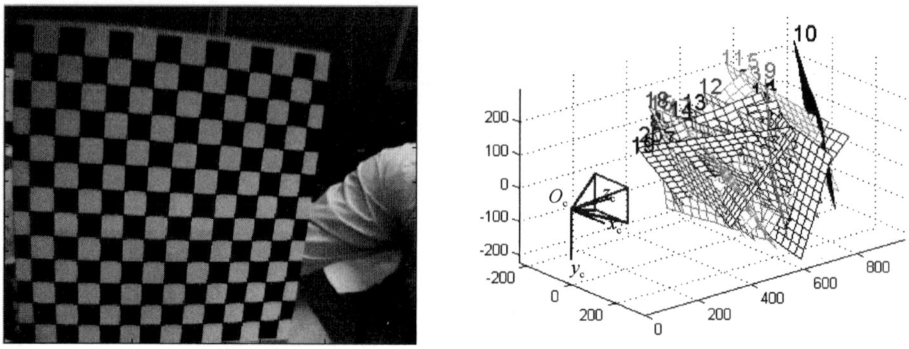

（a）标定图像检测特征点　　（b） 相机外参计算结果

图 7-13　拍摄不同位姿标定板图像

上述标定步骤可使用相机标定软件以可视化方式自动计算得到，如 MATLAB 相机标定工具箱（MATLAB Camera Calibration Toolbox）。

第8章 多视图几何与三维重构

由于二维图像的局限性，使用一幅图像无法获得目标物体的深度信息。因此，在机器视觉领域，常常利用多幅图像即多视图几何来获取三维空间的信息。多视图几何的基础是极线几何，在此基础上所提出的运动恢复结构问题可以实现由二维图像恢复出三维点云。极线几何的特例是平行视图，双目相机便基于平行视图的原理，获得目标物体的深度信息。多视几何的另一个应用是图像拼接，其核心是单应性矩阵的求解及透视变换模型，可以实现不同角度下所拍摄图像的融合。进一步在运动恢复结构的基础上，可以实现对目标物体的三维重构。

8.1 极线几何与基础矩阵

当使用单目相机拍摄图像时，会丢失一个重要的信息——图像的深度。在相机拍摄所得的图像中，每个特征点都是三维空间坐标到二维像素坐标的投影，这些特征点所对应的三维坐标距离相机有多远是未知的。因此，从图像中能否恢复出三维点的深度信息是一个重要的问题。增加相机的数量，使用双目相机便可从两幅图像中恢复出三维深度信息。

8.1.1 极线几何

使用双目相机拍摄的目标物体的模型称为三角化模型，如图 8-1 所示。其中，$\boldsymbol{P}$ 为三维空间中的目标点，O_1、O_2 分别为左、右相机坐标系的原点，$\boldsymbol{l}$、$\boldsymbol{l}'$ 分别为 $\boldsymbol{P}$ 和 O_1、O_2 的连线，$\boldsymbol{p}$、$\boldsymbol{p}'$ 分别为 $\boldsymbol{P}$ 点在左、右像平面上的投影点，$\boldsymbol{K}$、$\boldsymbol{K}'$ 分别为左、右相机内参矩阵，$\boldsymbol{R}$、$\boldsymbol{t}$ 分别为左、右相机坐标系之间的相对旋转矩阵和位移向量。理想情况下，$\boldsymbol{P}=\boldsymbol{l}\times\boldsymbol{l}'$。但是由于噪声的存在，两条直线通常不相交。因此就产生了新的问题：已知 $\boldsymbol{p}$、$\boldsymbol{p}'$、$\boldsymbol{K}$、$\boldsymbol{K}'$ 及 $\boldsymbol{R}$ 和 $\boldsymbol{t}$，如何求解 $\boldsymbol{P}$ 的三维坐标。

设 $\boldsymbol{M}$、$\boldsymbol{M}'$ 分别为左、右相机投影矩阵，$\boldsymbol{MP}$、$\boldsymbol{M'P}$ 分别为 $\boldsymbol{P}$ 点在左、右像平面上的投影，则 $\boldsymbol{P}$ 坐标的求解思路是，寻找 $\boldsymbol{P}^*$，使得 $d(\boldsymbol{p},\boldsymbol{MP}^*)+d(\boldsymbol{p}',\boldsymbol{M'P}^*)$ 最小化，如图 8-2 所示。

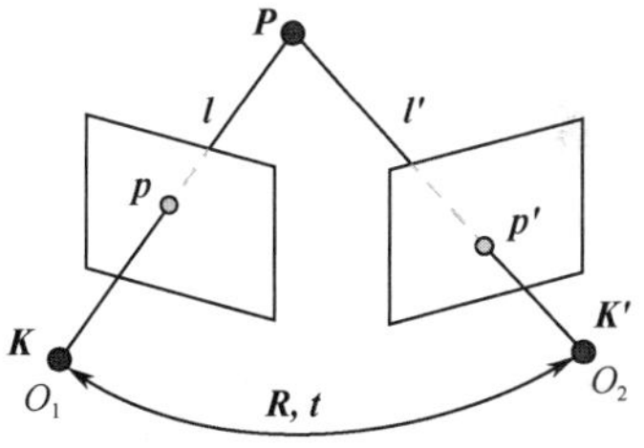

图 8-1　三角化模型

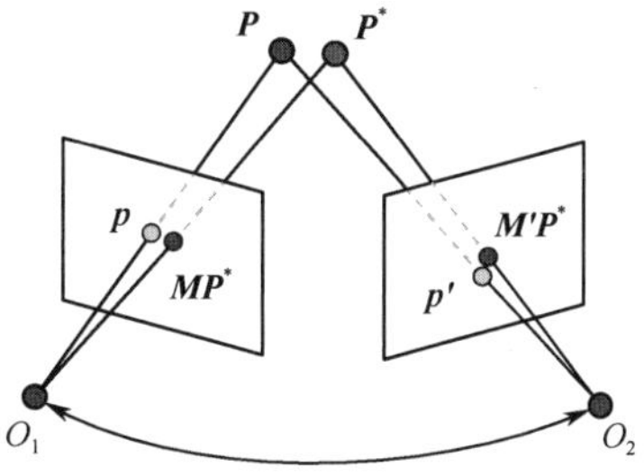

图 8-2　最优化求解模型

多视图几何涉及如下三个关键问题。

（1）相机几何

相机几何是指从一幅或多幅图像中求解相机的内、外参数。求解方法在第 7 章中已经详细介绍。

（2）场景几何

场景几何是指通过两幅或多幅图像寻找 3D 场景坐标。利用上面的最优化求解思路即可求解。

（3）对应关系

对应关系是指已知一个图像中的 $\boldsymbol{p}$ 点，如何在另一个图像中找到 $\boldsymbol{p}'$ 点。后面将详细讨论这一问题。为此先引入极线几何概念。

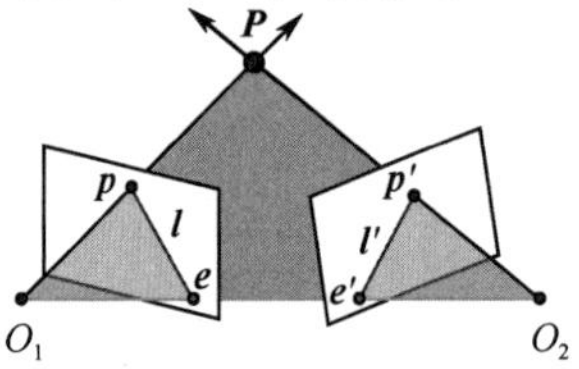

图 8-3　极线几何示意图

极线几何描述同一场景或者物体的两个视点图像之间的几何关系，如图 8-3 所示。在极线几何模型中，过点 $\boldsymbol{P}$、O_1 与 O_2 的平面称为极平面，即图中灰色平面；O_1 与 O_2 的连线称为基线，即图中橙色直线；极平面与像平面的交线称为极线，即图中蓝色直线；基线与像平面的交点称为极点，即图中 $\boldsymbol{e}$ 和 $\boldsymbol{e}'$ 点。

由图可以看出，极线几何模型具有如下性质：

（1）极平面相交于基线；

（2）极线相交于极点；

（3）$\boldsymbol{p}$ 的对应点在极线 $\boldsymbol{l}'$ 上；

（4）$\boldsymbol{p}'$ 的对应点在极线 $\boldsymbol{l}$ 上。

根据极线几何的性质，特征点的对应点在对应图像的极线上，称为极线几何约束或极几何约束。通过极线几何约束，当已知一幅图像中的特征点检测对应图像的匹配点时，可以将搜索范围缩小到对应的极线上，从而大大提高搜索效率。

8.1.2 本质矩阵

1. 本质矩阵的概念

本质矩阵对规一化相机拍摄的两个视点图像之间的极线几何关系进行代数描述。规一化相机的内参矩阵为单位矩阵，即 $\boldsymbol{K}=\begin{bmatrix}1&0&0\\0&1&0\\0&0&1\end{bmatrix}$。

2. 数学知识

向量的叉乘可通过下式重新定义：

$$\boldsymbol{a}\times\boldsymbol{b}=\begin{bmatrix}0&-a_z&a_y\\a_z&0&-a_x\\-a_y&a_x&0\end{bmatrix}\begin{bmatrix}b_x\\b_y\\b_z\end{bmatrix}=[\boldsymbol{a}_\times]\boldsymbol{b} \tag{8-1}$$

其中，$[\boldsymbol{a}_\times]$ 称为 $\boldsymbol{a}$ 的反对称矩阵。注意，$[\boldsymbol{a}_\times]$ 是不满秩的，其秩为 2；$[\boldsymbol{a}_\times]$ 具有反对称性质，即有 $[\boldsymbol{a}_\times]^{\mathrm{T}}=-[\boldsymbol{a}_\times]$。

3. 本质矩阵的推导

假设两个相机均为规一化相机，相机的内参矩阵均为单位矩阵。因此，像素坐标和空间点坐标的关系如下：

$$\begin{bmatrix} uw \\ vw \\ w \end{bmatrix} = \begin{bmatrix} 1 & 0 & 0 & 0 \\ 0 & 1 & 0 & 0 \\ 0 & 0 & 1 & 0 \end{bmatrix} \begin{bmatrix} x \\ y \\ z \\ 1 \end{bmatrix} = \begin{bmatrix} x \\ y \\ z \end{bmatrix} \tag{8-2}$$

因此，像素坐标系的齐次坐标与空间点在相机坐标系下的非齐次坐标相同。设左像平面点 $\boldsymbol{p}$ 在 O_1 坐标系下的非齐次坐标为 $[u \quad v \quad 1]^{\mathrm{T}}$，右像平面点 $\boldsymbol{p}'$ 在 O_2 坐标系下的非齐次坐标为 $[u' \quad v' \quad 1]^{\mathrm{T}}$。由图 8-4 可知，$\boldsymbol{p}'$ 在 O_1 坐标系下的坐标为 $\boldsymbol{R}^{\mathrm{T}}\boldsymbol{p}' - \boldsymbol{R}^{\mathrm{T}}\boldsymbol{t}$，$O_2$ 在 O_1 坐标系中的坐标为 $-\boldsymbol{R}^{\mathrm{T}}\boldsymbol{t}$。由此可以推出图 8-4 中虚线向量为 $\boldsymbol{R}^{\mathrm{T}}\boldsymbol{t} \times (\boldsymbol{R}^{\mathrm{T}}\boldsymbol{p}' - \boldsymbol{R}^{\mathrm{T}}\boldsymbol{t})$，该向量垂直于极平面。

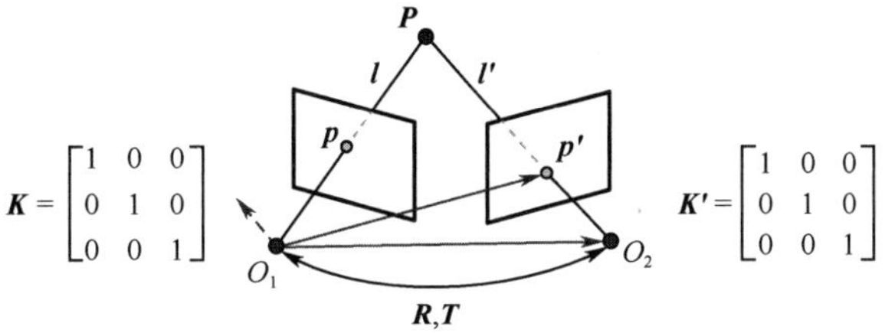

图 8-4　本质矩阵

由于 $O_1\boldsymbol{p}$ 在极平面上，因此 $[\boldsymbol{R}^{\mathrm{T}}\boldsymbol{t} \times (\boldsymbol{R}^{\mathrm{T}}\boldsymbol{p}' - \boldsymbol{R}^{\mathrm{T}}\boldsymbol{t})]^{\mathrm{T}}\boldsymbol{p} = 0$，化简可得

$$\boldsymbol{p}'^{\mathrm{T}}[\boldsymbol{t} \times \boldsymbol{R}]\boldsymbol{p} = \boldsymbol{p}'^{\mathrm{T}}[\boldsymbol{t}_{\times}]\boldsymbol{R}\boldsymbol{p} = 0 \tag{8-3}$$

定义本质矩阵：

$$\boldsymbol{E} = \boldsymbol{t} \times \boldsymbol{R} = [\boldsymbol{t}_{\times}]\boldsymbol{R} \tag{8-4}$$

即可得到

$$\boldsymbol{p}'^{\mathrm{T}}\boldsymbol{E}\boldsymbol{p} = 0 \tag{8-5}$$

据此可以得到如下结论：

（1）$\boldsymbol{p}$ 对应的极线是 $\boldsymbol{l}'$，并且 $\boldsymbol{l}' = \begin{bmatrix} a' \\ b' \\ c' \end{bmatrix} = \boldsymbol{E}\boldsymbol{p}$。这是由平面上的直线方程 $[x \quad y \quad 1]\begin{bmatrix} a' \\ b' \\ c' \end{bmatrix} = 0$ 所推出的；

（2）$\boldsymbol{p}'$ 对应的极线是 $\boldsymbol{l}$，并且 $\boldsymbol{l} = \begin{bmatrix} a \\ b \\ c \end{bmatrix} = \boldsymbol{E}^{\mathrm{T}}\boldsymbol{p}'$。这是由平面上的直线方程 $[x' \quad y' \quad 1]\begin{bmatrix} a \\ b \\ c \end{bmatrix} = 0$ 所推出的；

（3）$\boldsymbol{E}\boldsymbol{e} = 0$；

（4）$\boldsymbol{E}^{\mathrm{T}}\boldsymbol{e}' = 0$；

（5）$\boldsymbol{E}$ 是奇异矩阵，$\boldsymbol{E}$ 的秩为 2；

（6）$\boldsymbol{E}$ 有 5 个自由度。这是因为 $\boldsymbol{E}$ 反映平移和旋转的信息，平移和旋转各具有 3 个自由度，共有 6 个自由度（其中包含 $\boldsymbol{E}$ 不满秩的信息），而因尺度不变的特性减去 1 个自由度。

8.1.3 基础矩阵

1. 基础矩阵的概念

基础矩阵对一般透视相机拍摄的两个视点的图像之间的极线几何关系进行代数描述。与本质矩阵不同的是，基础矩阵对相机的内参矩阵没有要求。

2. 基础矩阵的推导

求解基础矩阵的思路是将其变换到规一化相机上。

由于 $\boldsymbol{p}=\boldsymbol{K}[\boldsymbol{I}\quad 0]\boldsymbol{P}$，因此 $\boldsymbol{K}^{-1}\boldsymbol{p}=\boldsymbol{K}^{-1}\boldsymbol{K}[\boldsymbol{I}\quad 0]\boldsymbol{P}=\begin{bmatrix}1&0&0&0\\0&1&0&0\\0&0&1&0\end{bmatrix}\boldsymbol{P}$。故可令 $\boldsymbol{p}_{\mathrm{c}}=\boldsymbol{K}^{-1}\boldsymbol{p}$，$\boldsymbol{p}_{\mathrm{c}}'=\boldsymbol{K}'^{-1}\boldsymbol{p}'$，有

$$\boldsymbol{p}_{\mathrm{c}}'\boldsymbol{E}\boldsymbol{p}_{\mathrm{c}}=\boldsymbol{p}_{\mathrm{c}}'[\boldsymbol{t}_{\times}]\boldsymbol{R}\boldsymbol{p}_{\mathrm{c}}=\boldsymbol{p}'^{\mathrm{T}}\boldsymbol{K}'^{-\mathrm{T}}[\boldsymbol{t}_{\times}]\boldsymbol{R}\boldsymbol{K}^{-1}\boldsymbol{p}=0 \tag{8-6}$$

定义基础矩阵 $\boldsymbol{F}=\boldsymbol{K}'^{-\mathrm{T}}[\boldsymbol{t}_{\times}]\boldsymbol{R}\boldsymbol{K}^{-1}$，可得

$$\boldsymbol{p}'^{\mathrm{T}}\boldsymbol{F}\boldsymbol{p}=0 \tag{8-7}$$

据此可以得到如下结论：

（1）$\boldsymbol{p}$ 对应的极线是 $\boldsymbol{l}'$，并且 $\boldsymbol{l}'=\boldsymbol{F}\boldsymbol{p}$；

（2）$\boldsymbol{p}'$ 对应的极线是 $\boldsymbol{l}$，并且 $\boldsymbol{l}=\boldsymbol{F}^{\mathrm{T}}\boldsymbol{p}'$；

（3）$\boldsymbol{F}\boldsymbol{e}=0$；

（4）$\boldsymbol{F}^{\mathrm{T}}\boldsymbol{e}'=0$；

（5）$\boldsymbol{F}$ 是奇异矩阵，$\boldsymbol{F}$ 的秩为 2；

（6）$\boldsymbol{F}$ 有 7 个自由度。这是因为 $\boldsymbol{F}$ 是 3 行 3 列矩阵，有 9 个自由度。然而 $\boldsymbol{F}$ 不满秩，行列式为 0 增加了一个约束条件，从而减去了 1 个自由度；因尺度不变的特性又减去了 1 个自由度。

3. 基础矩阵小结

与本质矩阵 $\boldsymbol{E}$ 相比，基础矩阵 $\boldsymbol{F}$ 中包含相机的内参信息。基础矩阵 $\boldsymbol{F}$ 刻画了两幅图像的极线几何关系，即相同场景在不同视图中的对应关系，可应用于三维重构和多视匹配。在已知基础矩阵 $\boldsymbol{F}$ 的前提下，无须场景信息及相机内外参数，即可建立左右图像的对应关系。

8.1.4 基础矩阵的求解方法

1. 八点法

由于基础矩阵 $\boldsymbol{F}$ 有 7 个自由度，理论上使用 7 个点即可求解 $\boldsymbol{F}$，但是计算方法比较复杂。通常使用八点法来估计 $\boldsymbol{F}$。

由 $\boldsymbol{p}'^{\mathrm{T}}\boldsymbol{F}\boldsymbol{p}=0$，可得 $[u'\quad v'\quad 1]\begin{bmatrix}F_{11}&F_{12}&F_{13}\\F_{21}&F_{22}&F_{23}\\F_{31}&F_{32}&F_{33}\end{bmatrix}\begin{bmatrix}u\\v\\1\end{bmatrix}=0$，即

$$[uu' \quad vu' \quad u' \quad uv' \quad vv' \quad v' \quad u \quad v \quad 1]\begin{bmatrix} F_{11} \\ F_{12} \\ F_{13} \\ F_{21} \\ F_{22} \\ F_{23} \\ F_{31} \\ F_{32} \\ F_{33} \end{bmatrix} = 0 \tag{8-8}$$

假设点的索引为i，上式可记为$\boldsymbol{W}_i \boldsymbol{f} = 0$。当匹配特征点多于 8 组时，选取 8 组对应点，堆叠式（8-8），即有

$$\boldsymbol{W}\boldsymbol{f} = 0 \tag{8-9}$$

其中，$\boldsymbol{W} = \text{stack}(\boldsymbol{W}_i) = \begin{bmatrix} \boldsymbol{W}_1 \\ \boldsymbol{W}_2 \\ \vdots \\ \boldsymbol{W}_8 \end{bmatrix}$，stack 为堆叠算子。当$\boldsymbol{W}$ 可逆时，方程存在唯一非零解，利用 SVD 方法可以求出该非零解。

实际操作中可能多于 8 组数据，此时该方程为超定方程，可以求出基础矩阵的最小二乘解$\hat{\boldsymbol{F}}$。通常求解出的$\hat{\boldsymbol{F}}$是满秩的，而所要求的$\boldsymbol{F}$秩为 2。通过将$\hat{\boldsymbol{F}}$的最后一个奇异值置 0，可得到秩最接近 2 的基础矩阵$\boldsymbol{F}$。

$$\text{SVD}(\hat{\boldsymbol{F}}) = \boldsymbol{U}\begin{bmatrix} s_1 & 0 & 0 \\ 0 & s_2 & 0 \\ 0 & 0 & s_3 \end{bmatrix}\boldsymbol{V}^{\mathrm{T}} \Rightarrow \boldsymbol{F} = \boldsymbol{U}\begin{bmatrix} s_1 & 0 & 0 \\ 0 & s_2 & 0 \\ 0 & 0 & 0 \end{bmatrix}\boldsymbol{V}^{\mathrm{T}} \tag{8-10}$$

2. 归一化八点法

由于$\boldsymbol{W}$ 矩阵中各个元素的数值差异过大，SVD 存在数值计算稳定性问题。因此，为了提高求解的稳定性和精度，引入归一化八点法。

对每幅图像施加平移和缩放变换，让其满足如下条件。

（1）平移变换：像素坐标系的坐标原点平移到图像中点的重心上，如图 8-5 所示。

（2）缩放变换：改变坐标的比例，使得各个像素坐标到坐标原点距离的均方根等于$\sqrt{2}$。

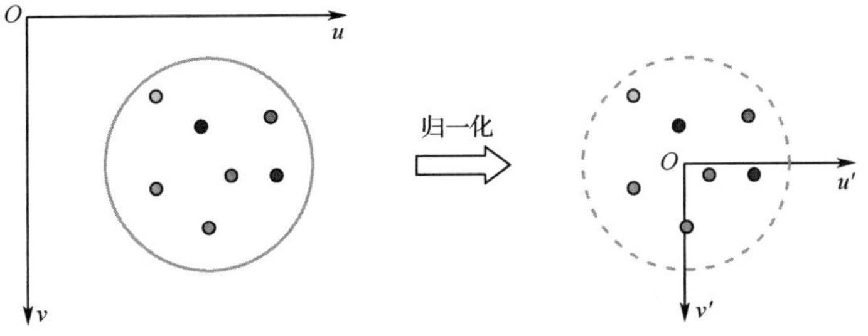

图 8-5　归一化实例

归一化八点法的计算步骤如下：

（1）分别计算左图和右图的变换矩阵$\boldsymbol{T}$ 和$\boldsymbol{T}'$；

（2）坐标归一化：$\boldsymbol{q}_i = \boldsymbol{T}\boldsymbol{p}_i$，$\boldsymbol{q}_i' = \boldsymbol{T}'\boldsymbol{p}_i'$；

（3）通过八点法计算矩阵 $\boldsymbol{F}_q$；

（4）逆归一化：$\boldsymbol{F}=\boldsymbol{T}'^{\mathrm{T}}\boldsymbol{F}_q\boldsymbol{T}$。

8.2 运动恢复结构

运动恢复结构是一种能够从多幅图像中自动恢复出相机的参数及目标物体三维结构的技术，具有广泛的应用。运动恢复结构是三维重构及同时定位与建图（SLAM）领域的关键步骤。

8.2.1 运动恢复结构问题

1．问题概述

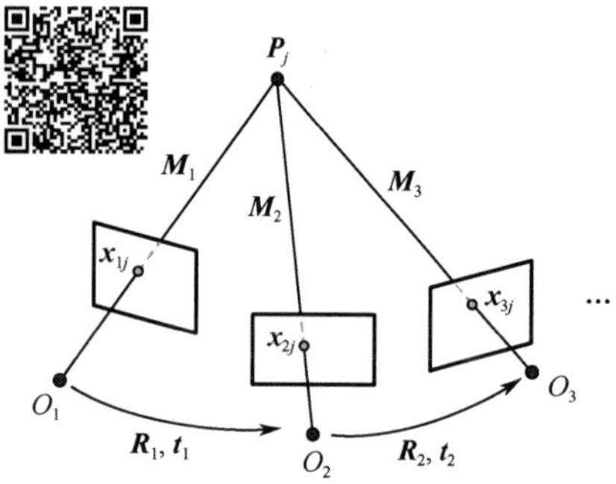

图 8-6 运动恢复结构

如图 8-6 所示，已知 n 个三维点 $\boldsymbol{P}_j$ 在 m 幅图像中对应点的像素坐标 $\boldsymbol{x}_{ij}$（$i=1,2,\cdots,m$，$j=1,2,\cdots,n$），如图 8-6 所示，期望求解 m 个相机的投影矩阵 $\boldsymbol{M}_i$（$i=1,2,\cdots,m$）及 n 个三维点 $\boldsymbol{P}_j$（$j=1,2,\cdots,n$）的坐标。这个求解过程称为运动恢复结构问题。其中，投影矩阵 $\boldsymbol{M}_i$ 体现的是运动信息，三维点 $\boldsymbol{P}_j$ 的坐标体现的是结构信息。

2．两种典型的运动恢复结构任务

在三维重构及 SLAM 领域，常用的运动恢复结构有两种具体形式：欧式结构恢复和透视结构恢复。

欧式结构恢复适用于相机内参数已知、外参数未知的情况，通常用于扫地机器人或者自动驾驶车辆，可以预先标定好相机的内参数，用于运动恢复结构问题的求解。透视结构恢复适用于相机内参数、外参数均未知的情况，通常用于从互联网上下载一组数据集而不知道相机具体参数的情况。

8.2.2 欧式结构恢复

在欧式结构恢复问题中，相机内参数已知，外参数未知。

1．欧式结构恢复问题

已知 n 个三维点 $\boldsymbol{P}_j$ 在 m 幅图像中的对应点的像素坐标 $\boldsymbol{p}_{ij}$（$i=1,2,\cdots,m$，$j=1,2,\cdots,n$），期望求解 m 个相机的外参数 $\boldsymbol{R}_i$ 及 $\boldsymbol{t}_i$（$i=1,2,\cdots,m$），n 个三维点 $\boldsymbol{P}_j$（$j=1,2,\cdots,n$）的坐标。

具体而言，$\boldsymbol{p}_{ij}=\boldsymbol{M}_i\boldsymbol{P}_j=\boldsymbol{K}_i[\boldsymbol{R}_i\quad \boldsymbol{t}_i]\boldsymbol{P}_j$（$i=1,2,\cdots,m$，$j=1,2,\cdots,n$），$\boldsymbol{M}_i$ 为第 i 幅图像对应相机的投影矩阵。其中，$\boldsymbol{R}_i$，$\boldsymbol{T}_i$，$\boldsymbol{P}_j$ 即所要求解的参数。

2．两视图的欧式结构恢复

几何关系如图 8-1 所示，为清楚起见，分别用 $\boldsymbol{p}_{1j}$，$\boldsymbol{p}_{2j}$ 表示 $\boldsymbol{P}_j$ 点在左右像平面投影的像素坐标。假设世界坐标系原点定在 O_1 点，则

$$\begin{aligned}\boldsymbol{p}_{1j}&=\boldsymbol{M}_1\boldsymbol{P}_j=\boldsymbol{K}_1[\boldsymbol{I}\quad 0]\boldsymbol{P}_j\\ \boldsymbol{p}_{2j}&=\boldsymbol{M}_2\boldsymbol{P}_j=\boldsymbol{K}_2[\boldsymbol{R}\quad \boldsymbol{t}]\boldsymbol{P}_j,\ j=1,2,\cdots,n\end{aligned}\tag{8-11}$$

求解思路如下：

① 利用归一化八点法求解基础矩阵 $\boldsymbol{F}$；

② 利用 $\boldsymbol{F}$ 与相机内参求解本质矩阵，$\boldsymbol{E}=\boldsymbol{K}_2^{\mathrm{T}}\boldsymbol{F}\boldsymbol{K}_1$；

③ 分解本质矩阵获得 $\boldsymbol{R},\boldsymbol{t}$，$\boldsymbol{E}\rightarrow\boldsymbol{R},\boldsymbol{t}$；

④ 三角化求解三维点 $\boldsymbol{P}_j$ 坐标，$\boldsymbol{P}_j^*=\underset{\boldsymbol{P}_j}{\operatorname{argmin}}\left(d(\boldsymbol{p}_{1j},\boldsymbol{M}_1\boldsymbol{P}_j)+d(\boldsymbol{p}_{2j},\boldsymbol{M}_2\boldsymbol{P}_j)\right)$。

其中，步骤①、②、④在前面已经详细阐述。下面关注步骤③，即本质矩阵的分解。

3．本质矩阵分解

（1）利用 SVD 方法分解本质矩阵

$$\boldsymbol{E}=\boldsymbol{U}\begin{bmatrix}1&0&0\\0&1&0\\0&0&0\end{bmatrix}\boldsymbol{V}^{\mathrm{T}} \tag{8-12}$$

（2）根据 SVD 的分解结果求解 $\boldsymbol{R},\boldsymbol{t}$

$$\boldsymbol{R}=[\det(\boldsymbol{UWV}^{\mathrm{T}})]\boldsymbol{UWV}^{\mathrm{T}}\ \text{或}\ \boldsymbol{R}=[\det(\boldsymbol{UW}^{\mathrm{T}}\boldsymbol{V}^{\mathrm{T}})]\boldsymbol{UW}^{\mathrm{T}}\boldsymbol{V}^{\mathrm{T}} \tag{8-13}$$

$$\boldsymbol{t}=\pm\boldsymbol{u}_3 \tag{8-14}$$

其中，$\boldsymbol{W}=\begin{bmatrix}0&-1&0\\1&0&0\\0&0&1\end{bmatrix}$，$\boldsymbol{u}_3$ 为 $\boldsymbol{U}$ 的第三列。

（3）确定 $\boldsymbol{R},\boldsymbol{T}$ 的四种情况

$$\begin{aligned}\boldsymbol{R}&=[\det(\boldsymbol{UWV}^{\mathrm{T}})]\boldsymbol{UWV}^{\mathrm{T}},\quad \boldsymbol{t}=\boldsymbol{u}_3\\ \boldsymbol{R}&=[\det(\boldsymbol{UWV}^{\mathrm{T}})]\boldsymbol{UWV}^{\mathrm{T}},\quad \boldsymbol{t}=-\boldsymbol{u}_3\\ \boldsymbol{R}&=[\det(\boldsymbol{UW}^{\mathrm{T}}\boldsymbol{V}^{\mathrm{T}})]\boldsymbol{UW}^{\mathrm{T}}\boldsymbol{V}^{\mathrm{T}},\quad \boldsymbol{t}=\boldsymbol{u}_3\\ \boldsymbol{R}&=[\det(\boldsymbol{UW}^{\mathrm{T}}\boldsymbol{V}^{\mathrm{T}})]\boldsymbol{UW}^{\mathrm{T}}\boldsymbol{V}^{\mathrm{T}},\quad \boldsymbol{t}=-\boldsymbol{u}_3\end{aligned} \tag{8-15}$$

（4）通过重构单个或多个点找出正确解

选择一个点进行三角化，正确的一组解能保证该点在两个相机坐标系下的 z 坐标均为正。对多个点进行三角化，选择在两个相机坐标系下 z 坐标均为正的个数最多的那组 $\boldsymbol{R},\boldsymbol{t}$，这样比对一个点进行三角化更鲁棒。

4．欧式结构恢复的歧义问题

欧式结构恢复无法估计场景的绝对尺度，恢复出来的欧式结构与真实场景之间相差一个相似变换，恢复的场景与真实场景之间仅存在相似变换的重构称为度量重构，如图 8-7 所示。

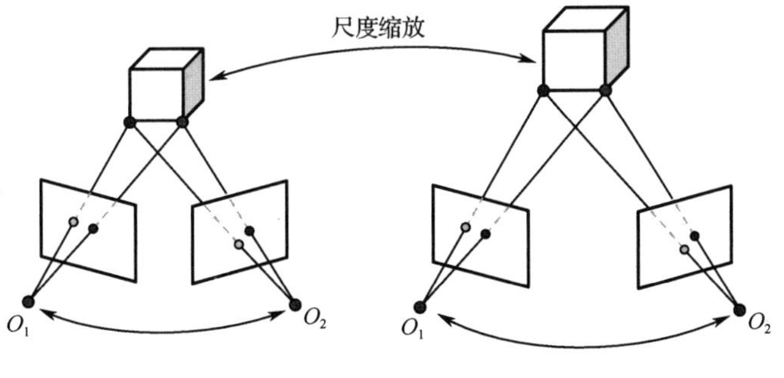

图 8-7　度量重构

8.2.3 透视结构恢复

在透视结构恢复问题中，相机内、外参数均未知。

1．透视结构恢复问题

已知 n 个三维点 $\boldsymbol{P}_j$ 在 m 幅图像中的对应点的像素坐标 $\boldsymbol{p}_{ij}$（$i=1,2,\cdots,m$，$j=1,2,\cdots,n$），期望求解 m 个相机的投影矩阵 $\boldsymbol{M}_i$（$i=1,2,\cdots,m$），n 个三维点 $\boldsymbol{P}_j$（$j=1,2,\cdots,n$）的坐标。

具体而言，$\boldsymbol{p}_{ij}=\boldsymbol{M}_i\boldsymbol{P}_j$（$i=1,2,\cdots,m$，$j=1,2,\cdots,n$），$\boldsymbol{M}_i$ 为第 i 幅图像对应相机的投影矩阵。其中，$\boldsymbol{M}_i$，$\boldsymbol{P}_j$ 即所要求解的参数。

2．透视结构恢复的歧义问题

空间点到三维点的投影可由下式表示：

$$\boldsymbol{p}_{ij}=\boldsymbol{M}_i\boldsymbol{P}_j=(\boldsymbol{M}_i\boldsymbol{H}^{-1})(\boldsymbol{H}\boldsymbol{P}_j)=\boldsymbol{M}^*\boldsymbol{P}^* \tag{8-16}$$

其中，$\boldsymbol{H}$ 是任意可逆的 4×4 矩阵。因此，透视结构恢复方法只能在相差一个 4×4 的可逆变换的情况下恢复相机运动与场景结构，这也是透视结构恢复的局限性，如图 8-8 所示。

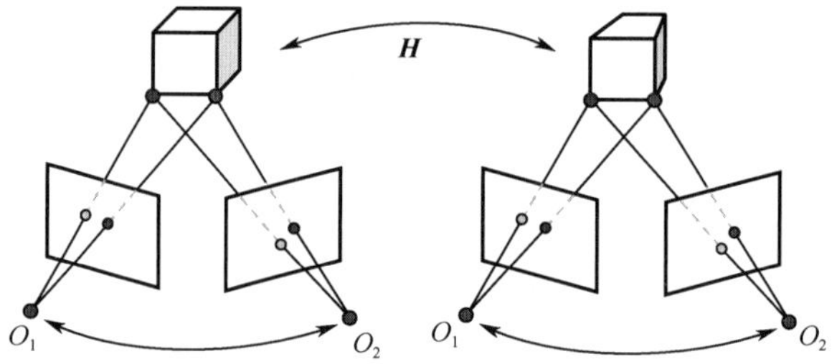

图 8-8　透视结构恢复歧义

3．两视图的透视结构恢复

假设世界坐标系原点定在 O_1，空间点在 O_1,O_2 两个坐标系下的投影矩阵分别为 $\boldsymbol{M}_1,\boldsymbol{M}_2$，求解思路如下：

① 利用归一化八点法求解基础矩阵 $\boldsymbol{F}$；

② 利用 $\boldsymbol{F}$ 估计相机矩阵，$\boldsymbol{F}\to\boldsymbol{M}_1$，$\boldsymbol{M}_2$；

③ 三角化求解三维点 $\boldsymbol{P}_j$ 坐标，$\boldsymbol{X}_j^*=\underset{\boldsymbol{P}_j}{\operatorname{argmin}}(d(\boldsymbol{p}_{1j},\boldsymbol{M}_1\boldsymbol{P}_j)+d(\boldsymbol{p}_{2j},\boldsymbol{M}_2\boldsymbol{P}_j))$。

其中，步骤①、③在前面已经详细阐述。下面关注步骤②，即利用 $\boldsymbol{F}$ 估计相机矩阵。

由于透视结构恢复歧义存在，因此总是可以找到一个可逆矩阵 $\boldsymbol{H}$，使得

$$\boldsymbol{M}_1\boldsymbol{H}^{-1}=[\boldsymbol{I}\,|\,0] \tag{8-17}$$

$$\boldsymbol{M}_2\boldsymbol{H}^{-1}=[\boldsymbol{A}\,|\,\boldsymbol{b}] \tag{8-18}$$

考虑使用代数方法求解，这里直接给出结论。在已经由归一化八点法计算出 $\boldsymbol{F}$ 的前提下，假设 $\boldsymbol{b}$ 为 $\boldsymbol{F}^{\mathrm{T}}$ 矩阵最小奇异值的右奇异向量，且 $\|\boldsymbol{b}\|=1$，则投影矩阵为

$$\tilde{\boldsymbol{M}}_1=[\boldsymbol{I}\quad 0] \tag{8-19}$$

$$\tilde{\boldsymbol{M}}_2=[-[\boldsymbol{b}_\times]\boldsymbol{F}\quad \boldsymbol{b}] \tag{8-20}$$

除此之外，还可以利用 SVD，使用因式分解的方法求解投影矩阵。

8.2.4 N 视图的运动恢复结构问题

前面讨论的都是两视图的运动恢复结构问题。然而在实际中，往往是从多幅图像中恢复物体的三维结构，由此产生了 N 视图的运动恢复结构问题，如图 8-9 所示。其中，$O_1, O_2, O_3, \cdots$ 分别为图像的相机坐标系原点，$\boldsymbol{p}_1, \boldsymbol{p}_2, \boldsymbol{p}_3, \cdots$ 分别为像素坐标，$\boldsymbol{P}_j$ 为空间点，$\boldsymbol{M}_1, \boldsymbol{M}_2, \boldsymbol{M}_3, \cdots$ 分别为投影矩阵。假设有 $I_1, I_2, \cdots, I_n$ 共 n 幅图像。利用 n 幅图像进行运动恢复结构的过程如下：

① 选取 I_1, I_2 两幅图像，恢复出三维点在 O_1 坐标系下的坐标 $\boldsymbol{P}_{1j}$ 与 $\boldsymbol{R}_1, \boldsymbol{t}_1$；

② 选取 I_2, I_3 两幅图像，恢复出三维点在 O_2 坐标系下的坐标 $\boldsymbol{P}_{2j}$ 与 $\boldsymbol{R}_2, \boldsymbol{t}_2$，根据 $\boldsymbol{P}_{2j}, \boldsymbol{R}_2, \boldsymbol{t}_2$ 计算三维点在 O_1 坐标系下的坐标；

③ 以此类推，直至所有图像都被选取完毕。

但是在实际中，由于噪声等存在，相邻几幅图像对同一个点进行运动恢复结构的结果往往不在一个点上。此外，噪声导致预测求出的 $\boldsymbol{R}, \boldsymbol{t}, \boldsymbol{P}_j$ 存在误差，并且误差会随着视图的增加而逐步累积。因此，需要在已知的量测值下找到一个方法能够调整优化求出的 $\boldsymbol{R}, \boldsymbol{t}, \boldsymbol{P}_j$，使其尽可能靠近真实值。这时考虑使用光束平差法来优化求解。

光束平差法的直观解释是，对场景中任意三维点，由从每个视图所对应的的相机的光心发射出来并经过图像中对应特征点后的光线，都将交于一个真实值的点，对于所有三维点，则形成相当多的光束；实际过程中，由于噪声等存在，每条光线几乎不可能汇聚于真实值的一点，因此在求解过程中，需要不断对待求信息进行调整，来使最终光线能交于一个重构点，如图 8-10 所示。

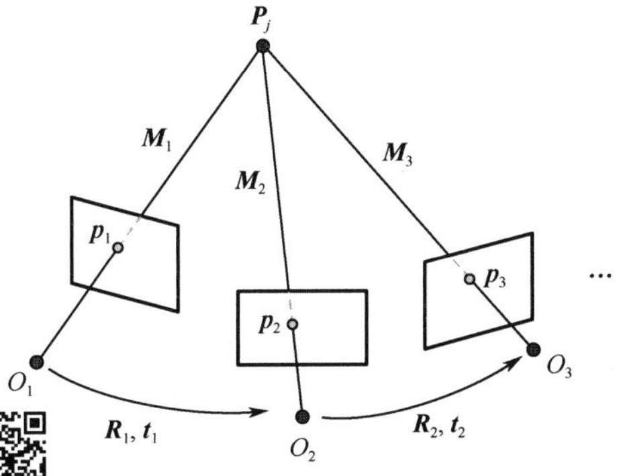

图 8-9　N 视图的运动恢复结构问题

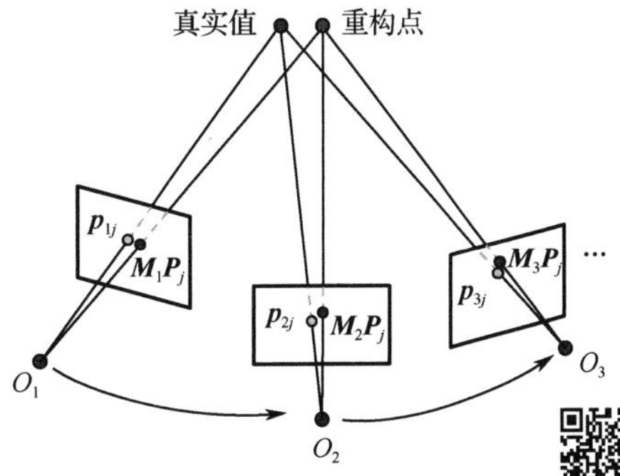

图 8-10　光束平差法

光束平差法可通过最小化重投影误差求解：

$$E(\boldsymbol{M}, \boldsymbol{P}) = \sum_{i=1}^{m} \sum_{j=1}^{n} D(\boldsymbol{p}_{ij}, \boldsymbol{M}_i \boldsymbol{P}_j)^2 \tag{8-21}$$

误差最小化可利用牛顿法或 L-M 算法求解。

实际操作中，通常是先对前几幅图像使用因式分解法或代数法求出 $\boldsymbol{M}_i$ 和 $\boldsymbol{P}_j$，这属于运动恢复结构的问题。在此基础上，将求得的 $\boldsymbol{M}_i$ 和 $\boldsymbol{P}_j$ 作为初始值，利用光束平差法求得最优解。再对后面的图像重复上述步骤。为了避免累积误差过大，往往要对图像进行分组，对每一组图像都使用光束平差法后再对下一组图像进行运动恢复结构。

8.3 双目立体视觉系统

双目立体视觉系统来自对人类视觉机制的模拟。通过左右两相机拍摄同一场景，利用前述极线几何原理，可计算目标点在空间的三维坐标，并进一步重构三维场景。

当左右像平面平行时，两相机构成平行视图立体视觉系统，这和人类视觉系统非常类似。更一般性的情况为左右像平面关系任意。下面分别进行讨论。

8.3.1 平行视图

1. 基础矩阵的另一种形式

在 8.1 节中定义了基础矩阵 $\boldsymbol{F}=\boldsymbol{K}'^{-\mathrm{T}}[\boldsymbol{t}_{\times}]\boldsymbol{R}\boldsymbol{K}^{-1}$。不妨设世界坐标系和 O_1 相机坐标系重合，$\boldsymbol{e}'$ 可以看成 O_1 在第二个像平面上投影的结果。因此可以得到

$$\boldsymbol{e}'=\boldsymbol{K}'[\boldsymbol{R}\quad \boldsymbol{t}]\begin{bmatrix}0\\0\\0\\1\end{bmatrix}=\boldsymbol{K}'\boldsymbol{T} \tag{8-22}$$

另外，数学上有叉乘性质：对于任何向量 $\boldsymbol{a}$，如果 $\boldsymbol{M}$ 可逆，则在相差一个尺度的情况下，有

$$[\boldsymbol{a}_{\times}]\boldsymbol{M}=\boldsymbol{a}^{-T}[(\boldsymbol{M}^{-1}\boldsymbol{a})_{\times}] \tag{8-23}$$

令 $\boldsymbol{a}=\boldsymbol{t},\boldsymbol{M}=\boldsymbol{K}'^{-1}$，则 $[\boldsymbol{t}_{\times}]\boldsymbol{K}'^{-1}=\boldsymbol{K}'^{\mathrm{T}}[(\boldsymbol{K}'\boldsymbol{t})_{\times}]$，即 $[\boldsymbol{t}_{\times}]=\boldsymbol{K}'^{\mathrm{T}}[(\boldsymbol{K}'\boldsymbol{t})_{\times}]\boldsymbol{K}'$。

因此

$$\begin{aligned}\boldsymbol{F}&=\boldsymbol{K}'^{-\mathrm{T}}[\boldsymbol{t}_{\times}]\boldsymbol{R}\boldsymbol{K}^{-1}=\boldsymbol{K}'^{-\mathrm{T}}\boldsymbol{K}^{\mathrm{T}}[(\boldsymbol{K}'\boldsymbol{t})_{\times}]\boldsymbol{K}'\boldsymbol{R}\boldsymbol{K}^{-1}\\&=[(\boldsymbol{K}'\boldsymbol{t})_{\times}]\boldsymbol{K}'\boldsymbol{R}\boldsymbol{K}^{-1}=[\boldsymbol{e}'_{\times}]\boldsymbol{K}'\boldsymbol{R}\boldsymbol{K}^{-1}\end{aligned} \tag{8-24}$$

由此，基础矩阵的另一种形式如下：

$$\boldsymbol{F}=[\boldsymbol{e}'_{\times}]\boldsymbol{K}'\boldsymbol{R}\boldsymbol{K}^{-1} \tag{8-25}$$

2. 极线几何特例：平行视图

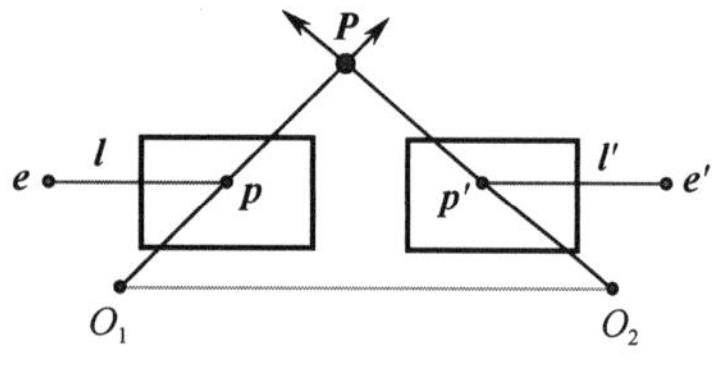

图 8-11　平行视图

极线几何的一个特例是两个相机的成像区域平行，且两个区域在同一平面上，称为平行视图。平行视图如图 8-11 所示。

平行视图具有以下的性质：

① 基线平行于图像平面，极点 $\boldsymbol{e}$ 和 $\boldsymbol{e}'$ 位于无穷远处；

② 极线平行于图像坐标系的 u 轴。

不妨设 $\boldsymbol{K}=\boldsymbol{K}'$，$\boldsymbol{R}=\boldsymbol{I}$，$\boldsymbol{t}=\begin{bmatrix}T\\0\\0\end{bmatrix}$，则

$$\boldsymbol{F}=[\boldsymbol{e}'_{\times}]\boldsymbol{K}'\boldsymbol{R}\boldsymbol{K}^{-1}=\begin{bmatrix}0&0&0\\0&0&-1\\0&1&0\end{bmatrix} \tag{8-26}$$

因此，极线是水平的且平行于 u 轴。另外，有

$$\boldsymbol{p}'^{\mathrm{T}}\boldsymbol{F}\boldsymbol{p}=0 \Rightarrow [p'_u \quad p'_v \quad 1]\begin{bmatrix}0 & 0 & 0\\ 0 & 0 & -1\\ 0 & 1 & 0\end{bmatrix}\begin{bmatrix}p_u\\ p_v\\ 1\end{bmatrix}=0 \Rightarrow \boldsymbol{p}_v=\boldsymbol{p}'_v \tag{8-27}$$

可以得出，$\boldsymbol{p}$ 和 $\boldsymbol{p}'$ 在像素坐标系下的纵坐标一样。因此，若已知 $\boldsymbol{p}$，寻找 $\boldsymbol{p}'$ 时沿着扫描线寻找即可。

3. 平行视图的三角测量

平行视图模型的俯视图如图 8-12 所示。

由相似关系可得

$$p_u - p'_u = \frac{Bf}{z} \tag{8-28}$$

定义视差为 $p_u - p'_u$，对于给定立体视觉系统，基线长度 B 和焦距 f 已知，因此可以很容易地从视差得到深度信息，且视差与深度 z 成反比；进一步可直接计算得到 $\boldsymbol{P}$ 的三维坐标。实际中左右二图存在大量特征点，通过特征匹配方法（见 5.2 节）可得到特征点匹配关系，同时可利用上式计算每一点对对应的视差。如图 8-13 所示，由两幅平行视图图像经过计算获得下方的视差图，图中颜色越浅的部分对应视差值越大，距离相机也越近。由于遮挡现象的存在，被遮挡部分点的深度信息是无法获取的，在视差图中以黑色像素标出。所有点的视差都计算后，进一步可得到这些点的三维坐标，即目标的三维点云信息。

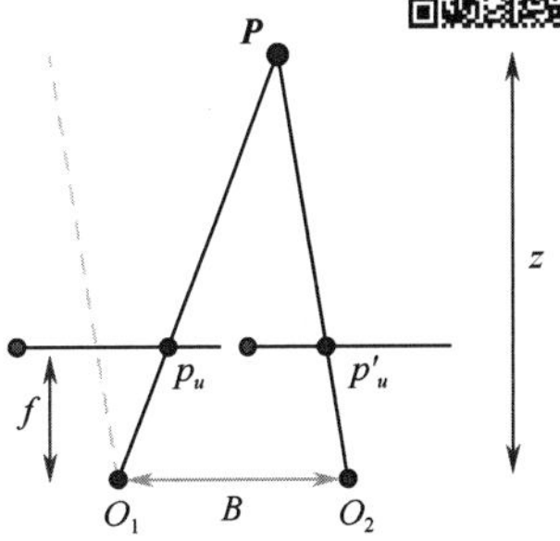

图 8-12　平行视图模型的俯视图

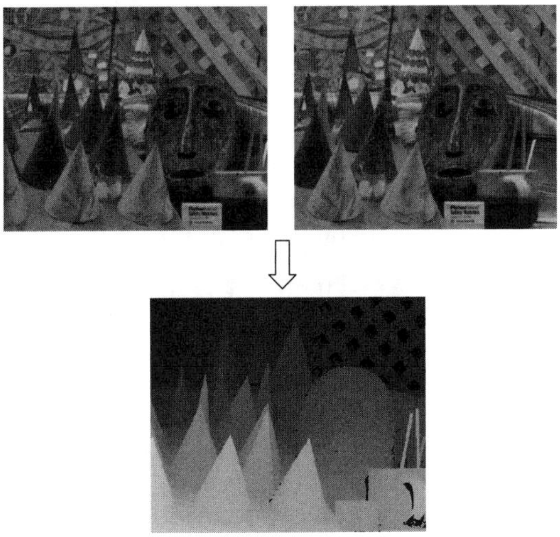

图 8-13　视差图与深度图

8.3.2 非平行视图

当左右两相机关系任意时，可借助图像校正将左右像平面“翻转”一个指定的角度，使二像平面满足平行视图条件，进一步使用 8.3.1 节方法进行处理，如图 8-14 所示。

图像校正具体步骤如下。

（1）在左右两幅图像中找到一组匹配点对 $\boldsymbol{p}_i$ 和 $\boldsymbol{p}'_i$，点对数量为 n，且 $n \geqslant 8$。

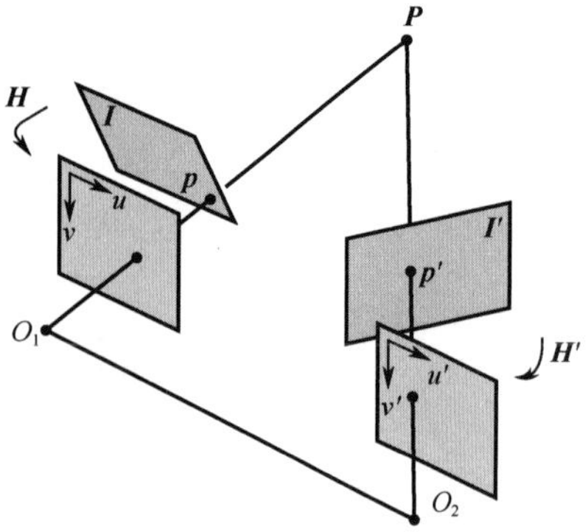

图 8-14 双目视觉图像校正原理

(2)根据匹配的点对和 8.1.4 节方法，计算基础矩阵 $\boldsymbol{F}$，进一步求解两幅图像中的极点 $\boldsymbol{e}=[e_1 \quad e_2 \quad 1]^{\mathrm{T}}$ 和 $\boldsymbol{e}'=[e_1' \quad e_2' \quad 1]^{\mathrm{T}}$。事实上，根据 $\boldsymbol{F}$，可知各点对应极线：

$$\boldsymbol{l}_i=\boldsymbol{F}^{\mathrm{T}}\boldsymbol{p}_i' \tag{8-29}$$

进一步可求解 $\boldsymbol{e}$：

$$\begin{bmatrix}\boldsymbol{l}_1^{\mathrm{T}}\\ \boldsymbol{l}_2^{\mathrm{T}}\\ \vdots\\ \boldsymbol{l}_n^{\mathrm{T}}\end{bmatrix}\boldsymbol{e}=0 \tag{8-30}$$

类似地，可求解 $\boldsymbol{e}'$：

$$\boldsymbol{l}_i'=\boldsymbol{F}\boldsymbol{p}_i,\quad \begin{bmatrix}\boldsymbol{l}_i'^{\mathrm{T}}\\ \boldsymbol{l}_{i+1}'^{\mathrm{T}}\\ \vdots\\ \boldsymbol{l}_n'^{\mathrm{T}}\end{bmatrix}\boldsymbol{e}'=0 \tag{8-31}$$

(3) 计算透视变换矩阵

$$\boldsymbol{H}'=\boldsymbol{T}^{-1}\boldsymbol{G}\boldsymbol{R}\boldsymbol{T} \tag{8-32}$$

将 $\boldsymbol{e}'$ 映射到无穷远点。其中，

$$\boldsymbol{T}=\begin{bmatrix}1 & 0 & -\dfrac{w}{2}\\ 0 & 1 & -\dfrac{h}{2}\\ 0 & 0 & 1\end{bmatrix} \tag{8-33}$$

其中，w、h 分别为图像的宽、高；

$$\boldsymbol{T}=\begin{bmatrix}1 & 0 & -\dfrac{w}{2}\\ 0 & 1 & -\dfrac{h}{2}\\ 0 & 0 & 1\end{bmatrix} \tag{8-34}$$

$$\boldsymbol{R}=\begin{bmatrix}\alpha\dfrac{e_1'}{\sqrt{e_1'^2+e_2'^2}} & \alpha\dfrac{e_2'}{\sqrt{e_1'^2+e_2'^2}} & 0\\ -\alpha\dfrac{e_2'}{\sqrt{e_1'^2+e_2'^2}} & \alpha\dfrac{e_1'}{\sqrt{e_1'^2+e_2'^2}} & 0\\ 0 & 0 & 1\end{bmatrix} \tag{8-35}$$

其中，$\alpha=\begin{cases}1, & e_1'>0\\ -1, & e_1'\leqslant 0\end{cases}$，

$$\boldsymbol{G}=\begin{bmatrix}1 & 0 & 0\\ 0 & 1 & 0\\ -\dfrac{1}{f} & 0 & 1\end{bmatrix} \tag{8-36}$$

(4) 寻找对应的透视变换矩阵 $\boldsymbol{H}$，使得下式最小

$$\sum_i d(\boldsymbol{H}\boldsymbol{p}_i,\boldsymbol{H}'\boldsymbol{p}_i') \tag{8-37}$$

其中，$d(\cdot,\cdot)$ 为距离度量，一般情况下可以取欧式范数。

（5）分别用矩阵 $\boldsymbol{H}$ 和 $\boldsymbol{H}'$，对左右两幅图像进行重采样。得到的结果即校正后的视图。

图 8-15 演示了图像校正过程，其中上部分为校正之前的两幅图像，下部分为矫正结果。

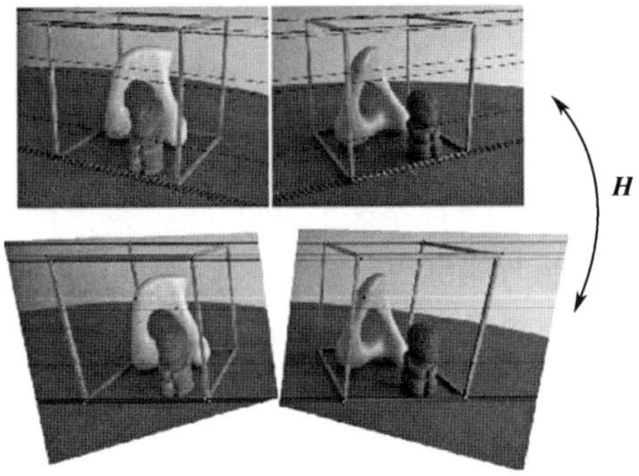

图 8-15　双目视觉图像校正结果

8.4　图像拼接

图像拼接就是将多幅有部分重叠的图像拼成一幅无缝大图的技术。这些图像可能由多个相机对一个场景同时拍摄获得，或由一个相机在不同时间从不同视角拍摄获得。图像拼接需要经过特征点提取与匹配、单应性矩阵求解、图像配准、图像融合等步骤。

8.4.1　特征点提取与匹配

图像拼接的基础是特征点的检测与匹配。常用的特征点检测算法有 SIFT、ORB 和 SURF，第 5 章已经详细介绍了三种特征点检测算法的步骤。在对需要匹配的两幅图像进行特征提取之后，会得到两幅图像的关键点和对应的描述子。根据两幅图像对应描述子向量的相近程度进行匹配。在 5.2 节中介绍了特征匹配的几种方法，使用基本的暴力匹配法进行匹配如图 8-16 所示。在利用这些特征匹配方法进行初步匹配后，可以使用 RANSAC 算法对初步匹配的结果进行筛选。

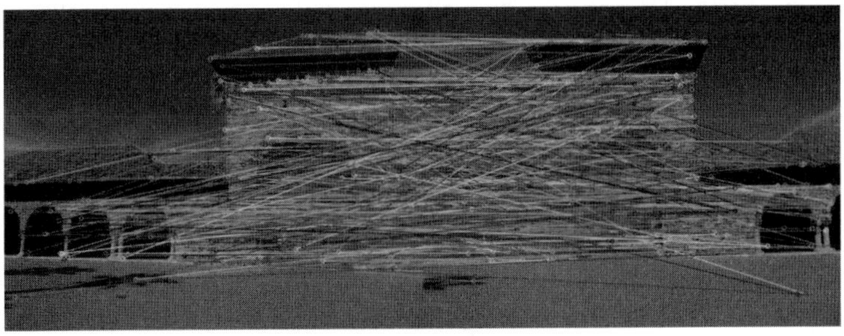

图 8-16　暴力匹配示意图

8.4.2　单应性矩阵求解

单应性矩阵 $\boldsymbol{H}$ 约束了同一 3D 空间点在两个像平面的 2D 齐次坐标。不妨设 (x,y) 为输入图像的像素坐标，(u,v) 为输出图像的像素坐标。输入图像经过单应性变换得到输出图像，具体如下：

$$\begin{bmatrix} u' \\ v' \\ w \end{bmatrix} = \begin{bmatrix} h_1 & h_2 & h_3 \\ h_4 & h_5 & h_6 \\ h_7 & h_8 & h_9 \end{bmatrix} \begin{bmatrix} x \\ y \\ 1 \end{bmatrix} = \boldsymbol{H} \begin{bmatrix} x \\ y \\ 1 \end{bmatrix} \tag{8-38}$$

其中，由齐次坐标的定义知$u = \dfrac{u'}{w}$，$v = \dfrac{v'}{w}$。

由此就定义了单应性矩阵$\boldsymbol{H}$的具体形式。此外，由点(x, y)经单应性矩阵$\boldsymbol{H}$变化得到点(u, v)的过程称为透视变换，也称为单应性变换。

前面所介绍的单应性矩阵描述的是两个像平面的二维坐标之间的对应关系。除此之外，单应性矩阵还可以理解为描述物体在世界坐标系和像素坐标系之间的位置映射关系。以第 7 章中利用棋盘格进行相对位姿估计为例，世界坐标系被定在棋盘格上，即$z = 0$。因此，世界坐标系和像素坐标系之间的关系如下：

$$\begin{bmatrix} u \\ v \\ 1 \end{bmatrix} = s\boldsymbol{K}[\boldsymbol{R} \quad \boldsymbol{t}] \begin{bmatrix} x \\ y \\ z \\ 1 \end{bmatrix} = s\boldsymbol{K}[\boldsymbol{r}_1 \quad \boldsymbol{r}_2 \quad \boldsymbol{r}_3 \quad \boldsymbol{t}] \begin{bmatrix} x \\ y \\ 0 \\ 1 \end{bmatrix} = s\boldsymbol{K}[\boldsymbol{r}_1 \quad \boldsymbol{r}_2 \quad \boldsymbol{t}] \begin{bmatrix} x \\ y \\ 1 \end{bmatrix} \tag{8-39}$$

因此，$\boldsymbol{H} = s\boldsymbol{K}[\boldsymbol{r}_1 \quad \boldsymbol{r}_2 \quad \boldsymbol{t}]$为成像平面与标定板平面之间的单应性矩阵。其中，$\boldsymbol{K}$为相机内参矩阵，$s$是任意尺度的比例系数。

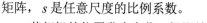

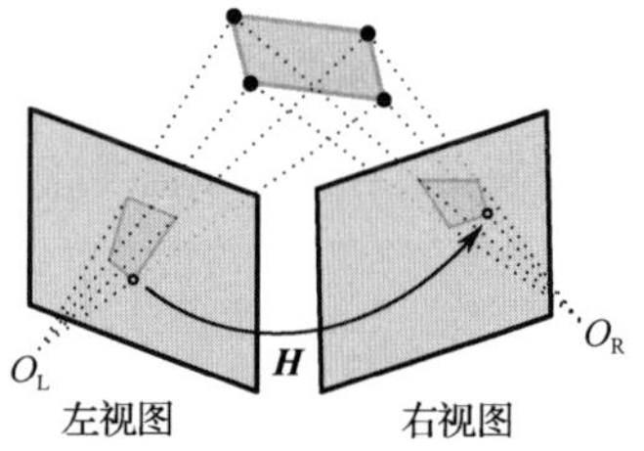

图 8-17　不同相机视角下的投影结果

若相机的位置发生变化，投影结果如图 8-17 所示。

假设目标物体在两个视角下对应像素点的坐标分别为(x_1, y_1)和(x_2, y_2)，由此可以得到

$$\begin{bmatrix} u \\ v \\ 1 \end{bmatrix} = \boldsymbol{H}_1 \begin{bmatrix} x_1 \\ y_1 \\ 1 \end{bmatrix} = \boldsymbol{H}_2 \begin{bmatrix} x_2 \\ y_2 \\ 1 \end{bmatrix} \tag{8-40}$$

进一步地，有

$$\begin{bmatrix} x_1 \\ y_1 \\ 1 \end{bmatrix} = \boldsymbol{H}_1^{-1}\boldsymbol{H}_2 \begin{bmatrix} x_2 \\ y_2 \\ 1 \end{bmatrix} = \boldsymbol{H} \begin{bmatrix} x_2 \\ y_2 \\ 1 \end{bmatrix} \tag{8-41}$$

由此可以看出，透视变换改变的是相机的视角。在图像拼接中，输入图像为不同视角下拍摄的背景。通常情况下，拍摄距离较远，背景可以默认是在同一平面上的。背景不在同一平面上会给单应性矩阵的估计带来误差。

8.4.1 节指出，利用 SIFT 等特征点检测算法可以得到对应图像之间的匹配点，利用这些匹配点的坐标即可求解出单应性矩阵。求解最少需要 4 对点，类似 7.2.2 节的 PnP 线性求解过程，具体步骤如下。

由

$$\begin{bmatrix} u \\ v \\ w \end{bmatrix} = \begin{bmatrix} h_1 & h_2 & h_3 \\ h_4 & h_5 & h_6 \\ h_7 & h_8 & h_9 \end{bmatrix} \begin{bmatrix} x \\ y \\ 1 \end{bmatrix} \tag{8-42}$$

可以得到

$$\begin{cases} u = \dfrac{h_1 x + h_2 y + h_3}{h_7 x + h_8 y + h_9} \\ v = \dfrac{h_4 x + h_5 y + h_6}{h_7 x + h_8 y + h_9} \end{cases} \tag{8-43}$$

若将 H 乘上一个比例系数 k ，则

$$\begin{cases} u = \dfrac{kh_1 x + kh_2 y + kh_3}{kh_7 x + kh_8 y + kh_9} = \dfrac{h_1 x + h_2 y + h_3}{h_7 x + h_8 y + h_9} \\ v = \dfrac{kh_4 x + kh_5 y + kh_6}{kh_7 x + kh_8 y + kh_9} = \dfrac{h_4 x + h_5 y + h_6}{h_7 x + h_8 y + h_9} \end{cases} \qquad (8\text{-}44)$$

可以看出，结果不受比例系数 k 的影响，因此投影矩阵不是唯一的，矩阵元素可以等比例缩放。在求解矩阵 H 时，只要为矩阵中任意一非零元素赋一确定值，其他元素根据比例也就得到了确定的值，因此矩阵 H 的未知数由 9 个降低到 8 个。通常情况下，令 $h_9 = 1$ 。

因为有 8 个未知数，所以最少需要 8 个方程来求解。这里假设已知输入图像和输出图像的 4 个对应点的坐标，就可以列出 8 个方程，从而解出单应性矩阵 H 。事实上，将式（8-44）重新整理，并将 8 个方程堆叠整理成矩阵形式，有

$$\begin{bmatrix} x_1 & y_1 & 1 & 0 & 0 & 0 & -u_1 x_1 & -u_1 y_1 & -u_1 \\ 0 & 0 & 0 & x_1 & y_1 & 1 & -v_1 x_1 & -v_1 y_1 & -v_1 \\ x_2 & y_2 & 1 & 0 & 0 & 0 & -u_2 x_2 & -u_2 y_2 & -u_2 \\ 0 & 0 & 0 & x_2 & y_2 & 1 & -v_2 y_2 & -v_2 y_2 & -v_2 \\ x_3 & y_3 & 1 & 0 & 0 & 0 & -u_3 y_3 & -u_3 y_3 & -u_3 \\ 0 & 0 & 0 & x_3 & y_3 & 1 & -v_3 x_3 & -v_3 y_3 & -v_3 \\ x_4 & y_4 & 1 & 0 & 0 & 0 & -u_4 x_4 & -u_4 y_4 & -u_4 \\ 0 & 0 & 0 & x_4 & y_4 & 1 & -v_4 x_4 & -v_4 y_4 & -v_4 \end{bmatrix}_{8\times 9} \begin{bmatrix} h_1 \\ h_2 \\ h_3 \\ h_4 \\ h_5 \\ h_6 \\ h_7 \\ h_8 \\ h_9 \end{bmatrix} = \begin{bmatrix} 0 \\ 0 \\ 0 \\ 0 \\ 0 \\ 0 \\ 0 \\ 0 \end{bmatrix} \qquad (8\text{-}45)$$

设左边的 8×9 矩阵为 A ，矩阵 A 的 SVD 可表述如下：

$$A_{8\times 9} = U_{8\times 8} S_{8\times 9} V_{9\times 9}^{\mathrm{T}} \qquad (8\text{-}46)$$

其中，

$$U^{\mathrm{T}} U = I_{8\times 8} , \quad V^{\mathrm{T}} V = I_{9\times 9} \qquad (8\text{-}47)$$

即矩阵 U 和 V 均为正交矩阵，矩阵 U 和 V 分别由 8 个、9 个互相正交的向量组成。这里我们关心矩阵 V ，有

$$V = [\boldsymbol{v}_1 \quad \boldsymbol{v}_2 \quad \cdots \quad \boldsymbol{v}_9] \qquad (8\text{-}48)$$

其中，对于任意两个向量的点积，有

$$\begin{cases} \boldsymbol{v}_i \cdot \boldsymbol{v}_j = 0, & i \neq j \\ \boldsymbol{v}_i \cdot \boldsymbol{v}_j \neq 0, & i = j \end{cases} \qquad (8\text{-}49)$$

矩阵 S 由一系列奇异值组成，除在 S_{ii} 上的奇异值外，其他值都为 0。

据此可以写出

$$A\boldsymbol{v}_9 = U_{8\times 8} \mathrm{diag}(\sigma_1, \sigma_2, \cdots, \sigma_8) \begin{bmatrix} \boldsymbol{v}_1^{\mathrm{T}} \\ \boldsymbol{v}_2^{\mathrm{T}} \\ \boldsymbol{v}_3^{\mathrm{T}} \\ \boldsymbol{v}_4^{\mathrm{T}} \\ \boldsymbol{v}_5^{\mathrm{T}} \\ \boldsymbol{v}_6^{\mathrm{T}} \\ \boldsymbol{v}_7^{\mathrm{T}} \\ \boldsymbol{v}_8^{\mathrm{T}} \\ \boldsymbol{v}_9^{\mathrm{T}} \end{bmatrix} \boldsymbol{v}_9 = U_{8\times 8} \mathrm{diag}(\sigma_1, \sigma_2, \cdots, \sigma_8) \begin{bmatrix} 0 \\ 0 \\ 0 \\ 0 \\ 0 \\ 0 \\ 0 \\ C \end{bmatrix} = 0 \qquad (8\text{-}50)$$

将上式与（8-45）对比，即可得出，式（8-50）的解就是 $\boldsymbol{v}_9$。通常令 $h_9 = 1$，因此求解出的单应性矩阵如下：

$$\boldsymbol{H} = \begin{bmatrix} \dfrac{h_1}{h_9} & \dfrac{h_2}{h_9} & \dfrac{h_3}{h_9} \\ \dfrac{h_4}{h_9} & \dfrac{h_5}{h_9} & \dfrac{h_6}{h_9} \\ \dfrac{h_7}{h_9} & \dfrac{h_8}{h_9} & 1 \end{bmatrix} \tag{8-51}$$

通常在图像匹配的过程中，匹配点的数量远多于 4 对。此时在单应性矩阵的求解过程中，需要求解的方程为超定方程，可使用 SVD 求解该方程组的最小二乘解。

8.4.3 图像配准

图像配准是整个图像拼接的核心。在图像拼接过程中，预先指定一幅基准图像，将其余图像的视角变换到基准图像的视角的过程称为图像配准（image registration）。通常采用基于特征点的图像配准方法，即通过匹配点对构建图像序列之间的变换矩阵，从而完成全景图像的拼接。

8.4.2 节已经给出了两幅图像之间单应性矩阵的求解方法。在此基础上，利用 RANSAC 算法对匹配点进行进一步筛选，具体步骤如下：

① 随机选取 4 对匹配点，计算两幅图像之间的单应性矩阵 $\boldsymbol{H}$；

② 利用 $\boldsymbol{H}$，计算待变换图像中的所有匹配点 $\boldsymbol{p}$ 经过透视变换得到的点 $\boldsymbol{Hp}$；

③ 记基准图像中的匹配点为 $\boldsymbol{p}'$，计算投影误差 $\varepsilon = \sum \| \boldsymbol{p}' - \boldsymbol{Hp} \|$；

④ 设定阈值，若投影误差小于阈值，则 4 对点加入内点集；

⑤ 重复上述步骤，直到内点的数目稳定为止。

根据内点集中的所有匹配点，计算所得的单应性矩阵即最优解，可以在图像拼接中达到比较好的效果，如图 8-18 所示。

图 8-18　特征点匹配结果

根据之前所求出的单应性矩阵，对图像进行透视变换，即可得到与基准图像相同视角下的图像，如图 8-19 所示。

图 8-19 图像配准结果

8.4.4 图像融合

在完成图像配准的步骤后，需要对透视变换后的图像与基准图像进行融合。图像融合最简单的方式是将基准图像直接复制到变换后图像的对应位置上。但是由于拍摄的亮度是不均匀的，直接拼接会造成拼接处的亮度突变，因此需要对图像的重叠区域进行处理，以消除亮度突变的现象。

图像融合存在多种方式。一种直接的方式是，利用加权融合的思想，在重叠部分由前一幅图像慢慢过渡到第二幅图像，即将图像的重叠区域的像素值按一定的权值相加合成新的图像。图像融合的具体步骤如下：

① 指定融合区域 I；

② 记基准图像为 I_{basic}，配准后图像为 I_{trans}，计算融合区域的亮度值：

$$I(u,v) = w \cdot I_{\text{trans}}(x,y) + (1-w) \cdot I_{\text{basic}}(x',y'),\ w = \frac{u}{\text{cols}^{(I)}} \tag{8-52}$$

③ 将基准图像重叠区域以外的部分直接复制到配准后图像的对应位置上，完成图像的融合。

图像融合效果如图 8-20 所示。

图 8-20 图像融合结果

8.5 三维重构

三维重构是从不同视角拍摄的一系列图像重建三维结构的过程。这项技术在许多领域都有广泛的应用，包括虚拟现实、增强现实、机器人导航、医学影像处理等。

在三维重构领域，常见的方法包括以下几种。

① 基于视觉几何的方法：利用相机的几何关系和对应点之间的几何约束来恢复三维结构，如基于三角测量的方法和基于立体视觉的方法。

② 基于结构光的方法：利用结构光投射的模式和相机捕捉的图像来恢复物体表面的三维结构，如利用激光投射的方法和利用编码光条的方法。

③ 基于深度学习的方法：近年来，随着深度学习技术的发展，越来越多的研究将深度学习应用于三维重构领域，如利用卷积神经网络。

下面介绍基于视觉几何的三维重构方法，主要流程如图 8-21 所示。基于视觉几何的三维重构方法是一种通过分析图像之间的几何关系来恢复物体或场景的三维结构的技术，通常包括如下关键步骤。

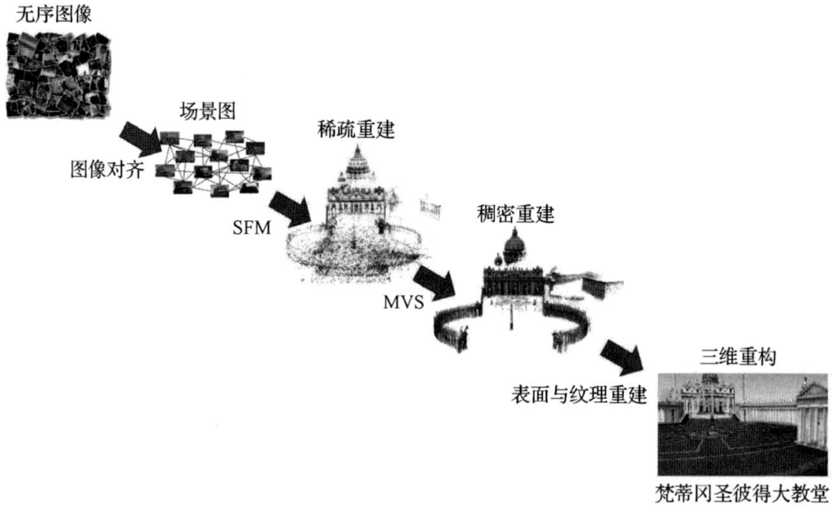

图 8-21　基于视觉几何的三维重构方法主要流程

1. 相关搜索

相关搜索（Correspondence Search）的主要目的是找到输入图像的重叠区域并建立重叠区域中同一个场景点的投影。定义 $\mathcal{I}=\{I_i \mid i=1,2,\cdots,N_I\}$ 为输入图像的集合，则这一部分的输出为经过几何验证的影像对集合 $\overline{\mathcal{C}}$ 及各个场景点到图像投影的图，主要步骤如下。

① 特征提取：提取图像点对光照、位置等不变的特征点，一般可以采用 SIFT、ORB 等特征点检测算法。提取的结果为 $\boldsymbol{\mathcal{F}}_i=\{(\boldsymbol{x}_j,\boldsymbol{f}_j) \mid j=1,2,\cdots,N_{F_i}\}$，其中，$\boldsymbol{x}_j$ 代表特征位置，$\boldsymbol{f}_j$ 代表特征描述子，F_i 表示特征点数量。

② 特征匹配：根据前面提取到的特征来匹配有重叠区域的图像，得到的结果为可能存在重叠区域的图像对集合 $\mathcal{C}=\{\{I_a,I_b\} \mid I_a,I_b\in\mathcal{I},a<b\}$ 及特征的关联矩阵 $\boldsymbol{\mathcal{M}}_{ab}\in\boldsymbol{\mathcal{F}}_a\times\boldsymbol{\mathcal{F}}_b$。

③ 几何验证：前面估计的有重叠区域的图像对仅仅根据图像的特征点信息，通常存在部分错误匹配的情况。三维重构会根据单应性矩阵和极线几何约束对图像对进行几何验证，得到验证后的图像对集合 $\overline{\mathcal{C}}$ 及关联矩阵 $\overline{\boldsymbol{\mathcal{M}}}_{ab}$。确定合适的关系可以采用 GRIC（几何鲁棒信息准则）或者 QDEGSAC（用于准退化数据的 RANSAC）方法。最后的结果是一幅场景图，顶点是图像，根据前面得到的经过几何验证的图像对来建边。

2. 增量重构

增量重构的目的是根据前面匹配得到的图像对来对场景点进行重构。这部分的输入是前面得到的场景图，输出为估计得到的相机位姿（拍摄到的图像需要与其他相机有重叠）$\mathcal{P}=\{\boldsymbol{P}_c\in\mathbf{SE}(3)|c=1,2,\cdots,N_{\boldsymbol{P}}\}$ 及重叠部分的场景点集合 $\mathcal{X}=\{\boldsymbol{X}_k\in R^3|k=1,2,\cdots,N_{\boldsymbol{X}}\}$，主要步骤如下。

① 初始化：选择最初使用的两幅图像的位置，选择图像更密集的区域得到的效果会更加稳健和精确，因为在进行光束平差的时候冗余点可以减小误差。

② 图像配准：在开始重构之后，通过求解 PnP 问题，可以计算出新的相机位姿，同时将新的图像不断加入系统中；在 PnP 过程中外点会造成较大的影响，因此一般会采用 RANSAC 等较为鲁棒的算法。

③ 三角化：根据新配准的图像来计算场景点，并将新的场景点与原有的场景点进行融合。

④ 光束平差：相机位姿估计的误差会传播到场景点中，反之亦然，如果不进行优化，三维重构会很快崩溃。将场景点重投影到图像中，再最小化误差 $E=\sum_j\rho_j\left(\left\|\pi(\boldsymbol{P}_c,\boldsymbol{X}_k)-\boldsymbol{x}_j\right\|_2^2\right)$ 可以对结果进行优化，其中，ρ_j 是外点所占的比例，$\boldsymbol{P}_c$ 为相机参数，$\boldsymbol{X}_k$ 为空间点的坐标，$\boldsymbol{x}_j$ 为像素坐标，$\pi(\cdot)$ 为投影模型。

3. 稀疏模型

稀疏模型是在初始阶段通过相关搜索和增量重构得到的模型。相关搜索通过分析输入数据中的特征，如图像或点云数据，识别场景中的关键特征点或结构。增量重构是指逐步添加新的数据来不断完善模型。在稀疏模型阶段，通常会得到一个粗略的场景结构，其中包含一些关键点和基本形状的信息。

4. 稠密模型

稠密模型是在稀疏模型的基础上进一步完善得到的模型。在这个阶段，通常会利用稀疏模型中的关键点和结构信息，使用填充和插值等方法，将场景中的空白区域填充得更加密集和细致。这个过程可以使用各种算法和技术，如三维重构算法、体素填充等，以提高模型的密度和准确度。

5. 三维模型

三维模型是指最终得到的完整的三维场景模型。在稠密模型的基础上，通过进一步的处理和优化，如表面平滑、纹理映射等，得到一个高质量的三维模型。这个模型可用于多种应用，如虚拟现实、游戏开发、工程设计等。

6. 三维重构结果

前面介绍了相关搜索和增量重构两个关键步骤，在此基础上可以根据任务需要对重构结果进行上色等操作。图 8-22 展示了利用 7.5 万幅图像重构的罗马场景，上部分是部分原始图像，下部分为重构的三维点云。

图 8-22　基于视觉几何的三维重构结果

第4篇 视觉系统实现与应用

第9章 视觉系统实现

机器视觉系统的实现融合了硬件与软件平台。合理地选择视觉成像、计算硬件平台等并搭配适用于具体视觉任务的软件，才能使一个机器视觉系统高效、准确地运行并获得期望效果。

机器视觉系统构成如图9-1所示，一般包括光源、相机、镜头、图像采集卡、计算硬件平台及视觉软件平台。本章先介绍机器视觉的硬件，再讨论视觉软件平台。软硬件的良好配合，可以高效地实现由任务到结果的端到端的输出，大大提高使用效率。

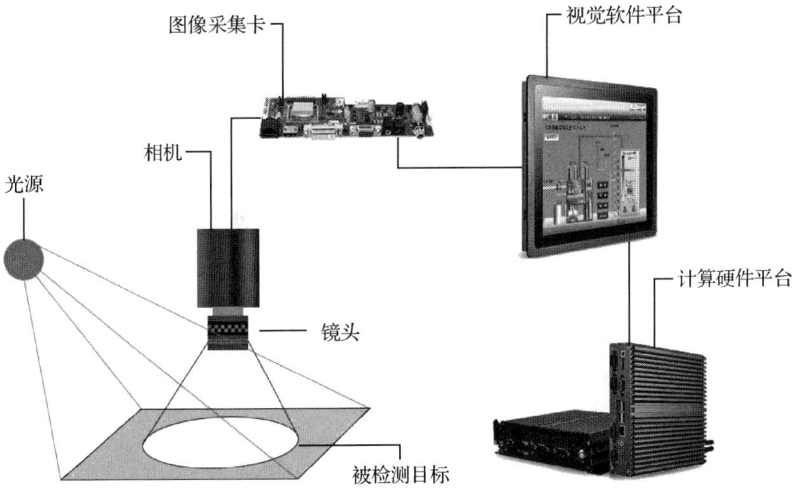

图9-1　机器视觉系统构成

9.1　机器视觉光源

机器视觉的应用离不开光源。实际中，除依靠环境自然光或自身照明外，往往需要使用额外光源实现如下功能：

① 照亮目标，提高亮度和对比度；

② 形成有利于图像处理的成像效果，降低系统的复杂性和对图像处理算法的要求；

③ 减小或消除环境光干扰，保证图像稳定性，提高视觉处理的精度及效率。

在机器视觉系统中，好的照明方式和光源往往会决定整个系统的成败，有效提高系统的精度、效率或降低系统的误动作，可以降低系统的复杂性和对图像处理算法的要求。

机器视觉光源包括如下关键要素。

① 入射角。控制和调节光源照射到物体表面的入射光角度，取决于光源的类型及其相对于物体放置的位置。

② 光束方向性。决定照射光线的分布情况。直射光来自同一个方向，方向性强，但会投射出物体阴影；散射光来自多个方向，不会投射出明显的阴影。

③ 光谱。光源产生的光颜色或光谱构成，取决于光源所产生光的类型、介质光谱吸收及覆盖在光源或相机镜头上的光学滤镜。

④ 光强。光照的强度会影响相机的曝光及成像情况。光照过强，目标会产生炫光，同时相机可能产生亮度饱和，导致无法对目标清晰成像；相反，光照过弱会导致目标表面照明不足，丢失成像细节，同时需要延长曝光时间，从而导致对运动物体的拍摄较为模糊。

⑤ 均匀性。机器视觉应用中要求均匀的光照，保证在图像中心和周围位置的成像同等清晰。

9.1.1　照明方式

光源照明方式是指照明设备如何放置及照射光线的方向和角度，它对照明效果有重要的作用。根据入射角度划分，照明方式可分为明场照明、暗场照明、背光照明等，如图 9-2 所示。

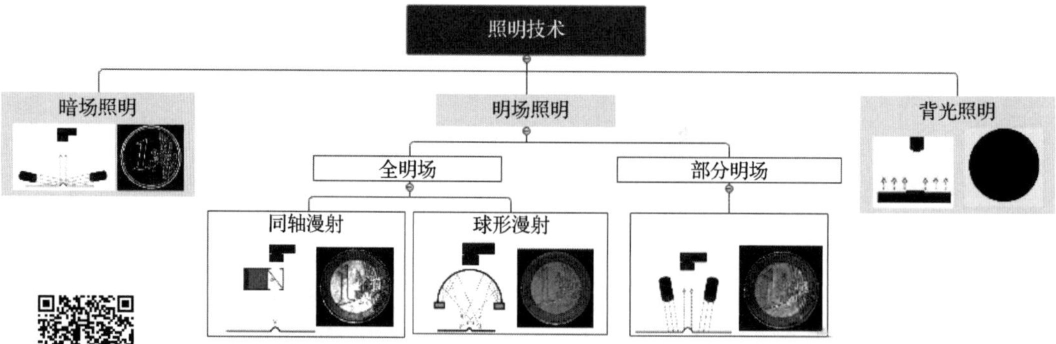

图 9-2　根据入射角度的照明方式分类

1. 明场照明

在明场照明中，光源入射角在 45° 到 90° 之间，此时大多数光可反射到相机中，因此目标成像明亮，分辨率高。明场可以根据光源的立体角大小分为以下两种。

（1）部分明场

部分明场照明具有较小立体角，仅从单一方向（如点光源）或较小角度范围（如环形光源、条形光源）直接照射到物体上，如图 9-3 所示。

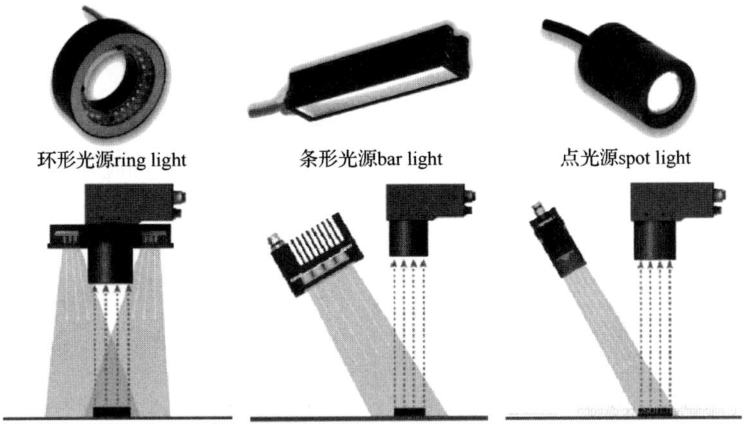

图 9-3 部分明场照明

（2）全明场

全明场照明具有大立体角，从多个方向照射物体，可消除表面不平整时产生的阴影、遮挡等问题。为保证全方向、无反光的照明效果，采用漫射照明方式，物体表面照射相对均匀。全明场根据不同照明方式又可分为同轴漫射照明、球形漫射照明等。

同轴漫射照明可以实现物体的垂直上方照明。光源发光部分位于侧面，通过垂直面光源发出的光，射到一个使光向下的分光镜上，相机从上面通过分光镜看物体。如图 9-4 所示，图 9-4（a）为同轴漫射照明原理，图 9-4（b）为某同轴光源外形。

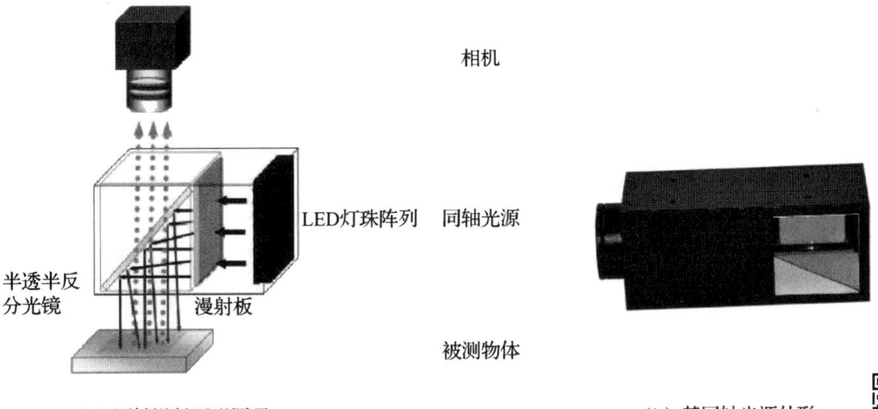

（a）同轴漫射照明原理　（b）某同轴光源外形

图 9-4 同轴漫射照明方式

球形漫射照明通过内部球形散射，可产生接近理想的漫射光，然后投射到物体上。如图 9-5 所示，图 9-5（a）为球形漫射照明原理，LED 灯珠发出的光先照射到球状反射光源内部，经反射后照射到物体表面，半球状反射器的存在保证光源可发出各个方向的光线。图 9-5（b）为球形漫射照明光路示意图。球形漫射照明应用半球形的均匀照明，可有效减小影子及镜面反射。图 9-5（c）展示了照明效果，图中瓶盖日期字符及凹凸处都得到均匀照明。

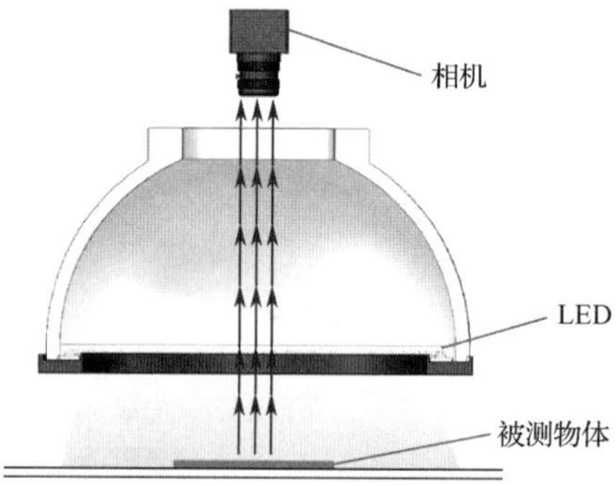

（a）球形漫射照明原理

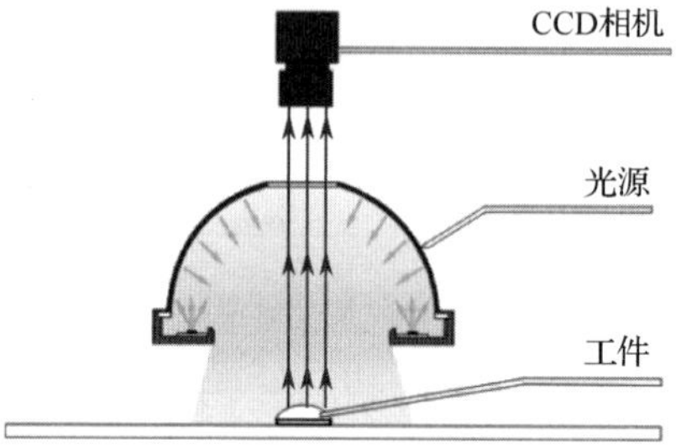

（b）球形漫射照明光路示意图

（c）球形漫射照明效果

图 9-5　球形漫射照明方式

此外，面光源也是经常使用的一类漫射光源。其采用大面积平面照射，光源前部加有扩散片，保证其投射光强均匀，如图 9-6 所示，图 9-6（a）为面光源示意图，光源各 LED 灯珠发出的光线通过扩散片均匀地照在被测物体上；图 9-6（b）为面光源外形，中央开孔后部可放置相机。

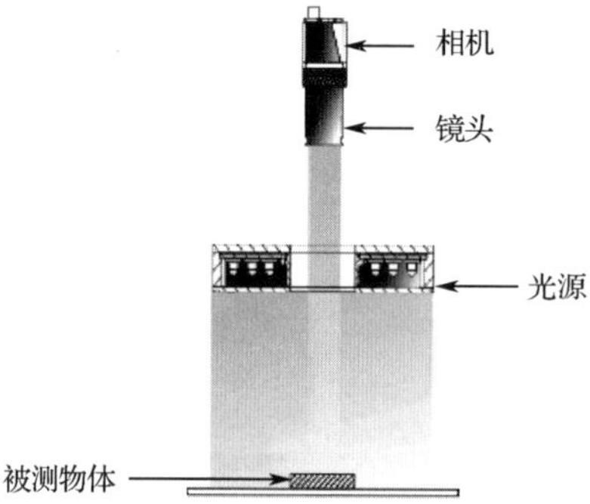

（a）面光源示意图

（b）面光源外形

图 9-6　面光源明方式

2. 暗场照明

暗场照明是相对于物体表面提供小于 45° 的低角度照明。如图 9-7 所示，图 9-7（a）为暗场照明原理，图 9-7（b）为暗场照明光路示意图，图 9-7（c）为暗场照明效果。根据其原理，当物体表面平坦时，反射光无法到达相机；但对于凸凹处则可形成较强反射，反射光可到达相机，形成凸凹处成像。暗场照明应用于对表面部分有突起部分的照明或表面纹理变化的照明情况。

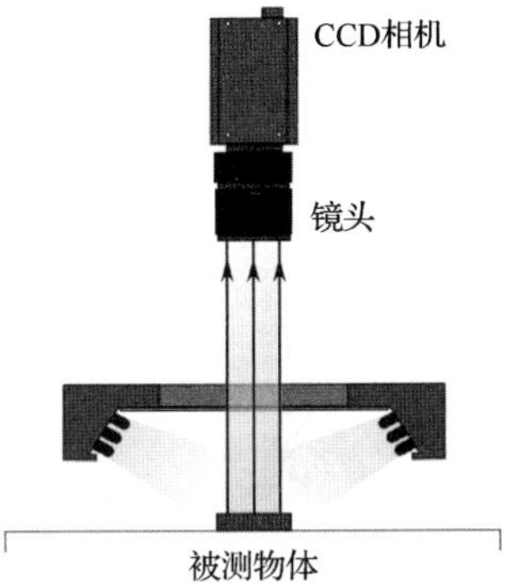

（a）暗场照明原理

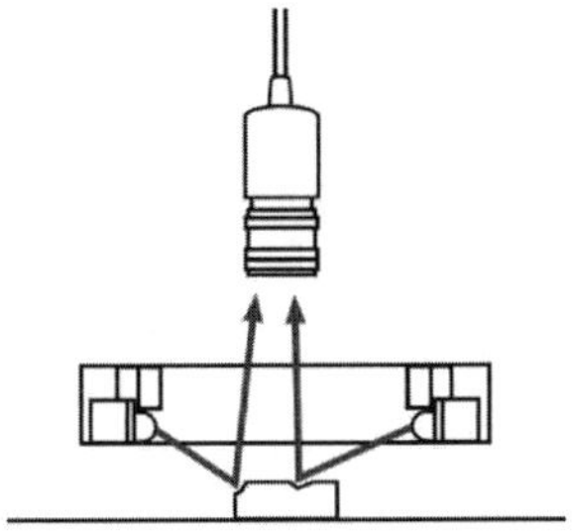

（b）暗场照明光路示意

（c）暗场照明效果

图 9-7　暗场照明方式

3. 背光照明

在背光照明中，光源与相机安装于物体两侧。背光光源从物体背面投射均匀视场的光，利用相机可以看到物体的侧面轮廓。如图 9-8 所示，图 9-8（a）为背光照明原理，图 9-8（b）为背光照明光路示意图。

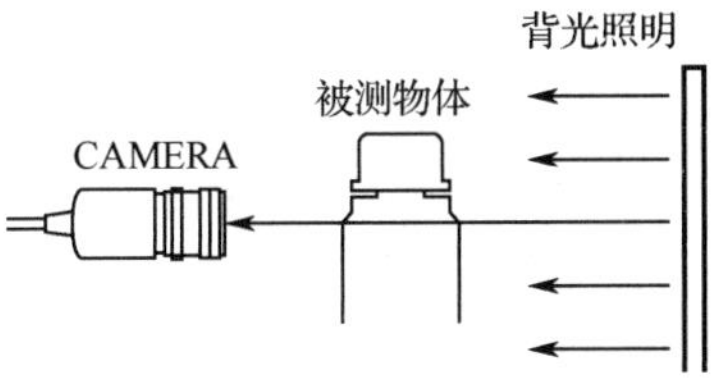

（a）背光照明原理

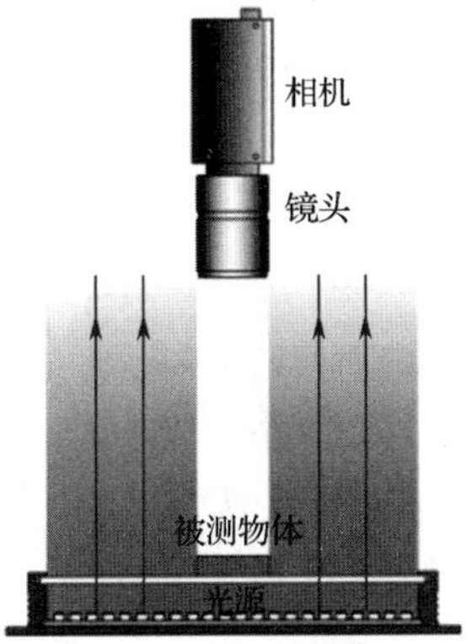

（b）背光照明光路示意图

图 9-8　背光照明方式

背光照明可产生很强的对比度；仅有透光的轮廓或孔洞边缘可成像，其余部分均为黑色。因此，背光照明常用于测量物体的尺寸、方向及外轮廓信息等。图 9-9 展示了背光照明在不同领域的应用。

图 9-10 比较了使用不同照明方式的硬币成像。图 9-10（a）使用明场垂直照明，光源位于硬币垂直上方，成像存在较强反光。图 9-10（b）使用明场漫射照明，因此整体成像均匀。图 9-10（c）

采用明场高角度侧面照明，形成波纹状边缘和亚光成像效果。图 9-10（d）使用暗场低角度侧面照明，轮廓边缘得到加强。图 9-10（e）使用暗场近 0°角度照明以进一步突出轮廓，减弱其他细节信息。图 9-10（f）使用背光照明，仅能显示整体外廓。

（a）尺寸检测　（b）异物检测　（c）液位检测　（d）外形检测

图 9-9　背光照明应用

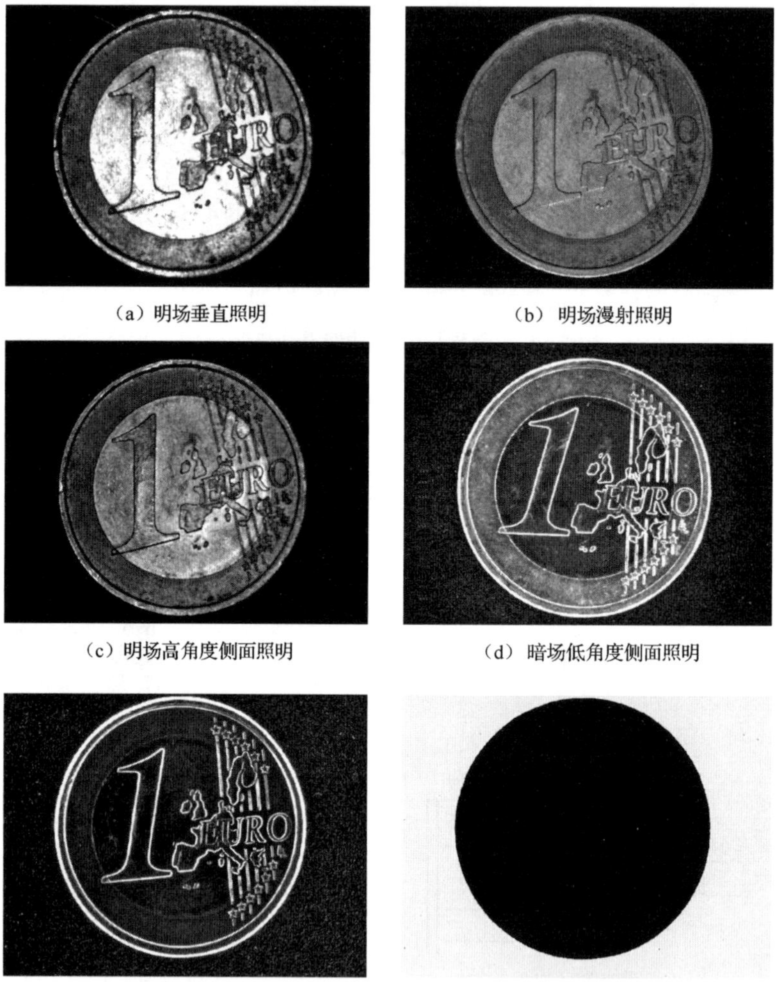

（a）明场垂直照明　（b）明场漫射照明

（c）明场高角度侧面照明　（d）暗场低角度侧面照明

（e）暗场近0°照明　（f）背光照明

图 9-10　不同照明方式下硬币成像对比

9.1.2　光源类型

按光源形状，机器视觉光源又可分为背光源、条形光源、环形光源、同轴光源等。表 9-1 给出了常用形状光源的照明原理及主要应用场景。

表 9-1 常见形状光源的照明原理及主要应用场景

名称	背光源	条形光源	环形光源	同轴光源	球形光源	线性光源	点光源	定制光源
实物图								包括特殊形状、特殊角度及组合光源等
照明原理	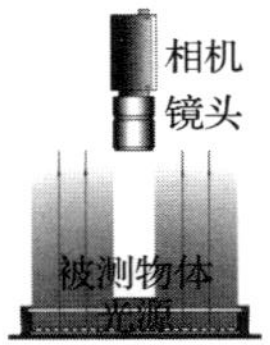	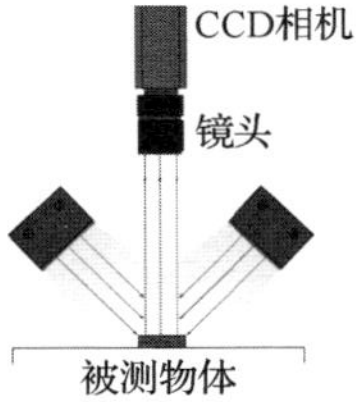	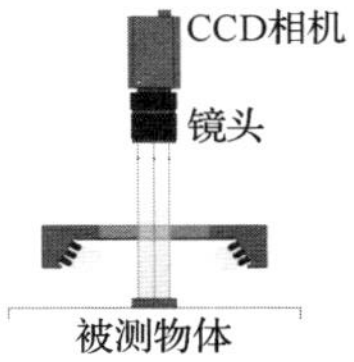	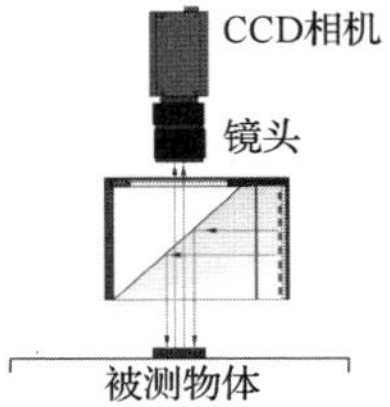	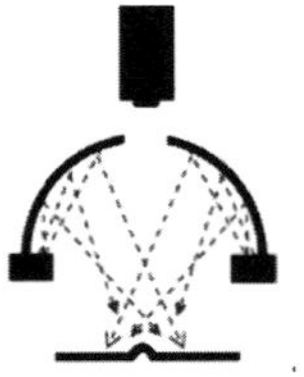	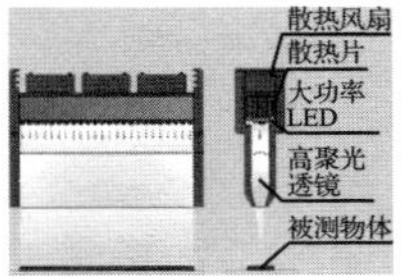	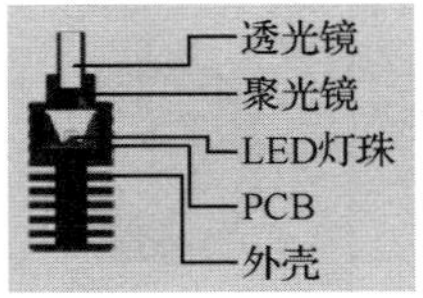	由定制光源类型决定
简介	发出的光经过特殊导光板形成均匀的背光，提供高强度背光	由高亮度直插式 LED 灯珠阵列组成。高均匀条形光源是由高密度贴片式 LED 灯珠阵列组成	光束集中，亮度高，均匀性好，照射面积相对较小	LED 面板发出的光线经过分光镜分离后，与 CCD 相机处于同一轴线上	发出的光没有直接照到物体上，而是照到球形反射镜上，通过多次反射，最终从不同方向照在被测物体上	外形细条状，前部采用圆透镜形成窄带光线，提高光线亮度，通常与线阵相机配套使用	发光亮度高、面积小，可单独或配合显微镜头、同轴镜头等使用	针对不同应用需求定制光源
主要应用场景	外形尺寸测量、边缘破损检测、透明物体杂质检测、液面高度检测、螺丝缺陷检测、连接器线路检测	尺寸测量、表面缺陷检测、字符缺陷检测、边缘缺陷检测、连接器引脚平整度检测、表面裂缝检测	PCB 板检测、塑胶容器检测、工件螺孔定位、标签检查、引脚检测、集成电路印字检测	反光物体表面缺陷检测、二维码识别、物体边缘定位、芯片字符检测	不平整及反光表面检测、金属喷码检测、食品药品外观检测	划痕检测、开裂与损伤检测、金属箔片外观检测、铁轨探伤检测	芯片检测、Mark 点定位、晶片及液晶玻璃底基校正	特定材质专用光源、特定表面缺陷检测、印刷对位光源、电池片校准专用光源

机器视觉光源又可按照颜色分类，常用的光源颜色主要有白色、蓝色、红色、绿色、红外、紫外，其主要应用场景如表 9-2 所示。

表 9-2　不同颜色光源的应用场景

名称	白色	蓝色	红色	绿色	红外	紫外
实物图				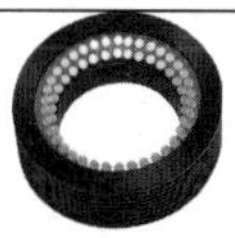	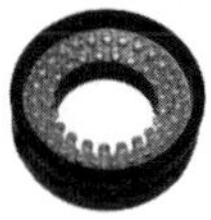	
主要应用场景	混色光，适用性广，亮度高	适用于银色及金属背景产品、薄膜上金属印刷品	波长在红色与蓝色之间，主要针对红色背景产品、银色背景产品（如钣金、车加工件等）	波长较长，能提高图像对比度；可透过比较暗的物体，用于绿色线路板线路检测、透光膜厚度检测等	属于不可见光，一般波长越长穿透性越好。主要应用于医学、视频监控、制药、塑料包装、电子、半导体等行业	波长短，穿透力强，主要应用于证件、荧光字符条码、布料表面破损、金属表面划痕等检测

9.2　机器视觉相机

作为机器视觉系统的核心组件之一，工业相机的本质作用是将光信号转换成有序的电信号。这一过程需要经过高速 A/D 转换，然后将数字信号传送到处理器中进行进一步的处理、分析和识别。常见的工业相机如图 9-11 所示。

图 9-11　工业相机

从工业相机的传感原理、接口方式等角度，一般可将其按照以下标准分类。

① 按传感器类型，分面阵相机、线阵相机、彩色相机、黑白相机、CCD 相机、CMOS 相机等。

② 按相机接口类型，分网口相机、USB 3.0 相机、万兆网口相机、Camera Link 相机、CoaXPress 相机等。

③ 按光学接口类型，分 C 口相机、CS 口相机、F 口相机、M12 口相机、M58 口相机等。

工业相机作为视觉传感的主要方式，不仅直接决定了所采集到的图像分辨率和图像质量等重要指标，还直接关系到整个系统的运行模式。因此，选择一款性能优良的工业相机对机器视觉系统的稳定性和精度都有重要的影响，而了解工业相机的相关参数是选择工业相机的必要前提。

9.2.1　视觉传感器

传感器是相机的核心部件，它利用感光二极管进行光电转换，将图像信息转换为数字信息，使得人们最终可以获得丰富多彩的数字图像。传感器的工作原理已在第 2 章中详细说明，下面介绍不同类型传感器对机器视觉成像的影响，为后续相机选型提供依据。

一般来说，图像传感器按照工作原理可分为 CCD 和 CMOS 两类。其中，CMOS 在机器视觉行业中已占据主导地位。

图像传感器按照结构特性可分为**线阵和面阵**。线阵传感器工作时类似扫描仪，对一行或多行像素进行循环曝光（具体扫描顺序不同相机略有区别），在计算机上逐行生成一帧完整图像，扫描速度比较快，其工作原理如图 9-12（a）、（c）所示，可以应用在特殊的需要移动的机器视觉成像场景，如大面积检测、高速检测、强反光检测及印刷、纺织等行业。面阵传感器则是像素点按照矩阵排列，传感器曝光（行曝光或帧曝光）完成后直接输出一帧图像，可以应用于大多数机器视觉场景，其工作原理如图 9-12（b）、（d）所示。

（a）线阵传感器单帧成像

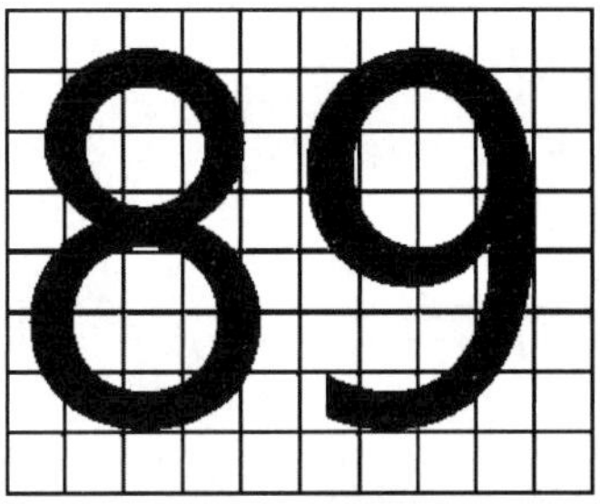

（b）面阵传感器单帧成像

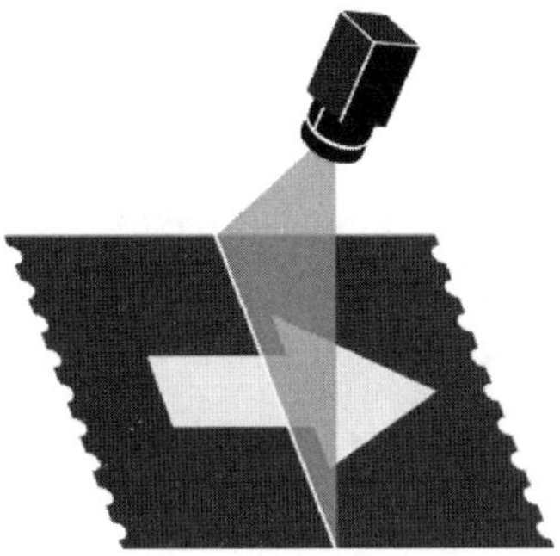

（c）线阵传感器成像原理

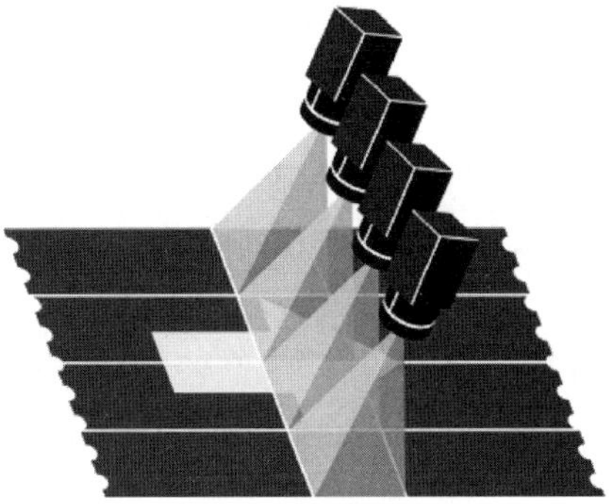

（d）面阵传感器成像原理

图 9-12　面阵传感器与线阵传感器

传感器的曝光形式可分为**全局快门和卷帘快门**。快门是一种用于控制感光元件或胶片曝光时间的机械或电子装置，其作用是在机器视觉相机成像过程中通过控制快门的开启和闭合使相机内的感光元件或胶片获得正确的曝光。

全局快门是指整个芯片的每行像素全部同时进行曝光，每行像素的曝光开始时间和结束时间都相同。曝光完成后，数据开始逐行读出，其相机传感器曝光、数据读出的时间长度一致，但结束数据读出的时刻不一致。卷帘快门是指芯片开始曝光的时候，每行均按照顺序依次进行曝光。第一行曝光结束后，便立即开始读出数据，数据完全读出后，下一行再开始读出数据，如此循环，其不同行的像素曝光开始时间和结束时间都不同。

在机器视觉系统拍摄运动物体时，全局快门和卷帘快门的效果有较大差异。使用卷帘快门时，每行曝光时间不同，运动物体成像会在不同行曝光时产生变化，从而产生运动模糊。因此，卷帘快门相机主要应用于静态或者低速场合，全局快门相机则常常应用于动态场合。如图 9-13 所示，图 9-13（a）为卷帘快门拍摄动态图像的结果，图 9-13（b）为全局快门拍摄动态图像的结果。对比两图可以清楚地看到，卷帘快门成像产生的叶片运动有拖影。

9.2.2　相机接口

工业相机是机器视觉系统中的图像采集设备，它需要与图像处理设备相连接，将采集到的图像数据传递给后者。二者的连接是通过相机接口来实现的。相机接口可分为模拟接口和数字接口两大类。模拟接口主要利用模拟数据采集卡与图像处理设备相连，数据传递的速度和精度都较差，但由于价格低廉，目前在机器视觉系统中还有少量应用。数字接口是目前相机接口的主流技术。下面介绍常用的数字相机接口，如图 9-14 所示。

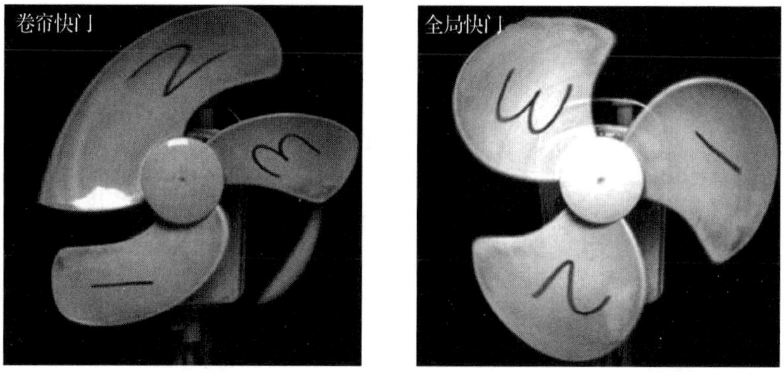

（a） 卷帘快门拍摄动态图像的结果　　（b） 全局快门拍摄动态图像的结果

图 9-13　卷帘快门与全局快门拍摄动态图像的结果对比

（a） CameraLink接口实物　　（b） IEEE 1394接口实物

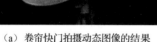

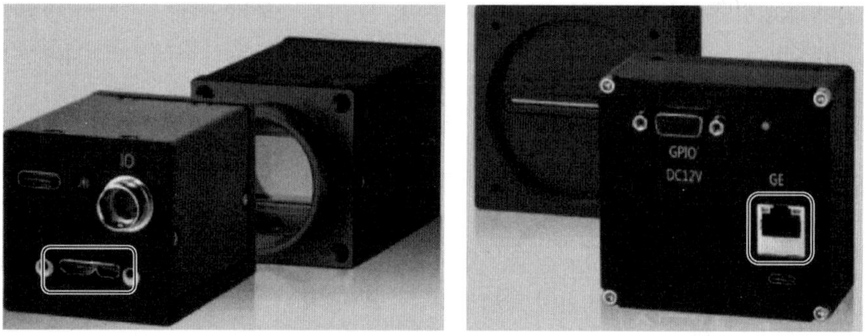

（c） USB 3.0接口实物　　（d） GigE接口实物

图 9-14　相机接口

1．CameraLink 接口

CameraLink 是一种高速接口，其基础是美国 National Semiconductor 公司的 Channel Link 技术，在 2000 年发布。与其他类型接口相比，CameraLink 专为相机接口设计，充分考虑了数据格式、触发、相机控制、高分辨率和帧频等因素，同时数据的传输率高达 1Gbit/s，传输距离可达 10 米。CameraLink 接口提供了低、中、高档三种支持格式，可满足不同带宽传递需求。图像采集卡和相机之间的通信采用了 LVDS（Low Voltage Differential Signaling）格式，速度快，抗噪性好。

2．IEEE1394 接口

IEEE1394 接口，也称为火线（FireWire）接口，是一种数字相机和计算机连接的接口标准，采用即插即用串行接口，最远传输距离可达 72 米，支持最高 3200 Mbit/s 的传输速度。FireWire 接口协议提供了“保证速度模式”与“保证传输模式”两种数据传输格式，支持热插拔，可形成星状、链状等连接方式。该接口具有快速传输、远距离传输、自带电源、小体积、高分辨率和帧频等优点，适用于显微镜、医学成像和对实时速度要求不极端的场合，且不需要另配图像采集卡。

3．USB 3.0 接口

USB 3.0 接口是一种高速、可靠、稳定的数据传输接口，其理论传输速率最高可达 5 Gbit/s。它通常用于高速摄像、视频采集和数据传输等，能够提供更高的数据吞吐量和更快的响应时间，其优点是使用广泛，便于相机和 PC 连接；缺点是传输距离较短，仅有 3～5 米。相对于早期的 USB 2.0 接口，USB 3.0 具有更低的延迟和更高的带宽，可支持高分辨率和高帧率的图像和视频传输。此外，USB 3.0 接口还支持更多的电源输出，可以为更多的设备提供电力支持。在使用 USB 3.0 接口的摄像头或视频采集设备中，其图像采集速率可高达 120 帧/秒，可以满足大多高速采集的需求。目前 USB 3.0 接口已成为很多高速图像采集和视频传输设备的首选接口。

4．Gigabit Ethernet（GigE）

GigE 建立在目前广泛使用的网络连接协议 Ethernet 上，传输速度可以在 10、100、1000 Mbit/s 标准中选择。使用 RJ45 接口和一般网线，可以达到 100 米的传输距离；使用光纤方式连接传输距离可更远。新一代的 NBASE-T 标准支持更快的 2.5 Gbit/s、5.0 Gbit/s 和 10 Gbit/s 的传输速度，对应的 GigE 分别称为 2.5 GigE、5 GigE 和 10 GigE。GigE 可充分利用大多数现有 PC 已配备的网卡，同时有便捷的标准软件、硬件支持。使用 PoE（Power on Ethernet）供电方式，相机可实现直接从主机中取电，无须外接电源。

9.2.3　镜头接口

工业相机与镜头连接的接口主要有 CS、C、F、Mxx（xx 为直径），接口不同，直径、螺纹、镜片与相机传感器之间的距离也不同。相机安装面到传感器的光学距离称为相机法兰距，镜头接口处基准面到像平面的距离称为镜头法兰距。不同的接口有不同的法兰距标准，机器视觉镜头选型时需要注意相机法兰距与镜头法兰距的匹配，如表 9-3 所示。

表 9-3　相机法兰距与镜头法兰距的匹配

接口类型	法兰距	口径及螺纹
C 接口	17.526mm	1-32UNF
CS 接口	12.5mm	1-32UNF
F 接口	46.5mm	47mm，卡口
Mxx 接口	无固定标准，常见的包括 M58 等	Mxx×Pxx，如 M58×0.75

9.3 镜头

镜头和相机配套工作，完成对周围场景的图像采集。镜头参数包括焦距、视场、分辨力、对比度、MTF、景深等。

1. 焦距和视场

机器视觉用的镜头一般由多组多片透镜构成。在系统中可将镜头等效为一片薄透镜来进行参数计算，并以此作为镜头选型的依据。

焦距是光学系统的重要参数，在机器视觉系统中指从镜片中心到底片或 CCD 等成像平面的距离。视场（FOV）则是整个系统能够观察的物体的尺寸范围，可分为水平视场和垂直视场。视场角（AFOV）则是以镜头为顶点，通过镜头的最大成像范围的两边缘所构成的夹角，在一定程度上反映视场大小。焦距与视场角之间的几何关系如图 9-15 所示。

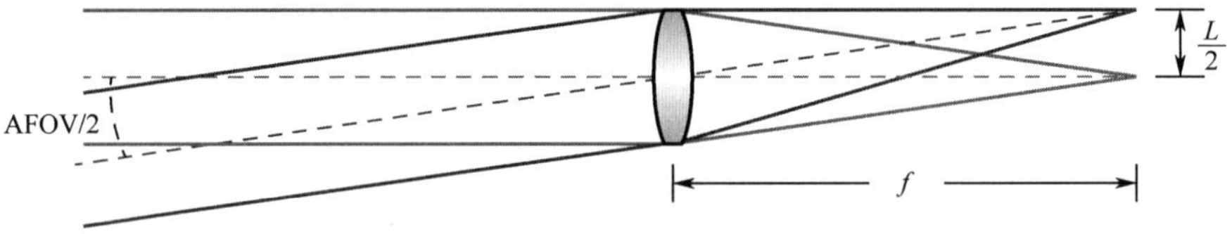

图 9-15　焦距与视场角之间的几何关系

在机器视觉相机成像过程中，成像系统的视场角、镜头的焦距和相机传感器水平尺寸或垂直距离 L 之间的关系为

$$\mathrm{AFOV}=2\tan^{-1}\left(\frac{L}{2f}\right) \tag{9-1}$$

上式可用于初步选定部分镜头参数，同时结合实际需求选择镜头。在机器视觉领域的绝大多数场景中，工作距离 W_D 即被测物体到镜头前端的距离。在实际成像中，如图 9-16 所示，可以假设镜头在物方空间对被测物体的张角与在像方空间对相机传感器的张角相等，因此可以由下式确定视场角：

$$\mathrm{AFOV}=2\tan^{-1}\left(\frac{\mathrm{FOV}}{2W_D}\right) \tag{9-2}$$

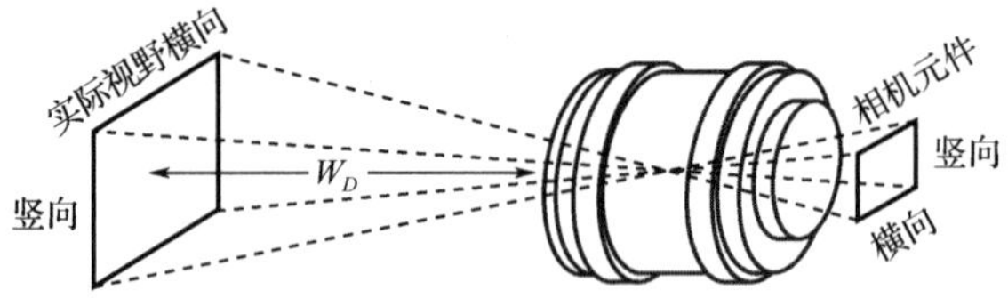

图 9-16　镜头成像原理

根据前述初选结果，可以进一步由下式确定镜头的焦距及光学放大倍率，即传感器尺寸与被测物体视场的比值。

$$f=\frac{L\times W_D}{\mathrm{FOV}} \tag{9-3}$$

$$\beta = \frac{f}{W_D} \tag{9-4}$$

注意，上述选型方法只是镜头的初步选型方法，以确定常用的参数，如焦距和光学放大倍率，而判断一个镜头是否适用于某一特定的机器视觉成像场景还需要考虑镜头的分辨力、对比度、畸变、景深等参数是否满足要求。

2. 分辨力

镜头的分辨力简称分辨力，指镜头再现物体细部的能力。如果需要分辨的被测物体上的细节越清晰，那么对镜头分辨力的要求就越高。如图 9-17 所示，在白色背景上有两个相邻的黑色线条，如果镜头分辨力较低，则相邻的黑色线条成像到传感器上会因为产生重叠而无法被分辨出来。镜头分辨力可用在传感器上每毫米内能分辨开的黑白相间的线条对数即每毫米线对数（lp/mm）来表征。

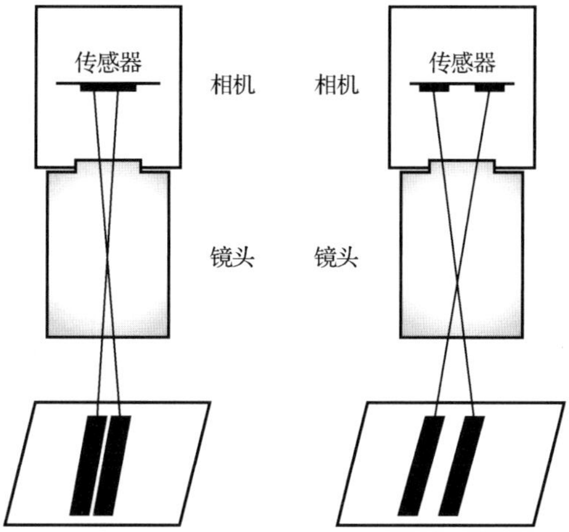

（a）镜头极限分辨线对　（b）镜头可分辨线对

图 9-17　镜头极限分辨力示意图

镜头的分辨力通常需要与传感器上感光元件的参数相匹配，假设镜头的分辨力为 N lp/mm，根据纳奎斯特采样定理，每毫米至少需要配以 $2N$ 个空间采样点，即传感器上一个感光元对应一条白线或黑线，传感器上每毫米需要有 $2N$ 个感光元来对应 N 条白线和 N 条黑线，此时传感器感光元密度为 $2N$/mm。此时，镜头与传感器感光元件就实现了良好的匹配。

而在选择镜头时，还需要充分考虑机器视觉任务中的系统分辨率，即成像系统能够识别的最小细节或尺寸，单位为微米（μm）。

首先，根据系统分辨率可确定合适的传感器感光元的像元尺寸，即传感器上每个像素的尺寸大小：

$$\text{像元尺寸（μm）} = \text{系统分辨率（μm）} \times \beta \tag{9-5}$$

其次，根据像元尺寸可以得到此时的传感器感光元像素密度，即传感器每毫米范围内的像素个数，如下式：

$$\text{感光元像素密度（pixel/mm）} = \frac{1000\text{μm/mm}}{\text{像元尺寸（μm）}} \tag{9-6}$$

最后，利用奈奎斯特采样定理按下式确定镜头分辨力：

$$\text{镜头分辨力（lp/mm）} = \frac{\text{感光元像素密度（pixel/mm）}}{2} \tag{9-7}$$

注意，上述公式计算的是理论上的镜头极限分辨力，这些公式能够给用户在相机和镜头选择上提供一个较好的帮助。而镜头实际分辨力往往低于极限分辨力，需要考虑镜头性能和对比度等因素的影响。

3．对比度与 MTF

对比度是指在给定的分辨力下，黑色线条与白色线条区分的程度。黑白线条成像之后的亮度差异越大，对比度越高。如图 9-18 所示，给定空间频率的对比度定义如下：

$$对比度=\left(\frac{I_{max}-I_{min}}{I_{max}+I_{min}}\right)\times 100\%$$

其中，I_{max}、I_{min} 分别是黑白线条对应的最大、最小成像亮度，通常以像素灰度值为单位。

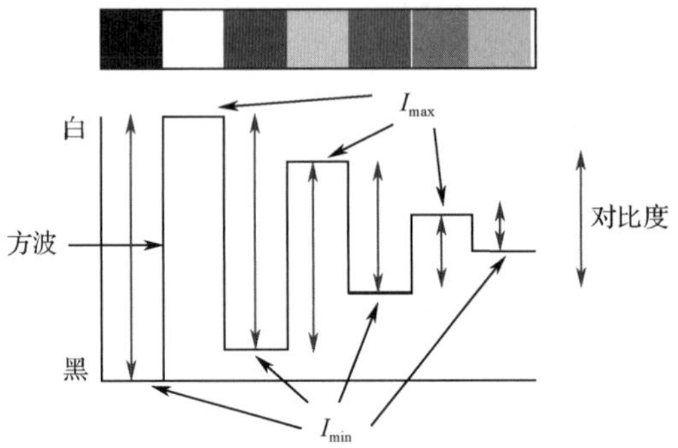

图 9-18　镜头对比度

调制传递函数（MTF）反映镜头在线对空间频率变化时形成的对比度变化，其值定义为一定空间频率下的对比度值。某镜头 MTF 曲线如图 9-19 所示。其中，横坐标为像方空间频率，代表不同空间频率的黑白线对；纵坐标为 MTF 值，代表黑白线对的对比度值。而对于实际的机器视觉镜头选择而言，MTF 曲线越高，与坐标轴围成的面积越大越好，代表整体的分辨力与对比度也越高。

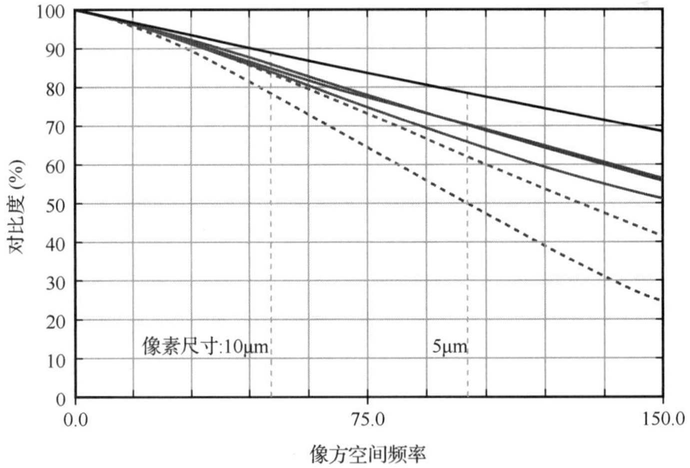

图 9-19　某镜头 MTF 曲线

4．景深

景深表示在与垂直于镜头光轴的同一平面内，最远和最近能够满足图像清晰度要求的点之间的距离，如图 9-20 所示，在机器视觉成像过程中需要注意所拍摄的物体距离应满足景深要求。

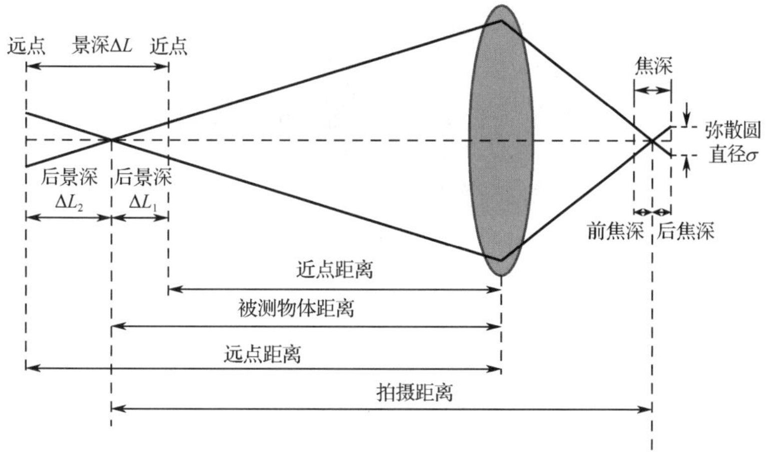

图 9-20　镜头景深

前面介绍了机器视觉根据特定场景选择镜头所要考虑的一些重要参数，而对于普通的工业镜头而言，目标距离镜头越近其所成像越大，在一些机器视觉场景中我们需要避免这一情况，为此可以选用为纠正普通工业镜头的视差而特殊设计的镜头即远心镜头。

远心镜头在镜头物方、像方采取平行光路设计。单侧（物方或像方）远心主要用于显微放大，通常为 2 倍光学倍率以下；双侧远心（物方和像方同时远心）用于高精度成像，主要为纠正传统工业镜头视差而设计，它可以在一定的物距范围内使得到的图像放大倍率不会变化，如图 9-21 所示，这对被测物体不在同一物面上的情况非常重要。

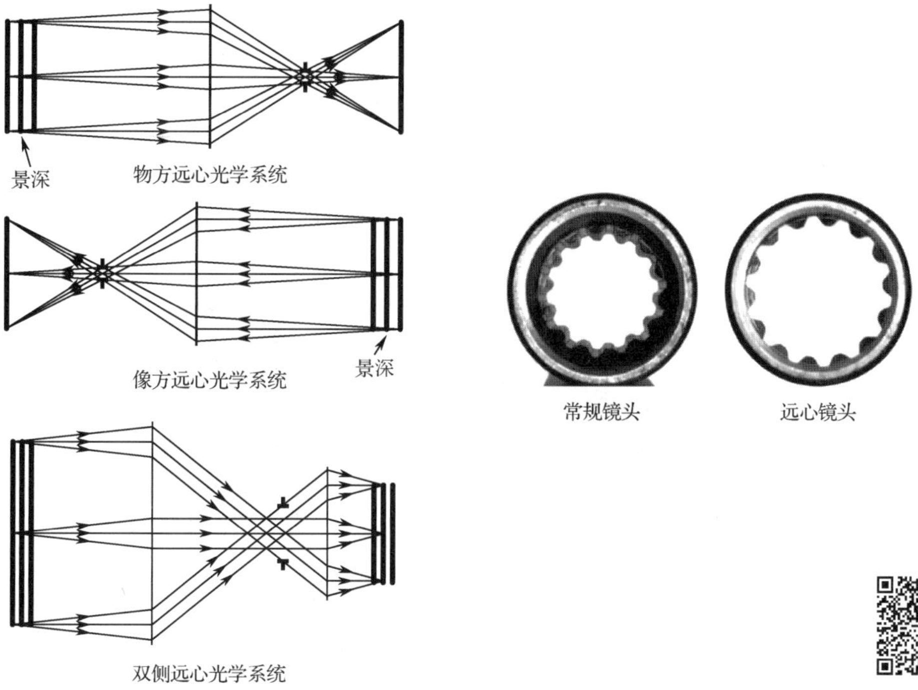

图 9-21　远心镜头原理及成像效果

远心镜头由于其特有的平行光路设计，景深大，畸变低，因此在精度要求较高的精密电子装备、零部件检测等领域广泛使用，外观如图 9-22 所示。

图 9-22　远心镜头外观

9.4　图像采集卡

现代机器视觉处理平台需要数字图像输入，因此当相机为模拟接口时，需要图像采集卡将模拟量转换为数字量；当相机为数字接口时，则需根据需求将信号转换为可以处理的数据，这些工作通过图像采集卡完成。

图像采集卡的主要功能包括：

① 图像信号的接收与 A/D 转换模块，负责图像信号的放大与高速数字化；

② 控制输入/输出接口，协调机器视觉相机进行同步拍照或实现异步重置拍照、定时拍照等；

③ 总线接口，通过计算硬件内部总线高速输出数字数据。

图像采集卡包括模拟采集卡和数字采集卡。模拟采集卡将模拟图像或视频信号转换为数字信号，实现图像数据的采样、量化并转换成平台可处理的数据格式。数字采集卡主要解决数字图像信号的信息格式转换，将相机端的数字图像信号由不同的格式协议转换成硬件平台可接收的格式，并进一步被读取、处理和存储。根据输入信号的不同，图像采集卡可进一步细分为模拟图像采集卡、GigE 图像采集卡、USB 3.0 图像采集卡、CameraLink 图像采集卡等。有些采集卡内部集成图像处理功能，利用 DSP 或 FPGA 等计算硬件，实现高速的图像预处理工作，大大简化了上位机的算法处理压力，提高整体处理速度。图 9-23 展示了不同类型的图像采集卡。

（a）模拟图像采集卡

（b）GigE图像采集卡

图 9-23　图像采集卡

（c）USB 3.0图像采集卡

（d）CameraLink图像采集卡

图 9-23　图像采集卡（续）

9.5　计算硬件平台

近年来，机器视觉的发展不仅受到深度学习和算法技术的推动，在很大程度上还得益于计算硬件技术的重大飞跃。根据核心处理硬件的不同，计算硬件可分为 CPU、GPU、FPGA 和专用集成电路（ASIC）等。图 9-24 展示了不同视觉计算硬件的处理效率和其上可运行的机器视觉算法灵活性。可以看出，算法的灵活性随着计算效率增加而下降，因此实际中需要根据需求选择合适的处理硬件，平衡计算速度和算法开发便捷性。

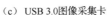

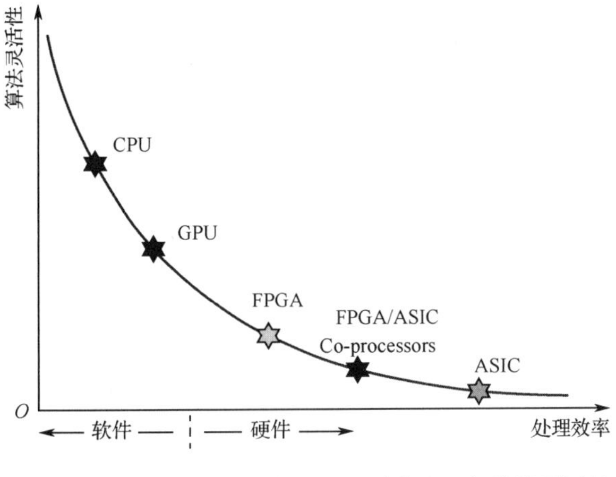

图 9-24　不同视觉计算硬件的处理效率和运行算法灵活性

9.5.1　CPU 与基于 PC 的视觉硬件平台

在基于 PC 构建机器视觉系统时，一般使用 CPU 实现视觉处理计算。CPU 是 PC 的核心组件，如图 9-25（a）所示，CPU 主要包括控制单元、运算单元和存储单元。其中，控制单元负责指令的解码和执行，通过发出控制指令来协调和同步计算机的各个部件。运算单元执行算术和逻辑操作，如加法、减法、乘法、除法、位运算等，用于处理和操作数据。存储单元用于临时存储指令和数据，提供给控制单元和运算单元使用。现代 CPU 由多个核心组成，每个核心都有自己的控制单元和算术逻辑单元（ALU），如图 9-25（b）所示。

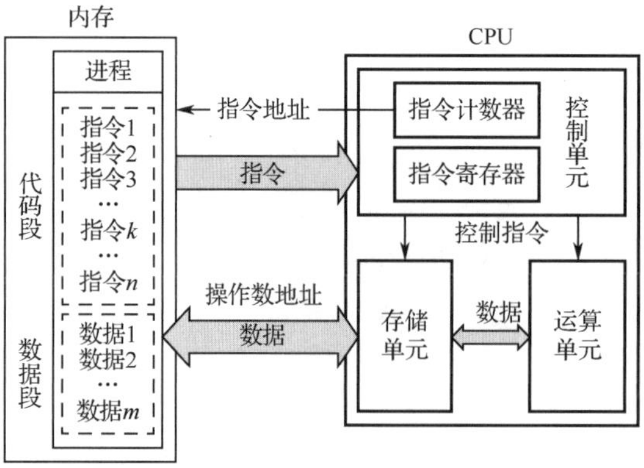

（a） CPU结构示意图

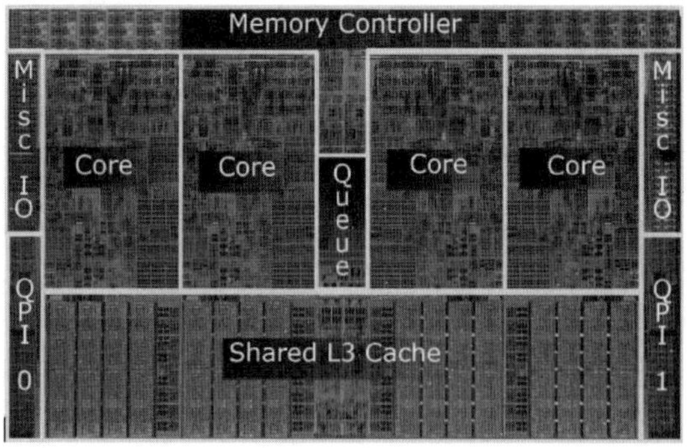

（b） 多核CPU

图 9-25　CPU 结构

对于机器视觉任务而言，CPU 中的控制单元负责算法的调度。它通过协调和同步指令的执行，确保视觉算法的有序运行，使得像素级操作和特征提取等关键任务按照正确的顺序进行，从而保证视觉算法实现的准确性。ALU 处理图像数据，执行如卷积、滤波、特征提取和目标检测等算术和逻辑操作。它为机器视觉提供了执行复杂操作的能力。寄存器是高速存储器件，用于临时存储指令和数据。在机器视觉中，它支持高效的数据读写操作，从而提高图像处理和分析的效率。

除此之外，CPU 的多核结构和单指令多数据（SIMD）技术也在机器视觉中发挥着巨大的作用。多核 CPU 允许并行处理多个任务，对同时处理多个图像或执行多个视觉算法非常重要。多核结构提高了机器视觉任务的并发性和处理能力，使其能够更快地应对复杂的视觉工作负载。而流水线技术是一种在 CPU 中常见的优化方法，它将任务分为多个阶段，每个阶段依次处理一部分工作，从而提高了任务的执行效率。在复杂的视觉算法中，流水线技术能够显著提升性能，确保任务在最短时间内完成。SIMD 则是现代 CPU 支持的并行计算模式，它采用单指令同时对多个数据执行相同的操作。简单来说，它可以将一条指令应用到一个数据向量上，从而实现高效的并行运算。

SIMD 的结构示意图如图 9-26 所示。其中，数据池（Data Pool）包含向量化的数据，多个标量数据被打包载入大位宽的寄存器中构成数据向量；指令池（Instruction Pool）包含 CPU 支持的指令集。不同的 CPU 有不同的 SIMD 实现，如英特尔的 MMX（多媒体扩展）指令集支持 8 个 64 位寄存器，可同时对 8 个单字节整数或像素进行各种组合操作；SSE 指令集是 MMX 的扩展，支持 8 个 128 位指令集，位宽提高 1 倍。AV2-512 扩展指令集则将寄存器的位宽提升至 512 位，1 条指令可处理 64 个像素。图 9-27 展示了 Intel CPU SIMD 指令集实现及位宽对比。

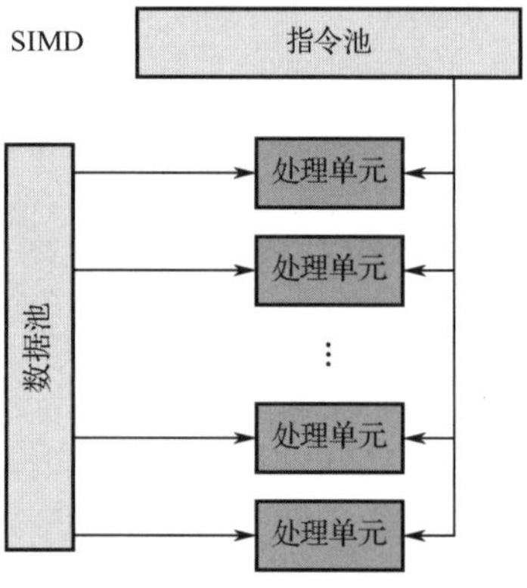

图 9-26　SIMD 结构示意图

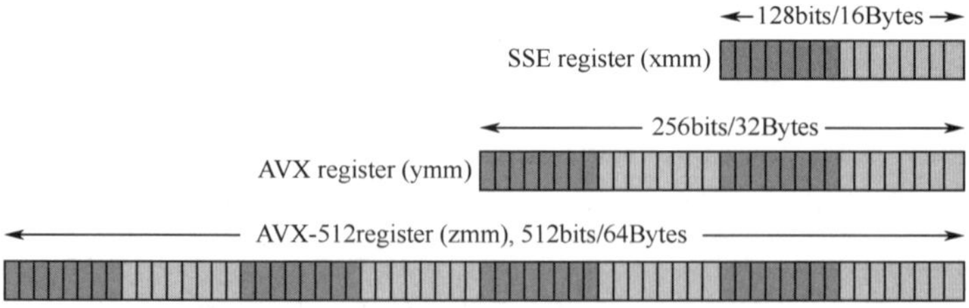

图 9-27　Intel CPU SIMD 指令集实现及位宽对比

9.5.2 图形处理器

图形处理器（GPU）最初是为图形处理加速而开发的，主要用于图形的变换和渲染。与 CPU 不同，GPU 由数千个流处理器内核构成，以相对较低的频率运行，同时每个内核使用较小的独立图像缓存。现代 GPU 不仅是一个功能强大的图形引擎，还是一个高度并行化的计算处理器，具有高吞吐量和高内存带宽，可用于大规模并行算法。为了利用并行编程创建高性能的 GPU 加速应用程序，人们研究了各种开发平台，如计算统一设备架构（CUDA）和开放计算语言（OpenCL），并将其 GPU 用于加速嵌入式系统、工作站、企业数据中心和高性能计算（HPC）服务器。图 9-28 展示了英伟达的安培架构 GPU 的结构及芯片外观。

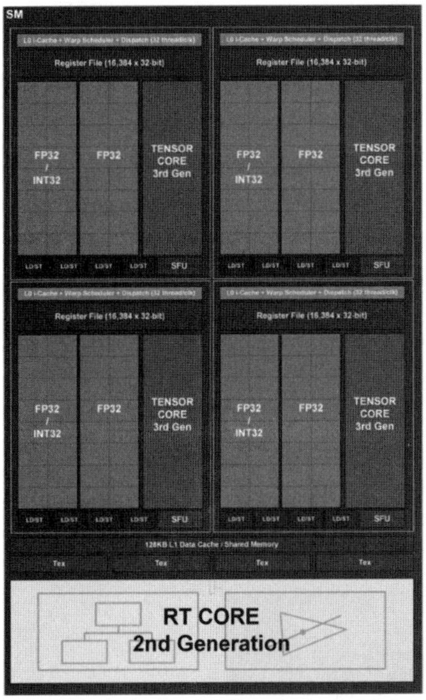

（a）结构

（b）芯片外观

图 9-28 英伟达安培架构 GPU 的结构及芯片外观

依靠强大的并行处理结构和浮点运算能力，GPU 已成为机器视觉加速的主要硬件平台。以深度学习视觉算法为例，GPU 计算的并行性体现在以下几个方面：

① 使用 $k\times k$ 卷积核在 $n\times n$ 矩阵上进行卷积运算且可以并行进行；

② 可并行化下采样/池化操作；

③ 可通过创建二叉树乘法器来并行化全连接层中每个神经元的激活。

目前主流的深度学习框架均支持 GPU 的并行算法实现与优化，如 PyTorch、TensorFlow、Caffe 等。

在 GPU 上实现深度学习，计算吞吐量、功耗和内存效率是三个重要指标。图 9-29 总结了英伟达不同 GPU 在单精度浮点运算（FP32）方面的峰值性能（以 GFLOPS 衡量）和功耗（以热设计功耗 TDP 衡量）。

以英伟达的 GPU 产品为例，其在台式计算机、专用服务器及嵌入式系统等多个层面为视觉计算提供硬件平台，如图 9-30 所示。在台式计算机上，GeForce RTX 4080 显卡（16GB 版）由 9728

个 CUDA 内核组成，可提供 48.7 TFLOPS 的单精度浮点算力，价格相对低廉，可对视觉计算特别是深度学习视觉计算进行极大限度的加速。在专业用途方面，最新发布的用于计算服务器的 H200 GPU 提供了达 141GB 的 HBM3e 内存，在张量核心上可提供达 989 TFLOPS 的张量单精度浮点算力，运行 GPT-3 大模型的性能比之前的 A100 高出 18 倍，单个 GPU 算力就几乎达到了 2008 年全球第一超算的算力。在嵌入系统方面，英伟达提供的 Nvidia Jetson 模组为低功耗嵌入式平台，可在边缘设备上实现高速视觉计算性能。Jetson Orin 模组采用 7 纳米工艺，由基于安培架构的 GPU、基于 Hercules 架构的 ARM 核、视觉加速器 PVA、深度学习加速器 DLA、视频编解码器等构成，包含 2048 个 CUDA 核心核、64 个张量核心，FP32 算力可达 5.3 TFLOPS，INT8 稀疏算力可达 170 TOPS。

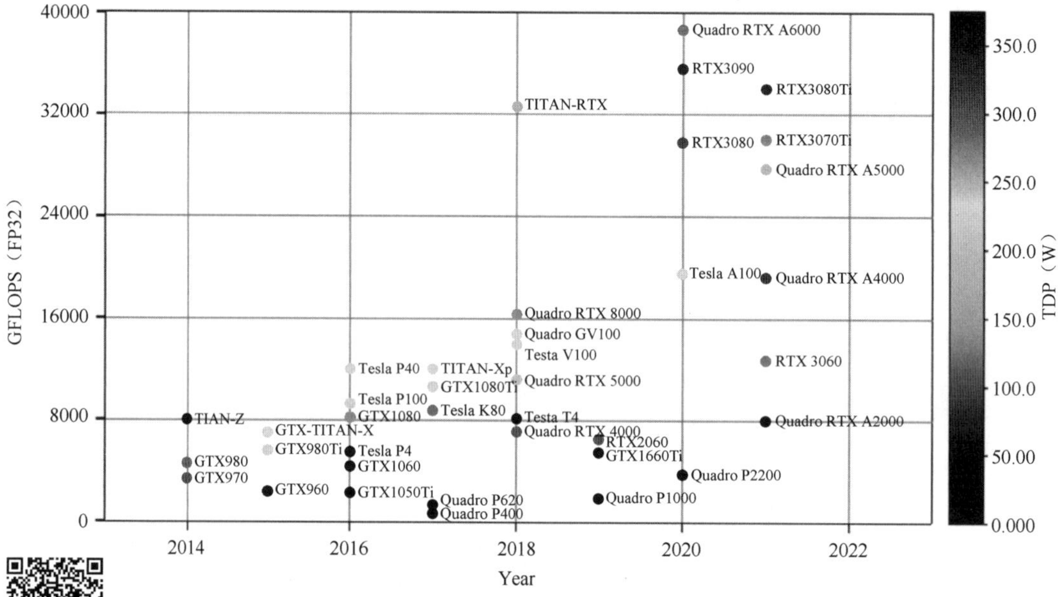

图 9-29　英伟达不同 GPU 的峰值性能和功耗

（a）英伟达 RTX3080 显卡

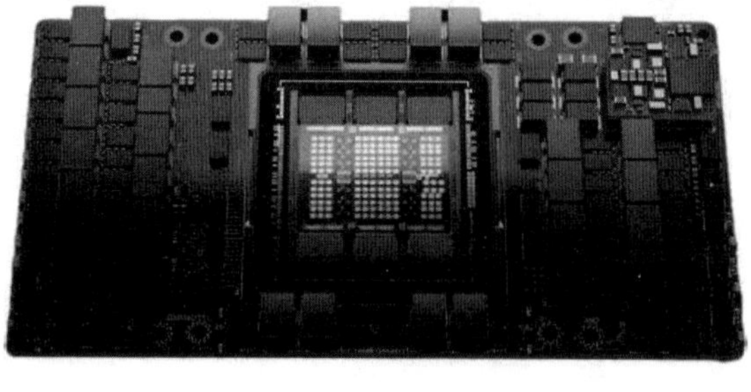

（b）英伟达 H200 GPU

（c）英伟达 Jetson Orin 模组

图 9-30　GPU 视觉计算硬件平台

9.5.3　现场可编程门阵列

GPU 数据吞吐量高，计算加速快，但功耗较高，同时结构复杂，难以和其他芯片集成，因此在物联网设备等功耗受限或航天等特定场景中难以应用。现场可编程门阵列（FPGA）则提供了替代方案。在 FPGA 上可实现高速视觉并行算法、定制数据类型和特定应用，同时功耗低，片上易于集成，提供了很大的灵活性。FPGA 也具备重新编程能力，以实现所需的功能和应用，已在机器视觉预处理、HPC 和嵌入式应用中被广泛采用。

FPGA 是包含可编程逻辑块阵列的组件，块间连接结构可通过软件配置。现代 FPGA 通常包含：

① 用于乘积累加（MAC）运算的数字信号处理（DSP）单元；

② 用于组合逻辑运算的查找表（LUT）；

③ 用于片上数据存储的块 RAM。

图 9-31 显示了实现卷积神经网络的典型 FPGA 架构。它由内存数据管理（MDM）单元、片上数据管理（ODM）单元、通用矩阵乘法（GEMM）单元（由一组处理元件（PE）实现，用于执行一个或多个 MAC 操作）和 MSIC 层单元（MLU，用于计算 ReLU 池和批量归一化）组成。

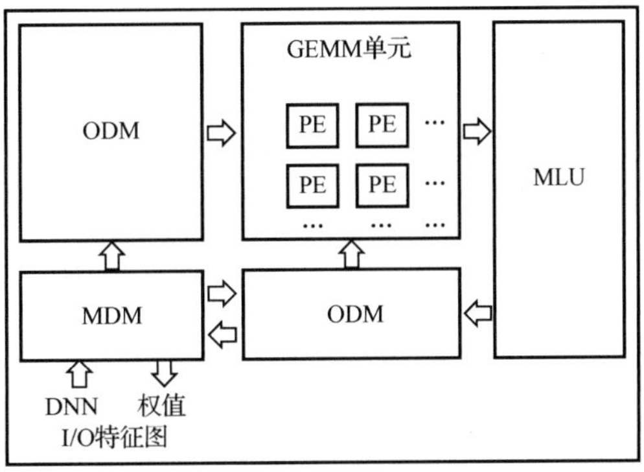

图 9-31　实现卷积神经网络的典型 FPGA 架构

FPGA 使用硬件描述语言（HDL），如 Verilog 或 VHDL 进行编程。这种底层设计方法需要硬件专业知识和冗长的编程来实现视觉算法，开发效率较低。近年来已可以使用 C 和 C++等高级编程语言，自动编译高级描述以生成 HDL 指令，提高开发效率。

现代机器视觉算法，特别是基于深度学习的算法，计算量和存储内存要求均较高，因此对传输带宽有很高要求，但 FPGA 的内存带宽通常远低于 GPU。因此，如何将常规在 CPU/GPU 上使用的算法高效映射到 FPGA 提供的有限硬件资源（即高密度逻辑和内存块）上，是一项具挑战性的工作。这种技术挑战可通过针对硬件优化的算法操作来解决，这些工作包括算法操作、数据路径优化和模型压缩。

9.5.4　特定应用硬件加速器

近年来，基于深度学习的机器视觉技术迅速发展，针对这一技术的特定硬件加速处理技术不断出现。例如，最初由谷歌开发的基于定制 ASIC 的张量处理单元（TPU）技术，为深度学习计算和加速提供了独立的硬件支持。Intel 的 Nervana 神经网络处理器（NNP）、Mobileye 专门用于自动驾驶视觉处理的 EyeQ 等也都提供了低功耗的专用视觉处理平台。这一技术在移动平台上也得到广泛应用，如苹果公司从 A11 开始推出的“神经引擎”是专用于特定机器学习和视觉算法的处理内核，包括 Face ID、增强现实等。高通和海思麒麟等也均在移动平台芯片中加入专用神经处理单元（NPU），以提高机器视觉和神经网络处理效率，与常规 ARM 核相比，可将吞吐量和能效提高一个数量级以上。

9.6 机器视觉软件

机器视觉软件运行于计算硬件平台上，通过图像处理算法，对图像或视频进行自动分析、识别、检测等操作。机器视觉软件可使用通用编程语言自行编写，也可在现有的开源或商业机器视觉算法库上实现。前者自由度更高，但实现复杂，开发周期长；后者则可利用现有的底层算法库进行开发，效率更高。

9.6.1 开源机器视觉框架与 OpenCV

开源机器视觉框架是指可以免费获取、使用和修改的机器视觉软件库。开源视觉框架提供基本的视觉算法 API 接口和函数库，方便开发者快速实现各项视觉处理任务。目前已经有大量的开源机器视觉框架供选择和使用，如 OpenCV、PIL、OpenCL、PyTorch 等。

OpenCV（Open Source Computer Vision Library）是目前使用最为广泛的开源机器视觉库，包含超过 2500 个优化算法，这些算法可用于处理和分析图像、视频、流媒体。OpenCV 于 1998 年诞生于 Intel 俄罗斯研究中心，目前已在多类硬件平台上应用。OpenCV 采用优化的 C/C++代码编写，并针对 CPU、GPU 及移动平台等多种计算硬件在指令集层次进行了深度优化，能够充分利用多核处理器的优势，并且支持 C++、Python、Java 等多种编程语言和 Windows、Linux、Android、iOS 等多类操作系统。OpenCV 为机器视觉提供了丰富的工具和算法支持，使开发者能够快速、简单地编写高效的视觉处理程序，广泛应用于机器人、智能制造、医疗图像处理、交通监测、安防等领域。图 9-32 展示了 OpenCV 整体结构，左侧是依赖库、支持的语言与底层优化技术，右侧是 OpenCV 包含模块和支持平台。

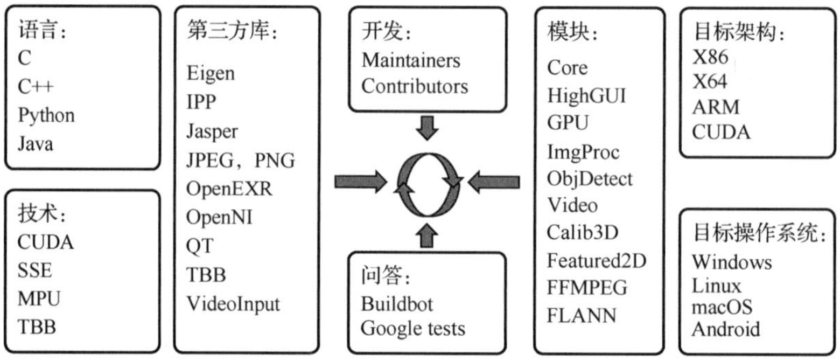

图 9-32　OpenCV 整体结构

OpenCV 的目标是为解决机器视觉问题提供基本工具。它提供了完善的基本函数库，可为大多数机器视觉问题构建一个完整的解决方案，同时其提供的高层函数可有效解决机器视觉中的一些复杂问题。OpenCV 主要支持以下功能。

（1）通用图像处理和机器视觉算法（低层和中层应用）

OpenCV 对许多标准的低层和中层图像处理与机器视觉算法都给出了函数实现，无须了解算法细节。这些算法包括图像滤波、边缘、直线和角点检测、椭圆拟合、图像金字塔、模板匹配、颜色模型变换、形态学操作、直方图、各种图像变换（傅里叶变换、离散余弦变换和距离变换）等。此外还有图像数据处理功能，包括矩阵和图像的分配、释放、复制、设置、变换等操作。

（2）高层机器视觉算法

OpenCV 提供人脸检测、识别、跟踪、相机参数标定、立体视觉、特征匹配、运动恢复结构等功能。还提供图像和视频输入/输出（基于文件和相机的输入、图像/视频文件输出）、运动分析（光流检测、运动分割、跟踪）等功能。

（3）人工智能和机器学习方法

机器视觉应用通常需要机器学习、深度学习或其他人工智能方法。OpenCV 的机器学习功能提供贝叶斯分类器、支持向量机、决策树、浅层神经网络、卷积神经网络等常见机器学习及深度学习方法，以及最近邻搜索、自动聚类等方法，可用于图像识别、目标检测、目标跟踪等应用。

（4）图像采样和视图变换

机器视觉建立在底层运算的基础上，将一组像素作为一整体单元进行处理，可提高使用便捷性和计算速度。OpenCV 包含常见的矩阵和向量操作及线性代数方法，包括提取图像子区域、随机取样、调整大小、扭曲、旋转和应用透视效果的函数。

（5）创建和分析二值图像的方法

二值图像是进行图像分割、掩膜处理、图像分析等操作的必要中间环节。OpenCV 提供了基于二值图像的创建和分析方法，包括图像二值化、掩膜处理、连通分量、轮廓处理、距离变换、各种矩、模板匹配、Hough 变换、多边形逼近、线拟合、椭圆拟合、Delaunay 三角测量等。

（6）三维信息重构方法

OpenCV 包括一组完整的函数，可使用双目视觉或多角度图像信息实现位姿估计、图像拼接、三维重构等应用。

（7）底层数学处理方法

OpenCV 包含线性代数、统计学和计算几何中常用的数学算法，可用于图像处理、计算机视觉及机器学习中的常见线性代数和矩阵运算。

（8）图形输出

OpenCV 支持在图像上输出文本和图形，可用于构建自己的用户界面、图像标注和标记。例如，检测物体的程序可方便地在图像上标注物体的大小和位置。

（9）图像显示界面方法

OpenCV 包含一个简化的图像显示界面，可以在不同操作系统上跨平台使用。界面提供了一个简单的多平台应用程序接口，用于显示图像，通过鼠标及键盘接收用户输入，以及实现滑块和滚动条等基本界面控件。

（10）数据结构和算法

OpenCV 提供了对基本数据结构和算法的支持，可高效、动态地存储、搜索、保存、处理大型列表、集合、队列、集、树、图。

（11）数据持久化函数

OpenCV 提供了方便的数据持久化函数，用于将图像、视频、XML 等不同类型的数据按照格式要求存储到磁盘中或从磁盘读出。

为了实现视觉应用的快速构建，OpenCV 将这些函数集成为若干模块和方法。OpenCV 常用模块及其功能如表 9-4 所示。

表 9-4　OpenCV 常用模块及其功能

模块名称	功　能
Core	核心组件模块。包含 OpenCV 的基本结构和基本操作，包括基本数据处理、动态数据结构、绘图函数、数组操作相关函数、辅助功能、系统函数和宏、XML/YML 操作、聚类、与 OpenGL 的交互操作
Improc	图像处理模块。包含基本的图像转换，如图像滤波、几何图像变换、混合图像变换、直方图、结构分析及形状描述、运动分析及目标跟踪、特征及目标检测
Highgui	顶层 GUI 及视频 I/O，包括用户界面、读/写图像及视频、QT 新功能，可以看成一个轻量级的 Windows UI 工具包
Video	包含读取和写视频流的方法，用于运动分析和目标跟踪
Calib3d	相机标定及三维重构。包含校准单目、双目及多目相机的算法实现
Features2d	二维特征框架。包括特征检测与描述、特征检测提取与匹配接口、关键点与匹配点绘图、对象分类
Objdetect	包含检测特定目标的算法
MLL	机器学习模块。包含大量机器学习算法，如统计模型、贝叶斯分类器、最近邻分类器、支持向量机、决策树、提升算法、梯度提升树、随机树、超随机树、最大期望、浅层神经网络及机器学习数据
DNN	深度学习网络模块。支持主流深度学习框架模型创建与推理；针对 Intel 处理器进行了特殊优化，可使用 CPU 获得良好的推理速度
Flann	包含快速最邻近搜索及聚类方法。通常不直接使用，供其他模块调用
GPU	包含在 CUDA GPU 上优化实现的方法
Photo	包含计算摄影学的一些方法，如图像修复和去噪
Stitching	图像拼接顶层操作函数，包括图像旋转、自动标定、仿射变换、接缝估计、曝光补充及图像融合技术

9.6.2　商业机器视觉软件

1．商业机器视觉软件简介

商业机器视觉软件是指由厂商为各种应用场景提供机器视觉功能的专业收费软件。与开源软件相比，商业软件成本高但功能更为专业，提供较好的服务。这些软件可用于自动化生产线、安全监控、医疗影像分析、智能交通等领域。常见的商业机器视觉软件对比如表 9-5 所示。

表 9-5　常见的商业机器视觉软件对比

名　称	厂　商	优　点	缺　点	开发环境
HALCON	德国 MVTec	功能强大，能处理三维视觉信息，提供 2100 多个算子，并支持 100 多种工业相机和图像采集卡	价格较高	支持跨平台，可使用 C、C++、C#、VB 和 Delphi 等多种编程语言
VisionPro	美国 Cognex	简单易用，开发快速，对 Cognex 相机支持集成度高	易用性强，但功能数量和性能等方面不如 HALCON	Windows 环境下运行，基于.Net 开发环境
HexSight	加拿大 Adept	定位精度高，速度快，对环境光线等干扰不敏感，兼容各种 USB、IEEE 1394 及 GigE 接口的相机	功能较少	支持 VB、VC++或 Delphi 平台二次开发
EVision	比利时 Euresys	侧重相机 SDK 开发，代码简便，处理速度非常快	功能较少，在 ORC 和几何形状匹配方面偏弱	Windows 环境下运行，基于.Net 开发环境
SherLock	加拿大 Dalsa	设计灵活	使用便捷，功能较少	支持 VC/VB 编程

续表

名　称	厂　商	优　点	缺　点	开发环境
MIL	加拿大 Matrox	与硬件板卡集成度高	功能相对较少，开放性较弱	支持 C++、C#、VB.net 等编程
VisionMaster	中国海康威视	通用机器视觉软件，价格较低，与硬件匹配好	功能较少	支持 C++、C#等编程
HCvision System	中国汇萃智能	通用机器视觉软件，自主知识产权，可定制	深度学习支持偏弱	内置脚本语言

2. HALCON

HALCON 是德国 MVTec 开发的一套机器视觉算法包，包括完善的图像算法库和图形化集成开发环境，可显著节省机器视觉软件开发周期。HALCON 有强大的二维、三维视觉处理功能，高速机器视觉功能和机器学习功能，是目前使用广泛的机器视觉软件。HALCON 支持 Windows、Linux 和 macOS 操作环境，可以用内置脚本语言、C#、C++等多种编程语言访问。HALCON 为多类工业相机和图像采集卡提供了接口，可直接连接各类设备。同时具备开放性架构，用户可自行编写 DLL 文件和系统连接。除函数库外，HALCON 还提供了一套交互式的程序设计界面 HDevelop，用户可在其中用 HALCON 内置脚本语言或 C#语言直接编写、修改、执行程序，并且可以查看计算过程中的所有变量，设计完成后，可以直接输出不同目标语言程序代码，嵌入自己的程序中。

HALCON 包含的功能模块主要有条形码和二维码读取、团块分析、物图像分类、计算机光学成像、过滤技术、缺陷检查、匹配、1D/2D/3D 测量、形态学处理、基于样本的识别（SBI）、亚像素边缘检测和线条提取技术、深度学习和 3D 视觉技术。由于其功能较多，下面仅介绍常用功能。

（1）团块分析

团块分析是对前景/背景分离后的二值图像中相同像素的连通域进行提取和标记，该连通域称为团块（blob）。团块分析可为机器视觉应用提供图像中斑点的数量、位置、形状和方向，还可以提供相关斑点间的拓扑结构。HALCON 提供了 50 多种团块分析算法，可快速完成团块分析，如图 9-33 所示。

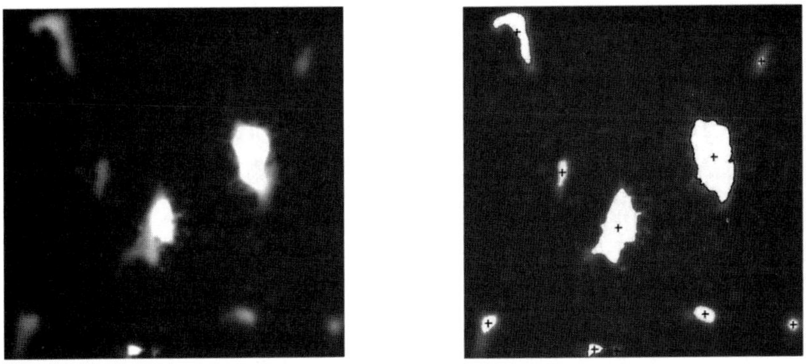

（a）原始图像　　（b）HALCON 团块分析结果

图 9-33　HALCON 团块分析

（2）三维标定和三维目标处理

HALCON 的手眼标定可用于拾取和放置等视觉引导机器人应用。通过内部和外部的相机参数标定可以获得高精度的测量结果，通过 HALCON 的三维目标模型能够完成许多任务，如三维配准、三维对象处理、三维对象识别和表面比较。如图 9-34 所示，图 9-34（a）为机器人抓取应用中的手眼标定，图 9-34（b）为三维表面检测。

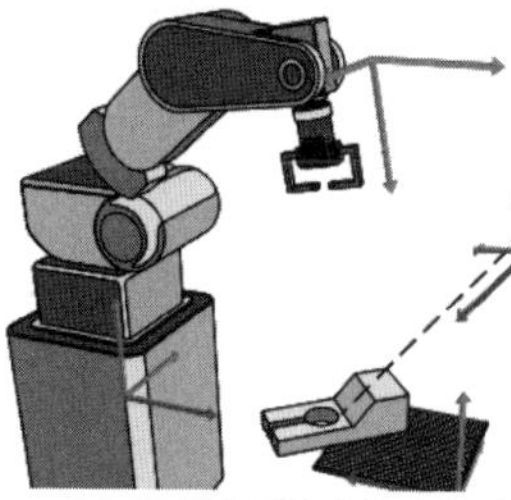

（a）机器人抓取应用中的手眼标定

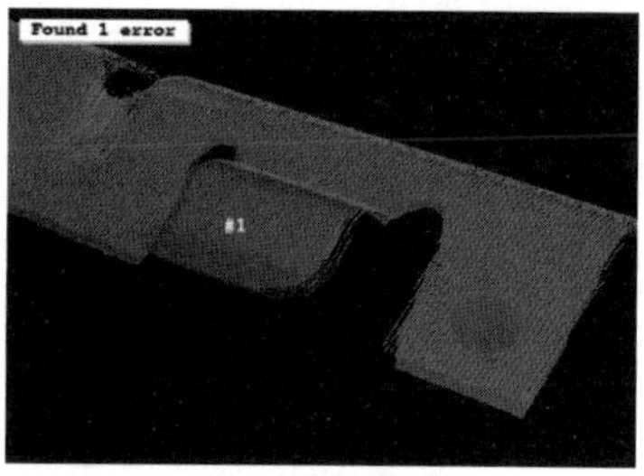

（b）三维表面检测

图 9-34　HALCON 三维标定和三维目标处理应用

（3）匹配

HALCON 提供了亚像素精度匹配技术，在目标出现旋转、倾斜、局部变形、部分遮挡或光照变化等情况时仍能实时、准确地找到目标。HALCON 还提供了基于形状的 3D 匹配和基于表面的 3D 匹配，可以确定由 CAD 模型表示的物体的三维位置和方向，实现对任意三维物体的识别和三维位姿的计算。如图 9-35 所示，图 9-35（a）为存在表面局部变形时对指定模式的匹配结果，图 9-35（b）为根据深度图像提取的三维点云数据和边缘信息，在图像中寻找指定三维对象并计算三维位姿。

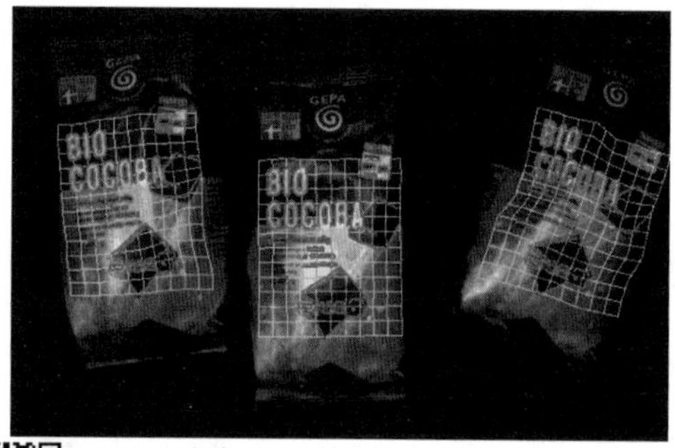

（a）局部变形匹配技术找到表面变形的目标

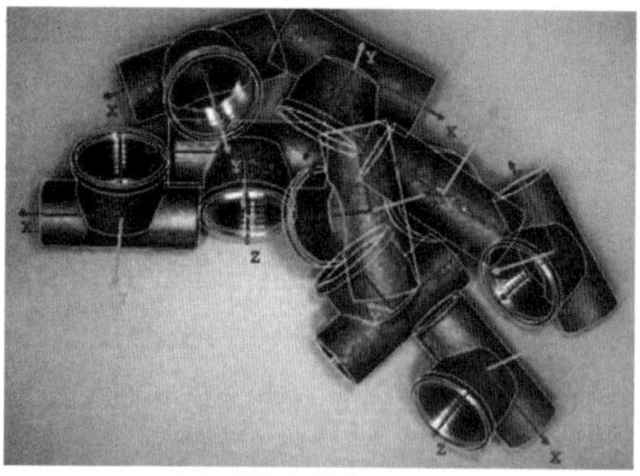

（b）基于表面的 3D 匹配

图 9-35　HALCON 匹配应用

（4）测量

HALCON 提供了 1D/2D/3D 测量方法，如图 9-36 所示。1D 测量是指沿直线或弧线测量几何量；2D 测量可通过高精度边缘检测提取几何形状信息；3D 测量则可利用双目、多目立体视觉、光度立体视觉、激光三角测量等方法重构视差图、深度图或三维表面，还可进行几何基元分割或拟合，可对圆柱体、球体和平面等进行精确测量。

（5）深度学习

HALCON 提供了各种预训练的卷积神经网络（CNN），并针对工业应用进行了优化，支持在 GPU 和 CPU 上进行训练和推理。HALCON 支持深度学习图像识别、分割、异常检测、光学字符识别（OCR）、光学字符验证（OCV）等功能，利用良好的预训练模型实现“开箱即用”的便捷性。深度学习异常检测及 OCR 识别的效果如图 9-37 所示。

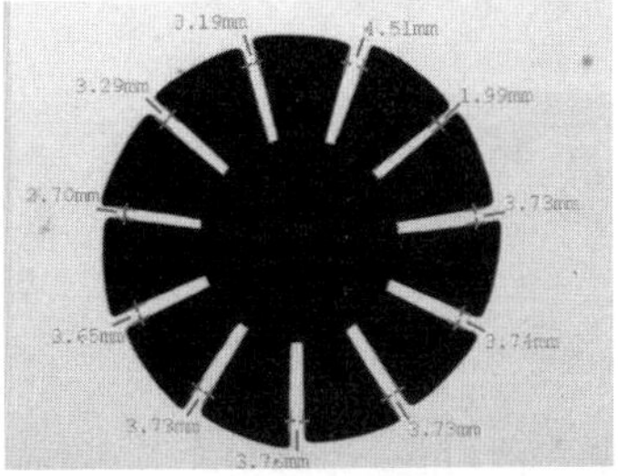

（a）1D 测量：检测风扇叶片之间的距离

（b）2D 测量：几何形状测量

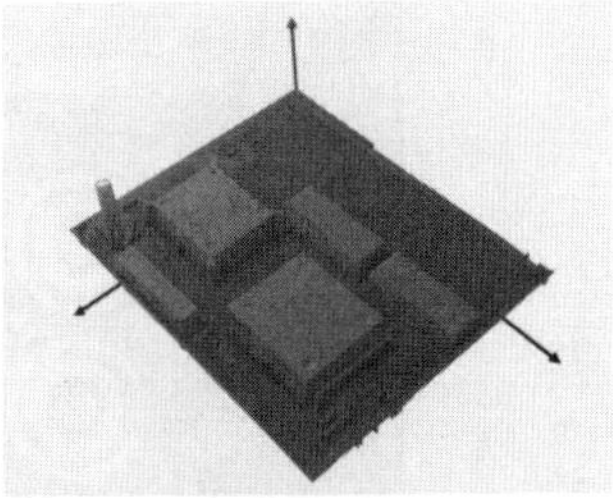

（c）3D 测量：通过深度图测量电路板上的高度差

图 9-36　HACLON 测量应用

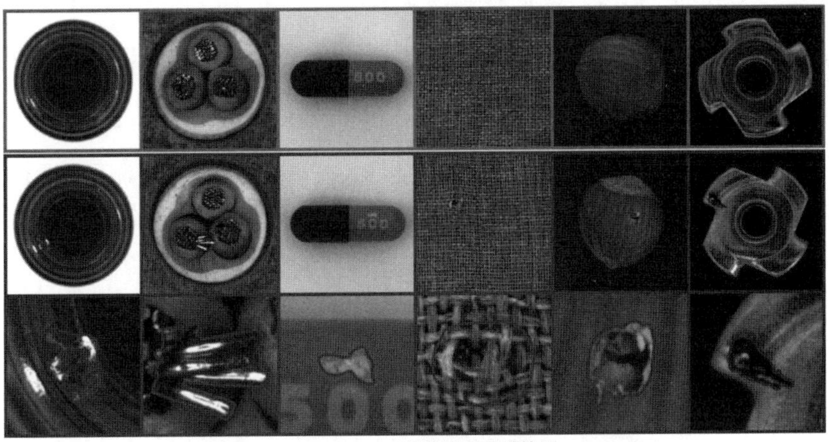

（a）HALCON 深度学习异常检测

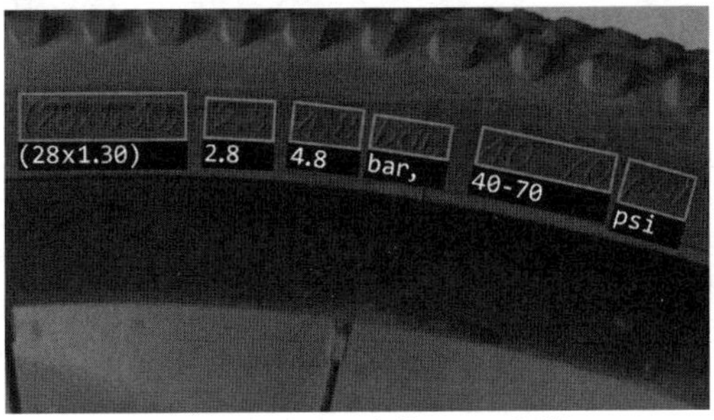

（b）HALCON 深度学习 OCR 识别

图 9-37　HALCON 深度学习应用

3．HCvision System

我国机器视觉软件系统起步较晚，但发展很快，出现了一批有代表性的机器视觉软件，易用性好，价格相对较低。下面以杭州汇萃智能研发的通用智能高速机器视觉平台（HCvision System）为例进行介绍。

HCvision System 是一个通用视觉平台，可以单独或内嵌在专用视觉硬件中使用，有检测、测量、定位和识别四类功能。HCvision System 包含 HCvisionQuick 快速开发工具，使用流程式编辑界面，可以节省开发时间，并且内建多功能视觉开发工具模块，无须编写程序。HCvision System 可进行快速、高效的应用开发，已应用于新能源、电子制造、汽车制造、机器人、家电等机器视觉相关行业。HCvisionQuick 的工作界面如图 9-38 所示。

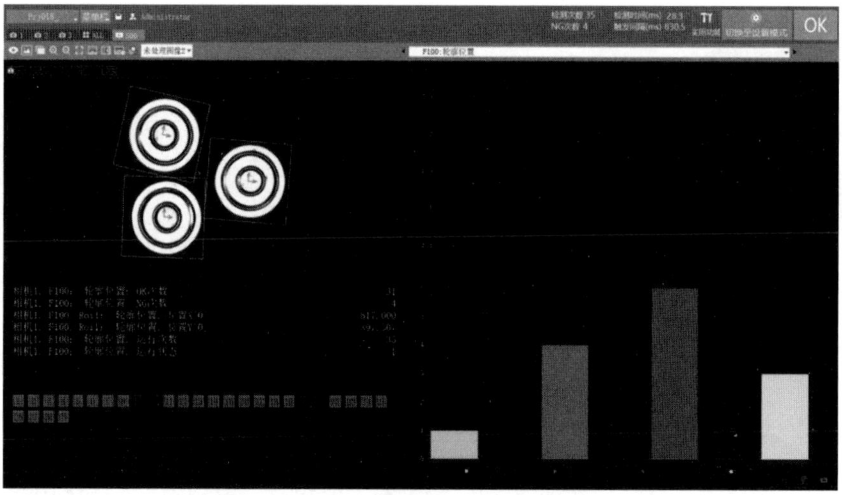

图 9-38　HCvisionQuick 的工作界面

HCvisionQuick 将基础的机器视觉功能归纳到四大模块中，即检测、测量、定位和识别。在中高端的机器视觉功能中，具有独立的多个应用模块，如机械手视觉、红外视觉、3D 视觉、光谱共焦、AI 深度学习等，如图 9-39 所示。

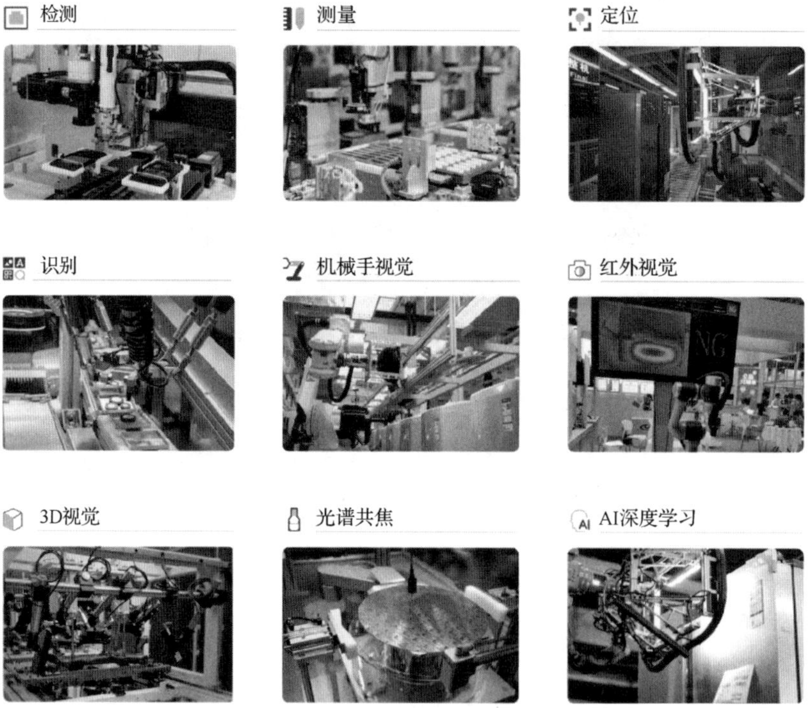

图 9-39　HCvisionQuick 机器视觉功能

HCvision 同时支持深度学习扩展。对应的 HCAI 是一款基于深度学习的智能工业视觉训练平台，无须编程即可实现 AI 模型训练，模型可直接导入 HCvisionQuick 软件，快速完成深度学习项目的应用，解决各种复杂场景下的缺陷检测、分割，以及识别分类和视觉定位等问题。HCAI 典型功能如表 9-6 所示。

表 9-6　HCAI 典型功能

功　　能	说　　明	效　　果
缺陷检测	可以对物体表面的缺陷和类别进行检测，并输出缺陷的位置及大小。适用于缺陷检测及多目标分类的场景	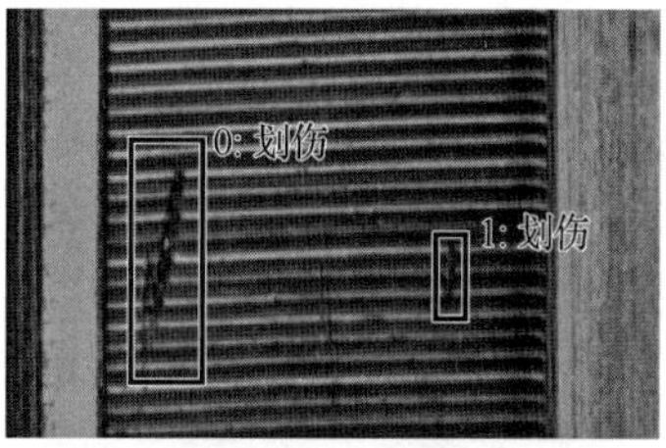
缺陷分割	将图像所属的类别或者物体像素检测出来，通过像素计算出缺陷或物体的面积和周长。常用于缺陷大小的检测	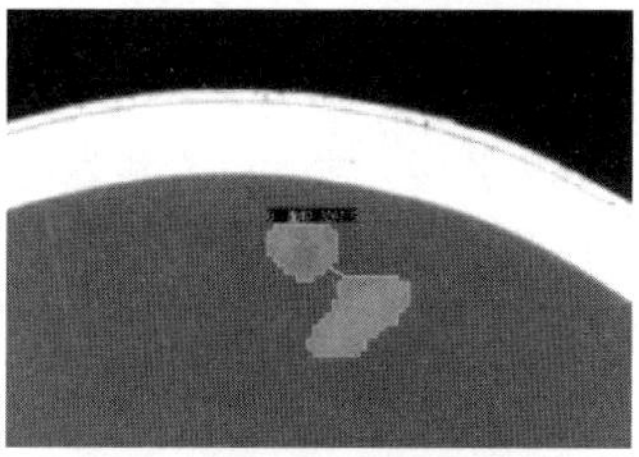
识别分类	对全图进行物体类别确认，常用于单目标分类或单幅图像内目标类别统一分类场景	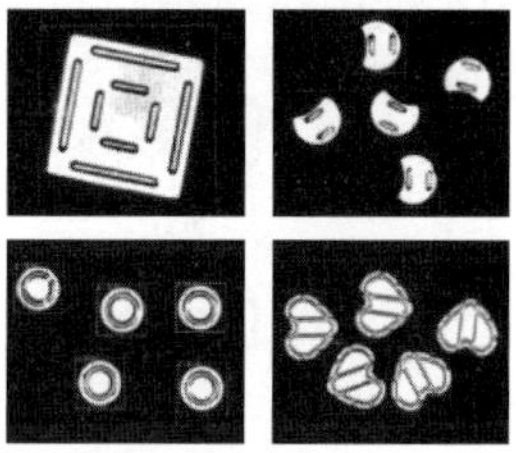
视觉定位	可检测物体的位置和角度，一般使用携带类别名的矩形框标注出来。可用于物体位置不固定、存在干扰的场景	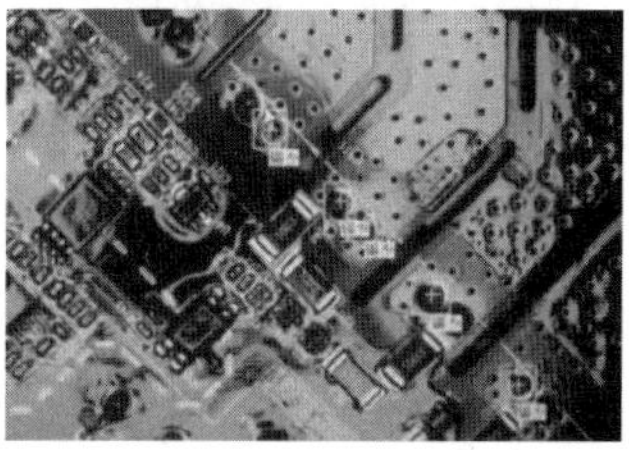

第 10 章

机器视觉应用实例

随着时代的发展，机器视觉应用已扩展到大规模图像分类识别、智能制造、行星探测、机器人等众多领域。本章结合机器视觉的当前发展和作者在相关领域的多年科研实践，介绍 ImageNet 与大规模视觉识别挑战赛、火星探测车视觉系统、医用大输液外观缺陷检测系统、狭孔内部缺陷检测系统、视觉 SLAM 等几个应用实例，以帮助读者加深理解机器视觉在不同领域应用的具体方法，提升解决复杂应用问题的能力。

10.1 ImageNet 与大规模视觉识别挑战赛

10.1.1 ImageNet 介绍

自从深度学习概念在 2006 年被提出以来，海量图像数据成为机器学习算法训练和效果提升的关键。2006 年，学者李飞飞与 WordNet 创始人 Christiane Fellbaum 通过讨论，形成构建机器视觉数据集的想法。随后组建了研究团队，使用 Amazon Mechanical Turk 来帮助分类图像，并在 2009 年举行的计算机视觉与模式识别会议（CVPR）上发表论文 *ImageNet: A Large-Scale Hierarchical Image Database*，首次展示了 ImageNet 数据集。它是一个大型视觉数据库项目，用于视觉目标识别软件研究。该数据集包括超过 1400 万幅经手工标注（注明其中的对象类型）的图像。虽然图像数据不归 ImageNet 所有，但可以直接从 ImageNet 免费获得标注之后的第三方图像 URL。2010 年以来，ImageNet 项目每年举办一次软件竞赛，即 ImageNet 大规模视觉识别挑战赛（ImageNet Large Scale Visual Recognition Challenge，ILSVRC）。该挑战赛使用 1000 个整理后的非重叠类，比赛题目包括正确分类、检测目标及场景等。2017 年后，ImageNet 改由 Kaggle 维护，继续为开发者和数据科学家提供举办机器学习竞赛、托管数据库、编写和分享代码的平台。

ImageNet 是根据 WordNet 层次结构组织的图像数据集。WordNet 是一个包含语义信息的词典，根据词典含义分组，每个具有相同意义的词条称为一个 synset（同义词集合）或 concept（概念），ImageNet 为每个 synset 提供了平均 1000 幅图像。每个集合的图像都是经过质量控制和手工标注的，ImageNet 能够为 WordNet 层次结构中的大多数集合提供数千万幅图像。

ImageNet 是一项持续的研究工作，旨在为世界各地的研究人员提供易于访问的图像数据库。目前 ImageNet 中有 14197122 幅图像，分为 21841 个类别，类别包括人、动物、花、食物、家具等。ImageNet 数据集部分样本如图 10-1 所示。

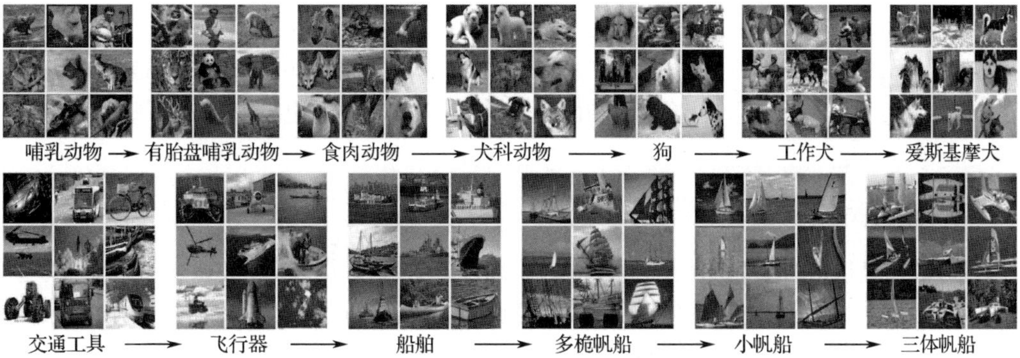

图 10-1　ImageNet 数据集部分样本

10.1.2　ImageNet 大规模视觉识别挑战赛

ILSVRC 是近年来机器视觉领域知名度最高的学术竞赛之一，该竞赛采用 ImageNet 数据集进行网络训练和性能评估。ILSVRC 的主要项目包括以下几类。

1．图像分类与目标定位（CLS-LOC）

图像分类的任务是要判断图像中物体在 1000 个分类中所属的类别，主要采用 Top-5 错误率的评估方式，即对每幅图像给出 5 次猜测结果，只要 5 次中有 1 次命中真实类别就算正确分类，最后统计没有命中的错误率。

目标定位是在分类的基础上，从图像中标识出目标物体所在的位置，用方框框定，以错误率作为评判标准。图像分类问题有 5 次尝试机会，而在目标定位问题上，难度在于每次都需要框定非常准确。

2．目标检测（DET）

目标检测是在目标定位基础上的更进一步，即在图像中同时检测并定位多个类别的物体，如图 10-2 所示。具体来说，要在每幅测试图像中找到属于 200 个类别中的所有物体，如人、勺子、水杯等。评判方式为考量模型在每个单独类别中的识别准确率，在多数类别中都获得最高准确率的队伍获胜。mAP（Mean Average Precision，平均检出率）也是重要指标，一般来说，mAP 最高的队伍也大多在独立类别识别中获胜，2016 年这一成绩达到了 66.2%。

图 10-2　图像分类、目标定位、目标检测示意图

3．视频目标检测（VID）

视频目标检测是检测出视频每帧中包含的多个类别的物体，与图像目标检测任务类似。要检

测的目标物体有 30 个类别，是目标检测 200 个类别的子集。此项目的最大难度在于要求算法的检测效率非常高。评判方式是在独立类别识别中最准确的队伍获胜。2016 年，南京信息工程大学队伍在这一项目上获得了冠军，他们提供的两个模型分别在 10 个类别中胜出，并且达到了 mAP 超过 80%的成绩。

4．场景分类（Scene）

场景分类是识别图像中的场景，如森林、剧场、会议室、商店等，即要识别出图像中的背景。这个项目由 MIT Places 团队组织，使用 Places2 数据集，包括 400 多个场景的超过 1000 万幅图像。评判标准与图像分类相同，均为 Top-5 错误率，5 次猜测中有一次正确即认为成功分类，最后统计错误率。该项目在 2016 年最佳成绩的错误率仅为 9%。

场景分类问题中还有一个子问题是场景分割，场景分割是将图像划分成不同的区域，如飞机、建筑、道路等，如图 10-3 所示。该项目由 MIT CSAIL 组织，使用 ADE20K 数据集，包含 2 万多幅图像，有 150 个标注类别，如天空、玻璃、人、车、床等。

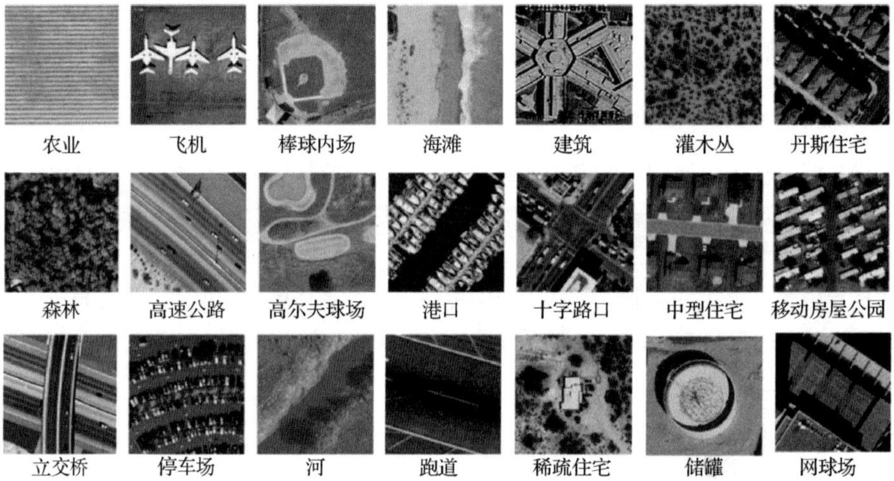

图 10-3　场景分割

ILSVRC 图像分类任务的获胜者从 2012 年开始均使用深度学习的方法，历年冠军错误率及网络层数如图 10-4 所示。

2012 年冠军网络是 AlexNet，由于准确率远超使用传统方法的第二名（第一名 Top-5 错误率为 15.3%，第二名为 26.2%），引起了巨大的轰动。自此，卷积神经网络成为图像识别分类的核心算法模型，带来了深度学习的爆发。AlexNet 拉开了卷积神经网络与机器视觉紧密结合的序幕，也加速了机器视觉应用落地。

2015 年冠军网络是 ResNet。核心是带短连接的残差模块，其中主路径有两层卷积核（Res34），短连接把模块的输入信息直接和经过两次卷积之后的信息融合，相当于加了一个恒等变换。短连接是深度学习的又一重要思想，除机器视觉外，短连接思想也用在机器翻译、语音识别/合成等领域。

随着深度学习技术的日益发展，机器视觉的目标检测能力在 2015 年已经超越人类，2017 年为 ILSVRC 最后一届，2018 年起由 WebVision 继续相关赛事。虽然 ILSVRC 已经不再举办，但其对机器视觉已做出了巨大贡献。

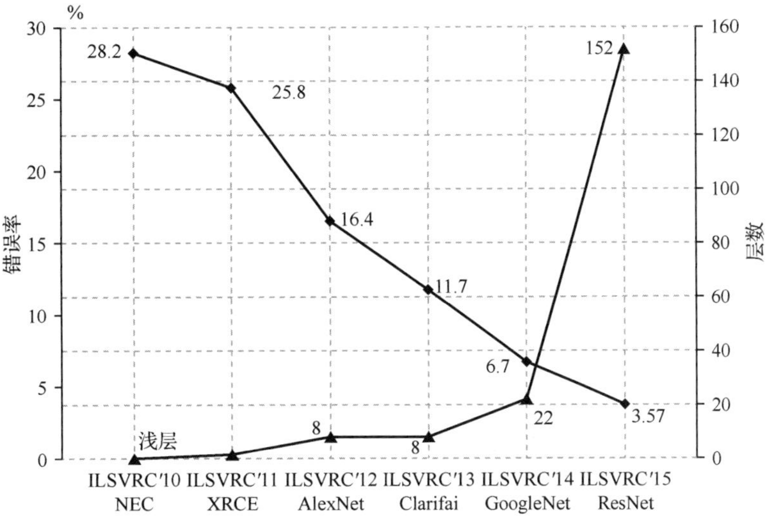

图 10-4　ILSVRC 图像分类任务历年冠军错误率（下降曲线）及网络层数（上升曲线）

10.2　火星探测车视觉系统

火星是除地球外人类了解最多的行星。人类使用了各类探测器进行火星探测，几乎贯穿整个航天史，火星探测车（简称火星车）则是目前对火星表面进行详细探测最为有效的工具。2004 年，NASA 的勇气号和机遇号火星车在火星登陆，随后开始工作，其中机遇号工作长达 15 年，为人类研究探测火星表面提供了大量珍贵的数据，如图 10-5 所示。

（a）勇气号火星车　　（b）机遇号火星车

图 10-5　勇气号与机遇号火星车

勇气号和机遇号火星车结构相同，可在火星表面自动巡视，实现科学数据收集及与地球的远距离通信。机器视觉作为火星车最重要的环境感知手段，辅助火星车实现多个任务，包括着陆期间的快速下降及软着陆、视觉避险与自主导航、视觉里程计计算等任务。机遇号的视觉系统共使用 10 个相机，包括：1 个下降相机；2 个导航相机，构成立体视觉系统；4 个避险相机分成 2 对，分别安装于车体前、后部，每对相机同样构成立体视觉系统；2 个全景相机，安装在车体顶部，构成立体视觉系统，用于拍摄火星表面图像；1 个用于科学观测的显微成像相机。部分相机位置如图 10-6 所示。为便于工程实现，除显微成像相机外的各相机采用相同设计，对应配置参数如表 10-1 所示。

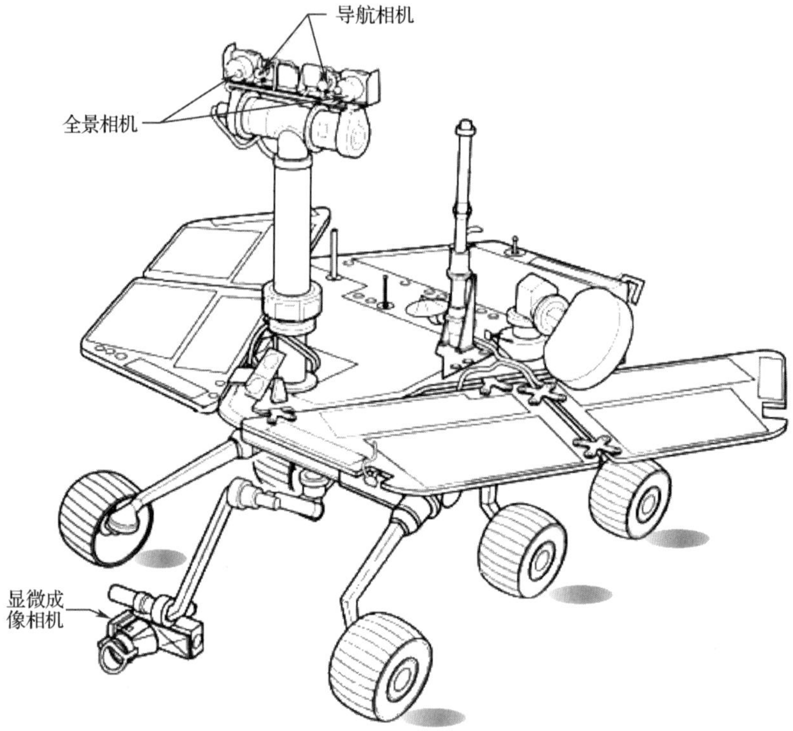

图 10-6　机遇号整体结构与相机位置

表 10-1　火星车相机参数

配置参数	下降相机（Descent camera）	导航相机（Navcam）	避险相机（Hazcam）	全景相机（Pancam）
数量	1	2	4	2
帧传输时间	5.12ms	5.12ms	5.12ms	5.12ms
CCD 读出时间（全幅）	5.4s	5.4s	5.4s	5.4s
像素尺寸	12×12μm	12×12μm	12×12μm	12×12μm
信噪比	>200：1	>200：1	>200：1	>200：1
光学角分辨率	0.82 mrad/pixel	0.82 mrad/pixel	0.82 mrad/pixel	0.82 mrad/pixel
焦距	14.67mm	14.67mm	5.58mm	43mm
光圈数	12	12	15	20
视场角	45°×45°	45°×45°	124°×124°	16°×16°
对角线视场角	67°	67°	180°	180°
景深	0.5m 至无穷远	0.5m 至无穷远	0.10m 至无穷远	1.5m 至无穷远
光谱范围	400～1100nm	600～800nm	600～800nm	400～1100nm
立体基线长度	无	0.20m	0.10m	0.30m

续表

配置参数	下降相机（Descent camera）	导航相机（Navcam）	避险相机（Hazcam）	全景相机（Pancam）
距火星表面高度	约 1500m（最初工作时）	1.54m	0.52m（前相机） 0.51m（后相机）	1.54m
质量	207g	220g	245g	270g
尺寸	67mm×69mm×34mm（电箱） 41mm×51mm×15mm（探测器）	67mm×69mm×34mm（电箱） 41mm×51mm×15mm（探测器）	67mm×69mm×34mm（电箱） 41mm×51mm×15mm（探测器）	67mm×69mm×34mm（电箱） 41mm×51mm×15mm（探测器）
功率	2.15W	2.15W	2.15W	2.15W

10.2.1　下降图像运动估计

在火星车进入火星大气层期间，火星车着陆系统会受到风的影响导致着陆点偏移。为补偿风速，火星车装备有横向脉冲火箭子系统（TIRS），提供与车辆运动相反方向的推力。补偿算法的输入之一来自下降图像运动估计子系统（DIMES）。该子系统收集火星表面下降相机采集的连续图像中包含表面特征的实时图像相关性的结果，以计算探测车下降过程中的水平速度。如果图像显示从一帧到下一帧具有较大的水平速度，DIMES 将计算的水平速度校正传递给 TIRS。TIRS 利用这个水平速度及测量后壳的姿态来设计降低着陆器水平速度的 TIRS 火箭控制方案。机遇号火星车下降系统如图 10-7 所示。

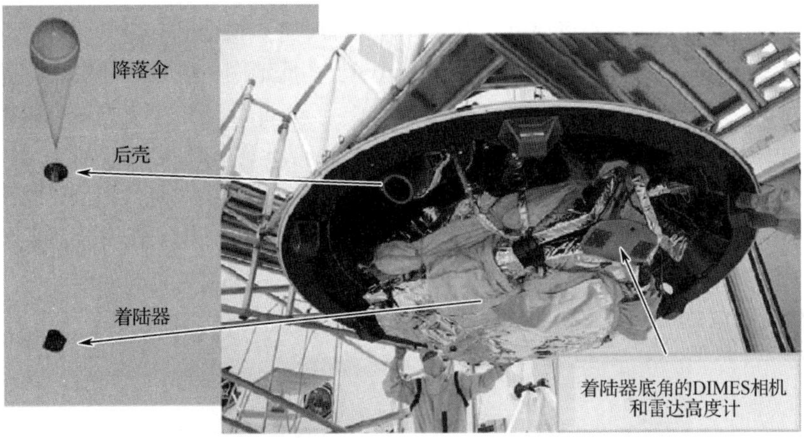

图 10-7　机遇号火星车下降系统

对于每幅下降图像，DIMES 还需要图像采集时的着陆器状态数据，包括相对火星地表的姿态、估计的水平速度和高度。如图 10-8 所示，利用着陆器状况信息和相机模型，DIMES 将每幅图像重投影到地表，然后通过关联两个场景计算图像之间的水平位移。使用相关匹配算法计算图像的水平位移，进而得到基于图像的水平速度估计，将估计结果和惯性测量单元（IMU）的速度差计算结果进行比较。利用一致性检测和图像相关度量可判断计算速度是否正确。

10.2.2　视觉避险与自主导航

火星车在行进过程中，必须要识别并躲避附近地形中的危险，如坑洞、岩石等，同时建立周围地图，以便规划到达目标点的轨迹。

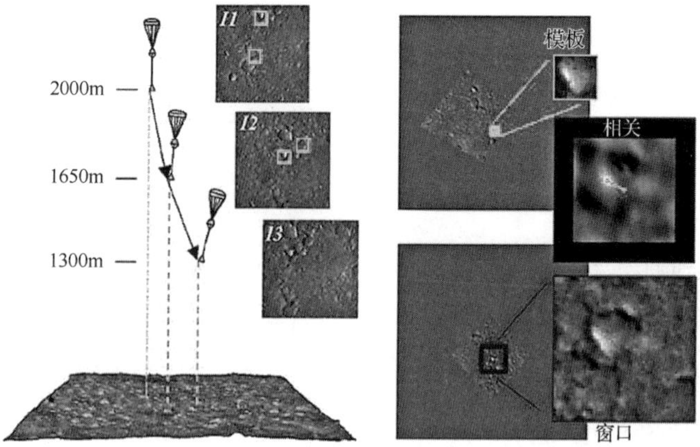

图 10-8　DIMES 图像采集和分析过程

火星车的避险功能通过构成立体视觉的一对相机和软件实现。在“地形评估”或“预测危险检测”模式下，一对或多对立体图像被处理为可通行地图，并与现有地图合并。勇气号使用了一对避险相机进行地形评估，而机遇号则使用了导航相机，因为其探测区域地形的土壤颗粒非常细，避险相机立体视觉处理后的深度信息分辨率无法满足要求，而导航相机则可通过更长的焦距实现更高的分辨率。导航相机和全景相机共同安装在一个可以实现方位/俯仰二自由度运动的云台架上，通过二自由度摆动获得更大的观测视野。使用栅格地图对附近地形建模，地图数据来自立体测距信息的局部平面拟合。火星车对地形的评估基于每个栅格单元高度与平面的差异程度。为了分析给定大小的地图单元，需要将该单元内的所有 *X*、*Y*、*Z* 点拟合到一个平面上，该平面拟合的参数用于评估火星车在不同方位下的安全程度，进一步在此地图上进行路径规划。栅格单元大小通常为 20cm×20cm，地图大小为 5m×5m，如图 10-9 所示。这不是一个完整的三维世界模型，而是为每个单元格分配一个表示该位置车辆安全评估的质量和确定性估计。例如，一块占 20cm×20cm 单元格大小的孤立石头不会被表示为单个“不安全”的单元。相反，以该岩石为中心的火星车大小圆盘中的所有单元格都将被标记为不安全。因此，寻找一条安全的行驶路线就简化为只需在该地图中找到 1 个单元宽度的路径即可。整个立体避险相机对的处理周期（包括图像采集、立体处理、图像处理、路径规划）为 65 秒。

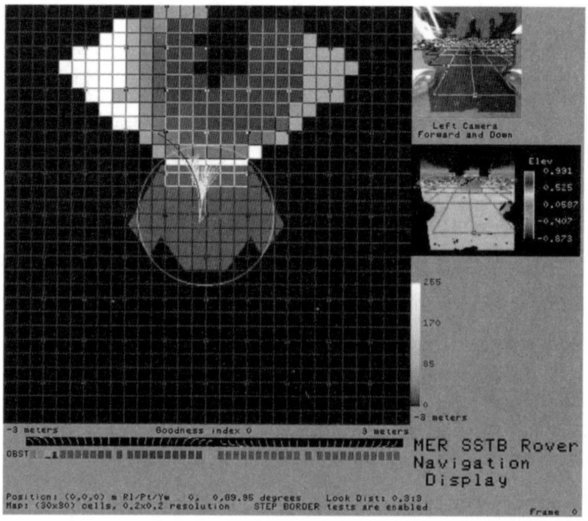

图 10-9　栅格地图与路径示意图

10.2.3　双目视觉测距

立体测距是整个月球车导航误差的一个重要组成部分。立体测距采用基于图像块的算法，使用绝对差值之和(SAD)标准进行匹配。由于导航相机的读取速度非常慢(全分辨率 1024 像素×1024 像素像素图像的每帧读取时间约为 5 秒)，图像通常在 CCD 相机内垂直抽头，以 256 像素×1024 像素的分辨率读出，然后以 256 像素×256 像素的分辨率进行立体匹配。在 SAD 操作前，要对图像进行校正和带通滤波；在 SAD 操作后，要进行一系列立体匹配一致性检查；通过对 SAD 分值进行二次插值计算子像素级视差；最后生成 *XYZ* 深度图像。每计算一对图像，整个过程都需要 24～30 秒。图 10-10 展示了勇气号导航相机双目视觉测距结果。

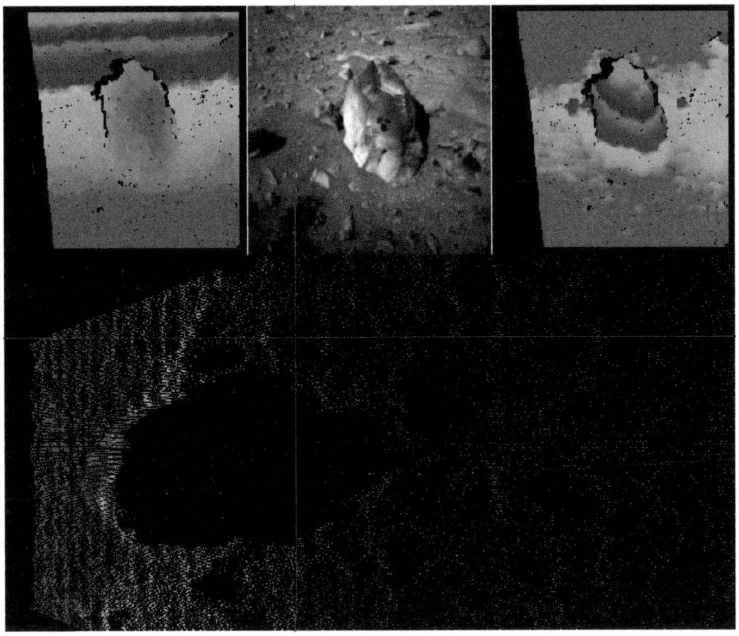

图 10-10　勇气号导航相机双目视觉测距结果

双目视觉测距误差和地面与相机的距离相关，如图 10-11 所示。避险相机能够为距离 10m 的物体提供精确到 50cm 以下的绝对距离估计。导航相机具有更高的角度分辨率和更长的立体基线，在相同的 10m 距离下产生的距离误差是避险相机的 1/5（10cm）。导航相机也具备比避险相机位置更高的优点（导航相机高于地面 1.5 m，而避险相机高于地面 0.5m），因此对远场目标的定位更有效。全景相机由于有高分辨率和更长的基线，测距误差是导航相机的 1/5，在某些情况下，可用于地面操作期间的远场测距。

火星车视觉系统的立体测距能力已经在所有相机上进行了测试和验证。在导航相机的飞行前测试中，对于距离车 22m 处的目标，计算位置与测量数据一致，误差在 0.38m（1.7%）以内。避险相机用于在仪器部署装置（IDD）工作空间（相机对象距离为 0.65m）内对视觉目标上的点进行三角测量，以放置 IDD 仪器。所得到的目标三维位置与外部测量数据一致，误差优于 1mm。对于距离车 22m 以外较远的目标，从避险相机图像计算出的目标位置与外部测量位置一致，误差在 1.56m（7%）以内。

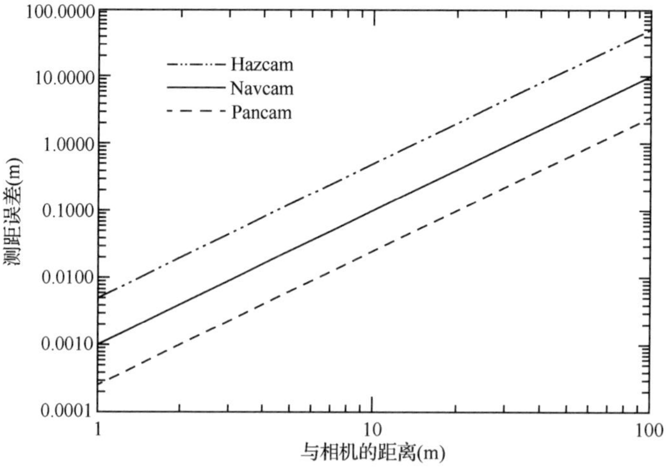

图 10-11　测距误差与立体相机距离函数关系

10.2.4　视觉里程计

视觉里程计利用单目或双目相机得到图像序列，然后通过特征提取、匹配与跟踪估计载体运动信息进行导航定位。由于单目视觉里程计只能处理位于一个平面上的场景点，无法得到场景的三维信息，因此当场景存在起伏时算法会失效。而立体视觉里程计根据提供的深度信息能够获得场景的三维信息，实用性更好。视觉里程计的工作原理如图 10-12 所示。可以看出，通过立体相机获得立体图像对后，需要先进行图像校正，以满足两幅图像对应的特征点在同一扫描线上，从而使得匹配的搜索范围从二维降到一维，这样能够加快匹配速度，提高匹配精度。在此基础上可进行特征提取及同帧图像对特征点的立体匹配。在火星车运行一段距离以后，通过类似的操作，并对前后两帧图像进行特征点的跟踪匹配，可以获得所选取的特征点在相机运动前后所对应的三维坐标。使用运动估计算法可以求出火星车相对位置与姿态的变化。

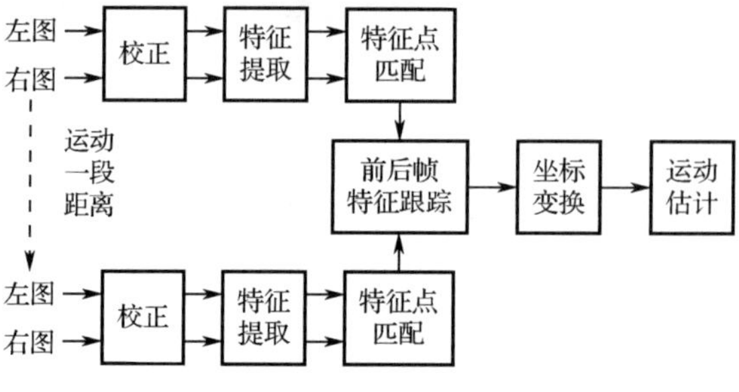

图 10-12　视觉里程计的工作原理

视觉里程计在勇气号和机遇号火星车上均得到了应用。算法首先提取特征点，使用多分辨率区域相关法进行立体匹配，进一步利用跟踪匹配特征来估计相邻帧之间的六自由度火星车运动。这种方法不需要利用外部地标点或基准地图辅助，能够同时确定火星车的位置和姿态，在小范围内具有较高的精度。但此方法与航位推测法类似，属于逐步累加方式的导航方法，会产生积累的误差。因此，该方法一般用于坡度较陡或车轮易打滑的地方，校正航迹推算方法中由车轮打滑和惯性导航器件漂移引起的定位误差。图 10-13 显示了机遇号在老鹰陨石坑中的视觉里程计估计结果，视觉里程计正确检测到了 50%的滑动。图 10-13（a）中橙色点为选择的特征点，蓝色线段为估计的相邻帧间特征点运动向量；图 10-13（b）中蓝色和绿色直线分别为使用视觉里程计和航位推测得到的结果对比。

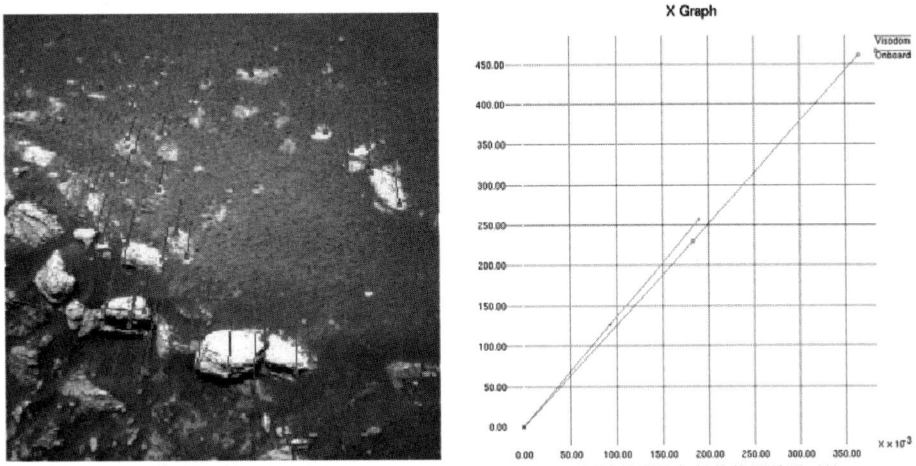

（a）特征选择及运动估计　　（b）视觉里程计与航位推测结果对比

图 10-13　机遇号在老鹰陨石坑中的视觉里程计估计结果

10.3　医用大输液外观缺陷检测系统

医疗行业是国民经济的重要领域之一。而在医疗场景中，医用输液广泛应用于各种疾病治疗中。大输液指容量大于或等于 100mL 的输液瓶。大输液的包装质量问题直接关系到患者的健康和安全，然而目前人工检测方式效率低，稳定性差，因此基于机器视觉的医用大输液外观缺陷检测系统应运而生。该系统可自动检测常见的大输液外观缺陷，如图 10-14 所示。

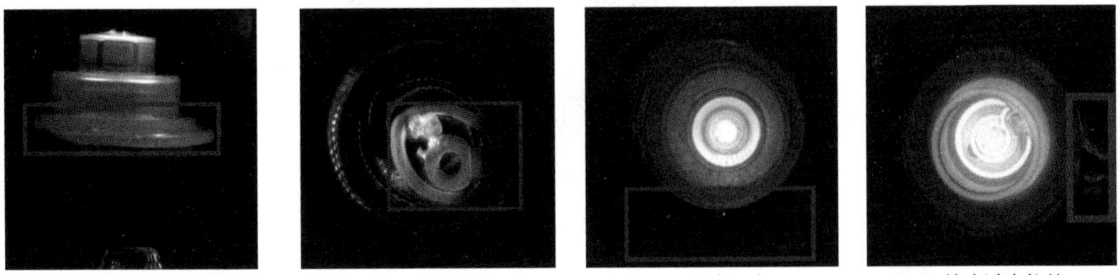

（a）封口错位　　（b）吊环偏移　　（c）瓶身形变　　（d）熔痕过大拉丝

图 10-14　常见大输液外观缺陷

大输液外观缺陷主要发生在瓶口与瓶底部分，因此首先采集图像，接着通过预处理消除画面抖动对采集图像的影响，然后采用椭圆检测方法进行图像分割与定位从而确定待检区域，最后利用深度学习方法实现缺陷检测与分类，处理流程如图 10-15 所示。

10.3.1　针对画面抖动的图像配准

实际大输液外观缺陷检测设备因存在相机抖动、伺服系统的精度、机械结构的刚性等问题，会造成多次输液瓶外观图像之间存在微小的抖动偏移量，引起后续误检。为解决该问题，可采用图像配准的方法，具体如下所述。

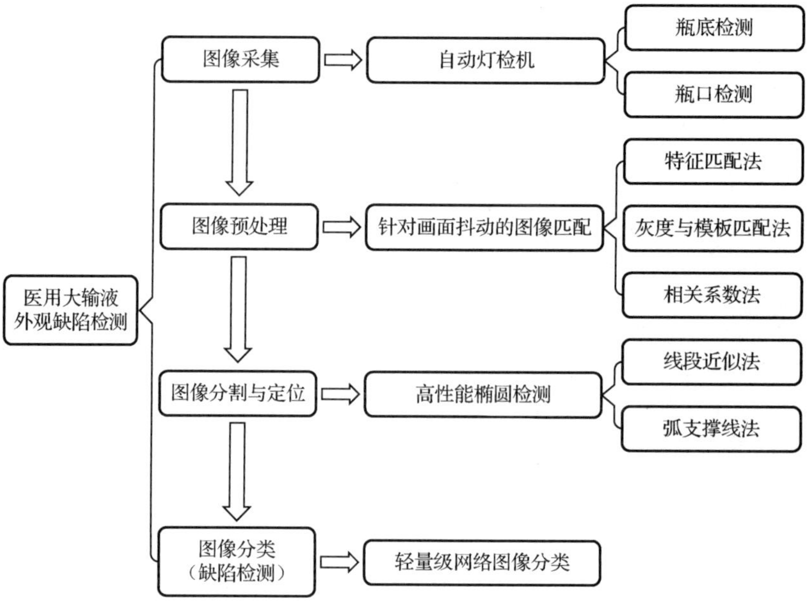

图 10-15　医用大输液外观缺陷检测系统处理流程

1．基于特征匹配的图像配准方法

基于特征匹配的图像配准方法是常用的配准方法之一，在一幅图像中检测稀疏的特征集并且与另一图像中的特征匹配。图 10-16 展示了检测特征点并进行匹配的结果。基于特征匹配的图像配准方法一般会有特征检测、特征匹配和图像变换等步骤。

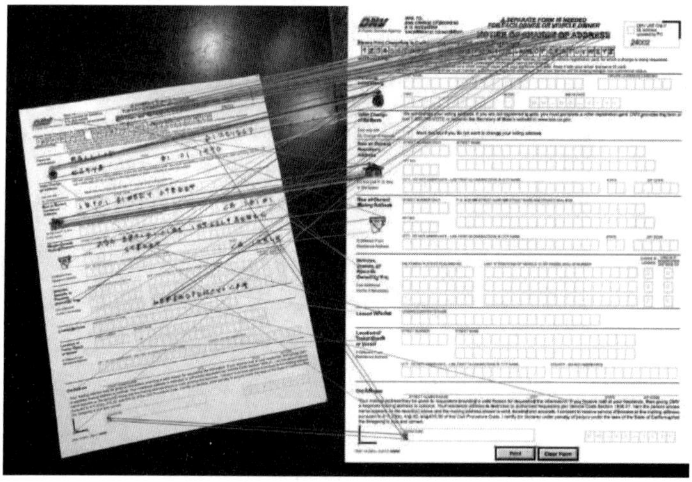

图 10-16　特征点检测与匹配结果

2．模板匹配方法

模板匹配方法通过遍历图像中的每个位置，将指定大小的图像块与模板进行相似性比较，相似性最高的位置即匹配结果。相似性的计算方式包括平方差匹配法、相关匹配法、相关系数匹配法等。其中的归一化相关系数法具有较好效果：

$$R(x,y)=\frac{\sum_{x',y'}(T'(x',y')\cdot I'(x+x',y+y'))}{\sqrt{\sum_{x',y'}T'(x',y')^2\cdot\sum_{x',y'}I'(x+x',y+y')^2}} \tag{10-1}$$

其中，

$$T'(x',y')=T(x',y')-\frac{1}{w\cdot h}\cdot\sum_{x'',y''}T(x'',y'') \tag{10-2}$$

$$I'(x+x',y+y')=I(x+x',y+y')-\frac{1}{w\cdot h}\cdot\sum_{x'',y''}I(x+x'',y+y'') \tag{10-3}$$

3．基于相关系数的图像配准方法

图像配准可视为对两幅图像的坐标系进行映射的过程，因此，选择适当的几何变换模型并计算相关性是解决该问题的有效方法。确定几何变换后，图像配准问题就转化为参数估计问题。进一步指定目标函数，通过优化目标函数，可以得到最优参数估计结果。增强相关系数（ECC）是一种有效的图像配准方法，使用增强相关系数作为目标函数实现图像配准，具有更好的鲁棒性和更快的计算速度。

为确定大输液图像配准适用算法，使用实际采集图像进行测试，如图 10-17 所示。定义误差 Err 为目标图像 T 和配准图像 A 中所有对应点在图像上的 L_1 距离的平均值，单位为像素。

$$\mathrm{Err}=\sum_{\substack{x_r,y_r\in F_T\\ x_A,y_A\in F_A}}\frac{\left(|x_T-x_A|+|y_T-y_A|\right)}{n_p} \tag{10-4}$$

其中，n_p 代表采样的点对的总数。进一步，定义 MSE 为 $n-1$ 个图像对的均方根误差，并作为评判标准。使用上述三种方法进行实验，得到的实验结果如表 10-2 所示。

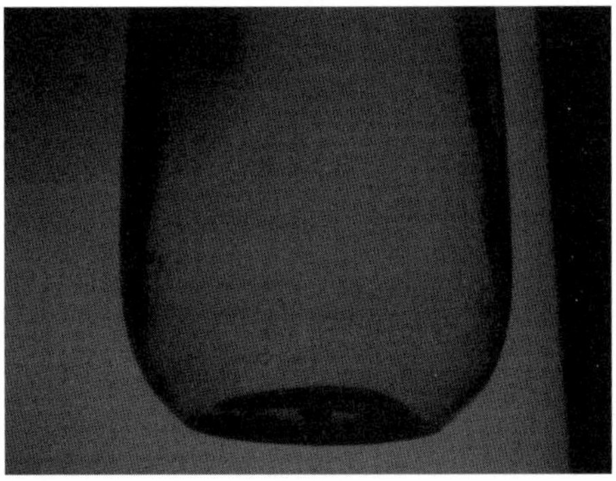

图 10-17　大输液测试图像样例

表 10-2　大输液图像配准实验结果

实 验 方 法	具 体 算 法	MSE/像素	FPS
特征匹配	ORB+BF（Optimized）-128	4	44
模板匹配	改进 CCOEFF 方法	<3	320
相关系数	ECC+100 次迭代， Iteration EPS = 0.001+ω× 100	<1	10

根据实际大输液检测中对速度的要求，选择 MSE 居中但速度最快的模板匹配方法作为最终图像配准算法。

10.3.2 高性能圆形检测

圆形检测在大输液的外观缺陷检测中扮演重要角色。医用输液瓶本身为圆柱形，从竖直方向所采集的瓶口、瓶身及瓶底拉环等外观缺陷位置的图像皆为较标准的圆形，圆形检测在目标的定位、目标的分割及后续的检测过程中发挥重要作用。

常规圆形检测的主要方法包括圆形霍夫变换（CHT）、随机抽样一致性算法（RANSAC）及线段近似。在实际的大输液外观缺陷检测应用场景下，以上方法都或多或少存在不足，无法满足工业检测的实时性和准确性要求。为此，设计基于弧支撑线的方法，以达到较好的效率和精度来满足工业检测需求。基于弧支撑线的圆形检测主要包括获取弧支撑线段、成对线段分析、验证与拟合三个步骤。

1. 获取弧支撑线段

对一副图像（如图 10-18（a）所示）中可能存在的线段进行检测，可以使用快速线段检测器，检测出多类线段，如图 10-18（b）所示。我们只需要其中的弧线段，因此在检测出的线段基础上利用线段端点间的角度变化筛选得到最终的弧线段，如图 10-18（c）所示。

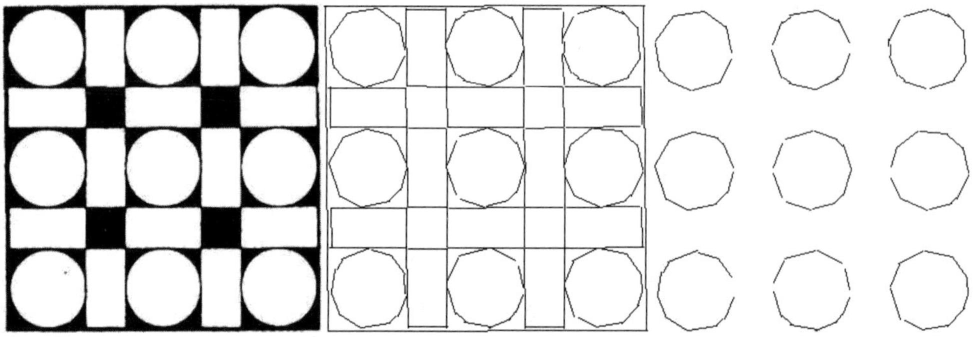

（a）原始图像　　（b）线段检测结果　　（c）弧线段筛选结果

图 10-18　获取弧支撑线段

2. 成对线段分析

观察圆形图像，可以看出圆的内部总是比外部更亮或更暗。如果是更亮，意味着弧支撑线段的极性为正，反之则为负。如果所有的弧支撑线段全部来自同一个圆，那么它们的极性应该全部相同。因此，利用弧支撑线段的方向性做一些早期决策后可以得到属于一个圆的部分线段，进而得到多个带有圆心 O 坐标和半径 R 的初始圆，如图 10-19 所示。

3. 验证与拟合

利用合法的弧支撑线段对产生的初始圆，将会有很多重复的。因此，使用均值漂移聚类和非极大值抑制移除候选圆中的重复项。同时使用最小二乘法对圆进行拟合，对边缘像素点的数量和圆的完整度进行验证，最终得到无重复的图像中的圆几何特征。

进一步，在交通标志和 PCB 两个公开数据集对设计算法进行了测试，结果表明，其精度、召回率等指标均优于常规 RHT 和 ELSDc 方法。使用该算法检测实际输液瓶的结果及对比如图 10-20 所示，可以看出设计算法的优越性。

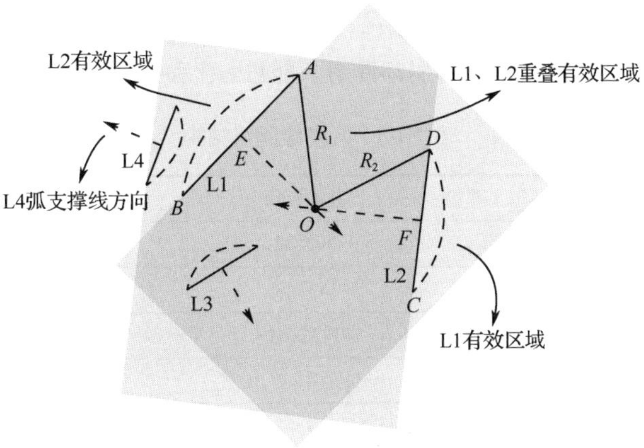

图 10-19　弧支撑线结对决策

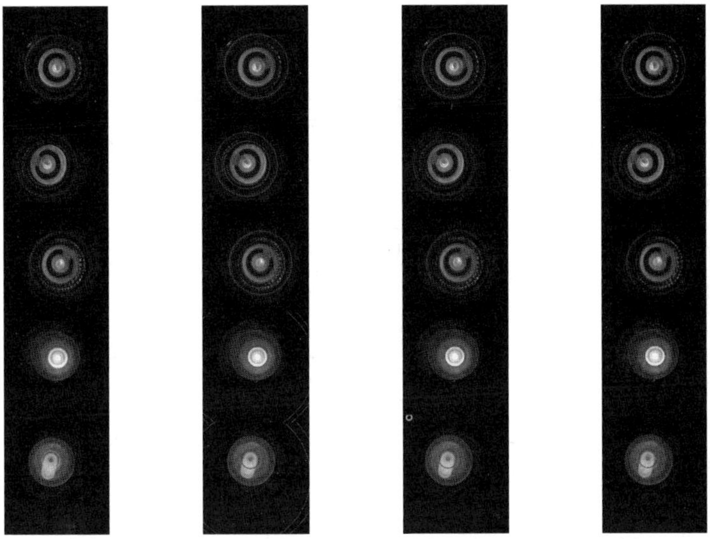

（a）原图　（b）RHT　（c）ELSDc　（d）Ours

图 10-20　实际输液瓶检测结果及对比

10.3.3　图像分类轻量级网络

大输液检测的最终目标是判断图像中是否存在缺陷，其本质是一个二分类问题。基于卷积神经网络的深度学习方法为解决这一问题提供了有效途径。但常规网络结构复杂，计算时间较长，无法满足高速检测的要求。为此，设计图像分类轻量级网络，以满足大输液检测的准确率与时间效率的要求。

为提高计算效率，引入深度可分离卷积，将标准的卷积拆分为两层，在减少参数的同时可减少计算量。其与标准卷积的对比如图 10-21 所示。理论上，采用深度可分离卷积计算的 3×3 卷积比传统的卷积神经网络计算量下降 8～9 倍。

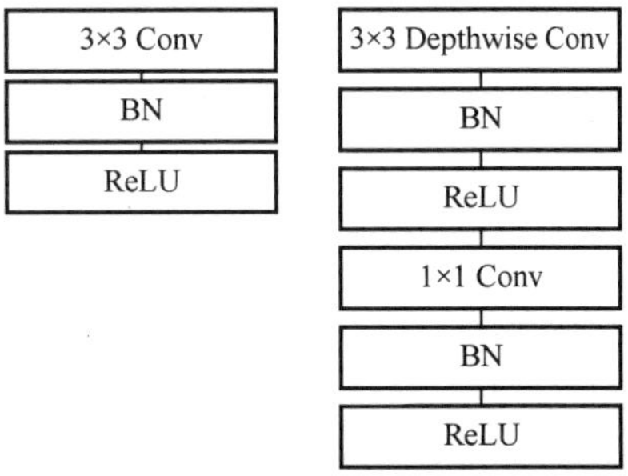

图 10-21　标准卷积和深度可分离卷积对比

设计轻量级网络，结构基于深度可分离卷积，但在

第一层使用全卷积。轻量级网络结构如表 10-3 所示。除最后的全连接层没有使用非线性而使用一个 softmax 层用于分类外，其他的所有层都使用了批归一化和 ReLU 非线性激活函数。

表 10-3　轻量级网络结构

类别/步长	滤波器形状	输入尺寸
Conv/s2	3×3×3×32	224×224×3
Conv dw/s1	3×3×32dw	112×112×32
Conv/s1	1×1×32×64	112×112×32
Conv dw/s2	3×3×64dw	112×112×64
Conv/s1	1×1×64×128	56×56×64
Conv dw/s1	3×3×128dw	56×56×128
Conv/s1	1×1×128×128	56×56×128
Conv dw/s2	3×3×128dw	56×56×128
Conv/s1	1×1×128×256	28×28×128
Conv dw/s1	3×3×256dw	28×28×256
Conv/s1	1×1×256×256	28×28×256
Conv dw/s2	3×3×256dw	28×28×256
Conv/s1	1×1×256×512	14×14×256
Conv dw/s1	3×3×512dw	14×14×512
Conv/s1	1×1×512×512	14×14×512
Conv dw/s2	3×3×512dw	14×14×512
Conv/s1	1×1×512×1024	7×7×512
Conv dw/s2	3×3×1024dw	7×7×1024
Conv/s1	1×1×1024×1024	7×7×1024

进一步，对设计网络进行测试。测试采用的数据集为实际的大输液设备采集图像，其中，正例为不存在缺陷的图像，而负例为存在对应缺陷的图像；数据包含瓶底拉环、瓶体变形及瓶口缺陷三类，如表 10-4 所示。

表 10-4　各类缺陷数据

分　类	瓶底拉环	瓶体变形	瓶口缺陷
正例	280	324	234
负例	310 + 252	321	453

针对于此数据集进行测试并与 VGG 等传统方法进行对比。结果表明，轻量级网络在各类缺陷数据上的准确性与其他方法相仿，但检测时间可大大减少，满足快速检测要求。

10.3.4　硬件系统实现

为满足实际产线体积要求，大输液外观缺陷检测与输液瓶内部液体异物检测统一在一台自动灯检机中处理，外观如图 10-22 所示。

图 10-22　自动灯检机外观

自动灯检机的总体结构由机械、电气、视觉、软件等部分组成。其中，机械结构包括传送带、旋转星轮、转动大盘、气泵、抓手、摆臂和各个执行机构及外壳等；电气部分由变频器、交流电动机、伺服系统、驱动器、光电开关、编码器和可编程逻辑控制器组成；视觉部分由光源、光源控制器、工业相机和 I/O 卡组成。软件部分由工控机和相应的应用程序组成，包括图像预处理、图像分割定位及图像分类，最终综合完成大输液外观缺陷视觉检测。

自动灯检机俯视图如图 10-23 所示。其中，位置 4 是负责瓶底缺陷和瓶身缺陷检测的工位，位置 11 是负责瓶口缺陷和瓶身缺陷检测的工位，位置 6、7、8 是负责瓶内异物和瓶身缺陷检测的工位，位置 10 是负责缺陷输液瓶分类的执行机构。

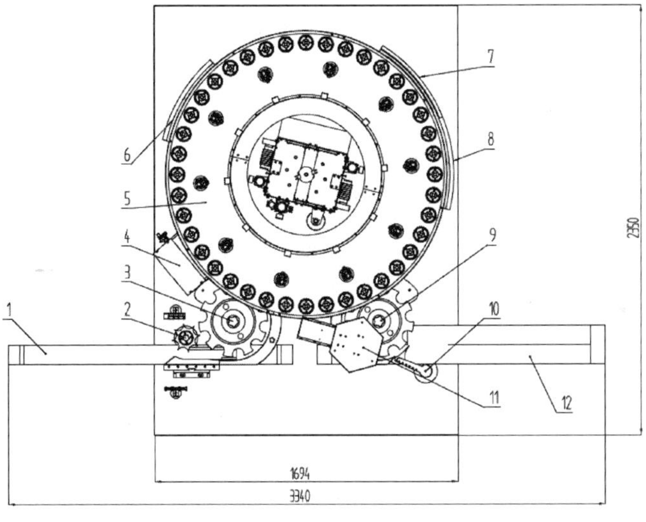

图 10-23　自动灯检机俯视图

1. 瓶底缺陷检测工位

瓶底缺陷检测工位示意图如图 10-24 所示，其中，光源为白色的环形光源，从输液瓶的底部向上打光。工业相机和光源均位于瓶子下部，属于同侧明场照明方式，用于缺陷特征的打光。工业相机放置在底部的盒子内，一个方形的反光镜放在工业相机和输液瓶中轴线的交叉点上，与中轴线成 45° 角，用于将照明图像反射至相机。光源位于反光镜的上方。

2. 瓶口缺陷检测工位

瓶口缺陷检测工位由一个相机、四个反光镜和两个光源组成。通过四个反光镜，得到瓶口顶部及侧面三个角度的图像。两个光源分别是位于顶部的白色环形光源和位于一侧的白色背光。白色环形光源从工业相机同侧打光，用于照亮顶部位置并提供整体的亮度；白色背光从工业相机对侧打光，用于针对某些特征提高对比度。如图 10-25 所示，一个大反光镜位于顶部，将所有的光线反射进工业相机的光圈。另三个反光镜以一定的角度均匀环绕在瓶口的侧面，将瓶口的侧面信息反射给主反光镜。环形光源位于瓶口的上方，背光光源位于与三个反光镜平行的位置。

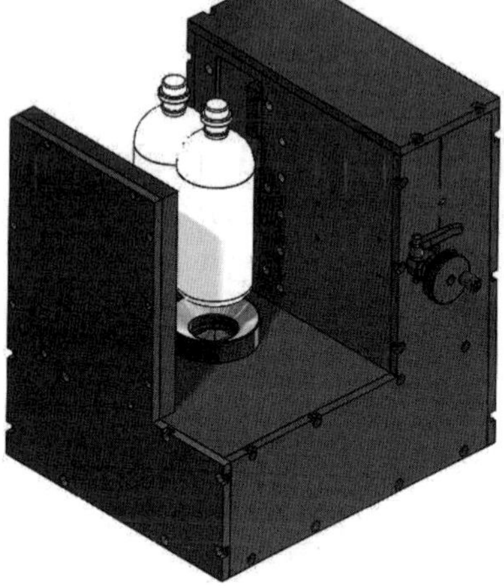

图 10-24　瓶底缺陷检测工位示意图

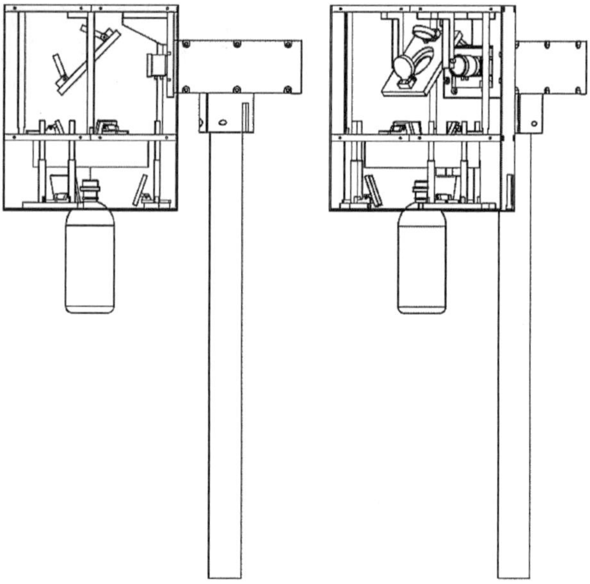

图 10-25　瓶口缺陷检测工位内部结构

自动灯检机可以完成对输液瓶的瓶底、瓶身以及瓶口的成像，再利用前述算法，分别进行图像预处理、图像区域分割和图像分类，即可完成大输液外观缺陷检测工作。

10.4　狭孔内部缺陷检测系统

发动机是汽车的“心脏”，其质量直接影响汽车产品的质量与性能。据统计，发动机相关投诉位居整个车辆质量投诉量的第 2 位，发动机质量的提升已成为车辆制造行业关注的重点。

发动机制造过程中需要检测多种通孔、细盲孔等内部缺陷，如凸轮轴孔、气缸缸孔等，如图 10-26 所示。凸轮轴孔是安装凸轮轴的关键部位，而气缸缸孔则是安装活塞的连接部位，二者孔内的划伤、裂纹、砂眼、异物等缺陷都将直接影响发动机的质量，因此需要对孔内壁表面的缺陷进行高精度检测。但是目前，发动机凸轮轴孔及气缸缸孔的内壁缺陷检测方法仍为人工目检，即用放大镜或内窥镜的方式检测，存在效率低、漏检误检、数据溯源难等一系列问题。在造船、航空航天、核电等行业中，同样存在小孔、狭孔等管状结构的内部缺陷检测问题。设计机器视觉系统实现上述检测，对提升关键零部件及行业整体制造水平具有重要意义。

10.4.1　成像系统设计

成像系统是狭孔内部缺陷检测的关键点。由于孔内空间狭小，常规相机无法“看”到指定深度，一般的工业内窥镜因原理局限、成像精度低、眩光干扰大而无法满足要求，因此，需根据需求设计专用成像系统。

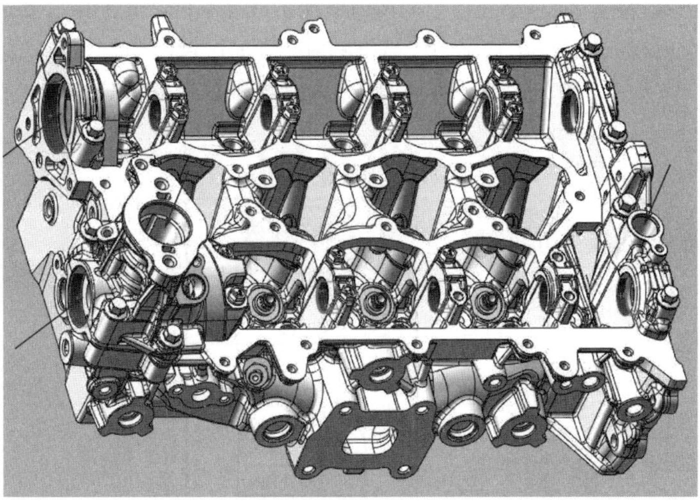

图 10-26　发动机凸轮轴气缸盖及待检孔三维示意图

成像系统设计方法主要包括以下三种。

（1）平面反射镜法：如图 10-27（a）所示。将平面反射镜放入工件内，光源照射到工件内壁反射的光经由平面镜反射到镜头中在相机成像平面上成像。由于每次只能采集到与平面反射镜截面对应区域的部分区域图像，需要使用旋转装置旋转成像并拼接每次成像得到内壁某一高度的 360° 图像。进一步需要平移装置带动平面镜在工件内运动，最终将多次采集到的工件内壁不同位置图像进行拼接。

（2）锥面反射镜法：如图 10-27（b）所示。将集成锥面反射镜的特殊成像镜头放入工件内，经由平移装置带动特殊镜头在工件内运动，最终将多次采集到的工件内壁不同高度图像进行拼接。镜头前端用一个反射面倾斜角为 45° 、顶角为 90° 的圆锥体，当镜头深入工件孔内时，将光源光线打入工件内部，光线照射发动机孔内某一高度区域后经过漫反射射向圆锥镜的侧面，再反射进入镜头并照射至相机成像平面，这样最终在相机成像平面上呈现内壁反射的圆环图像。

（3）球面反射镜法：如图 10-27（c）所示。镜头前端用一个半球体反射镜，当镜头深入工件孔内时，将光源光线打入工件内部，光线照射发动机孔内某一高度区域后经过漫反射射向球面镜的侧面，再反射进入镜头并照射至相机成像平面，这样最终在相机成像平面上呈现了内壁反射的圆环图像。

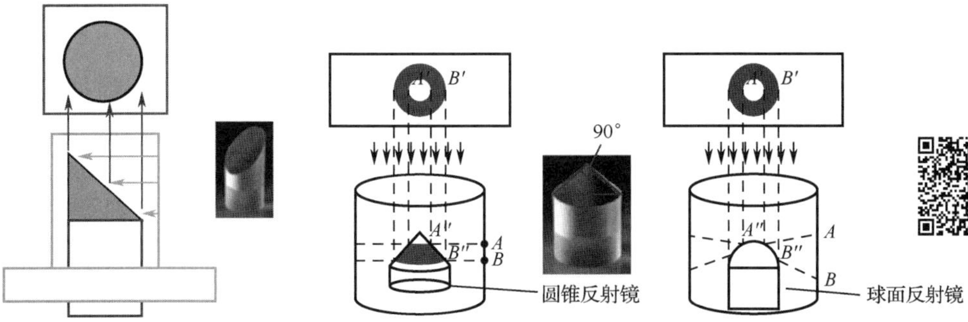

（a）平面反射镜法成像　　（b）锥面反射镜法成像　　（c）球面反射镜法成像

图 10-27　内孔检测成像原理比较

可见，使用锥面或球面反射镜法成像无须旋转机构，成像系统更为简洁。锥面反射镜法成像无畸变，但视野相对较小，同时小孔径锥面反射镜加工成品率低，装配精度要求高，因而在实际中优先选择球面反射镜成像方案。实际中仅需检测内孔表面区域，因此只需考虑图 10-27（b）、（c）中 A'' 、 B'' 反射成像范围，对应内壁环带区域与相机像平面成像关系如图 10-28 所示。相关参数如表 10-5 所示。

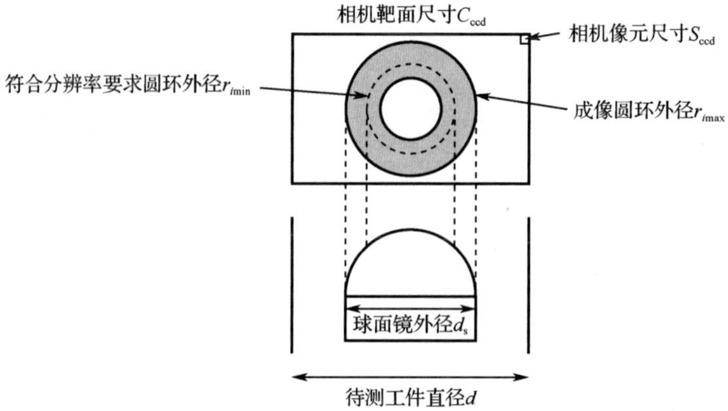

图 10-28　球面反射镜成像关系

表 10-5　成像分辨力分析相关参数

参 数 名 称	符 号 定 义	单　位
相机靶面尺寸	C_{ccd}	inch
相机像元尺寸	S_{ccd}	μm/pixel
成像最小分辨力	S_{min}	mm/pixel
待测工件直径	d	mm
成像圆环外径	r_{imax}	mm
符合分辨力要求圆环内径	r_{imin}	mm
锥面反射镜外圈直径	d_s	mm
镜头焦距	f	mm

发动机内壁上一周的图像将呈现在圆环图像上，且越靠近发动机内孔顶端的图像在圆环图像中也越靠近圆心。根据上述原理可以得到圆环图像外径所成图像的分辨力 S_{imax}：

$$S_{i\max} = \frac{d}{2r_{i\max}} \times S_{ccd} \tag{10-5}$$

显然，内孔直径越大，最小缺陷分辨力要求越高，对成像系统要求越高。实际中缺陷检测要求最小缺陷尺度为 0.3mm，对应 2 个像素，即 $S_{\min} = \frac{0.3}{2} = 0.15\text{mm/pixel}$，因此圆环内径所成图像的分辨力 $S_{\min}$ 应当满足如下条件：

$$S_{i\min} \leqslant S_{\min} \tag{10-6}$$

注意到 $S_{i\min} = \frac{d}{2r_{i\max}} \times S_{ccd}$，因此有

$$r_{i\min} \geqslant \frac{d \cdot S_{ccd}}{2S_{\min}} \tag{10-7}$$

根据上式可进行相机和前端镜头硬件选型。当要求最小缺陷分辨力为 0.15mm 时，对应成像硬件参数如表 10-6 所示。

表 10-6　成像分辨力分析相关参数

相机靶面尺寸	相机像元尺寸	相机分辨率	镜头焦距	镜头工作距离	反射镜直径
2/3inch	3.45μm/pixel	2448×2048	37mm	170mm	13mm

根据如上参数，使用标准 0.3mm 污点检测卡进行光学模拟成像，效果如图 10-29 所示。对比两幅图像可以看出，满足成像分辨力区域图像的 0.3mm 污点检测卡成像中污点清晰明显、线段笔直无断点，可以很好地检测和识别出对应的缺陷及其位置。而不满足成像分辨力的区域图像中则出现污点模糊、线段模糊、断点的情况。

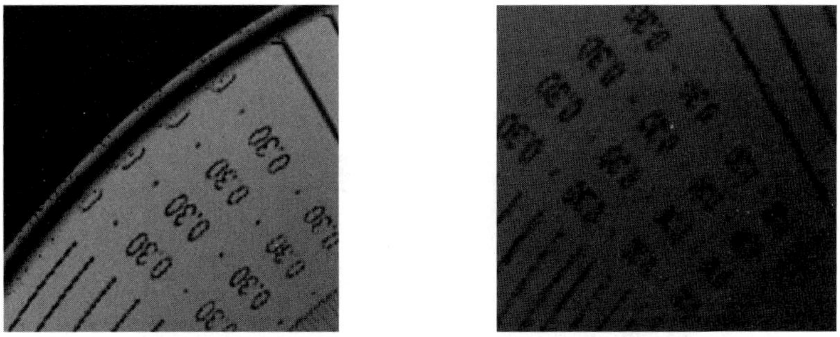

（a）满足成像分辨力　　（b）不满足成像分辨力

图 10-29　成像分辨力对比

10.4.2　狭孔缺陷检测算法设计

10.4.2.1　图像增强

小孔内壁照明不佳、成像系统偏心光照不均等情况会导致内壁缺陷难以凸显，影响缺陷检测算法的检测精度。为了获得更好的检测效果，需要在缺陷检测前对内壁图像进行图像增强的预处理，提高图像信噪比。结合内孔检测需求，可采用对比度受限的自适应直方图均衡化（CLAHE）方法。

直方图均衡化是一种全局算法。当图像局部区域过亮或者过暗时，直方图均衡化可能导致明部或暗部的细节丢失，此外直方图均衡化会增强图像背景噪声。针对全局性问题，可以通过将图像分块的方法，对每块区域单独进行直方图均衡化，利用局部信息增强图像，同时增强细节信息；针对背景噪声增强的问题，可以采用限制对比度的方法解决。CLAHE 即采用上述改进的直方图均衡化图像增强方法。

CLAHE 中的"对比度受限"是指在进行均衡化之前，根据预先设定的阈值，对原始图像的灰度直方图进行"修剪"，如图 10-30（a）、（b）所示，即当直方图中某个灰度级的密度超过阈值时，对其进行裁剪，裁剪掉的部分平均分配到各个灰度级上。在 CLAHE 中，给定像素值与附近像素值之间的对比度放大倍数由映射函数的斜率决定，映射函数的斜率又与累计分布函数（CDF）的斜率成正比，CDF 斜率取决于图像像素值的概率密度分布，CLAHE 在计算 CDF 前将直方图裁剪为预定值来限制噪声放大。从图 10-30（c）、（d）可以看出，限制对比度的方法避免了原始图像 CDF 的剧烈变化，进而避免了过度增强噪声点。图 10-31 展示了同态滤波算法和 CLAHE 算法在样本图像上的增强效果比较，可看出 CLAHE 的效果强于常规的同态滤波算法。

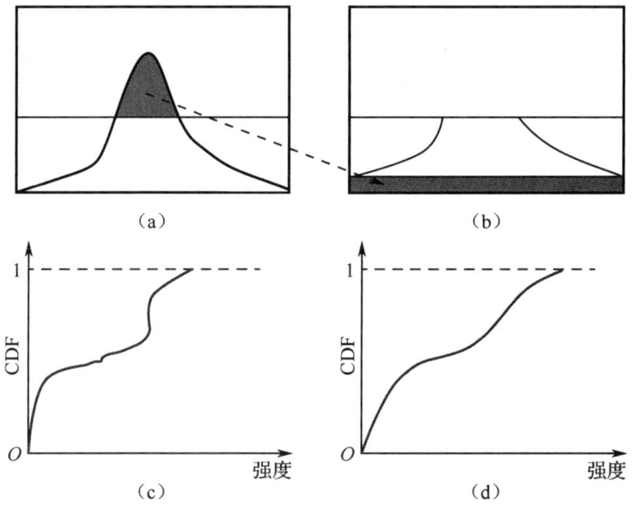

图 10-30　对比度受限原理图

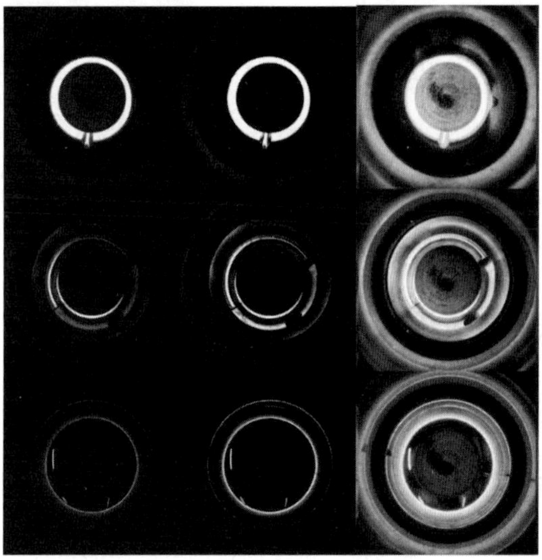

图 10-31　图像增强效果（从左到右依次为原始图像、同态滤波、CLAHE）

10.4.2.2　深度学习缺陷检测算法

经成像系统形成狭孔图像并经过图像增强处理后，要进行缺陷检测。由于深度学习的快速发展，目前基于卷积神经网络和深度学习的目标检测技术已成为主流。系统以 YOLOv5 为基础方法，针对狭孔检测特点，重点在输入端进行了改进。检测模型如图 10-32 所示。

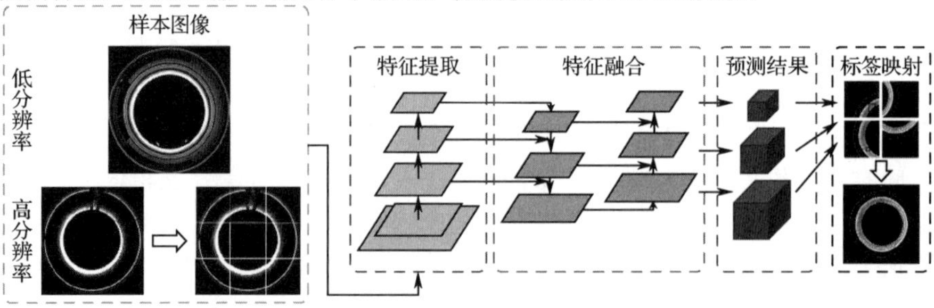

图 10-32　基于高分辨率图像切片处理的 YOLOv5 检测模型

在训练阶段，网络输入端先对高分辨率样本图像进行切片处理，再将其混合到其他样本图像中共同传入网络。在测试阶段，除在输入端进行上述处理外，在输出端，高分辨率图像的切片检测结果需要先映射到原图像再输出。针对狭孔检测图像分辨率高、缺陷小、常规 YOLOv5 难以检测的问题，使用带框切片处理方式，将输入图像进行切分。允许设置 x 方向和 y 方向的切片数量，伴随着不同切片部分对应标注文件的生成。

在标签映射时需要考虑缺陷目标标签和切片的相对位置关系，当不考虑标签不在切片区域内的情况时，图像中的标签和切片区域可以分为图 10-33（a）所示的 9 种位置关系，其中红色为标签，蓝色为切片区域。在生成切片文件时按照 10-33（b）所示的原则只保留与切片区域重合的标签区域。图 10-34 展示了将样本图像进行 3×3 均分的切片效果。使用高分辨率图像带框切片处理的方法可以充分发挥检测网络性能，提高检测效率和检测精度。

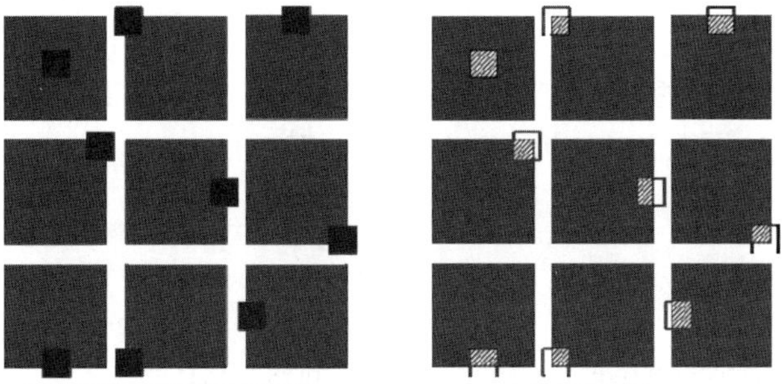

（a）标签和切片的位置关系　　（b）标签截取

图 10-33　标签映射策略

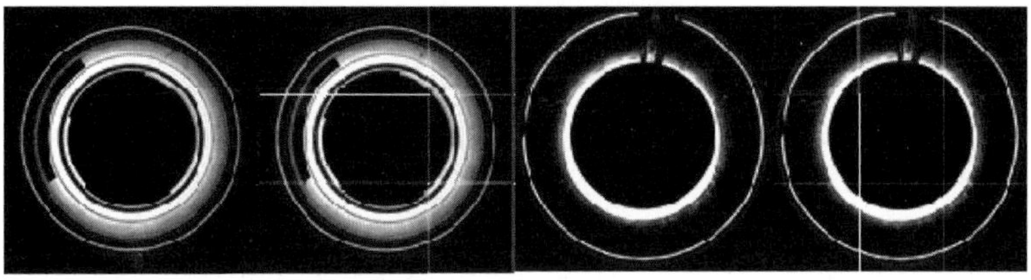

图 10-34　切片效果

10.4.3　实验结果与分析

针对实际采集数据，将缺陷划分为划痕、砂眼、磕碰三类，对应数据集及网络的实验参数如表 10-7 所示。

表 10-7　实验参数

训练集	验证集	迭代次数	权重	类别数	类别		
6974	1826	200	yolov5s.pt	3	划痕	砂眼	磕碰

缺陷检测常采用精度（Precision）、查全率（Recall）、mAP@0.5:0.95 和 mAP@0.5 等参数作为评价指标，这些指标都基于混淆矩阵给出，混淆矩阵的基本形式如表 10-8 所示。

表 10-8　混淆矩阵的基本形式

		预测（Prediction）	
		Positive（P）	Negative（N）
实际（Actual）	True（T）	TP	FN
	False（F）	FP	TN

其中，*T*/*F* 表示预测的对错，*P*/*N* 表示预测的结果。TP 表示实际为正例且判定也为正例的次数，FP 表示实际为负例但判定为正例的次数，TN 表示实际为负例且判定也为负例的次数，FN 表示实际为正例但判定为负例的次数即判定为负例但判断错误的次数。

缺陷检测任务更关注算法对正样本的检测效果，作为检测准确率的衡量指标，其一般被称为检测精度，*P* 表示为正确判定为正例（TP）与所有判定为正例（P）次数的比例。*R* 是用来衡量检测出来的缺陷目标是否全面的指标，又称召回率或查全率，表示为正确判定为正例的次数（TP）与所有实际为正例（T）的次数的比例。*P*、*R* 定义如下：

$$P = \frac{\text{TP}}{\text{TP}+\text{FP}} \tag{10-8}$$

$$R = \frac{\text{TP}}{\text{TP}+\text{FN}} \tag{10-9}$$

选取不同 IoU（Intersection over Union）阈值 $\text{iou\_thres} \in [0,1]$ 或置信度阈值 $\text{conf\_thres} \in [0,1]$，可以得到不同的 *P* 和 *R* 值，将 *R* 作为自变量，*P* 作为因变量构成的曲线称为 $P-R$ 曲线。$P-R$ 曲线与坐标轴围成区域的面积称为当前类别的平均精度（AP）值，用于评价模型在每个类别上的好坏；mAP 是 AP 的平均值，用于评价模型在所有类别上的好坏，值越大模型检测效果越好；*N* 表示目标类别总数。mAP 定义如下：

$$\text{mAP} = \frac{\sum_{i=1}^{N}\int_0^1 P_i(R_i)\mathrm{d}R_i}{N} \tag{10-10}$$

mAP@0.5 是常用的检测分类精度的评价指标，表示 $\text{iou\_thres} = 0.5$ 、 $\text{conf\_thres} \in [0,1]$ 时的 mAP 。

使用带有高分辨率图像带框切片策略的改进一阶段缺陷检测模型对图像增强后小孔内壁缺陷数据集进行训练和验证，训练后的模型在验证集上的各项指标如表 10-9 所示。

表 10-9　改进一阶段网络检测结果

缺陷类别	标签数量	检测精度（*P*）	查全率（*R*）	mAP@0.5
all	13571	0.922	0.922	0.903
划痕	8221	0.947	0.932	0.927
砂眼	5235	0.901	0.911	0.892
磕碰	115	0.917	0.923	0.889

改进网络在输入端对高分辨率样本图像进行切片处理，部分位于分割处的缺陷被分割为两个或多个部分。从实验结果可以看出，改进后的模型在所有类型上的检测精度为 0.922，各类单独检测精度也均超过 0.9，同时在检测速度上与原方法相近，可完成实时检测。与原有 YOLOv5 算法相比，改进一阶段缺陷检测模型对提高小孔内壁图像缺陷检测精度起到有效作用，在提高小目标缺陷检测精度方面效果显著。

10.5 视觉 SLAM

在自主机器人领域，一个关键问题是机器人能否在进入一个未知环境时做好对环境的感知和对自身的定位。未知环境中的导航定位有两个难点：一是机器人缺少对环境的先验信息，二是无法实现自身准确定位。定位依赖于具有足够精度的环境地图，而创建地图又以准确定位为基础，二者彼此依赖。基于视觉的同时定位与建图（SLAM）为解决这一问题提供了有效方法。

SLAM 技术最早由 Smith 等人于 1986 年提出。为了在未知环境中实现机器人的导航与控制，需要使用机器人自身携带的视觉等传感器采集环境信息，实现自身定位与环境地图构建。经过 30 余年的发展，SLAM 被广泛应用于无人驾驶、定位导航、虚拟现实、智能物流等领域。

10.5.1 视觉 SLAM 系统原理

视觉 SLAM 系统原理如图 10-35 所示，下面详细介绍。

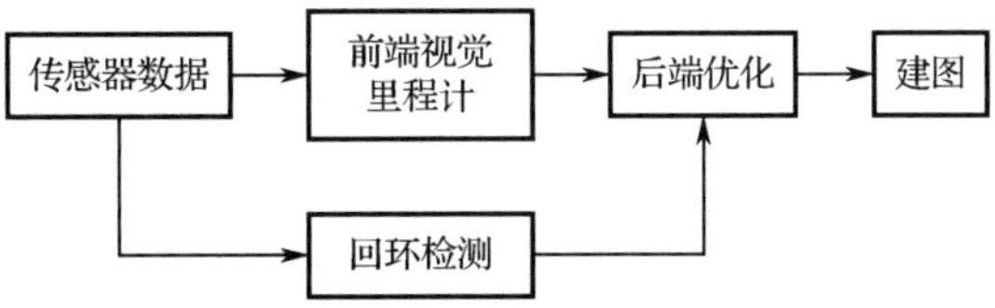

图 10-35　视觉 SLAM 系统原理

1. 传感器数据

SLAM 系统可使用视觉或其他传感器作为数据来源。在纯视觉的 SLAM 系统中，传感器数据仅指使用视觉传感器从环境中获得的图像信息，不同类型的视觉传感器获取信息有所差别，如单目相机、双目相机、深度相机、鱼眼相机、全景相机等。

2. 前端视觉里程计

视觉里程计是视觉 SLAM 系统的核心部分。这部分由于首先与获得的数据接触并对其进行处理，在系统中处在靠前的位置，也称为前端。前端对每帧图像进行处理，如果使用特征点法，则先提取图像特征点；使用直接法则直接利用光度信息。进一步利用每帧图像恢复出相机的运动情况及周围的环境信息。单目相机因尺度不确定性而无法获得深度信息，通常使用极线几何的方式来估计位姿信息，如 8.1、8.2 节所述。而双目相机和 RGB-D 相机可以通过计算来求出空间中特定三维点即地图点的深度，如使用 PnP 算法。

3. 后端优化

后端之所以被称为后端，是因为它在前端对位姿估计完成后，再对估计出的位姿信息进行优化，以减小误差和各类噪声的影响，尽可能地提高精度。随着算法的发展和计算硬件的提升，较复杂的非线性优化的方法开始广泛采用。光束平差法是 SLAM 后端优化中采用的主要非线性方法，其主要思想是把相机的位姿和空间中的地图点都定义为优化变量，通过初始估计出的位姿计算这些变量投影后相对于估计量的误差，采用最小二乘方法使这些误差最小。

对于空间中的一些特定的地图点 $\boldsymbol{P}_i$，在我们对它的每次观测的帧 $\boldsymbol{F}_j$ 中，都存在着一个像素点 $\boldsymbol{p}_{ij}$ 与 $\boldsymbol{P}_i$ 对应，同时我们把每帧相机光心的位置定义为 O_j，根据相机的成像原理，点 $\boldsymbol{P}_i$、每帧平面上的像素点 $\boldsymbol{P}_i$ 与每帧相机光心的位置 O_j 三个点连成一条线，在三维世界中就是一条由点 $\boldsymbol{P}_i$ 射向 O_j 的光线，中途经过帧 $\boldsymbol{F}_j$ 的像平面与其交于点 $\boldsymbol{p}_{ij}$，即我们在图像中观察到的特征点。许多这样的光线在一起就成了一道光束。

在理想状态下，在前端所计算的位姿也应符合这个规律。当把计算得到的空间中地图点的位置投影到帧平面上时，它在帧平面上的投影点 $\boldsymbol{p}'_{ij}$ 应该恰好与该点在图像中对应的特征点 $\boldsymbol{p}_{ij}$ 的位置重合。实际中，由于特征点检测误差、光照等影响，对相机位姿与地图中的地图点的位置的估计不可能做到完全准确，因此 $\boldsymbol{p}'_{ij}$ 与 $\boldsymbol{p}_{ij}$ 之间存在重投影误差，如图 10-36 所示。重投影误差的和越小，估计越精确。由于光束平差使用图的模型描述，可把每个三维空间中的地图点 $\boldsymbol{P}_i$ 与每个相机的位姿 $\boldsymbol{F}_j$ 定义为图的节点，如果在该帧 $\boldsymbol{F}_j$ 能够观测到点 $\boldsymbol{P}_i$，就在 $\boldsymbol{F}_j$ 与 $\boldsymbol{P}_i$ 之间建立一条边，最终建立一个图模型，如图 10-37 所示。

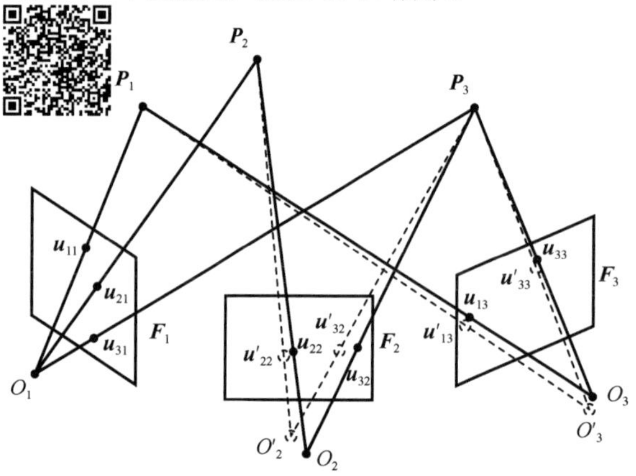

图 10-36　重投影误差

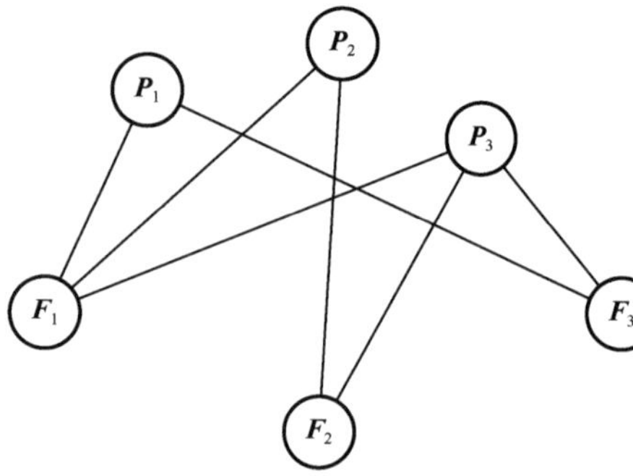

图 10-37　相机位姿与地图点的图模型

设 $\boldsymbol{p}_{ij}$ 在帧 $\boldsymbol{F}_j$ 对应的归一化像平面上的像素坐标为 $\boldsymbol{u}_{ij}$，$\boldsymbol{p}'_{ij}$ 在帧 $\boldsymbol{F}_j$ 对应的归一化像平面上的像素坐标为 $\boldsymbol{v}_{ij}$，则每个点的误差为

$$\boldsymbol{e}_{ij} = \boldsymbol{u}_{ij} - \boldsymbol{v}_{ij} \tag{10-11}$$

进一步可定义总误差为

$$\sum_{i=1}^{n}\sum_{j=1}^{m} \| \boldsymbol{e}_{ij} \|^2 = \sum_{i=1}^{n}\sum_{j=1}^{m} \| \boldsymbol{u}_{ij} - \boldsymbol{v}_{ij} \|^2 \tag{10-12}$$

光束平差的过程即对上述函数优化的过程。注意到重投影误差与待求解位姿之间的非线性关系，因此仅能利用迭代算法进行优化。实际中通常采用 L-M 算法，其在求解速度和稳定性上具有较好性能。

4．回环检测

回环检测就是对构建的地图进行闭环操作，目的是识别出相机运行到之前来过的地方，以此作为可靠的依据对之前每帧的相机位姿和地图点的位置进行优化，从而消除累积误差，如图 10-38 所示。

利用图像信息可对回环进行检测。如果直接使用图像每个像素点的灰度信息进行判断，一方面，即使在不同时间采集的同一场景信息也存在轻微差别；另一方面，比较图像需要记录所有历史信息，将随着运行时间累计导致信息量过大。因此，需要一种方法来加速特征点的匹配，如词袋（BoW）模型。

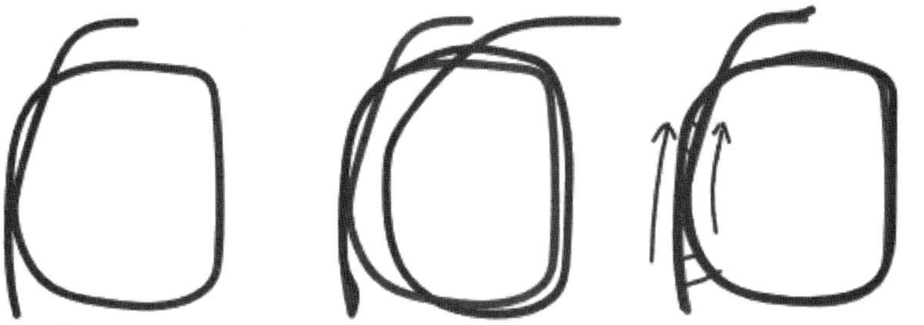

（a）真实轨迹　　（b）仅靠前端得到的轨迹　　（c）加入回环检测后的轨迹

图 10-38　回环检测示意图

词袋模型的思想是预先把视觉特征进行分类，再将一幅图像用特征向量描述，以此来判断这两幅图像是否类似，如果类似再进行进一步的基于特征点的检测。在词袋模型中，特征的种类称为单词，预先分好的类包含的所有单词称为字典。通过预先对大量特征数据进行机器学习可以生成词典，在运行 SLAM 系统时可直接使用该词典。

5. 建图

通过视觉里程计和后端优化，建立了环境中特征点集的三维坐标，即三维点云地图。针对不同任务需求，不同 SLAM 系统可以构建不同类型的点云地图。以定位为主的移动机器人通常会构建稀疏点云地图；而以导航和避障为主的机器人会利用深度信息构建稠密点云地图，可用于机器人的导航、环境的探索与重建。

点云地图是地图表达的一种方式，为机器人导航需要，还需要转换成栅格地图。栅格地图也称占用地图（Occupancy Map），每个空间坐标用一个栅格表示，每个栅格的值为被占有的概率，也可以简单地分为 0 和 1。栅格地图又可分为二维栅格地图和三维栅格地图，如图 10-39 所示。二维栅格地图仅能表达平面信息，一般用于地面移动机器人；三维栅格地图可表达空间信息，用于无人机等建图导航。三维栅格地图常以八叉树结构构建，能够更加有效地描述环境，减少歧义性。

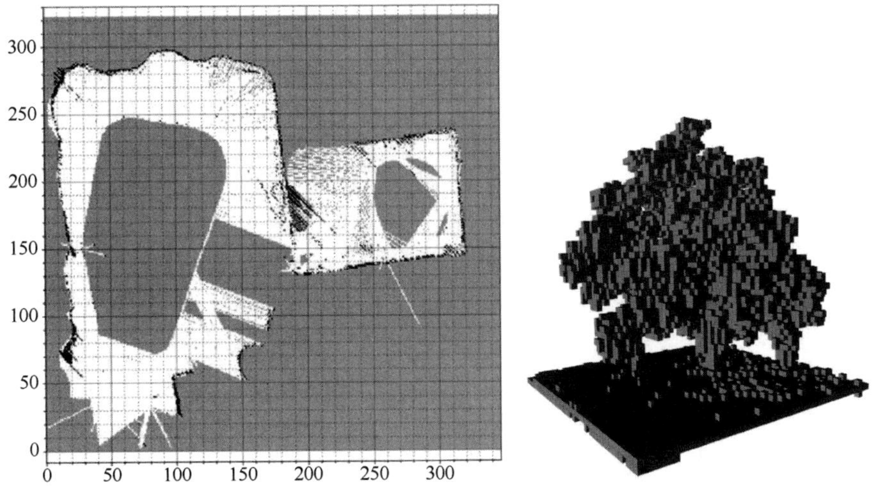

（a）二维栅格地图　　（b）三维栅格地图

图 10-39　栅格地图表达

10.5.2 视觉 SLAM 框架

在现有视觉 SLAM 方法中，ORB-SLAM 是应用最广泛的方法。在其工程实现中，将即时定位与建图中的三大部分分为三个线程并行运算，大大提升了实现的可靠性和代码的复用性。下面以 ORB-SLAM 框架为例，对各线程进行分析。

1．跟踪线程

跟踪线程的主要作用是确定当前相机相对上一帧的位姿，从而确定当前位置，实现实时定位。

系统在接收到相机传来的图像后，先将其转为灰度图，在初始化（只有单目相机才需要）完成之后，对当前帧进行两步跟踪——粗跟踪和细跟踪。

（1）粗跟踪

粗跟踪仅是粗略地估计两帧之间的相对位姿，初始时两帧之间的位姿利用极线约束得到，通过匹配特征点对 $\boldsymbol{p}_1$ 及 $\boldsymbol{p}_2$ 的像素坐标可计算矩阵 $\boldsymbol{E}$ 或 $\boldsymbol{F}$:

$$\boldsymbol{p}_2^{\mathrm{T}}\boldsymbol{K}^{-\mathrm{T}}[\boldsymbol{t}_{\times}]\boldsymbol{R}\boldsymbol{K}^{-1}\boldsymbol{p}_1 = 0 \tag{10-13}$$

$$\boldsymbol{E} = [\boldsymbol{t}_{\times}]\boldsymbol{R}, F = \boldsymbol{K}^{-\mathrm{T}}[\boldsymbol{t}_{\times}]\boldsymbol{R}\boldsymbol{K}^{-1} \tag{10-14}$$

得到两个矩阵后用 SVD 可解出旋转矩阵 $\boldsymbol{R}$ 及平移向量 $\boldsymbol{t}$，由此得到初始两帧之间位姿关系，后续每帧位姿的判定分为串行的三部分：恒速模型跟踪、参考关键帧跟踪及重定位跟踪。先用恒速模型跟踪进行尝试，对每帧都计算当前速度，记为 Vel，在当前帧到来时根据刚刚计算得到的 Vel 由下式估计当前帧位姿初始值：

$$\boldsymbol{T}_{\mathrm{cw}} = \mathrm{Vel} * \boldsymbol{T}_{\mathrm{lw}} \tag{10-15}$$

并用上一帧的地图点在当前帧上进行投影匹配，如果匹配成功则用地图点与 2D 特征点之间的投影关系优化当前帧位姿。令 2D 特征点齐次坐标为 $\boldsymbol{p}_i = [u_i \ \ v_i \ \ 1]^{\mathrm{T}}$，地图点坐标为 $\boldsymbol{P}_i = [x_i \ \ y_i \ \ z_i \ \ 1]^{\mathrm{T}}$，二者之间的关系为

$$s_i \begin{bmatrix} u_i \\ v_i \\ 1 \end{bmatrix} = \boldsymbol{K}\boldsymbol{T} \begin{bmatrix} x_i \\ y_i \\ z_i \\ 1 \end{bmatrix} \tag{10-16}$$

寻找最优的 $\boldsymbol{T}$ 值使误差最小化：

$$\boldsymbol{T}^* = \arg\min_{\boldsymbol{T}} \frac{1}{2}\sum_{i=1}^{n}\left\|\boldsymbol{p}_i - \frac{1}{s_i}\boldsymbol{K}\boldsymbol{T}\boldsymbol{P}_i\right\|_2^2 \tag{10-17}$$

如果未达到匹配要求，则采用参考关键帧跟踪，将参考关键帧位姿设置为优化初值，并将描述子转化为 BoW 向量来加速特征匹配。以此来优化地图点与 2D 特征点之间的重投影误差来获得新的位姿，如果达到匹配数量要求则匹配成功。

当两种方式全部失败时，则当前帧已经跟丢。后续所有的帧都尝试利用重定位进行找回，此时每接收一幅图像，系统都将在过去所有关键帧中通过词袋检索与其相似的关键帧，通过词袋匹配后用 PnP 算法估计位姿 $\boldsymbol{R}$ 和 $\boldsymbol{t}$。在优化之后，若匹配数量较少则迭代投影匹配和优化几次，直至找到足够的匹配，能建立当前帧与过去某一帧的相对位姿关系，则位姿找回。

（2）细跟踪

细跟踪力求通过更多的地图点与特征点匹配更精确地计算当前帧位姿，因此提出了局部关键帧（Local Keyframe）和局部地图点（Local Map Point）的概念。局部关键帧包含观测到当前地图

点的关键帧、共视关键帧和父子关键帧，其中与当前帧共视程度最高的设为参考关键帧；局部地图点即局部关键帧中的地图点。因为 ORB-SLAM2 引入的这一共视关系为相邻关键帧建立了很强的相关性，所以在先前当前帧提取到的特征点所对应的地图点之外，之前建立的地图中也有许多可以在当前帧视野范围内观察到的点，通过局部地图的概念将这些点引入，并通过这些地图点与当前帧特征点的进一步匹配添加更多的约束，使优化得到更准确的位姿。

2. 局部建图线程

局部建图线程的主要作用是三角化关键帧中的地图点，通俗地说，就是建图恢复当前环境，其核心在于三角化新地图点。

本线程在当前关键帧的共视关键帧中选取关系最紧密的部分关键帧，通过对两关键帧的未匹配的特征点快速匹配，并用极线约束剔除误匹配，根据两帧的匹配点生成地图点，若为单目则采用三角化的方式，按照前述方式得到两帧之间的相对位姿后，进一步使用 8.3 节的方法计算空间点的三维坐标。最终将相邻关键帧中相同的地图点合并为一个点。由此就恢复了当前关键帧视野内环境特征点的三维坐标，对视频流中的多个连续关键帧进行连续提取，可实现对当前环境的三维建模。

局部建图线程的运行流程如图 10-40 所示。

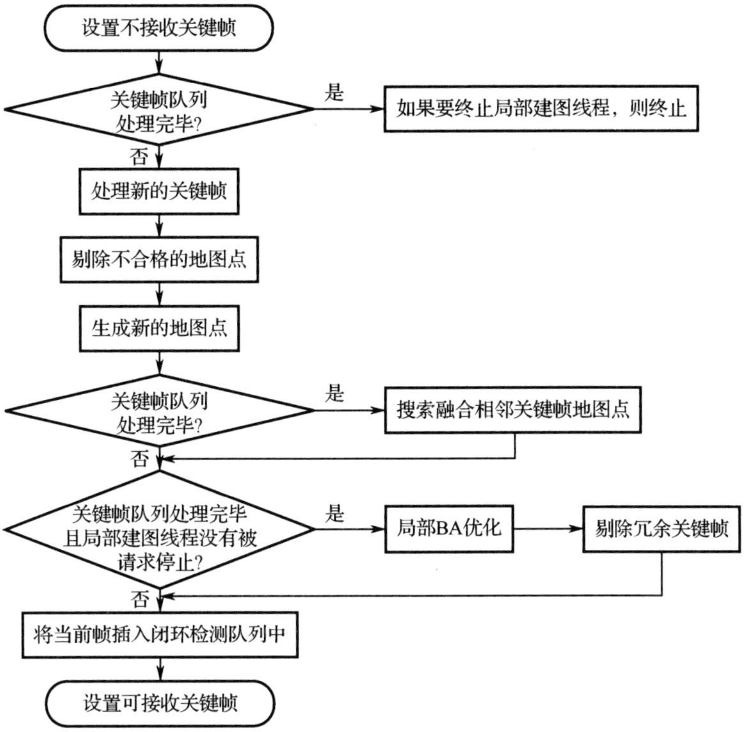

图 10-40　局部建图线程的运行流程

3. 回环检测线程

回环检测线程的主要作用是在长时间跟踪产生累计误差后，当检测到两关键帧发生闭环时对其位姿进行校正，使位姿跟踪更加准确，如图 10-41 所示。

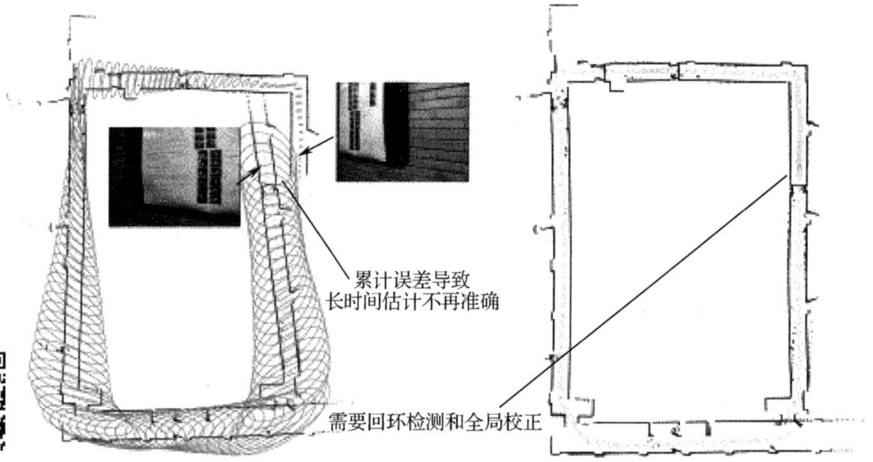
累计误差导致
长时间估计不再准确
需要回环检测和全局校正

图 10-41　回环检测示意图

闭环候选关键帧选自与当前关键帧具有相同 BoW 向量但不直接相连的关键帧。遍历闭环候选帧组，筛选出与当前关键帧匹配特征点数大于一定数量的候选帧集合，通过 Sim3 求解器迭代求解两帧之间的 Sim3 变换。利用该变换进行位姿传播，更新当前帧关系最紧密的一部分关键帧及其所包含的地图点的位姿，并在重新计算二者观察关系后进行最终的全局 BA 优化，其从最小二乘的角度得到整体代价函数，对位姿和地图点同时优化。设 m 个位姿 $\boldsymbol{T}_i$ 对应的李代数由 $\boldsymbol{\xi}_i$ 表示，n 个地图点由 $\boldsymbol{P}_j$ 表示，$\xi_i \in R^6$，$\boldsymbol{P}_j \in R^3$。可得增量方程：

$$\frac{1}{2}\left\|f(\boldsymbol{x}+\Delta\boldsymbol{x})\right\|^2 \simeq \frac{1}{2}\sum_{i=1}^{m}\sum_{i=1}^{n}\left\|\boldsymbol{e}_{ij}+\boldsymbol{F}_{ij}\Delta\xi_i+\boldsymbol{E}_{ij}\Delta\boldsymbol{P}_j\right\|^2 \tag{10-18}$$

其中，$\boldsymbol{x}=[\xi_i \quad \xi_{i+1} \quad \cdots \quad \xi_m;\boldsymbol{P}_1 \quad \boldsymbol{P}_2 \quad \cdots \quad \boldsymbol{P}_n]^{\mathrm{T}}$，$\boldsymbol{F}_{ij}\in R^{2\times 6}$ 和 $\boldsymbol{E}_{ij}\in \mathrm{R}^{2\times 3}$ 分别为误差关于 $\boldsymbol{\xi}_i$ 和 $\boldsymbol{P}_j$ 的偏导数。令 $\boldsymbol{x}_c=[\xi_i \quad \xi_{i+1} \quad \cdots \quad \xi_m]^{\mathrm{T}}$，$\boldsymbol{x}_P=[\boldsymbol{P}_1 \quad \boldsymbol{P}_2 \quad \cdots \quad \boldsymbol{P}_n]^{\mathrm{T}}$，将上式写成矩阵形式，即

$$\frac{1}{2}\|\boldsymbol{e}+\boldsymbol{F}\Delta\boldsymbol{x}_c+\boldsymbol{E}\Delta\boldsymbol{x}_p\|^2 \tag{10-19}$$

在优化时雅可比矩阵 $\boldsymbol{J}=[\boldsymbol{F} \quad \boldsymbol{E}]$，Hessian 矩阵采用近似解

$$\boldsymbol{H}=\begin{bmatrix}\boldsymbol{F}^{\mathrm{T}}\boldsymbol{F} & \boldsymbol{F}^{\mathrm{T}}\boldsymbol{E}\\ \boldsymbol{E}^{\mathrm{T}}\boldsymbol{F} & \boldsymbol{E}^{\mathrm{T}}\boldsymbol{E}\end{bmatrix} \tag{10-20}$$

随后采用优化库中的函数求解增量即可，以 L-M 算法为例，为 $\Delta\boldsymbol{x}$ 添加一个置信区域：

$$\rho=\frac{f(\boldsymbol{x}+\Delta\boldsymbol{x})-f(\boldsymbol{x})}{\boldsymbol{J}(\boldsymbol{x})^{\mathrm{T}}\Delta\boldsymbol{x}} \tag{10-21}$$

用拉格朗日乘子将约束项放入目标函数，构成拉格朗日函数：

$$\mathcal{L}(\Delta\boldsymbol{x}_k,\lambda)=\frac{1}{2}\left\|f(\boldsymbol{x})+\boldsymbol{J}(\boldsymbol{x}_k)^{\mathrm{T}}\Delta\boldsymbol{x}_k\right\|^2+\frac{\lambda}{2}\left(\left\|\boldsymbol{D}\Delta\boldsymbol{x}_k\right\|^2-\mu\right) \tag{10-22}$$

其中，μ 为信赖域半径，$\boldsymbol{D}$ 为非负对角矩阵。最终仍是计算增量方程 $(\boldsymbol{H}+\lambda\boldsymbol{D}^{\mathrm{T}}\boldsymbol{D})\Delta\boldsymbol{x}_k=\boldsymbol{g}$ 得到优化方向。

10.5.3　视觉 SLAM 仿真验证

数据集是 SLAM 研究中的重要工具。视觉 SLAM 数据集是由可移动设备采集的一系列连续的图像信息及时间戳、真实轨迹等信息的集合。对于一个完备的视觉 SLAM 系统，可以通过调用数据集的图像及时间戳文件，仿真运行定位建图的过程，运行结束后可将保存的位姿信息与数据

集中的真实位姿信息进行对比，评测该 SLAM 系统的建图效果。

KITTI 数据集是目前使用最广泛的视觉 SLAM 数据集。该数据集采集自一辆搭载视觉等传感器的汽车，数据集共 21 个序列，包含高速公路、城市环境、乡村环境。使用 KITTI 数据集运行 ORB-SLAM2 程序的过程如图 10-42 所示，上部为当前正在处理的图像，左下部窗口为轨迹位姿等信息可视化窗口，右下部窗口为指令终端。

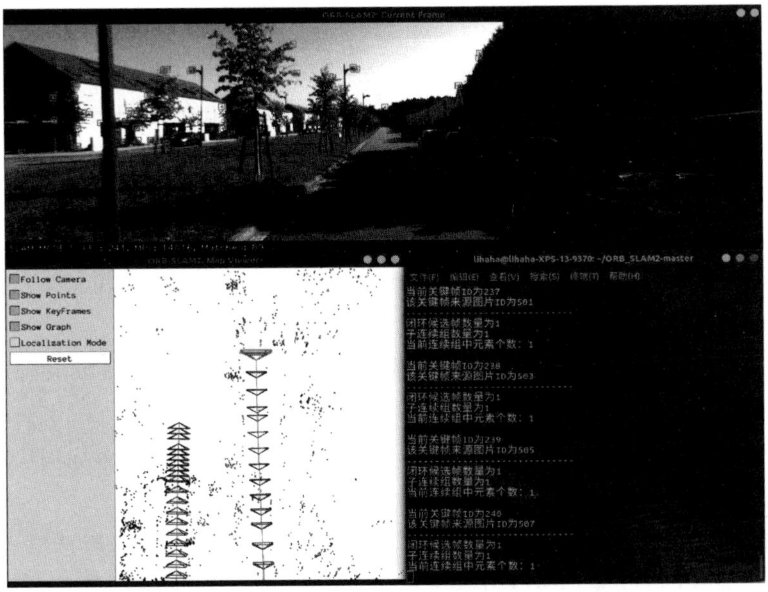

图 10-42　使用 KITTI 数据集运行 ORB-SLAM2 程序的过程

使用 KITTI 数据集分别在单目模式下运行 SLAM 系统，位姿估计结果与真实轨迹对比如图 10-43 所示。由图可见，在大多位置上视觉 SLAM 系统的位姿估计与真实位置一致，可以满足导航定位要求。

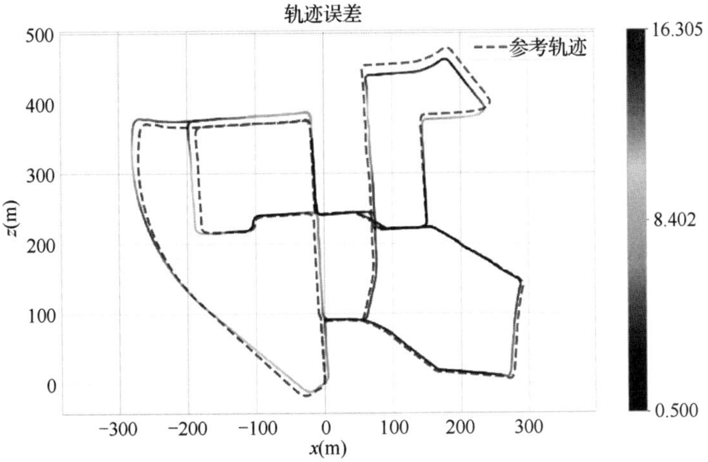

图 10-43　单目模式下 KITTI 数据集位姿估计评测结果

参考文献

[1] Bull D. Communicating Pictures：A Course in Image and Video Coding[M]. London：Academic Press，2014.

[2] MEDATHATI N， NEUMANN H， MASSON G，et al. Bio-Inspired Computer Vision：Towards a Synergistic Approach of Artificial and Biological Vision[J]. Computer Vision and Image Understanding，2016，150(9)：1-30.

[3] BRADY M. Preface[J]. The Changing Shape of Computer Vision，1981，17(1) ：1-15.

[4] SZELISKI R. 计算机视觉——算法与应用[M]. 艾海舟，兴军亮，等，译. 北京：清华大学出版社，2012.

[5] HORN B. 机器视觉[M]. 王亮，等，译. 北京：中国青年出版社，2014.

[6] RUSSELL S，NORVIG P. 人工智能：一种现代的方法[M]. 殷建平，等，译. 3 版. 北京：清华大学出版社，2013.

[7] MARR D. Vision：A Computational Investigation into the Human Representation and Processing of Visual Information[M]. Cambridge：MIT Press，2010.

[8] 马颂德，张正友. 计算机视觉：计算理论与算法基础[M]. 北京：科学出版社，2000.

[9] YAO W，OSTERMANN J，ZHANG Y. 视频处理与通信[M]. 侯正信，等，译. 北京：电子工业出版社，2003.

[10] LOWE D. Object Recognition from Local Scale-Invariant Features[J]. International Conference on Computer Vision，1999：1150-1157.

[11] HINTON G，SALAKHUTDINOV R. Reducing the Dimensionality of Data with Neural Networks[J]. Science，2006，33(5786)：504-507.

[12] KRIZHEVSKY A，SUTSKEVER I，HINTON G. Imagenet Classification with Deep Convolutional Neural Networks[J]. Proceedings of the 25th International Conference on Neural Information Processing Systems，2012，1：1097-1105.

[13] MNIH V，KAVUKCUOGLU K，SILVER D，et al. Human-Level Control through Deep Reinforcement Learning[J]. Nature，2015，518(7540)：529-533.

[14] 维纳. 控制论：或关于在动物和机器中控制和通信的科学[M]. 郝季仁，译. 2 版. 北京：科学出版社，2009.

[15] BODNER J，et al. The Da Vinci Robotic System for General Surgical Applications：A Critical Interim Appraisal[J]. Swiss Medical Weekly，2005，135(45-46)：674-678.

[16] KASS M，WITKIN A，TERZOPOULOS D. Snakes：Active Contour Models[J]. International Journal of Computer Vision，1988，1(4)：321-331.

[17] JÄHNE B，HAUBECKER H，GEIBLER P. Handbook of Computer Vision and Applications. Volume 1：Sensors and Imaging[M]. London：Academic Press，1999.

[18] MCHUGH S. Tutorials：Color Perception [EB/OL]. Cambridge in Colour：A Learning Community for Photographers.

[19] GONZALEZ R，WOODS R. 数字图像处理 [M]. 阮秋琦，等，译. 3 版. 北京：电子工业出版社，2017.

[20] 张玉婷. 基于光场成像的深度估计算法研究[D]. 东南大学，硕士论文，2021.

[21] CAHYADI W，CHUNG Y，GHASSEMLOOY Z，et al. Optical Camera Communications：Principles，Modulations，Potential and Challenges[J]. Electronics，2020，9(9)：1339.

[22] BHOJANI D，DWIVEDI V，THANKI R. Hybrid Video Compression Standard[M]. Singapore：Springer，2020.

[23] GONZALEZ R，WOODS R. Digital Image Processing[M]. Fourth edition. Beijing：Publishing House of Electronics Industry，2018.

[24] CANNY J. A Computational Approach to Edge Detection[J]. Pattern Analysis and Machine Intelligence，IEEE Transactions on，1986.

[25] 张恒，雷志辉，丁晓华. 一种改进的中值滤波算法[J]. 中国图象图形学报，，2004(4)：26-29.

[26] DSK U. Theoretical Interpretation of Morphological Filters for the Reconstruction of Digital Images[C]. New Strategies for European Remote Sensing，2004：695-702.

[27] Yong L，Parker S. FIR Filter Design Over A Discrete Powers-Of-Two Coefficient Space[J]. Acoustics，Speech and Signal Processing，IEEE Transactions on，1983，31(3)：583-591.

[28] Lee Y，Kassam S. Generalized median filtering and related nonlinear filtering techniques[J]. Acoustics，Speech and Signal Processing，IEEE Transactions on，1985，33(3)：672-683.

[29] COYLE E，LIN J. Stack Filters and The Mean Absolute Error Criterion[J]. IEEE Transactions on Acoustics，Speech，and Signal Processing，1988，36(8).

[30] ARCE G，FOSTER R. Detail-Preserving Ranked-Order Based Filters for Image Processing[J]. IEEE Transactions on Acoustics，Speech，and Signal Processing，1989，37(1).

[31] BRADSKI G，KAEHLER A. 学习 OpenCV（中文版）[M]. 于仕琦，等，译. 北京：清华大学出版社，2008.

[32] VINCENT L，SOILLE P. Watersheds in Digital Spaces：an Efficient Algorithm Based on Immersion Simulations[J]. IEEE Transactions on Pattern Analysis and Machine Intelligence，1991，13(6)：583-598.

[33] 章毓晋. 图像工程（上册）——图像处理 [M]. 2 版. 北京：清华大学出版社，2006.

[34] RUSS J. The Image Processing Handbook[M]. 6th ed. Florida：CRC Press，2007.

[35] 姜永林. 交通车辆视频检测与跟踪研究[D]. 哈尔滨工业大学，博士论文，2008.

[36] 李天庆，张毅，刘志，等. Snake 模型综述[J]. 计算机工程，2005，31(9)：1-3.

[37] XU C，PRINCE J. Snakes，Shapes，and Gradient Vector Flow[J]. IEEE Transactions on Image Processing，1998，7(3)：359-369.

[38] BAY H，TUYTELAARS T，GOOL L. SURF：Speeded Up Robust Features[C]. European Conference on Computer Vision，2006：404-417.

[39] LOWE D. Distinctive Image Features from Scale-Invariant Key-Points[J]. International Journal of Computer Vision，2004，60(2)：91-110.

[40] TUYTELAARS T，ESS A，VAN GOOL L，et al. Speeded-Up Robust Features (SURF)[J]. Computer Vision and Image Understanding：CVIU，2008，110(3)：346-359.

[41] RUBLEE E，RABAUD V，KONOLIGE K，et al. Orb：An Efficient Alternative to Sift or Surf [C]. Proceedings of the 13th IEEE International Conference on Computer Vision，Barcelona，Spain，2011：2564-2571.

[42] HOUGH P. Method and means for recognizing comples patterns[P]. Patent 3069654，1962.

[43] ATHERTON T，KERBYSON D. Size Invariant Circle Detection[J]. Image and Vision Computing，1999，17：795-803.

[44] 杨晓敏，吴炜，卿粼波，等. 图像特征点提取及匹配技术[J]. 光学精密工程，2009，17(09)：2276-2282.

[45] HARTLEY R，ZISSERMAN A. 计算机视觉中的多视图几何[M]. 韦穗，章权兵，译. 2 版. 北京：机械工业出版社，2019.

[46] STEGER C，ULRICH M， WIEDEMANN C. 机器视觉算法与应用[M]. 杨少荣，等，译. 北京：清华大学出版社，2008.

[47] HORNBERG A. Handbook of Machine and Computer Vision[M]. WeinHeim：Wiley-VCH，2017.

[48] STAUFFER C，GRIMSON W. Adaptive Background Mixture Models for Real-Time Tracking[J]. Proceedings of IEEE Conference on Computer Vision and Pattern Recognition，1999，2：246-252.

[49] 吕枭. 足球视频目标检测与跟踪方法研究[D]. 哈尔滨工业大学，硕士论文，2018.

[50] WELCH G，BISHOP G. An Introduction to the Kalman Filter[J]. TR 95-041，The University of North Carolina at Chapel Hill，2006.

[51] 高翔，张涛. 视觉 SLAM 十四讲[M]. 北京：电子工业出版社，2017.

[52] GAO X，HOU X，TANG J，et al. Complete Solution Classification for The Perspective-Three-Point Problem[J]. IEEE Transactions on Pattern Analysis and Machine Intelligence，2003，25(8)：930-943.

[53] GREEN B F. The Orthogonal Approximation of an Oblique Structure in Factor Analysis[J]. Psychometrika，1952，17(4)：429-440.

[54] LEPETIT V，MORENO-NOGUER F，FUA P. EPnP：An Accurate on Solution to the PnP Problem[J]. International Journal of Computer Vision，2009，81(2)：155-166.

[55] TSAI R Y. A Versatile Camera Calibration Technique for High-Accuracy 3D Machine Vision Metrology Using Off-The-Shelf TV Cameras and Lenses[C]. IEEE Journal on Robotics and Automation，1987，3(4)：323-344.

[56] ZHANG Z. A Flexible New Technique for Camera Calibration[J]. IEEE Transactions on Pattern Analysis & Machine Intelligence，2000.

[57] 徐刚. 由二维影像建立三维模型[M]. 武汉：武汉大学出版社，2006.

[58] AGARWAL S，SNAVELY N，SIMON I，et al. Building Rome in a Day[C]. IEEE International Conference on Computer Vision，Kyoto，Japan，2009：72-79.

[59] SCHÖNBERGER J，FRAHM J. Structure-from-Motion Revisited[C]. IEEE Conference on Computer Vision and Pattern Recognition，Las Vegas，USA，2016：4104-4113.

[60] 鲁鹏. 三维重建基础[M]. 北京：北京邮电大学出版社，2023.

[61] 伯特霍尔德·霍恩. 机器视觉[M]. 王亮，蒋欣兰，译. 北京：中国青年出版社，2014.

[62] 韩九强. 机器视觉技术及应用[M]. 北京：高等教育出版社，2009.

[63] DHILLESWARARAO P，BOPPU S，MANIKANDAN M，et al. Efficient Hardware Architectures for Accelerating Deep Neural Networks：Survey [J]. IEEE Access，2022，10：131788-131828.

[64] 孙学宏，张文聪，唐冬冬. 机器视觉技术及应用[M]. 北京：机械工业出版社，2021.

[65] 斯蒂格，尤里奇，威德曼. 机器视觉算法与应用[M]. 杨少荣，等，译. 2 版. 北京：清华大学出版社，2019.

[66] 朱云，凌志刚，张雨强. 机器视觉技术研究进展及展望[J]. 图学学报，2020，41(06)：871-890.

[67] FENG X，JIANG Y，YANG X，et al. Computer Vision Algorithms and Hardware Implementations：A Survey [J]. Integration，the VLSI Journal，2019，69：309-320.

[68] 李迎松. 摄影测量影像快速立体匹配关键技术研究[D]. 武汉大学，博士论文，2018.

[69] ALEXANDER S，ANDREY S，MICHAEL K，et al. Optimizing HPC Applications with Intel Cluster Tools[M]. Berkeley：Apress，2014.

[70] CULJAK I，ABRAM D，PRIBANIC T，et al. A Brief Introduction to OpenCV[C]. Proceedings of the 35th International Convention MIPRO，Opatija，Croatia，2012：1725-1730.

[71] MOHAMAD，MUMTAZIMAH. A Review on OpenCV. [EB/OL]. 2015.

[72] CHEN Z，CHEN J. Mobile Imaging and Computing for Intelligent Structural Damage Inspection[J]. Advances in Civil Engineering，2014：1-14.

[73] DENG J，DONG W，SOCHER R，et al. ImageNet：A Large-Scale Hierarchical Image Database[C]. 2009 IEEE Conference on Computer Vision and Pattern Recognition，Miami，FL，USA，2009，248-255.

[74] KRIZHEVSKY A，SUTSKEVER I，HINTON G. ImageNet Classification with Deep Convolutional Neural Networks[J]. Communications of the ACM，2017，60(6)：84-90.

[75] He K，Zhang X，Ren S，et al. Delving Deep into Rectifiers：Surpassing Human-Level Performance on Imagenet Classification[C]. Proceedings of the IEEE International Conference On Computer Vision，2015：1026-1034.

[76] MAKI J N，BELL J F，HERKENHOFF K E，et al. Mars Exploration Rover Engineering Cameras [J]. Journal of Geophysical Research，2003，108(E12)：1-24.

[77] MAIMONE M，JOHNSON A，CHENG Y，et. al. Autonomous Navigation Results from the Mars Exploration Rover (MER) Mission[J]. Springer Tracts in Advanced Robotics，2006，3-13.

[78] 潘健岳. 医用大输液外观检测技术研究与应用[D]. 哈尔滨工业大学，硕士论文，2019.

[79] EVANGELIDIS G，SARAKIS E. Parametric Image Alignment Using Enhanced Correlation Coefficient Maximization [C]. IEEE Transactions on Pattern Analysis and Machine Intelligence，2008，30(10)：1858-1865.

[80] 陆文俊. 小孔径工件的内外壁视觉检测系统研究[D]. 上海交通大学，硕士论文，2014.

[81] PIZER S，JOHNSTON R，ERICKSEN J，et al. Contrast-Limited Adaptive Histogram Equalization：Speed and Effectiveness[C]. Proceedings of the First Conference on Visualization in Biomedical Computing，Atlanta，GA，USA，1990：337-345.

[82] TERVEN J，DIANA-MARGARITA C E. A Comprehensive Review of YOLO：From YOLOv1 to YOLOv8 and Beyond [EB/OL]. 2023，1-34.

[83] FERRERA M，EUDES A，MORAS J，et al. OV^{2}SLAM：A Fully Online and Versatile Visual SLAM for Real-Time Applications [J]. IEEE Robotics and Automation Letters，2021，6(2)：1399-1406.

[84] MUR-ARTAL R，TARDÓS J D. ORB-SLAM2：An Open-Source SLAM System for Monocular，Stereo，and RGB-D Cameras[J]. IEEE Transactions on Robotics，2017，33(5)：1255-1262.

[85] WURM K. Techniques for Multi-Robot Coordination and Navigation [D]. Technische Fakultät，PhD. Thesis，2012.

[86] PARIS S，KORNPROBST P，TUMBLIN J，et al. Bilateral Filtering：Theory and applications [M]. Foundations and Trends in Computer Graphics and Vision，2009，4(1)：1-73.